工业和信息化部"十四五"规划教材

普通高等教育"十一五"国家级规划教材

北京高等教育精品教材

飞行器结构学
（第 3 版）

主编　程小全

编著　程小全　张纪奎　郦正能
　　　贾玉红　张家应

北京航空航天大学出版社

内 容 简 介

本书立足于国内对结构新技术的迫切需求,以飞行器结构分析和设计为核心内容,将飞机、直升机、航天飞机、导弹和火箭等飞行器结构的分析和设计融为一体,进行全面系统的阐述。全书包含飞行器结构设计引论、飞行器结构设计思想和方法、飞行器的外载荷和设计情况、飞行器结构设计选材与工艺、翼面结构分析与设计、机身(机体)结构分析与设计、起落装置设计、特殊环境下的结构设计以及飞行器结构维修性设计等内容;针对面向服务的设计,从全寿命周期对结构设计技术进行了介绍,并对结构设计技术水平进行了划分,对设计人员的基本素质要求进行了总结。

本书为高等院校航空和宇航工程类专业的教材,也可供从事飞行器设计和研究的工程技术人员参考。

图书在版编目(CIP)数据

飞行器结构学 / 程小全主编. -- 3 版. -- 北京 :
北京航空航天大学出版社,2023.5

ISBN 978 - 7 - 5124 - 4101 - 9

Ⅰ. ①飞… Ⅱ. ①程… Ⅲ. ①飞行器－结构设计
Ⅳ. ①V214.19

中国国家版本馆 CIP 数据核字(2023)第 086800 号

飞行器结构学(第 3 版)
主编 程小全
编著 程小全 张纪奎 郦正能
贾玉红 张家应
策划编辑 蔡 喆 责任编辑 刘晓明
*
北京航空航天大学出版社出版发行

北京市海淀区学院路 37 号(邮编 100191) http://www.buaapress.com.cn
发行部电话:(010)82317024 传真:(010)82328026
读者信箱: goodtextbook@126.com 邮购电话:(010)82316936
北京富资园科技发展有限公司印装 各地书店经销
*
开本:787×1 092 1/16 印张:23.75 字数:608 千字
2023 年 5 月第 3 版 2024 年 7 月第 2 次印刷 印数:1 001~2 000 册
ISBN 978 - 7 - 5124 - 4101 - 9 定价:89.00 元

第3版前言

　　航空航天飞行器技术是影响人类未来发展的关键技术之一,也是一个国家科技实力和综合国力的体现。航空航天技术是21世纪初发展极为迅速的技术领域之一,我国的航空航天技术在近十几年也得到了飞跃式发展。

　　随着飞行器技术的进步,近年来,我国飞机设计技术已经实现了从模仿、追赶到自主创新的跨越,因此,飞机结构设计课程的教学目标也必须随之改变。原来的课程教学目标是培养学生结构分析与设计能力,现在应该调整为面向服务的设计能力,即综合考虑功能、性能、可维护性以及用户体验等的结构设计能力,需同时兼顾学生综合素质(结构综合协同创新思维)与专业技术能力(结构分析与设计能力)的培养,课程的教学内容与教材也需进行相应的改版升级。

　　考虑到复合材料已经成为飞行器结构的主要材料,本次改版将复合材料结构融合到飞行器各部件结构中介绍,不再单独成章,同时增加了结构设计选材与制造工艺,结构隔热、防/除冰以及防雷击设计,结构可维修性设计等新内容,使飞行器结构设计知识体系更先进、完整,更适合现在飞机结构设计课程的教学目标。本书具有内容丰富、知识完整、分析案例有对应实物、内容定位于面向服务的结构设计技术以及便于设计人员自我认知等特点,且有对应的中国大学MOOC课程,便于大家使用。

　　本书适用对象包括本科生、研究生以及航空航天结构专业技术人员。本科生教学建议64学时,内容主要包括飞机结构设计概念、结构设计思想与方法(含协同创新设计)、飞机外载荷、结构选材原则与方法、飞机结构分析概念与方法、机翼结构分析与设计、机身结构分析与设计、起落架结构分析、结构维护基本概念与分级。研究生教学建议32学时,内容主要包括协同创新设计、结构设计思想、直升机与空天飞机外载荷、结构选材与制造案例分析、机翼结构设计案例分析、机身结构案例分析、直升机起落装置案例分析、特殊环境下的结构设计、结构可维修性设计案例分析。与本科生课程相比,研究生教学重点在于结构设计思想的应用与案例分析。

　　参加本次修订工作的有程小全(第1、2、5章,第3章部分)、张纪奎(第4、9章)、郦正能(第6章,第3章部分)、贾玉红(第7章)、张家应(第8章)。程小全任主编。本书以第2版内容为基础,同时参考了国内外的最新文献资料,在此对所参考文献的作者深表感谢。编写过程中,黄文俊研究员、陈纲研究员、刘小冬研究员以及张婕高级工程师对书稿有关部分提出过宝贵意见,对他们的帮助表示衷心感谢。

本次修订获得了工业和信息化部"十四五"规划教材立项资助,得到了北京航空航天大学教务处和北京航空航天大学出版社等单位的大力支持,在此一并致谢。

在修订过程中,我们力求阐述既系统准确,又通俗易懂。但由于本书内容涉及面广,加上我们的水平有限,书中定有不尽如人意之处,诚恳希望专家、读者批评指正。

作　者
2023 年 5 月

目　　录

第1章　飞行器结构设计引论 ·· 1

 1.1　飞行器的分类和用途 ·· 1
  1.1.1　航空器 ·· 1
  1.1.2　航天器 ·· 2
  1.1.3　火箭和导弹 ·· 3
 1.2　飞行器的主要组成部分及其功用 ··· 4
  1.2.1　航空器的主要组成部分及其功用 ··· 4
  1.2.2　航天器的主要组成部分及其功用 ··· 7
  1.2.3　火箭和导弹的主要组成部分及其功用 ·································· 13
 1.3　飞行器研制的一般程序 ··· 15
  1.3.1　飞机和直升机研制的一般程序 ··· 16
  1.3.2　火箭和导弹研制的一般程序 ·· 18
  1.3.3　航天器研制的一般程序 ·· 19
 1.4　飞行器结构设计的基本内容 ··· 19
  1.4.1　飞行器结构设计的定义 ·· 20
  1.4.2　飞行器结构设计的主要工作内容 ·· 23
 1.5　结构设计人员的基本素质 ·· 24
  1.5.1　结构设计技术水平等级的划分 ··· 24
  1.5.2　结构设计人员的基本素质 ··· 25
 习　　题 ·· 26

第2章　飞行器结构设计思想和方法 ··· 27

 2.1　飞行器结构设计思想与演变 ··· 27
  2.1.1　静强度与刚度设计 ·· 28
  2.1.2　强度、刚度和疲劳安全寿命设计 ·· 29
  2.1.3　强度、刚度、损伤容限和耐久性设计 ·································· 30
  2.1.4　结构可靠性设计 ·· 34
 2.2　飞行器结构分析与设计方法 ··· 35
  2.2.1　结构有限元分析 ·· 35
  2.2.2　结构优化设计 ··· 38
  2.2.3　数字化设计 ·· 40
  2.2.4　多学科设计优化 ·· 43
 2.3　飞行器结构设计综合协同创新 ··· 44

2.3.1 飞行器结构设计的相关因素 ··· 44

2.3.2 结构设计综合协同创新 ··· 46

习　　题 ··· 47

第3章　飞行器的外载荷和设计情况 ··· 49

3.1 飞行器的外载荷和过载 ··· 49

3.1.1 飞行器的外载荷 ·· 49

3.1.2 过载和过载系数 ·· 50

3.2 极限载荷与安全系数 ··· 56

3.2.1 限制载荷 ·· 56

3.2.2 极限载荷 ·· 56

3.2.3 安全系数 ·· 56

3.3 飞机设计情况 ·· 57

3.3.1 典型飞行情况和机动过载 ··· 57

3.3.2 对称飞行机动包线与主要参数 ··· 60

3.3.3 突风过载包线 ··· 68

3.3.4 弹性变形引起的载荷修正 ··· 69

3.3.5 起飞降落过程中起落架的过载 ··· 70

3.3.6 其他特殊情况的载荷 ··· 70

3.4 航天飞机的载荷特点 ··· 71

3.5 直升机设计情况 ·· 72

3.5.1 直升机的典型过载 ·· 73

3.5.2 直升机典型设计情况 ··· 74

3.6 结构试验验证 ·· 75

3.6.1 飞机结构地面试验内容与安排 ··· 75

3.6.2 飞机全尺寸结构静强度试验 ·· 77

3.6.3 飞机全尺寸结构循环载荷试验 ··· 78

3.6.4 飞机飞行试验 ··· 79

习　　题 ··· 80

第4章　飞行器结构设计选材与工艺 ··· 81

4.1 选材原则和判据 ·· 81

4.1.1 结构选材的一般原则 ··· 81

4.1.2 结构选材考虑的基本内容 ··· 81

4.1.3 结构选材判据 ··· 82

4.2 常用材料及发展 ·· 85

4.2.1 飞行器结构常用金属材料 ··· 86

4.2.2 飞行器结构常用复合材料 ··· 88

4.3 金属结构制造工艺 ··· 93

4.3.1　金属减材制造工艺 ………………………………………………………… 93
4.3.2　金属增材制造工艺 ………………………………………………………… 96
4.3.3　金属结构连接工艺 ………………………………………………………… 99
4.4　复合材料成形工艺 ………………………………………………………………… 102
4.4.1　热压罐成形工艺 …………………………………………………………… 102
4.4.2　液体成形工艺 ……………………………………………………………… 103
4.4.3　复合材料结构连接工艺 …………………………………………………… 103
4.5　整体结构制造技术 ………………………………………………………………… 105
4.5.1　锻造整体结构 ……………………………………………………………… 105
4.5.2　铸造整体结构 ……………………………………………………………… 106
4.5.3　焊接整体结构 ……………………………………………………………… 106
4.5.4　超塑成形/扩散连接整体结构 …………………………………………… 107
4.5.5　增材制造整体结构 ………………………………………………………… 107
4.5.6　复合材料整体结构 ………………………………………………………… 108
4.6　智能材料与结构 …………………………………………………………………… 108
4.6.1　智能材料及选择 …………………………………………………………… 109
4.6.2　智能结构系统 ……………………………………………………………… 110
习　　题 ………………………………………………………………………………… 111

第5章　翼面结构分析与设计 …………………………………………………………… 112
5.1　翼面的功用与设计要求 …………………………………………………………… 112
5.2　翼面的载荷与内力 ………………………………………………………………… 113
5.3　翼面主要受力构件的用途及构造 ………………………………………………… 116
5.4　翼面结构形式 ……………………………………………………………………… 120
5.5　典型翼面结构传力分析 …………………………………………………………… 126
5.5.1　传力分析的基本原理 ……………………………………………………… 126
5.5.2　翼面典型结构形式传力分析 ……………………………………………… 131
5.5.3　翼面对接处和翼身连接结构的传力 ……………………………………… 140
5.6　后掠翼的结构特点与传力分析 …………………………………………………… 152
5.6.1　后掠翼的结构和受力特点 ………………………………………………… 152
5.6.2　后掠翼根部的传力特点 …………………………………………………… 153
5.6.3　变后掠翼和前掠翼的结构与传力特点 …………………………………… 159
5.7　三角翼的结构特点与受力分析 …………………………………………………… 164
5.8　翼面结构形式的确定与结构布置 ………………………………………………… 167
5.8.1　翼面结构设计的原始依据、工作内容与步骤 …………………………… 168
5.8.2　翼面结构布局设计 ………………………………………………………… 169
5.8.3　受力构件的布置原则 ……………………………………………………… 179
5.9　翼面结构元件设计 ………………………………………………………………… 180
5.9.1　翼梁设计 …………………………………………………………………… 181

5.9.2　桁条设计 ·· 183

　　　　5.9.3　翼肋设计 ·· 186

　　　　5.9.4　蒙皮与加筋壁板设计 ······································· 187

　　　　5.9.5　对接接头设计 ··· 189

　　5.10　翼面开口区结构设计 ··· 192

　　　　5.10.1　开口对结构传力的影响 ··································· 192

　　　　5.10.2　翼面开口区结构设计要求 ································· 196

　　5.11　尾翼与操纵面结构分析与设计 ····································· 199

　　　　5.11.1　尾翼与操纵面的功用和设计要求 ··························· 199

　　　　5.11.2　尾翼与操纵面的载荷特点 ································· 199

　　　　5.11.3　安定面的结构特点 ······································· 200

　　　　5.11.4　操纵面的结构特点和传力分析 ····························· 203

　　　　5.11.5　操纵面的气动补偿与平衡 ································· 206

　　　　5.11.6　全动平尾 ··· 207

　　5.12　翼面增升装置 ··· 212

　　　　5.12.1　增升装置的功用和设计要求 ······························· 212

　　　　5.12.2　增升装置的种类和结构特点 ······························· 213

　　　　5.12.3　自适应翼面 ··· 215

　　5.13　折叠翼面结构设计 ··· 216

　　　　5.13.1　舰载飞机的折叠翼 ······································· 216

　　　　5.13.2　折叠弹翼 ··· 218

　　5.14　旋翼系统结构设计 ··· 220

　　　　5.14.1　旋翼系统的功用与结构特点 ······························· 220

　　　　5.14.2　尾桨的功用与结构特点 ··································· 225

　　5.15　飞行器结构的刚度设计和气动弹性 ································· 226

　　　　5.15.1　飞行器结构的刚度设计 ··································· 226

　　　　5.15.2　翼面变形对气动载荷的影响 ······························· 227

　　　　5.15.3　翼面的扭转变形扩大 ····································· 228

　　　　5.15.4　超声速飞行中的弯曲变形扩大 ····························· 229

　　　　5.15.5　操纵面反效 ··· 230

　　　　5.15.6　颤　振 ··· 231

　　习　　题 ··· 234

第6章　机身(机体)结构分析与设计 ······································· 239

　　6.1　机身的功用和设计要求 ··· 239

　　　　6.1.1　机身的功用 ··· 239

　　　　6.1.2　机身结构的特点与设计要求 ································· 239

　　6.2　机身的载荷及其平衡 ··· 240

　　　　6.2.1　机身的主要外载荷 ······································· 240

6.2.2　总体受力特点与载荷平衡 ·· 241

6.3　机身典型结构形式及传力分析 ·· 242

6.3.1　典型结构元件及其功用 ·· 242

6.3.2　典型结构形式和结构布局设计 ·· 243

6.3.3　典型结构的传力分析 ·· 251

6.4　加强框的受力分析和设计 ·· 259

6.4.1　加强框的结构形式与受力分析 ·· 259

6.4.2　加强框的设计 ·· 265

6.5　开口区结构受力分析与设计 ·· 271

6.5.1　机身开口与口盖的分类 ·· 271

6.5.2　开口区受力分析与结构设计 ·· 273

6.6　机身的连接设计 ·· 279

6.6.1　起落架与机身连接 ·· 279

6.6.2　发动机在机身上的安装 ·· 282

6.6.3　机身设计分离面的对接和分离机构设计 ·· 286

习　　题 ·· 287

第7章　起落装置设计 ·· 290

7.1　起落架的组成及设计要求 ·· 290

7.1.1　起落架的功用和组成 ·· 290

7.1.2　起落架布置形式 ·· 290

7.1.3　起落架设计要求 ·· 294

7.2　起落架的外载荷 ·· 296

7.2.1　着陆过载 ·· 296

7.2.2　着陆时减振系统吸收的功量 ·· 297

7.2.3　起落架的外载荷 ·· 297

7.3　起落架的结构形式和受力分析 ·· 300

7.3.1　桁架式起落架 ·· 300

7.3.2　梁式起落架 ·· 300

7.3.3　混合式起落架 ·· 305

7.3.4　多轮小车式起落架 ·· 306

7.4　前起落架构造 ·· 308

7.4.1　稳定距 ·· 308

7.4.2　摆振与减摆器 ·· 308

7.4.3　转向机构和纠偏机构 ·· 310

7.5　起落架缓冲装置 ·· 311

7.5.1　起落架缓冲器的要求 ·· 311

7.5.2　缓冲器的类型 ·· 312

7.5.3　油气式缓冲器的构造和工作原理 ·· 314

7.5.4 全油液式缓冲器的构造和工作原理 ·········· 319

7.5.5 双气室油气缓冲器的构造和工作原理 ·········· 320

7.5.6 主动控制起落架 ·········· 321

7.6 滑橇式起落架设计 ·········· 323

7.6.1 滑橇式起落架的应用、类型及设计要求 ·········· 323

7.6.2 滑橇式起落架的结构与受力分析 ·········· 325

习　题 ·········· 328

第8章 特殊环境下的结构设计 ·········· 329

8.1 飞行器气动加热问题 ·········· 329

8.1.1 热防护系统设计 ·········· 330

8.1.2 热防护结构设计 ·········· 330

8.1.3 热防护结构的设计要求 ·········· 331

8.1.4 热防护结构形式 ·········· 332

8.2 飞行器结构防除冰系统设计 ·········· 333

8.2.1 防除冰系统的组成与设计 ·········· 333

8.2.2 飞行器结构的防除冰设计要求 ·········· 335

8.3 复合材料结构防雷电设计 ·········· 336

8.3.1 复合材料结构雷电防护措施与设计 ·········· 336

8.3.2 复合材料结构雷电防护设计要求 ·········· 337

8.4 结构防/抗弹击设计 ·········· 337

8.4.1 结构防弹击设计方法 ·········· 337

8.4.2 结构抗弹击设计方法 ·········· 339

8.4.3 结构防/抗弹击设计要求 ·········· 339

8.5 结构隐身设计 ·········· 339

习　题 ·········· 341

第9章 飞行器结构维修性设计 ·········· 342

9.1 飞行器结构维护分级 ·········· 342

9.1.1 结构的分类 ·········· 342

9.1.2 结构维护的分级 ·········· 343

9.2 结构修理要求和方法 ·········· 343

9.2.1 结构修理准则 ·········· 343

9.2.2 结构修理容限 ·········· 344

9.2.3 金属结构修理方法 ·········· 345

9.2.4 复合材料结构修理方法 ·········· 348

9.3 飞机结构修理 ·········· 350

9.3.1 可达性设计 ·········· 351

9.3.2 维修通道 ·········· 351

9.3.3　标准化和互换性 ·· 351

9.3.4　模件化设计 ··· 352

9.3.5　识别标记 ··· 352

9.3.6　预防性维修 ··· 353

9.3.7　人的因素及防差错设计 ·· 353

9.4　直升机结构修理 ·· 353

9.4.1　主要工作内容 ··· 354

9.4.2　维修性设计准则 ·· 354

9.4.3　直升机维修性设计实例 ··· 356

9.5　空天飞机结构修理 ·· 358

9.6　结构维修性设计 ·· 359

9.6.1　维修性设计的一般要求 ··· 360

9.6.2　提高结构维修性的设计措施 ···································· 360

9.6.3　简化维修保障条件的要求 ······································ 363

9.6.4　维修性试验与评定 ·· 363

习　　题 ··· 364

参考文献 ··· 365

第1章　飞行器结构设计引论

飞行器结构学是飞行器及其部件结构研制的原始条件,是设计要求,结构设计与分析思想、原理和方法,结构设计技术,结构维修技术等的总称。为了更好地学习和理解飞行器结构学的具体内容,本章首先对飞行器的分类和用途、各种飞行器的组成及功用、飞行器研制的程序等相关基础知识进行介绍,明确结构设计在飞行器研制中的地位;在此基础上,引出飞行器结构设计的定义及主要工作内容,明确飞行器结构设计的主要目标;最后,根据飞行器结构设计技术的发展,总结出结构设计人员应具有的基本素质。

1.1　飞行器的分类和用途

在地球大气层内或大气层外的空间(包括环地球空间、行星和行星际空间)飞行的器械通称飞行器。通常,飞行器可分为几大类:航空器、航天器、导弹和火箭。主要在大气层内飞行的飞行器称为航空器,主要在大气层之外的空间飞行的飞行器称为航天器;依靠制导系统控制其飞行轨迹的飞行器称为导弹,依靠火箭发动机提供推进力的飞行器称为火箭。

1.1.1　航空器

按照产生升力的基本原理,可将航空器分为两大类,即依靠空气静浮力升空飞行的航空器(习惯上称为轻于空气的航空器)和依靠航空器与空气相对运动产生空气动力升空飞行的航空器(习惯上称为重于空气的航空器)。

1. 轻于空气的航空器

轻于空气的航空器包括气球和飞艇,它们的升空和飞行是靠空气的浮力或静力。

气球由气囊和吊篮(吊舱)组成,分为热气球和氢气球(氦气球),主要用于高空探测和科学实验研究。气球没有动力装置,升空后只能随风飘动或被系留在固定位置上。

飞艇通常由巨大的流线形艇体、装载人或物的吊舱、起稳定控制作用的安定面和操纵面以及推进装置四部分组成,其飞行路线可以控制,主要用于运输、旅游和航空运动。

2. 重于空气的航空器

重于空气的航空器主要有两类,即固定翼航空器和旋翼航空器;此外,还有扑翼航空器和倾转旋翼航空器。

固定翼航空器包括飞机和滑翔机。飞机由动力装置产生前进推力或拉力,由固定机翼产生升力,在大气层中飞行。滑翔机在飞行原理和构型上与飞机基本相同,只是没有动力推进装置,一般由弹射或拖拽升空,然后靠有利的气流(如上升气流)或降低高度(位能转变为动能)继续飞行。

旋翼航空器包括直升机和旋翼机。直升机是以动力驱动旋翼转动产生的气动力作为升力和推进力的主要来源,并能垂直起落的航空器。旋翼机是一种利用前飞时的相对气流吹动旋翼转动产生升力的飞行器。旋翼机的外形与直升机有些相似,但其动力装置不直接驱动旋翼,而是直接驱动旋翼机向前运动，利用前飞时的相对气流使旋翼转动从而产生升力。

扑翼机是指像鸟那样通过上下扑动机翼而产生升力和推进力的航空器。倾转旋翼机是一种由固定翼与旋翼混合而成的航空器，它同时具有固定翼和旋翼，旋翼系统通常布置在机翼两侧翼梢处，可在水平与垂直方向之间倾转。当旋翼倾转至垂直位置时，倾转旋翼机可像直升机那样垂直起降；当旋翼倾转至水平位置时，则相当于固定翼螺旋桨飞机。

在重于空气的航空器中，飞机和直升机是两种获得广泛应用的航空器。

(1) 飞　机

飞机按其功用可分为军用飞机、民用飞机和科学研究飞机三大类。军用飞机包括歼击机(战斗机)、轰炸机(攻击机)、军用运输机、侦察机、预警机、电子对抗机、反潜机、空中加油机和救护机等，其功用主要是完成空中拦截、侦察、轰炸、攻击、预警、反潜、电子干扰、军事运输以及空降等任务。民用飞机是指非军事用途的飞机，包括客机和货机等运输机，还有一些通用航空中使用的飞机，主要用于农业作业、护林造林、救灾、医疗救护、空中勘测和体育运动等。

为了完成不同的任务，不同的飞机会有不同的技术要求，对于军用飞机，称为战术技术要求；而对于民用飞机，则称为使用技术要求。飞机的技术要求主要有最大速度、升限、航程、起飞着陆滑跑距离、载重、机动性(对战斗机)和使用寿命等指标；此外，还有如能否全天候飞行，对机场以及对飞机本身的维修性和保障性等方面的要求。

从发展来看，军用飞机和现代大型旅客机的飞行速度、升限和航程都在不断增大。现代战斗机的最大飞行速度通常为声速的2倍多，即 $Ma>2$；飞行升限在20 km以上。为了提高军用飞机的生存力和战斗力，各国正努力发展低可见度的隐身技术，并已在F-117A战斗/攻击机和B-2、B-21轰炸机上获得成功应用。美国第四代战斗机如F-22，同时具备隐身、超声速巡航、过失速机动和推力矢量控制、近距离起降以及良好的维修性等性能。无人机也得到迅速发展，世界主要军事强国已经大量使用无人机执行空中侦察、地面与海上攻击等作战任务。现代军用运输机和一些大型远程旅客机的航程和载重越来越大，有的航程可达10 000 km以上，如美国的C-5A载重将近100 t，可运载350名士兵或1辆坦克加2架小型直升机；俄罗斯的安-225载重则高达225 t。大型旅客机如B747宽体客机载客可达500名。

(2) 直升机

直升机既能垂直上升下降、空中悬停，又能向前后左右任一方向飞行。

直升机的应用几乎遍及军用和民用的各个领域。军用直升机可用于通信联络、侦察巡逻、后勤支援、空降登陆、反潜扫雷、对地攻击、战场救护和空中指挥等方面；民用直升机可用于短途运输、医护救灾、森林防火、地质勘探、空中摄影、吊装设备、交通指挥和科学考察等方面。

1.1.2 航天器

航天器是在稠密大气层之外环绕地球，或在行星际空间、恒星际空间中，基本上按照天体力学规律运行的各种飞行器，又称空间飞行器。航天器可分为无人航天器和载人航天器。前者可以按照是否环绕地球运行分为人造地球卫星和空间探测器；后者又可分为载人飞船、航天站(又称空间站)和航天飞机。

1. 无人航天器

（1）人造地球卫星

人造地球卫星简称为人造卫星，是由运载火箭发射到一定高度，并获得必要的速度，然后沿一定轨道环绕地球运行的航天器。

人造卫星按其用途可分为科学卫星、应用卫星和技术试验卫星。

- 科学卫星主要用于科学探测和研究，如空间物理探测卫星、天文科学卫星等。
- 应用卫星是直接为国民经济和军事服务的卫星，其种类最多，发射的数量也最多。
- 技术试验卫星是主要用于对航天技术中的新原理、新技术、新方案和新材料等进行试验研究的卫星，如重力梯度稳定试验、生物对空间环境适应性试验、载人航天器生命保障系统和返回系统的验证试验、交会对接技术试验、新遥感器空中飞行试验以及轨道拦截技术试验等。

人造卫星按其应用领域可分为通信卫星、气象卫星、导航卫星、侦察卫星、测地卫星、地球资源卫星和截击卫星等。

（2）空间探测器

空间探测器又称深空探测器，包括月球探测器、行星探测器和行星际探测器，用来对月球和月球以远的天体和空间进行科学探测。各种行星际探测器分别用来探测金星、火星、水星、木星、土星以及行星际空间和恒星，如我国在 2020 年 7 月 23 日发射的"天问一号"是一种火星探测器。

2. 载人航天器

载人航天器按照飞行和工作情况可分为载人飞船、航天站和航天飞机。

（1）载人飞船

载人飞船是用来保障航天员能在外层空间生活和工作并能返回地面的航天器，又称宇宙飞船，可分为卫星式载人飞船和登月载人飞船。载人飞船可以独立进行航天活动，也可以作为往返于地面和航天站（或月球）之间的"渡船"。苏联的"联盟"号飞船和美国的"阿波罗"号登月飞船是载人飞船的典型代表。

（2）航天站

航天站又称空间站，是一种可供多名航天员在外层空间长期工作和生活的航天器。它的运行原理与环绕地球的卫星式载人飞船相似，二者的主要差别是后者运行时间较短，一般仅使用一次就得返回地面。

（3）航天飞机

航天飞机是一种可以多次往返于地面和近地轨道之间，用于运送有效载荷或在轨道上完成规定活动的航天器。它可由运载火箭送入轨道，返回地面时可像飞机那样着陆。自 2010 年 4 月美国空军的 X-37B"轨道试验飞行器 1 号"原型机实现首航以来，人类正在研发能像飞机那样水平起飞、水平着陆的航空航天飞机（又称空天飞机）。

1.1.3　火箭和导弹

1. 火　箭

火箭是指靠火箭发动机喷射工作介质产生的反作用力推进的飞行器。火箭既可在大气层内飞行，又可在大气层外飞行，推进剂全部由其自身携带，无须依赖外界工作介质产生推力。火箭按功用一般可分为探空火箭和运载火箭。探空火箭是在近地空间进行探测和科学试验的火箭，可用于探测大气各层结构、成分和参数，研究电离层、地磁场、宇宙线、太阳紫外线、X 射线和陨尘等多种日-地物理现象，为弹道导弹、运载火箭、人造卫星和载人飞船等飞行器的研究提供必要的环境参数。运载火箭是由多级火箭组成的航天运输工具，用于将人造地球卫星、载人飞船、航天站或空间探测器等有效载荷送入预定轨道。

2. 导 弹

导弹是由制导系统控制飞行轨迹的飞行武器，它带有战斗部。导弹的动力装置可以是火箭发动机，也可以是涡轮或涡扇喷气发动机，还可以是冲压发动机。按不同的分类准则，导弹可分为不同的类型。

（1）按弹道特征分类

按弹道特征，导弹可分为弹道导弹和巡航导弹。

① 弹道导弹是一种由地面垂直发射的远射程、大威力的进攻性武器，其弹道由主动段、自由飞行段和再入段组成（自由段和再入段又统称为被动段）。根据射程的不同，弹道导弹可分为近程（100～1 000 km）、中程（1 000～4 000 km）、远程（4 000～8 000 km）和洲际（8 000～10 000 km 或以上）弹道导弹。

② 巡航导弹是一种以火箭发动机或航空喷气发动机为动力，在大气层内飞行并有较长平飞段的自控飞行作战武器。若从飞机上发射，导弹先下滑然后转入平飞；若从地面或舰艇上发射，则导弹先借助推爬升，然后转入平飞（自控段），捕捉到目标后自动导向目标（自导段）。

（2）按发射点和目标的空间位置分类

按发射点和目标的空间位置，导弹可分为地对空、空对地、空对空和地对地导弹。

① 地对空导弹又称防空导弹，是从地面或海上发射攻击空中目标的导弹。

② 空对地导弹是从飞机上发射，攻击地上或海上目标的导弹，属进攻性压制武器。

③ 空对空导弹是从飞机上发射用于攻击空中目标的导弹，打击的主要目标是各种军用飞机和巡航导弹。按射程的不同，空对空导弹又可分为近距格斗弹和中、远程拦截弹。

④ 地对地导弹是指从地上或海上发射，打击地上或海上目标的导弹。

（3）按打击的目标类型分类

按打击的目标类型，导弹可分为反飞机导弹、反导弹导弹、反卫星导弹、反舰导弹、反辐射导弹（用于攻击雷达等电磁辐射源）、反坦克导弹及攻击地面常规目标导弹，其中，攻击地面常规目标的导弹打击目标范围极广，包括地面上的有生力量和重要设施。

此外，导弹还可按作战中的作用划分为战略导弹和战术导弹；按所用的推进剂可划分为液体导弹、固体导弹和固液导弹；按级数划分可分为单级导弹和多级导弹等。

1.2 飞行器的主要组成部分及其功用

1.2.1 航空器的主要组成部分及其功用

飞机和直升机是使用最广泛、最具代表性的航空器。它们的主要组成部分有机体、操纵系统、动力装置和机载设备等；此外，直升机还有升力系统和传动系统。如图 1-1 所示为 F-16

战斗机的机体结构及主要组成部分,图 1-2 所示为 AH-64A 武装直升机的组成部分。

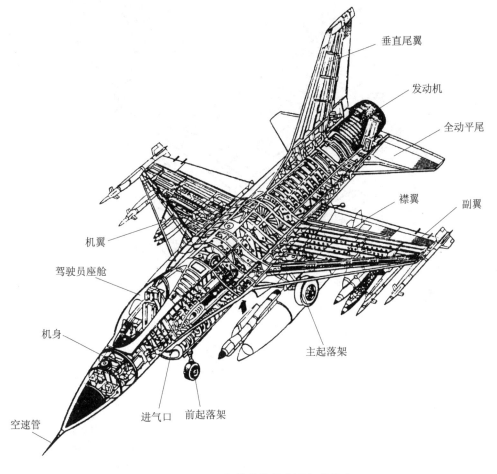

图 1-1　F-16 机体结构及主要组成部分

1. 机　体

机体包括机翼、尾翼及机身等部件。

(1) 机　翼

机翼是飞机产生升力的主要部件。机翼通常有用于横向操纵的副翼和扰流片,前后缘部分还设有各种形式的襟翼,用于增加升力或改变机翼升力的分布。有些直升机上有辅助短翼,主要用来悬挂武器或副油箱,同时提供部分升力。

(2) 尾　翼

尾翼布置在飞机尾部,分为水平尾翼和垂直尾翼两部分。一般水平尾翼由水平安定面和升降舵组成,垂直尾翼由垂直安定面和方向舵组成。在超声速飞机上,为了提高飞机纵向操纵能力,常将水平尾翼做成一个整体(即不分水平安定面和升降舵),它可以操纵偏转,称为全动平尾。有些飞机(主要是变后掠翼飞机)还将全动平尾设计成可以差动偏转的形式,即平尾的左右两半翼面不仅可以同向偏转,而且可以反向偏转,此时可起横向操纵作用,这种形式称为差动平尾。如果水平尾翼装在机翼的前面,则称为前翼或鸭翼。有些飞机采用 V 形尾翼布

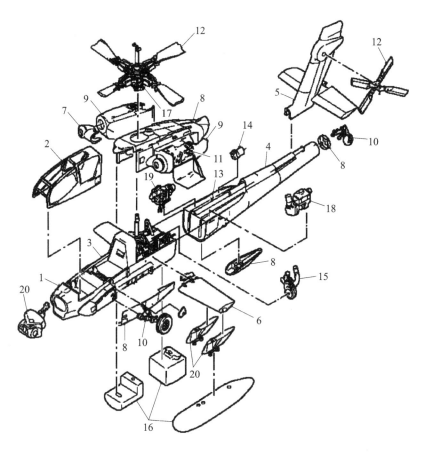

1—前舱;2—座舱盖;3—座舱;4—尾传动轴罩;5—尾斜梁;6—短翼;7—发动机进气道整流罩;
8—天线罩;9—发动机罩;10—起落架;11—发动机;12—桨叶;13—尾传动轴;14—辅助动力装置;
15—发动机输入轴;16—油箱;17—桨毂;18—滑油散热器;19—主减速器;20—挂架

图 1-2　AH-64A 武装直升机的组成部分

局,此时两个尾翼兼具纵向和航向稳定、操纵的作用。直升机的平尾会产生前飞时的负升力和抬头力矩,可保证直升机具有良好的纵向稳定性和操纵性。

（3）机　身

机身位于飞机的中央,将机翼、尾翼、动力装置和起落架等部件连成一个整体。机身主要用于装载人员、货物、武器或其他载重和设备等,但却并不是飞机不可或缺的部件。早期的飞机仅有一个连接各部件的构架——这样的机身在现在的初级滑翔机和超轻型飞机上还可见到,后来为了减少阻力,发展成为流线外形的机身,并用以容纳人员、设备以及货物等体积较大的载荷。如果飞机足够大,能将人员、货物和燃油等全部装在机翼内,则可以取消机身,成为飞翼式飞机(简称飞翼)。直升机的升力系统和传动系统也是直接装在机身上。

（4）起落架

起落架是飞机和直升机起飞、着陆滑跑,以及地面(或水面)停放、滑行中支持飞机的装置,一般由承力支柱、减振器、带刹车的机轮(或滑橇、浮筒)和收放机构组成。在低速飞机上用不可收放的固定式起落架以减轻质量,在支柱和机轮上有时装整流罩以减小阻力和气动噪声。

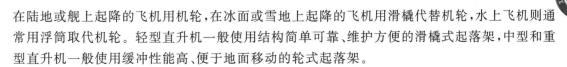

在陆地或舰上起降的飞机用机轮,在冰面或雪地上起降的飞机用滑橇代替机轮,水上飞机则通常用浮筒取代机轮。轻型直升机一般使用结构简单可靠、维护方便的滑橇式起落架,中型和重型直升机一般使用缓冲性能高、便于地面移动的轮式起落架。

2. 操纵系统

操纵系统包括驾驶杆(盘)、脚蹬、拉杆、摇臂或钢索和滑轮等。驾驶杆(盘)控制升降舵(或全动平尾)、副翼和旋翼,脚蹬控制方向舵和尾桨。为了改善操纵性和稳定性,现代飞机操纵系统中还配备有各种助力系统(有液压式和电动式)、增稳装置、电传操纵系统和自动驾驶仪等。

3. 动力装置

动力装置包括产生驱动力的发动机和保证发动机正常工作的附件及系统,其中有发动机的启动、操纵、固定、燃油、滑油、散热、防火、灭火、进气和排气等装置或系统。现代飞机上应用最多的是涡轮风扇发动机、涡轮喷气发动机和涡轮螺旋桨发动机;直升机上应用最多的是涡轮轴发动机。

4. 机载设备

机载设备包括飞行仪表,通信、导航、环境控制、生命保障和能源供给等设备,以及与飞机、直升机用途有关的一些机载设备,如战斗机的武器和火控系统、客机的客舱生活服务设施等。

5. 直升机升力系统

直升机的升力主要由旋翼提供。常见的单旋翼直升机多采用尾桨来平衡驱动主旋翼旋转的扭矩,多旋翼直升机多采用旋翼之间反向旋转彼此提供平衡扭矩。直升机升力系统通常是旋翼与尾桨的总称,其中主要包括桨叶和桨毂两大部件。

6. 直升机传动系统

传动系统主要由减速器(包括主减速器、中减速器和尾减速器)、传动轴(包括主传动轴和尾传动轴)以及旋翼刹车装置组成,用于将发动机输出轴的功率(扭转力矩)按一定比例和方向传给旋翼、尾桨和主减速器上的附件,使它们获得相应的工作转速与功率。

不同类别航空器的动力装置构成情况有所不同,如滑翔机无动力装置;飞艇的升力是静浮力,所以不用机翼。但总的来说,它们动力装置的组成情况与飞机类似。

1.2.2　航天器的主要组成部分及其功用

航天器由功能各异的若干分系统组成,一般有专用系统和保障系统。前者用于直接执行特定的航天任务,后者用于保障前者的正常工作。专用系统随航天器的任务而异,例如侦察卫星的可见光照相机、电视摄像机等,通信卫星的转发器和通信天线,空间站上供航天员进行试验和观测用的专用设备等。各类航天器的保障系统基本相似,一般包括下列分系统:

- 结构系统。用于支承和固定航天器上各种仪器设备,为仪器设备和航天员提供必要的工作和生活环境,并能承受地面运输、发射和空间运行中的各种力学和环境载荷。
- 热控制系统。用于保障各种仪器设备或航天员处于允许的温度环境中。
- 生命保障系统。在载人航天器中,用于维持航天员正常生活所必需的设备和条件,其中包括温湿度调节、供水供氧、空气净化、废物排除和封存、食物制作与保管,以及水的再生等。

- 电源系统。用于为航天器所有仪器设备提供电能。
- 姿态控制系统。用于保持或改变航天器的运行姿态。
- 轨道控制系统。用于保持或改变航天器的运行轨道。
- 返回着陆系统。用于保障返回型航天器的安全,一般由制动火箭、降落伞、着陆装置、标位装置和控制装置等组成。

此外,保障系统尚需配有无线电测控系统和数据管理系统等。

1. 人造卫星

随卫星用途的不同,其结构形态各异,但从功能上看,一般都由承力结构、外壳、安装结构、天线结构、太阳能电池阵、防热结构和分离连接装置等部分组成。

(1) 承力结构

承力结构与运载火箭相连接,承受发射时产生的火箭推力,一般由铝合金、钛合金或纤维增强复合材料的薄壁柱壳、波纹或蜂窝夹层柱壳或截锥壳和杆件组成。

(2) 外　壳

外壳为卫星的外表面结构,须承受一部分外力,起承力构件的作用,通常为半硬壳式结构、蜂窝夹层结构或柔性张力表面结构。外壳的形状可为球形、多面柱形、锥形或不规则的多面体等。

(3) 安装结构

安装结构是安装仪器设备并保证安装精度和防振、防磁以及密封等要求的结构,可以是舱体或盘式结构。

(4) 天线结构

天线结构为抛物面形,有固定式和展开式两种。固定式天线的反射面是一个大面积的薄壁构件,通常用热膨胀系数很小的石墨纤维复合材料制造,以防止热变形对其电性能的影响。展开式天线有伞式、花瓣式、渔网式和桁架式。

(5) 太阳能电池阵

太阳能电池阵可以是直接粘贴在卫星外表面的一组太阳能电池片。有些卫星外壳做成套筒式伸展结构,卫星发射时缩叠,进入空间轨道后外筒伸展,以增加太阳能电池阵的面积。另外一种是可伸展太阳能电池翼(或称太阳能帆板),进入轨道后可伸展成翼状,加大太阳能电池阵的面积。

图 1-3 为苏联于 1958 年发射的人造地球卫星 3 号的构造。星体为圆锥形薄壁结构,装载星上各分系统的仪器设备。

2. 载人飞船

载人飞船一般由返回舱、轨道舱、服务舱、对接舱和应急救生装置等组成,承受各种环境下的静、动、热、疲劳等载荷的作用。为了保证人员能进入太空和安全返回地面,载人飞船的主要系统有:结构系统、姿态控制系统、轨道控制系统、无线电测控系统、电源系统、返回着陆系统、生命保障系统、仪表照明系统和应急救生系统等。返回舱是载人飞船的核心舱段,也是整个飞船的控制中心。登月飞船还应有登月舱。

图 1-4 所示为"宇宙-1443"飞船,船体由返回固体助推器、返回飞船、仪器舱、设备舱、太

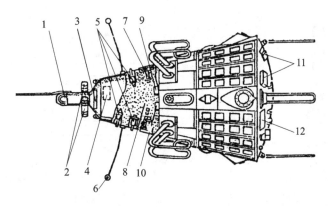

1—磁强计；2—记录太阳辐射的光电倍增器；3—太阳能电池；4—宇宙辐射中的光子记录仪；

5—磁强计和电离压力计；6—离子陷阱；7—磁通计；8—质谱仪；9—宇宙辐射中的重核记录仪；

10—基本宇宙辐射的强度测量仪；11—微流星探测装置；12—太阳能电池

图 1-3 人造地球卫星 3 号的构造

阳能电池翼，以及折叠展开、分离操纵和交会对接机构等组成。交会对接机构可使飞船与航天站对接。

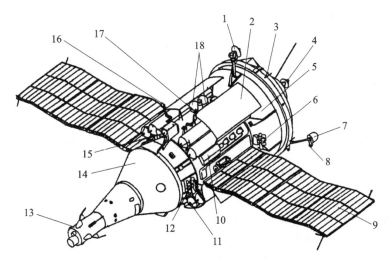

1—对接用控制天线；2—外冷却器；3—比率通信天线；4—对接件；5—功能、轴节舱；

6—系留、稳定发动机；7—对接用天线；8—对接用大距离探测天线；9—太阳能电池；

10—热控装置；11—推进剂箱；12—系留、稳定发动机；13—返回固体助推器；14—返回飞船；

15—调正、交会发动机；16—对接用大距离探测天线；17—指令无线电天线；18—贮箱增压瓶

图 1-4 "宇宙-1443"飞船

如图 1-5(a)所示为"阿波罗"载人飞船，其中的返回舱等舱段加上逃逸塔和飞船整流罩构成了飞船的逃逸飞行器。图 1-5(b)所示的"联盟"号飞船的服务舱可进一步分为过渡舱、仪器舱和推进舱三个分舱。

3. 航天飞机

航天飞机一般由轨道器、外挂贮箱和火箭助推器组成，是飞机、运载火箭和飞船的混合体。

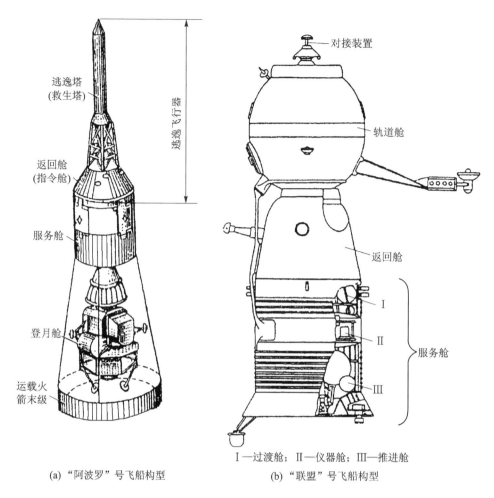

（a）"阿波罗"号飞船构型   （b）"联盟"号飞船构型

图 1-5 "阿波罗"和"联盟"号载人飞船

图 1-6 所示为美国航天飞机的总体外形图。

轨道器是航天飞机最复杂、最重要的组成部分,它像一架大型三角翼飞机,后部装有三台主发动机、两台轨道机动发动机及垂直尾翼,机翼上有气动舵面(方向舵和升降副翼)、襟翼和减速板,44 台小发动机分布在机头和机尾用于姿态控制。根据返回大气层时的受热程度,轨道器外部粘贴了 31 000 块不同的隔热瓦。前部的乘员舱为密封增压舱,其上部为驾驶舱,可容纳指挥长、驾驶员以及科学家共 3~4 人,中部为生活舱,下部为设备舱。轨道器的中间段为大货舱,用于运送卫星、空间站部件、天文望远镜等有效载荷。为了便于释放或捕获有效载荷,还有长达 18 m 的机械手及监控装置。

轨道器下面挂有主发动机用的推进剂贮箱。两台固体火箭助推器固定在其机翼与推进剂贮箱上。

如图 1-7 所示为美国 X-37B 无人太空飞机及其发射装置。X-37B 通过搭载火箭升空或大型飞机高空投放,然后依靠自身动力进入近地轨道,也可进入中高轨道运行,最高速度时 $Ma > 25$。返回时,可像一般无人机一样,滑翔飞行至跑道降落。

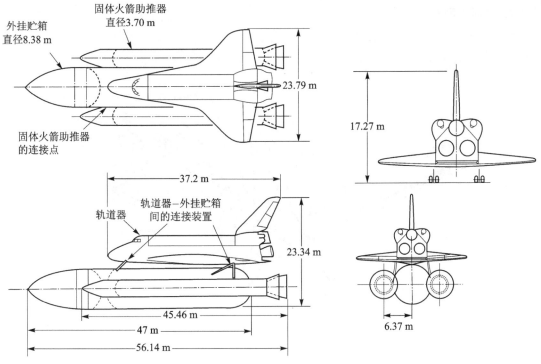

图 1 - 6　美国航天飞机的总体外形图

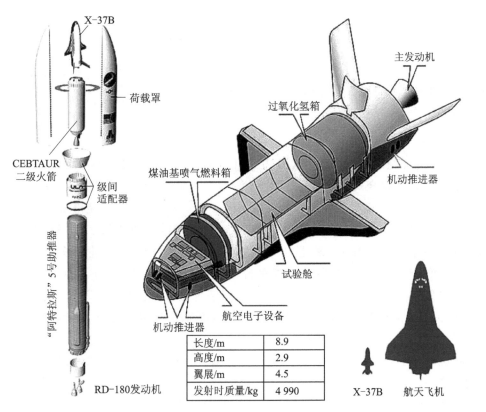

长度/m	8.9
高度/m	2.9
翼展/m	4.5
发射时质量/kg	4 990

图 1 - 7　美国 X - 37B 的布局及其发射装置示意图

4. 空间探测器

美国的"旅行者"号探测器是典型的空间探测器之一,它为环状十边形结构(见图1-8),装有直径为3.7 m的大型高增益天线,用3台放射性同位素热电发生器作为电源。

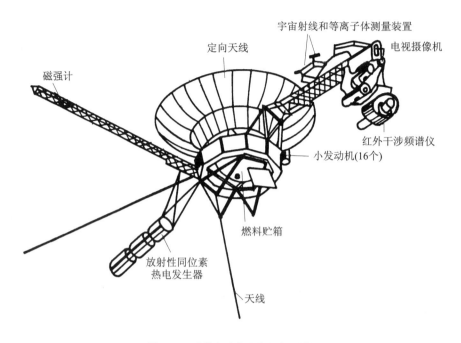

图1-8 "旅行者"号空间探测器

空间探测器所处的空间环境条件十分严酷,有的需要对结构进行特殊防护。为了保证空间探测器能在月球或行星表面着陆或行走,须采用挠性轮等特殊形式的结构,使其适应凹凸不平的表面。

5. 空间站

空间站的基本组成与载人飞船类似,但其上面多了保障航天员长期生活和工作的设施。

图1-9所示为组合式国际空间站即"和平"号空间站的构型,它是以美国和俄罗斯为主的16个国家共同完成的、迄今规模最大的航天系统工程,1994年开始组装准备,2000年开始最后组装,耗时5年。空间站的基础结构是桁架式大梁,用来安装各舱段、太阳电池翼、辐射散热器、外露试验平台等。它有6个微重力环境科学实验舱,其中有:1个进行微重力生物医学实验的离心机舱,该实验舱有一些部分外露平台,用于天文物理测量、太阳系探测等与空间环境直接接触的实验;1个功能货舱,舱内有生命保障系统、发动机和居住设施、电源、燃料,舱外有多个对接口;1个在空间站建造初期供乘员居住的服务舱和1个在空间站建成后供乘员长期生活的居住舱;还有3个独立的节点舱,用于与其他舱对接。全站有统一的服务设施、供电、供气和散热系统,统一的姿态控制和交会系统,每个模块功能单一,从而提高了全站的使用效率。

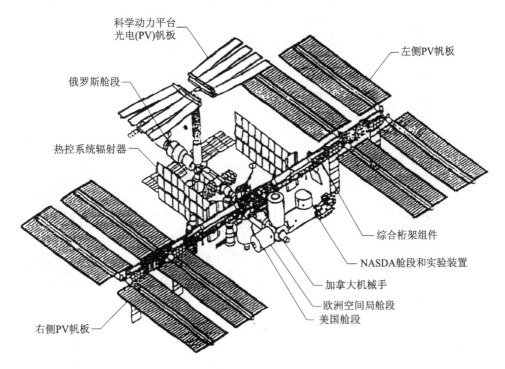

科学动力平台
光电(PV)帆板

左侧PV帆板

俄罗斯舱段

热控系统辐射器

综合桁架组件

NASDA舱段和实验装置

加拿大机械手

欧洲空间局舱段

美国舱段

右侧PV帆板

图 1-9 "和平"号空间站的构型

1.2.3 火箭和导弹的主要组成部分及其功用

1. 火 箭

根据用途的不同,可将火箭分为探空火箭和运载火箭两类。

(1) 探空火箭

探空火箭一般由箭体结构、动力装置和稳定尾翼组成。有效载荷(控制仪器和信息发送设备等)装在火箭前端的仪器舱内。动力装置常用固体火箭发动机。探空火箭一般对姿态和飞行弹道的要求不高,不像导弹和运载火箭那样严格,可以不设控制系统,仅靠稳定尾翼或火箭绕纵轴旋转来保证飞行的稳定性。

(2) 运载火箭

运载火箭可以是由单级火箭也可以是由多级火箭组成的航天运输工具。如图 1-10 所示为多级火箭及其组合方式。运载火箭主要由箭体结构、推进系统和飞行控制系统三大部分组成,多级火箭级与级之间通过级间段连接。运载火箭一般属于一次性使用的运载系统,但迄今美国的 Space X 公司已经实现了"猎鹰"9 号运载火箭第一级推进器和整流罩,以及"猎鹰"重型运载火箭中心与侧面推进器和整流罩的重复使用。

1) 箭体结构

箭体结构是运载火箭的基体,用来维持火箭的外形,承受地面运输、发射操作以及空中飞行等过程中的各种载荷,安装火箭各系统的所有仪器、设备,并将所有系统、组件连接成一个整体。目前,部分箭体结构可以重复使用。

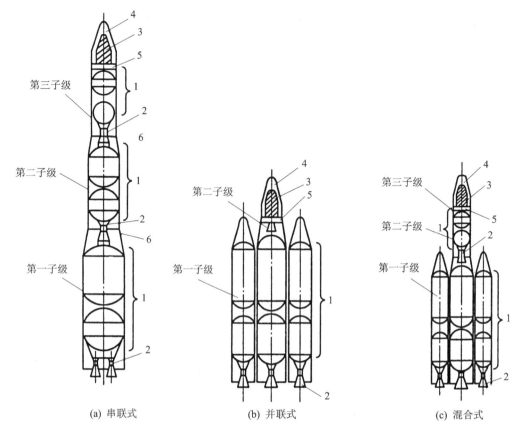

(a) 串联式　　　　(b) 并联式　　　　(c) 混合式

1—推进剂箱；2—火箭发动机；3—有效载荷；4—头部整流罩；5—仪器舱；6—级间承力接头

图1-10　多级火箭的组合方式

2）推进系统

推进系统是推动运载火箭飞行，使其获得一定速度的装置。对于液体火箭，推进系统由推进剂输送和增压系统与液体火箭发动机两部分组成。对于固体火箭，其推进系统较简单，主要部分就是固体火箭发动机，推进剂直接装在发动机的燃烧室壳体内。

3）飞行控制系统

飞行控制系统的作用是控制火箭的飞行状态，使其沿预定轨道飞行，把有效载荷送到预定的空间位置并使之准确进入轨道。该系统由制导与导航系统、姿态控制系统、电源供配电和时序控制系统三部分组成，其中制导与导航系统主要用来控制运载火箭的入轨精度；姿态控制系统用来克服各种干扰的影响，以保证运载火箭的稳定飞行。

2. 导　弹

虽然不同类型的导弹大小差异很大，但作为一种可控武器，它们都包含有战斗部、动力系统、制导系统和弹体结构四部分。

（1）战斗部

战斗部（又叫弹头）是打击或摧毁目标的专用装置，一般由壳体、战斗装药和引信组成，多位于导弹头部，可以是单弹头，也可以是多弹头。按战斗装药，可将其分为常规战斗部、核战斗部和特种战斗部。

（2）动力系统

动力系统是驱使导弹运动并达到一定速度的动力源，其主要部分是发动机，经常使用的有固体或液体火箭发动机、涡轮风扇或涡轮喷气发动机、混合推进剂火箭发动机、冲压喷气发动机。除发动机外，动力系统还包括发动机架、推进剂输送和管理系统（对液体火箭发动机而言）等附属系统。

（3）制导系统

制导系统用于控制导弹的飞行方向、姿态、高度和速度，以引导导弹或弹头准确地飞向目标。制导系统可以全部安装在导弹上，也可以一部分安装在导弹上，另一部分安装在地面指挥站内。

（4）弹体结构

弹体结构的作用是将导弹的各部分连接成为一个整体，承受导弹地面运输、发射和飞行中的各种载荷，并保证导弹具有良好的气动外形。弹体由弹身、弹翼、操纵面与弹上机构（分离、操纵、折叠机构等）组成。如图 1-11 所示为"萨姆-2"导弹弹体分解图。

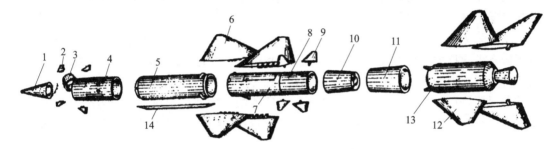

1—一舱；2—前翼；3—二甲舱；4—二乙舱；5—三舱；6—弹翼；7—四甲舱；8—四乙舱；
9—舵面；10—五舱；11—六舱；12—稳定面；13—固体助推器；14—整流罩
图 1-11　"萨姆-2"导弹弹体分解图

弹身的主要功用是装载战斗部、动力系统和制导系统等弹上设备，并将它们连在一起。弹身产生的升力占总升力的比例比飞机要大；在大迎角飞行时，其升力相当可观。

弹翼的功用与机翼相同，用来产生升力。导弹平飞时，升力的作用是平衡重力；机动飞行时，升力是使导弹做曲线飞行的向心力。巡航导弹的操纵面与无人机相似，其他导弹的操纵面多为全动式舵面或副翼舵，其数量与控制系统的通道相匹配，以便各通道独立操纵。

操纵机构的功用是将控制伺服机构传来的力或位移传递给操纵面使之偏转。分离机构的功用是在导弹飞行过程中，使需要与弹体分离的部分（如助推器等）适时可靠地脱开。有些导弹还有翼面折叠与展开机构，它能实现翼面沿展向的收缩或恢复。

1.3　飞行器研制的一般程序

研制一种新型的现代飞行器，如飞机、导弹和航天飞机等，需要花费巨大的人力、物力和财力，经历相当长的周期，以及各工业部门和相关理论研究单位的通力协作。由于基础理论研究、技术基础和工业水平等的不同，各国飞行器研制的程序不同；即使在同一个国家，由于飞行器的种类不同，各研制单位经验和传统不同，不同单位飞行器的研制过程及其工作内容也不完全相同,这里不再一一列举。本节重点介绍我国飞机和直升机研制的一般程序,并对其他飞行器研制的一般程序作简要说明。

1.3.1 飞机和直升机研制的一般程序

一般情况下,一款新型飞机或直升机的研制须经过立项论证、方案、工程研制、设计定型以及生产定型等 5 个阶段。下面以飞机为例,说明各阶段的主要工作内容。

1. 论证阶段

论证阶段的主要任务是进行技术要求(民用飞机为使用技术要求,军用飞机为战术技术要求)、总体技术方案的论证及研制经费、保障条件、研制周期的预测,形成新研飞机的研制总要求。研制总要求应包括拟研制新飞机的作战使命或使用前景、典型使用模式、主要技术要求、初步总体技术方案、研制周期及各研制阶段的计划安排、总经费预测及方案阶段经费预算、研制分工等内容。

论证工作包括新研飞机的使命、作战对象或市场需求,国内外同类飞机的发展趋势分析,主要技术要求确定的原则及实现的可能性,初步总体技术方案论证情况,新技术的采用比例,关键技术成熟程度,研制周期及经费分析,初步保障条件要求,目标成本分析与组织实施措施等。

新研飞机的技术要求,是由用户根据国家的战略方针和将来面临的使用或作战环境,经过分析后对新型号提出的任务、使命和主要技术特性。研制部门则根据自己的技术储备和可用新技术的预期,拟定满足用户需求的新研飞机可能的技术方案。经过对新型号概念性方案的反复修改和对用户提出的初步技术要求,从技术可行性、经费、研制周期及风险度等方面反复磋商后,才能形成正式的研制总要求。

在这一阶段,为了验证技术方案与要求的可行性,必要时还要对诸如气动布局方案、新材料结构等关键新技术进行试验验证,以使方案的可行性论证有坚实的技术基础。

2. 方案阶段

方案阶段主要是根据批准的飞机研制总要求进行飞机研制方案的论证与验证,形成研制任务书。

方案论证与验证工作由主管部门或研制单位组织实施,进行飞机总体设计、关键技术攻关,以及新部件、分系统的试制与试验,根据所研型号的特点和需要,进行模型样机或原理性样机研制与试验。在关键技术已解决、研制方案切实可行、保障条件已基本落实的基础上,由研制单位编制研制任务书,报主管部门和用户。

研制任务书的主要内容包括:主要战术技术指标和使用要求,总体技术方案,主要系统和配套设备、保障设备方案,研制总进度及分阶段进度,样机试制数量,研制经费概算,需要补充的主要保障条件及资金来源,试制、试验任务的分工和生产定点及配套产品的安排,试验基地和用户提供的特殊试验的补充条件。

飞机总体技术方案设计也称为总体设计,内容主要有确定飞机布局形式、总体设计参数(起飞总重、发动机推力和翼载荷等),选定动力装置,确定各主要系统方案及其主要设备,以及机体结构用的主要材料和设计分离界面等;形成飞机的总体布置图、三面图、结构受力系统图,质心定位、性能、操纵安定性计算,确定机载与航电系统,并进行位置协调,以及结构强度和刚度计算,给出对各分系统的技术要求;最终制造出全尺寸的数字或实体样机,进行人机接口、主要设备和通路布置的协调检查以及使用维护性检查。样机在经过用户,特别是经空、地勤人员审查通过后,便可冻结新研飞机的总体技术方案,开始转入工程研制。

此阶段必须做方案验证性的风洞试验、结构和系统原理试验,使所有验证计算都建立在可靠的试验结果基础上。在确定总体技术方案时,还应对技术方案在经济和进度上做进一步的分析与确定。

3. 工程研制阶段

工程研制阶段是根据方案阶段确定的飞机总体技术方案和研制任务书进行飞机的工程设计、试制和试验工作,通常进一步划分为初步设计阶段和详细设计阶段。

初步设计又称打样设计,即对各部件的主要结构元件和系统进行布置和初步设计,对设计结果进行计算,检查是否满足总体技术方案中的设计要求,并对总体技术方案提出必要的修改意见,最后完成结构打样图、系统原理图、安装图和设计计算文档。

详细设计又称为技术设计或工作设计,即对各部件和系统进行详细的零、部件设计,同时进行静、动强度校核,疲劳、耐久性和损伤容限评定,结构和系统可靠性分析,以及气动弹性分析等。详细设计阶段的主要任务是为所研制的飞机提供各种必要的图纸和技术文件,比如一整套工作图纸、各种明细表、工艺文件、试验报告、技术报告和验收文件等。

在工程研制阶段,制造部门要制定飞机制造工艺方案,并对零、部件图纸进行工艺性审查,在详细设计完成后开展试制工作,并配合设计部门进行各种相关试验。各分系统的设备要陆续提交设计部门进行分系统验证,然后对液压、燃油、飞控、空调、电源和航空电子等分系统做全系统的地面模拟试验。详细设计过程中还有可能对总体技术方案在细节上做一些修改和调整,因此对设计更改后的方案还可能进行必要的全机模型风洞校核试验,以获取准确气动力数据供试飞使用,然后做有飞行员参与的地面模拟器的飞行模拟试验。飞机部件及整机要做静力试验,以验证飞机的强度与刚度;起落架还要做动力试验,以验证其是否满足飞机起降要求。飞机总装完后,试飞前要做全机地面共振试验,以确定飞机的颤振特性;还要做各系统及其综合的机上地面试验以及全机电磁兼容性等机上地面试验,为放飞前做最后的验证。在放飞以前还应进行充分的地面滑行,以进一步验证在动态过程中机上各系统的工作情况,并对试飞测试系统做一定的检验。

工程研制阶段的最终结果是试制出供地面和飞行试验用的原型机4~10架,制定试飞大纲,完成空、地勤人员使用原型机所需的相应技术文件,以及试飞所必需的外场保障设备。

4. 设计定型阶段

设计定型阶段的主要工作是对飞机性能进行全面考核,确认达到了研制任务书或研制合同的要求。

新研飞机先要进行调整试飞,调整试飞由研制单位负责,目的是排除新飞机的一些初始性重大故障。调整试飞大致要飞到原设计飞行包线的80%左右,再开始正式的国家鉴定试飞或定型试飞。鉴定试飞按试飞大纲要求进行,以检查新飞机能否达到设计要求。参与鉴定试飞用的原型机可按不同分工完成各自的试飞任务,例如有的主要用于考核飞机的性能,有的用于评定操纵安定性,有的用于检查颤振,有的用于检验武器和火控系统等,总之,各负其责,完成定型试飞大纲规定的所有任务。

根据试飞所得到的数据和技术资料,可对新研飞机的设计或工艺进行必要的修改。定型

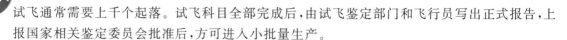

试飞通常需要上千个起落。试飞科目全部完成后，由试飞鉴定部门和飞行员写出正式报告，上报国家相关鉴定委员会批准后，方可进入小批量生产。

5. 生产定型阶段

生产定型阶段的主要工作是对飞机批量生产条件进行全面考核，以确认其符合批量生产的条件。

经国家有关机构批准新研飞机设计定型并决定进入批生产之后，批生产厂就应尽快从设计单位接收生产、检验所需的全部技术资料，并尽早开展生产准备工作。在大量的生产准备工作就绪之后，就可进入小批量生产。

首批生产的飞机也应安排鉴定试飞，主要检查生产工艺质量。基于小批量生产得到的经验和对飞机质量的检查结果，应该对工艺规程、装备等进行必要的修改和调整。然后，再经过小批量生产过程的进一步考验，直至取得满意的结果。这时，就可以进行生产定型，正式开始批生产。

新飞机在投入批生产甚至交付使用之后，还需经历进一步完善、发展和改型的过程。批生产的飞机，在大量使用中还可能出现新的问题，当积累到一定程度后可再对飞机作一次改进。此外，用户对飞机不断提出新的要求，也迫使飞机不断地发展和改型。改进和改型飞机的设计则属于另一循环。

虽然各单位的情况不同，但我国军用飞机、民用飞机和直升机的研制大体都要经历这5个阶段。

1.3.2 火箭和导弹研制的一般程序

火箭和导弹在工作环境、使用方式、工作任务、试验验证等方面与飞机存在较大的差异，其研制程序与飞机也有所不同。我国火箭和导弹研制的一般程序包括论证、方案制定、工程研制、设计定型以及生产定型等5个阶段。其中论证阶段、方案制定阶段、设计定型阶段及生产定型阶段的工作与前面介绍的飞机研制情况相似，但工程研制阶段的工作与飞机的有所不同。火箭和导弹的工程研制阶段又分为初样研制阶段（C阶段）和试样研制阶段（S阶段）。下面以导弹为例对这两个分阶段进行简要介绍。

1. 初样研制阶段

初样研制阶段的任务是按C阶段研制工作评审要求试制各种试验弹，进行地面和飞行试验验证，根据试验结果对原设计进行改进，主要工作包括：

① 下发各分系统C阶段研制任务书，完成分系统设计方案评审。

② 完成导弹总体气动布局优化设计、结构优化设计、外载荷报告、颤振分析、强度分析（含疲劳分析与损伤容限分析）、结构可靠性分析等工作，突破其中的关键技术，进行各种级别的试验室试验。

③ 根据C阶段研制工作评审要求进行初样试验件生产。

④ 完成导弹各种地面试验、飞行试验，并根据试验结果对以前的设计、分析工作进行评估，对结构进行修改设计。

在C阶段研制工作通过评审后，则转入S阶段。

2. 试样研制阶段

试样研制阶段的主要工作包括完成导弹详细设计,经充分地面试验和空中挂飞试验验证后,分阶段进行动力外形弹飞行试验、自控弹飞行试验以及自导弹飞行试验等。

S 阶段对导弹只进行适应性修改,原则上不作大的改动。在完成了所有 S 阶段试验后,设计部门提交 S 阶段的研制工作总结报告进行该阶段评审。评审通过后,转入设计定型试验,即设计定型地面试验和定型飞行试验。

飞机、直升机与火箭、导弹研制一般程序并没有本质差别,其差异主要表现在工程研制阶段。

在型号研制管理上,军用飞机、直升机研制也分为 C 阶段和 S 阶段,但是各部件、各系统是分开管理的,进度不一。结构设计是飞机、直升机研制中耗时最多、最复杂、工作量最大的工作,所以工程研制按结构设计的程序分为初步设计和详细设计。火箭和导弹的 C 阶段对应于飞机初步设计和大部分详细设计工作,S 阶段对应于详细设计的后期工作。这种差别是由两类飞行器的工作环境、使用方式及试验验证方法不同造成的。

火箭和导弹大多为一次性使用的细长结构,飞行速度大,振动和热-力耦合的载荷环境比飞机严苛复杂,但由于不需要多次重复使用,且耐久性要求低,一般只作疲劳分析和损伤容限分析,而不进行疲劳试验,因此火箭和导弹的设计周期大多比飞机的短。

1.3.3　航天器研制的一般程序

人造卫星和宇宙飞船等航天器的结构和系统相对简单,其研制过程一般要经历论证阶段、方案制定阶段、初样阶段、正样阶段、发射阶段以及在轨测试阶段,各阶段主要内容如表 1-1 所列。由于前 4 个阶段的内容与火箭和导弹的相似,而后 2 个阶段容易理解,所以不再对其展开介绍。

表 1-1　航天器研制的一般流程及工作内容

研制程序	论证阶段	方案制定阶段	初样阶段	正样阶段	发射阶段	在轨测试阶段
主要内容	• 用户要求 • 研制单位调研 • 研制单位的技术基础	• 总体方案可行性论证 • 总体方案详细设计 • 分系统方案设计 • 工艺试验准备	• 总体初样设计 • 分系统初样详细设计 • 制造测试试验	• 总体正样设计 • 分系统正样详细设计 • 制造测试试验	• 出厂发射	• 在轨测试

1.4　飞行器结构设计的基本内容

"结构"是一个常用的工程术语,在不同的领域有不同的含义。飞行器结构是能够承受和传递载荷的系统。它可以由几个零件构成,也可以由成千上万个零件构成,具有一定的强度、刚度、质量、寿命和可靠性,能够在预定的环境下正常工作。在各种飞行器系统中,结构是不可或缺的重要分系统,起着装载各种有效载荷、将其他分系统连接在一起并对它们加以保护等作用,使整个飞行器系统能在使用条件下正常工作,实现预定的各种功能。

飞行器结构可分为几个大的部分,一般称它们为部件结构,如飞机的机翼、机身、起落架等部件结构。弹身结构可沿纵向分成几个大舱段,每一大舱段也常称为部件结构。部件结构还可分为组件结构,如飞机的机翼、机身又可分别沿展向和纵向分成若干段,其中的任意一段常称为组件结构。组件结构还可以分为小组件、构件等结构。零件为不需做装配的基本结构单位。构件由很少几个零件装配而成。当零件与构件(常统称为零构件)在飞行器结构中作为有一定功用的基本单元时常称为元件,如翼肋、梁、框等,它可以是一个构件,也可以是一个零件。

1.4.1　飞行器结构设计的定义

飞行器结构设计是指基于结构设计的原始条件,按照结构设计的基本要求,提出合理的结构设计方案,进行具体的部件和零构件设计、强度与刚度计算、寿命估算和必要的试验,最后绘制出结构图纸,完成相应的技术文件,以便生产单位能根据这些图纸和技术文件进行生产。

下面主要以飞机为对象阐述飞行器结构设计的原始条件和基本要求,其他飞行器可以参照飞机情况确定自己的原始条件与基本要求。

1. 结构设计的原始条件

在进行结构设计之前,应先把飞机结构设计的原始条件分析清楚,在此基础上设计的结构才能满足后续生产要求和用户使用要求。原始条件主要包括以下几个方面。

(1) 结构的外载及其对结构受力特性的要求

飞机结构必须保证在所受外载下具有足够的强度、刚度、寿命和高可靠性,因此,首先必须确定结构的外载荷特性,然后才能对结构提出受载特性的要求,例如是静载还是动载,是否需要考虑疲劳寿命或经济寿命以及热应力、热刚度和振动等。结构受载特性还包括要求对某些结构,如机翼、弹翼和尾翼等翼面类结构有足够的总体刚度和局部刚度,有时还须考虑气动弹性问题。

(2) 结构的协调关系

飞机结构的形状及其布置通常并非可以任意设计。在总体设计阶段,一般已确定了各部件的外形、相对位置以及相互间连接交点的位置,部件内部油箱、专用舱等装载的布置及尺寸要求,以及各系统的空间布置要求。在进行部件结构打样设计时,应尽量保持它们的协调关系。对于零构件,则需明确本零件或构件与其他零件、构件的连接形式及几何尺寸上的协调关系,以及各构件之间、各构件与内部装载之间的尺寸与形状的协调关系。

(3) 结构的使用条件

飞机结构的使用条件包括环境条件、起飞着陆条件、修理维护条件等几个方面。

1) 环境条件

飞机在运输、贮存和飞行的过程中,可能遇到各种复杂的环境条件,通常可能遇到的环境条件包括以下几种:

① 气候条件:温度、湿度、气压、风、雨、云、霜、露、雪、冰、沙尘、盐雾、油雾、游离气体和腐蚀气体等。

② 动力条件:振动、冲击和加速度等。

③ 辐射条件:太阳辐射、宇宙射线和核爆炸辐射等。

④ 电磁条件:磁场、电场、闪电和放电等。

⑤ 重力条件：超重、失重和低重力等。

⑥ 真空条件：真空和超高真空等。

⑦ 压力条件：低压、高压和超高压等。

⑧ 热条件：太阳直接辐射、太阳辐射被地球表面所反射和地球本身的辐射等都是空间热源。

2）起飞着陆条件

飞机起飞着陆条件可分为地面机场起飞着陆和水面上起飞降落两大类。地面机场跑道又可分为水泥跑道、土跑道,其中水泥跑道又可分为一级跑道、二级跑道。起飞着陆的条件不同,会使起落装置的设计要求与结构受载情况发生变化。

3）修理维护条件

飞机结构在使用中的修理维护条件包括检修周期与次数、维修能力、维修速度、维修场所(如在外场维修还是到场站或基地维修)等内容。

（4）结构的生产条件

结构的生产条件主要指飞机产量、工厂加工与装配能力等。产量的大小对制造工艺的选择和工装的投入有直接影响,进而对结构设计产生影响。例如,如果只生产几件零构件时,一般不宜采用模锻件和精密铸造件;当大批量生产时,就可以考虑采用模锻、精密铸造等适合于大批量生产的工艺方案。加工能力是指生产单位所具有的设备、工艺员和工人的技术水平与加工经验、采用新材料新工艺的可能性。飞机结构设计人员应对生产单位的情况很了解,这样才能做到面向制造,设计出具有良好工艺性与经济性的结构。

2. 结构设计的基本要求

除了原始条件外,结构设计要综合考虑与飞机功能、可维护性及经济性等相关的各种因素。飞机各个部件的功用不同,设计的要求也不尽相同,但共同的设计目标是保证飞机具有最好的性能,因此,设计各部件时需遵守一些共同的基本要求。

（1）气动要求

飞机、直升机和导弹是在稠密大气层飞行的飞行器,宇宙飞船、航天飞机及运载火箭也都要经历大气层内的飞行。对于有气动外形要求的飞机部件和组件,设计时应保证其外形满足总体设计规定的表面尺寸精度及受载变形要求,不允许机翼、尾翼、机身结构有过大变形,以保证飞机具有良好的气动升力和阻力特性,以及良好的稳定性和操纵性。

（2）质量要求

飞机及其他飞行器结构质量的减小,就意味着有效载荷、飞行速度或飞行距离的增大,所以,使结构质量最轻始终是飞行器结构设计所追求的目标。结构设计应保证结构在各种规定的载荷状态下,具有足够的强度,不产生不能容许的残余变形;具有足够的刚度,不发生过大的变形,并结合其他措施,避免出现不能容许的气动弹性现象与共振现象;具有足够的寿命,防止结构失效等。在保证这些要求得到满足的条件下,应使结构的质量尽可能地轻。

（3）使用维护要求

飞机的各部分(包括主要结构及其内部各重要设备、系统)需分别按规定的周期进行检查、维护和修理,良好的可维修性设计可以提高飞机在使用中的保障性和可靠性,有效地降低保障成本和使用成本。为了使飞机有良好的可维修性,在结构上需合理设置设计分离面与各种舱口,在结构内部安排必要的检查、维修通道,增加结构的开敞性和可达性。

（4）可靠性要求

可靠性是导弹、火箭与航天器最重要的设计目标，飞机、直升机等的可靠性也非常重要。要保证飞行器设计达到要求的可靠性指标，必须在设计、生产和使用等每个环节都能实现预期的可靠性指标，而设计是其中最重要的一环。应从材料性能、设计（许用）值下手，基于元件及典型结构件试验结果分析，在充分考虑设计与制造工艺偏差等的基础上，开展结构可靠性设计工作。飞行器各部件的可靠性最主要的是保证其结构在整个使用寿命周期内具有足够的强度和刚度来承受各种载荷，使结构既不被破坏，也不产生不允许的变形。

（5）工艺要求

从结构件的产量、品种、迫切性、以往经验以及加工条件等方面综合考虑，使飞机结构具有良好的工艺性，便于加工、装配。对于复合材料、增材制造等新材料、新工艺，需结合材料和结构的性能选择制造工艺，并应考虑这些结构修理的工艺性。

（6）经济性要求

在飞机和直升机研制中，要求用最低的全寿命周期费用（LCC）使它们获得最佳的功能。全寿命周期费用主要指从飞机和直升机的研制、生产、使用、保障，直到退役或报废期间所付出的一切费用之和，其中生产、使用与保障费用占全寿命周期费用的绝大部分。而减少生产费用最根本的方法是提高结构设计的合理性，影响使用和保障费用的关键因素则是可靠性和可维护性，也与结构设计直接相关。

上述 6 项基本要求彼此相互联系、相互制约。例如，为了使结构质量最小，结构元件的所有材料都应发挥作用，不留多余的材料，但这样往往会使结构元件的剖面形状复杂化，工艺性变差。因此要求设计师不仅要有满足其中单项设计要求的分析能力，而且还要有对多个因素进行综合分析与平衡的能力。也就是说，在一定的技术和物质条件下，设计师应能恰当地处理好各项要求之间的矛盾，给出最合理、最有利的设计方案。

飞行器结构设计的主要目标是：在满足结构设计各项要求的前提下，使结构质量最轻；对于商用飞机，还要求全寿命周期的运营成本最低。结构超重是飞行器研制面临的问题之一，减重往往是飞行器结构设计的关键所在。对飞机而言，在保证飞机性能的前提下，结构质量减轻 1%，可以减轻飞机总重的 $3\%\sim5\%$。飞行器减重应从两方面着手：

① 准确估计飞行器外载荷，并依此计算结构内力，合理进行结构设计。

② 采用新材料、新工艺和新设计技术，提高结构的承载能力。

Su－27 为减轻 800 kg 的结构质量，付出了高昂的代价，用了 4 架飞机做静力试验。B787 和 A350 飞机为减轻结构质量，采用了一系列新技术和新材料，尤其是大量使用了复合材料。B787 是首款大量使用复合材料结构的客机，复合材料占结构质量之比达 50%。空客将 A350 复合材料的结构质量比例从 39% 增至 A350XWB 的 52%，使飞机变得更轻、更可靠；每座空重比 B777 低 14%。

飞机、直升机、导弹、火箭、航天飞机、人造卫星、空间站和宇宙飞船等飞行器结构都属于薄壁结构，设计要求基本相同，因此结构分析与设计原理、方法也基本相同。飞机、直升机、导弹、火箭与航天飞机属于一类结构，由机身（弹身、箭身）舱段、各翼面（旋翼）与发动机舱等组成；人造卫星、宇宙飞船、空间探测器与航天站属于另一类，结构大致由各舱室、太阳翼与各机构（操纵、分离、折叠、展开、交会对接机构）所组成。

本书将以飞机各部件及直升机旋翼系统结构为主，阐述结构设计思想、结构分析原理和方法等基础理论与技术。其他飞行器因为使用要求的不同,在选材、结构形式以及性能要求等方面存在较大差异,但结构分析与设计的基础理论与技术是一致的,针对飞机、直升机结构分析与设计的原理、方法与思想等内容,同样也适用其他类型的飞行器。

1.4.2　飞行器结构设计的主要工作内容

结构设计是飞行器工程研制阶段的主要工作,其主要工作内容已在 1.3.1 小节中进行了简要介绍,下面结合飞机结构作进一步说明。

飞机通常包含机翼、尾翼、机身、起落架和发动机短舱等 5 大部件,飞机结构设计主要指这些部件结构以及操纵系统结构的设计。飞机结构设计的基本工作内容如下:

① 根据所设计部件结构的原始条件、基本要求和技术要求,初步确定结构设计所用材料及制造工艺。

② 明确总体设计对部件结构的设计要求,制定结构设计准则,并根据所受载荷与传力的特点,确定不同部位结构设计的安全系数。

③ 从载荷部门获取部件的外载荷及其分布。初步设计时,如果载荷部门不能及时提供外载荷,则结构部门可根据飞机强度规范估算外载荷及其分布。

④ 提出若干结构方案,对这些方案进行比较分析,选定其中的最优方案,然后进行较详细的结构布局和主要受力构件布置。

⑤ 进行结构强度、刚度初步估算,初步确定各主要元件的材料、基本尺寸,然后进行结构优化设计,据此对结构方案进行改进。

⑥ 制造部门对所设计的结构进行工艺审签,并编制初步工艺方案。

⑦ 画出结构打样图,在结构初步设计通过评审后,转入详细设计阶段。

⑧ 对结构进行强度计算(包括静、动强度,疲劳、耐久性和损伤容限)、刚度计算(包括结构变形、静气动弹性和颤振)、结构可靠性分析,给出结构使用寿命和检查周期。对于新的结构形式、关键典型结构以及相关部段结构应进行试验验证,利用新材料、新工艺设计的零构件也需进行试验验证。

⑨ 绘制全套结构生产图纸,编制详细工艺方案、质量分析报告、标准化工作报告以及其他技术文件,试制原型机。

⑩ 进行全机静力、全机疲劳、地面共振试验和气密性等地面试验,编制试飞大纲,并进行飞行试验。

⑪ 经地面和飞行试验验证后,进行型号设计定型评审,通过后即可转入生产定型阶段。针对设计定型与生产定型过程中发现的问题进行局部设计改进、计算分析与试验验证。

如果不考虑工厂试制、全机地面试验、试飞试验与设计定型、生产定型,仅考虑结构设计工作,传统上将该设计过程划分为结构方案设计、初步设计和详细设计三个阶段。

1. 结构方案设计

根据新飞机的研制总要求、研制任务书以及原始条件等,进行全机结构总体布局与设计分离面布置,确定选材原则、结构设计准则以及各部件的主要结构形式。主要工作包括:

① 全机结构方案设计,设计分离面布置。

② 结构质量指标论证。

③ 新结构形式、新材料和新工艺的确定。

④ 结构设计准则制定。

⑤ 设计风险分析等。

2. 初步设计

在结构方案设计的基础上,进行主要传力路线布置与结构形式的选择,进一步确定各部件的主承力结构形式及传力路线,布置主要受力构件。主要工作包括:

① 结构布置与主要承力系统设计。

② 部件结构打样。

③ 质量分配与控制。

④ 强度、刚度的初步设计、分析和试验。

⑤ 结构与系统的协调等。

3. 详细设计

详细设计是在部件结构打样的基础上,对结构元件进行优化设计,对开孔、连接、圆角等结构细节进行精心设计。主要工作包括:

① 生产和装配图纸出图。

② 强度分析与研制性试验。

③ 气动弹性分析与试验验证。

④ 疲劳和损伤容限分析与验证试验。

⑤ 工艺性审查。

⑥ 质量、质心和惯性矩计算等。

1.5 结构设计人员的基本素质

1.5.1 结构设计技术水平等级的划分

经过一个多世纪的发展,现代航空航天技术取得了令人瞩目的进步,飞行器结构设计技术发生了翻天覆地的变化。航空结构设计技术水平可以分成以下 4 个层次:

① 面向功能的设计:利用现有的工具和手段,设计出满足用户使用(功能)要求的结构或产品。

② 面向制造的设计:利用现有的工具和手段,不仅要求设计出满足用户使用要求的结构或产品,而且要求设计出来的结构或产品制造方便、成本低廉、工艺性能稳定,能够避免工艺不稳定带来的结构使用问题及高昂的维护费用。

③ 面向服务的设计:在面向功能设计和面向制造设计的基础上,利用现有的工具和手段,设计出用户体验感好、维护周期长、维护方便、维护成本低的结构或产品。

④ 面向大数据的设计:根据结构分析原理,基于材料、结构、失效情况等数据库,以及使用环境、结构在线监测数据库,建立快速数据分析方法与问题分析模型,利用现有的技术、工具和手段,设计出能够对其进行状态监控、使用规划的结构和产品。该技术实际上是把结构作为智能系统进行设计。

这 4 个设计技术水平层次与结构设计思想、结构技术的发展状态密切相关。前 2 个层次主要解决有无问题,后 2 个层次才进入了结构技术成熟与创新发展阶段。

1.5.2　结构设计人员的基本素质

飞行器性能要求越来越高,系统越来越复杂,材料、制造工艺、结构在线监测等与结构相关的技术发展迅速,因此对结构设计人员的要求也越来越高。现在和未来的结构设计人员应具备以下 4 个方面的基本素质:

① 综合协同创新能力:每个飞机、直升机新型号的设计都有质量和全寿命周期成本控制要求,综合协同创新思维能够综合材料、工艺、质量控制以及使用维护等多学科的知识与技术,提出创新结构形式,进行结构细节设计,提高结构效率。即使对于一般的工业产品或日常用品,也需要创新设计来提高自己的竞争力;否则,结构设计人员就成了制图员。

② 沟通协调能力:结构设计人员除了完成结构制图与结构分析外,更多的工作是协调用户、材料供应商、结构制造部门、成品供应商、结构验证与试验方、使用人员、维护人员等多方面的关系,以保证所设计的结构能够按期按质生产出来,并被正确使用和维护。沟通协调能力是结构设计人员应该具备的另一项素质。实际上,专业能力、人际沟通协调能力以及信用三方面才构成了一个专业人员的整体实力。

③ 结构分析能力:结构分析是对新、旧结构载荷传递路线的合理性、结构寿命、结构质量与工艺性等所作的定性和初步定量分析。结构分析能力的提升,能保证设计人员所设计的结构从原理上不会出现颠覆性问题,也能保证具体结构或细节分析、试验验证等方法的正确使用,提高结构设计效率。

④ 先进工具应用能力:利用最新、最先进的制图、分析软件或其他工具,提高结构设计、分析、验证的效率,并为后续结构制造提供方便快捷的数字接口。通过提高结构分析精度,来减轻结构质量及降低制造成本。

目前,我国飞行器结构设计技术处于面向制造的设计向面向服务的设计和面向大数据的设计技术的跨越期,为适应现代结构设计的需求,设计人员可参考以上 4 个方面全面提升自己的素质。图 1-12 所示为学习与练习环节,以及结构设计技术层次、结构设计人员基本素质与结构设计课程内容之间的关系。

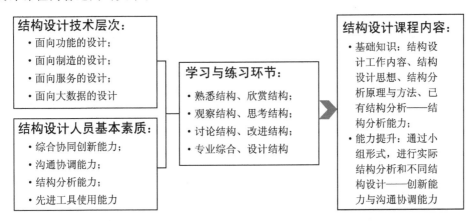

图 1-12　结构设计技术层次、结构设计人员基本素质与结构设计课程内容之间的关系

习 题

1-1 飞行器分为哪几类? 结构上各有何特点?

1-2 航空器研制过程一般分为哪几个阶段? 各阶段的工作内容是什么?

1-3 根据某一型号导弹或卫星的特点,制定其新型号的研制程序,并对该研制程序加以论证或说明。

1-4 根据自己的兴趣选择某一特定型号的飞行器,对其开展立项论证,并完成相应的论证报告。

1-5 选择 3 种不同类型的飞行器,调研分析它们的使用环境,提出相应的技术指标。

1-6 请结合自己熟悉的结构,分析结构设计的工作内容,并进行工作阶段划分。

1-7 请结合自己熟悉的结构及设计工作,分析结构设计人员应该具备哪些基本素质。

1-8 飞行器结构设计是一项集体创新工作,通常需要多人、多部门协调合作才能顺利完成任务。请选择一个具体结构,如小型无人机、跨街天桥等,对其进行方案设计,其中必须给出人员组织与分工方案。

第2章　飞行器结构设计思想和方法

结构设计的目标是在满足飞行器设计要求的前提下,尽量使结构的质量更轻、全寿命周期的使用成本更低。这一目标推动了结构技术的进步以及新材料、新工艺的发展,并且催生出不同的结构设计思想。所谓的结构设计思想是指结构设计中所用的策略,这些策略主要是基于模量、强度、疲劳、缺陷或损伤以及性能分散性等材料基本特征所对应的结构力学性能制定的,用于保证结构满足设计要求,对结构的质量和全寿命周期成本有不同程度的影响。

结构设计思想的贯彻必须要有相应的结构分析与设计方法做支撑。本章先对结构设计思想及成因进行阐述,然后对结构分析与设计方法加以介绍。结构设计人员的综合协同创新素质属于人的认知与方法论范畴,所以将其放在本章最后加以讨论。

2.1　飞行器结构设计思想与演变

飞行器结构设计思想来源于飞行器的大量使用与工程实践。对飞行器不断提出的更高、更新的要求,推动了飞行器结构设计思想的发展和演变,这一特点在飞机设计上体现得尤为明显。因此,下面结合飞机结构设计技术的发展,介绍飞行器结构设计思想及其演变过程。这种演变,对军用机而言,主要取决于飞机的作战性能、生存力、生产和使用费用等全寿命周期成本要求;对民用机而言,特别重要的则是安全性和经济性。

结构使用过程中出现的各种失效模式,促使人们对于材料基本特性的认知越来越全面、深入,从强度和模量到疲劳性能,再到材料具有的不可避免的缺陷与使用损伤,以及材料性能存在的分散性,这些特性导致了结构的强度、刚度、疲劳寿命、损伤容限与耐久性、结构可靠性等力学性能的差异,进而影响结构的完整性与结构效率,由此形成了不同的结构设计思想。

结构完整性是指关系飞机安全使用、使用成本和功能的机体结构强度、刚度、安全寿命、损伤容限及耐久性等飞机所要求的结构特性的总称。结构设计的主要任务也可以说是在满足结构完整性要求的同时,最大限度地设计出高效率的结构。

飞机结构在经历了静强度设计与静、动强度设计的过程后,到20世纪50—60年代出现了抗疲劳(安全寿命)设计,70年代对军用和民用飞机陆续提出了破损安全、损伤容限、耐久性设计等要求,目前结构设计已发展到考虑材料、制造与使用条件分散性影响的可靠性设计。飞机结构设计思想及其发展过程如图2-1所示,可大致划分为以下4个发展阶段:

① 静强度与刚度设计。

② 强度、刚度和疲劳安全寿命设计。

③ 强度、刚度、损伤容限和耐久性设计。

④ 结构可靠性设计。

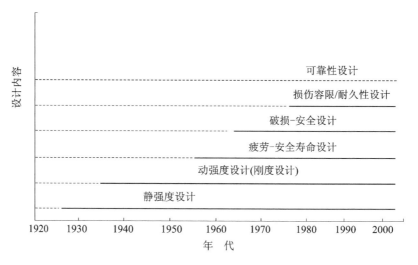

图 2 - 1 飞机结构设计思想与发展过程

2.1.1 静强度与刚度设计

强度与刚度设计思想认为,飞机结构只要满足静强度和刚度要求就能够实现飞机的功能,并保证飞机的安全。因此,静强度和刚度准则成为了飞机部件结构最基本的设计原则。

大约在 20 世纪 40 年代以前,即飞机设计的早期,结构设计人员通过计算分析和试验验证,证明所设计的结构能经受使用中可能遭遇的最大载荷状态而不破坏,也不发生过大变形,结构就有了足够的强度和刚度,能够保证飞机的安全。由于当时结构的使用寿命较短,应力水平较低,强度储备较大,材料韧性好,疲劳问题没有明显暴露出来,因此结构设计没有使用寿命的要求。

按静强度设计时,通常采用极限载荷法。极限载荷为限制载荷与安全系数的乘积(具体内容见 3.2 节)。静强度设计准则为,极限载荷作用下结构所承受的载荷应小于结构的极限承载能力(或称结构强度)。该准则的表达式为

$$F_U = f F_L \tag{2-1}$$

$$F_U < F_S \tag{2-2}$$

式中,F_U——极限载荷;

$\quad$ F_L——限制载荷;

$\quad$ F_S——极限承载能力;

$\quad$ f——安全系数。

为补偿由于外载荷计算、设计分析方法、材料特性参数等一系列不确定性因素造成的误差,在设计时采用大于 1 的安全系数以保证结构的承载能力。

也有用结构的最大工作应力小于所用材料极限应力作为静强度设计准则的,其表达式如下:

$$\sigma_d < [\sigma] \tag{2-3}$$

式中,$[\sigma]$——材料极限应力,受拉时为材料抗拉极限应力(或称材料拉伸强度 σ_b),受压时为抗压临界应力;

σ_d——结构最大工作应力。

在早期材料强度较低时,式(2-2)和式(2-3)为静强度设计准则。但随着新材料不断开发应用,飞机服役环境越来越复杂,人们对于材料强度的研究与理解也越来越深入,发现材料的强度并非一个常数,而是随环境及其他条件变化而变化的一个物理量,因此在结构设计中提出了许用强度的概念。在现代结构设计中,将式(2-3)中的材料极限应力修正为材料的许用应力。对于连续纤维增强聚合物基复合材料,则采用结构的工作应变与结构设计值(应变)进行比较。

随着材料强度的不断提高,结构的受压失稳强度远低于受拉强度。对于低速飞机,允许极限载荷作用下结构有失稳现象;但对于高速飞机,结构在极限载荷作用下不允许失稳,即

$$\sigma_c < [\sigma]_{cr} \tag{2-4}$$

式中,$[\sigma]_{cr}$——受压时抗压临界应力或应变(对于连续纤维复合材料为应变);

σ_c——结构最大工作压应力或应变(对应极限载荷)。

随着飞机飞行速度和战术技术指标的提高,要求采用阻力系数较小的薄翼型,故使气动弹性问题变得突出起来。此时不仅要求结构具有足够的静强度,而且还应具有足够的动强度。

工程中一般把振动、冲击等动载荷对结构造成的有害共振、过度振动以及结构动态不稳定(如颤振)等作用称为结构动强度问题,需要通过结构刚度、质量及阻尼等的设计加以避免。因此,结构在满足静强度要求的同时,还应具有足够的刚度,以避免结构处于共振点附近,或发生过大变形而影响飞机的性能,应能满足设计对颤振临界速度(动气动弹性问题)和静气动弹性问题提出的刚度要求。其表达式为

$$v_d \leqslant v_{cr} = \min(v_f/f_f, v_s/f_s, v_a/f_a) \tag{2-5}$$

式中,v_d——设计速度;

v_{cr}——气动弹性临界速度;

v_f、v_s、v_a——颤振速度、翼面发散速度及副翼失效速度;

f_f、f_s、f_a——对应的安全系数。

2.1.2　强度、刚度和疲劳安全寿命设计

随着飞机性能的提高、使用期限的延长、新结构形式和高强度材料的使用,飞机结构的耐用性、经济性与安全性之间的矛盾逐渐暴露出来,不少静强度和刚度足够的飞机,在使用中相继发生严重事故,例如,1952 年美国 F-89"蝎"式歼击机因机翼接头疲劳破坏而连续发生事故,1948 年美国"马丁-202"号运输机在正常航班飞行中因翼梁疲劳破坏失事,1953 年英国"维金"号因主梁破坏在非洲失事,1954 年英国喷气式旅客机"彗星-Ⅰ"在投入使用后不久就连续两次在航线上爆炸坠毁等。据统计,在 1948—1965 年期间,仅英、美两国就陆续发生20 余次因疲劳强度不够而造成的重大事故。

大量的分析和研究表明,只按静强度、刚度设计的飞机并不安全。随着飞机使用寿命的延长(战斗机由 1 500 飞行小时提高到了 5 000~8 000 飞行小时,运输机由 2 000 飞行小时提高到了 30 000~60 000 飞行小时)、高强度材料(一般疲劳性能较差)的应用,以及工作应力水平的提高,结构发生疲劳破坏的可能性明显增加,因此,在静强度与刚度的基础上,飞机设计中又引入了考虑疲劳的安全寿命设计思想。20 世纪 60 年代,美国空军强度与刚度规范 MIL-A-8866 明确了飞机结构疲劳设计——"安全寿命"设计的准则。

安全寿命设计的目标是,通过对疲劳关键部位进行合理的选材、抗疲劳结构细节设计,来保证飞机结构在谱载荷作用下及安全使用寿命期内发生破坏的概率最小。通过试验和分析给出的飞机结构安全寿命,应满足订货方或用户提出的使用寿命要求。

安全寿命设计思想从 20 世纪 50 年代启用延续至今,积累了丰富的经验。其设计准则为

$$N_e \leqslant N_{sa} = \begin{cases} \dfrac{N_{ca}}{f_{ca}} \\ \dfrac{N_{ex}}{f_{ex}} \end{cases} \qquad (2-6)$$

式中,N_e——使用寿命;

$\quad N_{sa}$——安全寿命;

$\quad N_{ca}$——计算寿命;

$\quad N_{ex}$——试验寿命;

$\quad f_{ca}$——计算疲劳分散系数;

$\quad f_{ex}$——试验疲劳分散系数。

分散系数是由于考虑疲劳试验结果的分散性、分析计算方法的不准确性以及使用载荷谱与设计载荷谱的差异等因素而引入的一个参数,用来保证所设计飞机疲劳寿命的可靠度。疲劳分散系数的取值与疲劳试验的数据量相关,一般取 $f_{ca}=6$,$f_{ex}=2 \sim 4$。

2.1.3　强度、刚度、损伤容限和耐久性设计

按疲劳安全寿命准则设计飞机结构时的基本假设是,结构中没有原始缺陷,且在整个使用寿命期间内结构不会出现可见的裂纹。但是,为了提高飞机性能,减轻结构质量,需要采用较多的高强度材料。高强度材料的缺口敏感度高,在疲劳载荷作用下,结构应力集中处容易出现微小裂纹;而且在加工和使用中,结构很难避免产生初始缺陷和意外损伤。这些初始缺陷、损伤或微小裂纹在飞机使用中发生扩展会导致结构发生"低应力脆断",因此,按安全寿命设计的结构不能确保安全。

1969 年,美国军用飞机 F-111 发生左侧机翼脱落,全机坠毁。事故原因是机翼接头的枢轴在热处理时出现缺陷,导致飞行训练中机翼枢轴发生脆性断裂。当时飞机仅仅使用了 100 多个飞行小时,远没有达到安全寿命使用期限。此后,F-5A、KC-135、F-4 等飞机接连发生了类似事故,进一步证明了采用安全寿命思想设计的飞机不足以保证使用的安全。据美国空军调查,12 个机种在半年内共出现 3 万多条裂纹。为了解决含缺陷或损伤结构使用安全的问题,他们提出了损伤容限设计的思想。美国空军于 1971 年发布的军用规范中提出了安全寿命/破损安全设计思想作为过渡性措施,曾得到广泛应用。1974—1975 年美国颁布了第一部损伤容限设计规范。

1. 损伤容限设计

损伤容限设计思想的内涵是,认为结构在使用前就带有初始缺陷或损伤,但这些缺陷或损伤在规定翻修期内的扩展控制在一定的范围内,在此期间结构应满足规定的剩余强度与刚度要求,以保证飞机结构的安全性和可靠性,同时又不致使飞机结构过重。

对于金属结构,初始缺陷或损伤通常表现为裂纹的形式,损伤特征量多为裂纹长度;而对于复合材料结构,损伤形式多且复杂,往往以投影面积、损伤区宽度等表征损伤程度。金属结

构一般只有剩余强度要求,而复合材料结构除了剩余强度要求外,可能还有剩余刚度要求。

损伤容限结构有两种类型,即缓慢损伤扩展结构和破损安全结构。

(1) 缓慢损伤扩展结构

结构设计中,通过合理选材、优化结构布局、控制应力水平等措施,使结构中可能存在的缺陷或损伤扩展缓慢,以保证在未修理的使用周期内结构剩余强度与刚度不低于规定的限度,且损伤特征值小于发生不稳定快速扩展的临界特征尺寸。这类结构通过在规定的使用周期内损伤扩展缓慢的特性来保证安全,其使用周期的确定主要取决于损伤可检查度和损伤临界特征尺寸。

缓慢损伤扩展结构通常用于不可检测的部位,因为在整个使用周期内损伤只会缓慢扩展,所以不会达到临界损伤特征尺寸。其设计准则为

$$N_{a_0 \to a_{cr}} \geqslant 2N_e \qquad (2-7)$$

式中,a_0——初始损伤特征尺寸;

　　a_{cr}——临界损伤特征尺寸;

　　$N_{a_0 \to a_{cr}}$——从初始损伤扩展到临界损伤的时间或载荷循环数;

　　N_e——未修理的使用周期。

(2) 破损安全结构

所谓破损安全即指有某个或某些结构元件破损后,载荷传递路径发生变化,剩余结构尚能继续承受规定的载荷,并在下一次检查前不会出现结构破坏。使用过程中如果检查出元件破损后,应及时加以维修或更换。破损安全结构的设计准则为

$$N_{ex,fa} \geqslant 2H \qquad (2-8)$$

式中,$N_{ex,fa}$——破损安全试验寿命;

　　H——检查间隔期限。

破损安全结构进一步可分为破损安全多途径传力结构和破损安全止裂结构。破损安全多途径传力结构具有多条传力路线,并采用分段式设计(设置工艺分离面)使损伤扩展控制在局部范围内,防止结构发生大面积损坏。如 F-16 战斗机的机翼与机身对接接头就是按这种结构设计的。这类结构在主传力路线损坏后,其余结构的载荷重新分配,并通过其损伤的缓慢扩展来保证下一次检查前的安全,在未修理的使用周期内,不允许结构强度、刚度等安全性指标低于规定水平。

破损安全止裂结构是通过采用筋条、止裂带等止裂措施,使损伤快速扩展停止在结构的某一连续区域内,由剩余结构的损伤缓慢扩展和后续的损伤检查来保证安全;同时,在未修理的使用周期内,剩余结构强度、刚度等安全性指标不允许低于规定值。

采用损伤容限设计思想解决了飞机结构的安全性问题,但结构在使用寿命周期内可靠地工作和低成本维修成了突出的问题,为此,耐久性设计思想应运而生。

2. 耐久性设计

飞机耐久性是指,在规定时间内飞机结构抵抗疲劳开裂(包括应力腐蚀和氢引起的开裂)、腐蚀、热退化、剥离、磨损和外来物损伤作用的能力。

耐久性设计的基本思想是,由于材料和制造等原因,用典型工艺生产的飞机结构零、部件在使用前就必然广泛地存在着许多微小裂纹等初始缺陷,这些尺寸小但数量多的裂纹群在服

役中的载荷/环境谱作用下,会发生不同程度的扩展,当扩展到可能削弱零、部件的正常功能时,则对其进行经济、方便的修理,直至要求的使用寿命。

结构耐久性具有广泛的含义,其表现形式多种多样,所涉及的结构功能包括强度、刚度、维形、保压、隔离、运动等。功能失效包括疲劳开裂、腐蚀、热退化磨损、外来物损伤等,例如由单条或多条裂纹引起的渗漏就属于一种功能失效,尽管裂纹的长度远没有达到临界裂纹尺寸,且结构不会发生断裂破坏。

耐久性设计是在安全寿命设计和损伤容限设计的基础上发展起来的一项综合设计技术,它吸收并发展了安全寿命设计和损伤容限设计中的一些概念和方法,但在任务、目标、适用范围、分析方法、试验验证等许多方面与后两者有明显差别。表 2 - 1 以金属结构为对象对这三种设计概念进行了比较。

表 2 - 1　金属结构耐久性设计与安全寿命设计、损伤容限设计的比较

项　目	耐久性设计	安全寿命设计	损伤容限设计
任务	确定经济寿命	确定安全使用寿命	确定保证安全的检查周期
目的	功能可靠(含安全性)、低维修成本	安全性	安全性
适用范围	飞机所有主要、次要结构,所有材料	影响飞行安全的结构	影响飞行安全的结构
每次分析的对象	一个或几个构件、组件、部件、整机或机队	一个零件、部件、整机	一个零件、部件
裂纹尺寸	较小的亚临界裂纹,主要在 1 mm 以下	无裂纹	裂纹较长,一般在 1 mm 以上
裂纹数量	单条至裂纹群,区域内泛指很多裂纹	无裂纹	一条或几条最大裂纹
初始缺陷	0~0.3 mm	无裂纹	一般在 1 mm 以上
最终裂纹尺寸	0.8 mm~临界裂纹尺寸	疲劳破坏	临界裂纹尺寸
载荷谱	飞—续—飞载荷/环境谱	可用程序块谱	飞—续—飞载荷/环境谱
分析方法	• 概率断裂力学; • 确定性裂纹扩展法; • 改进的疲劳分析法	• 应力疲劳法; • 局部应变法	• 确定性裂纹扩展法
抗疲劳工艺	显著影响	显著影响	影响较小
试件	批生产厂典型工艺,不允许预制裂纹	不允许预制裂纹	允许预制裂纹
全尺寸结构试验时间	至少 2 倍设计使用寿命	2~4 倍设计使用寿命,视试验结果数量而定	可小于或等于 1 倍设计使用寿命
维修	经济维修	定期维修、更换	安全性检查、视情维修

20 世纪 70 年代中至 80 年代末,美国在采用安全寿命结构设计思想的同时,采用了按耐久性设计来考虑结构的经济寿命。经济寿命的概念是指,当结构出现广泛蔓延的疲劳开裂或其他衰退时,若不修理就可能削弱其功能,影响飞机备用状态;若修理又不经济时,即认为结构达到了经济寿命。其设计准则为

$$N_{ec} \leqslant N_e = N_{ex,en}/n \qquad (2-9)$$

式中,N_{ec}——设计使用寿命;

　　　N_e——经济寿命;

　　　$N_{ex,en}$——全尺寸结构耐久性试验或分析寿命;

n——分散系数，一般取 2。

耐久性设计程序一般纳入到飞机结构完整性大纲的总计划之中，并且耐久性设计与损伤容限设计同时或先后进行（如先做耐久性试验，然后继续做损伤容限试验），与其他设计思想和方法也有密切联系。

现代飞机大量使用复合材料结构。与金属结构的损伤——裂纹相比，复合材料结构可能发生基体开裂、纤维断裂、纤维/基体脱粘、分层等损伤，这些损伤彼此耦合，以分布或集中形式存在于结构中，且大多表面不可检。因此，美国《复合材料手册》CMH - 17 第 3 卷中明确指出，在安全管理系统涉及的所有功能中，某产品的损伤阻抗、耐久性、损伤容限以及相关规章应该综合考虑，这一认识非常重要。工程结构在规定的寿命周期内必须实现其功能，同时还要满足安全性与经济性目标。耐久性通常与损伤容限一起考虑，以满足结构的经济性与安全目标。其中，耐久性重点关注的是经济性，而损伤容限关注的是安全性。

与金属结构相同，复合材料结构耐久性设计思想是，飞机复合材料结构在使用前若有初始缺陷或损伤，这些缺陷或损伤在使用载荷/环境谱作用下会发生不同程度的扩展，当扩展到可能削弱结构的性能或正常功能时，则要求必须能经济、方便地进行修理，直至其使用寿命的结束。复合材料结构的耐久性和损伤容限通常根据图 2 - 2 和图 2 - 3 所示的损伤范围进行评估。图中的 BVID 为目视勉强可检损伤，VID 为目视可检损伤。

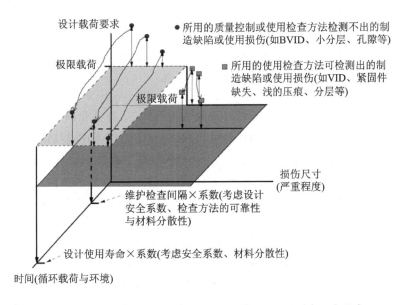

图 2 - 2　损伤后复合材料结构循环载荷（时间）与剩余强度要求

可见，金属结构与复合材料结构耐久性和损伤容限在缺陷与损伤的形式、表征方法和分析方法等方面均有较大差别。

我国的新机研制也经历了上述演变过程。20 世纪 80 年代也制定了一系列疲劳设计、损伤容限设计和耐久性设计规范和相应的设计手册，陆续颁布了 GJB 67—85《军用飞机强度和刚度规范》、GJB 67—2008《军用飞机结构强度规范》、GJB 775.1—89《军用飞机结构完整性大纲——飞机要求》和 GJB 776—89《军用飞机损伤容限要求》。民机方面则有中国民用航空局 1985 年颁布了 CCAR - 25《中国民用航空规章第 25 部——运输类飞机适航标准》，1986 年颁

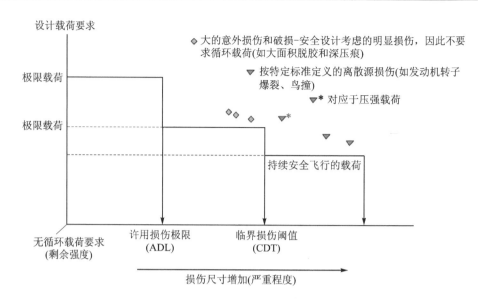

图 2-3　发生大损伤后的复合材料结构剩余强度要求

布了 CCAR-23《中国民用航空规章第 23 部——正常类、实用类、特技类和通勤类飞机适航标准》,后续都进行了多次修订。目前,耐久性设计和损伤容限设计仍是较新的设计方法,还有待于进一步发展和完善。根据我国具体情况,新机设计应满足包括结构强度(静、动强度)、刚度、损伤容限、安全寿命(疲劳)或经济寿命(耐久性)的结构完整性设计要求。

2.1.4　结构可靠性设计

影响结构强度的因素中,如载荷、使用环境和材料性能等,都是非确定性参数,即为服从一定分布规律的随机变量。在传统的结构设计过程中,通常不直接考虑这些参数的随机性,而是通过采用安全系数的方法来保证结构的安全。安全系数的选取具有很大的经验性,为了确保结构的安全,安全系数往往取值较大,使得所设计的结构比较笨重。随着分析技术水平与设计手段的提高,传统的安全系数设计方法已经不能满足现代飞机结构设计的要求,必须基于结构可靠性设计思想建立一套相应的设计方法。

可靠性设计是以概率论和数理统计为基础发展起来的一种设计方法。一般将载荷、材料性能、环境等视为服从一定分布规律的随机变量,计算出结构的非破坏概率(可靠度),并与设计要求的可靠度进行比较,从而定量地表达结构的可靠性指标是否满足设计要求。可靠性设计的目的在于提高产品的质量,包括提高产品的性能及可靠性。结构可靠性设计的内容包括:建立可靠性分析模型,对结构进行可靠性分析、可靠性指标分配、可靠性预计,制定可靠性设计对策等。

结构可靠性设计有以下特点:

① 以过去的工程实践经验和故障模式分析为基础制定可靠性设计准则。将长期积累的提高可靠性的措施或经验条理化、规范化,结合故障模式分析,提出结构可靠性设计准则,指导结构可靠性设计。

② 以防止故障出现为设计目标,注重故障模式分析。结构元件大多不是标准件,无现成的故障数据可用,因此要找出主要的故障模式,防止故障发生,达到预定的可靠性要求。在可

靠性分析时,要考虑故障模式的相关性。

③ 对整体结构进行可靠性预估。因结构元件一般都不是标准件,不能像电子产品那样通过查可靠性预计手册进行可靠性预估,故一般采用强度设计(安全系数法)和机械概率设计方法进行结构可靠性预估。

④ 可靠性试验。结构可靠性试验成本高、环境复杂。当限于试验条件无法模拟各种环境应力时,则采用使用环境条件下的现场可靠性试验,或采用较低层次的可靠性试验。

与常规的结构设计相比,结构可靠性分析和设计是以随机变量为基础,以概率论和数理统计为工具,结合可靠性原理与方法进行的,因此可以更真实、正确地反映结构的安全水平。

现行的可靠性设计有概率设计法、可靠性安全系数法、失效树分析及失效模式分析法、影响及致命度分析法等。对于结构设计,常用概率设计法和可靠性安全系数法。目前飞机结构可靠性设计还属于发展阶段,一般按结构完整性要求设计后,对某些重点结构进行可靠性分析和评估。其设计准则为

$$R_{si} \geqslant R_{si}^{*} \qquad (2-10)$$

式中,R_{s}——结构的可靠度;

　　i——对应于静强度、动强度、损伤容限、寿命等情况;

　　R_{si}^{*}——对应于 R_{si} 的可靠性要求值或可靠性指标。

2.2　飞行器结构分析与设计方法

飞行器结构设计思想及其演变从控制结构功能和性能的最主要物理量及其设计准则、设计要求等角度,阐述飞行器结构设计的理念与目标,这些设计思想必须借助具体的结构分析与设计技术才能落实到实际结构中。下面将重点从技术的角度,介绍几种对飞行器结构产生革命性影响的分析与设计方法,主要包括结构有限元分析、结构优化设计、数字化设计和多学科设计优化等内容。

2.2.1　结构有限元分析

结构设计中应力、应变和变形分析十分重要,它是分析和评估结构承载能力、使用寿命、可靠性和优化设计的基础,也是修改设计和制定试验方案的依据。特别对于按疲劳安全寿命、损伤容限设计的关键件,其应力、应变和变形的分析精度要求更高,需要有准确的模型和高效的计算方法才能满足要求。计算模型关系到分析结果的准确性,而计算方法则影响到分析结果的精确度。自 20 世纪 60 年代以来,大容量高速计算机的出现和有限元法的发展成熟,极大地提高了人们的计算能力,为结构分析采用更为合理的模型和更精确的计算方法提供了物质保障。在此基础上,科研人员成功地开发了适用于飞行器结构的有限元分析方法和优化设计方法,使结构设计与分析技术从定性和初定量设计发展到越来越精确的定量设计和优化设计。

1. 有限元法的基本概念

有限元法是求解复杂工程问题的一种近似数值分析方法。其基本概念是将一个形状复杂的连续体(如整个结构)的求解区域离散化,分解为有限个形状简单的子区域(单元),即将一个连续体简化为由若干个单元组成的等效组合体。通过将连续体离散化,把求解连续体的场变量(应力、应变和位移等)问题简化为求解有限个单元节点上的场变量值。此时求解的基本方

程是一个代数方程组,而不是描述原来连续体场变量的微分方程组,求得的是位移、应力和应变的近似解。解的精确程度取决于所采用的单元模型与数量,以及单元的插值函数。

利用有限元法对结构进行分析计算时,应根据分析对象的特点选用有限元单元。常用的单元类型有:

① 杆、梁单元——最简单的一维单元(y、z 两方向尺寸与 x 方向相比很小),单元内任意点的位移、应力和应变等由沿轴线的坐标 x 确定。

② 板单元——平面二维单元(z 方向尺寸与 x、y 两个方向相比很小),有三角形板单元和矩形板单元等,单元内任意点的位移、应力、应变等由 x、y 两个坐标确定。

③ 多面体单元——三维单元(也叫实体单元),可分为四面体单元和六面体单元等。

④ 薄板单元(弯曲问题)与薄壳单元。

⑤ 轴对称多面体单元。

将实际结构的力学问题准确地转化为能用有限元法求解的力学模型是有限元法的关键。有限元建模时,应注意以下三个方面:

① 结构模拟,应抓住结构的主要力学特征、几何特征与连接关系,选取合适的单元与连接关系。

② 载荷模拟,应根据载荷与环境特征确定载荷的性质、分布与量值。

③ 支承模拟,应反映结构的位移边界条件、接触关系等。

建立模型时,应依据传力分析的基本概念与原理,对结构的布局、支承条件、连接关系、接触关系以及载荷特点进行仔细分析,充分反映结构的承力、传力以及几何等特征,对于连接部位和受力复杂区可建立子模型作进一步分析。所建立的模型应借鉴以往的成功经验,并经过充分的试验验证和论证才能使用。利用有限元法分析结构的典型步骤如下:

① 将结构划分为若干单元,单元的划分又称为网格的剖分。

② 定义材料属性(材料基本性能);对于界面处,需定义单元之间的连接关系等。

③ 形成结构的总刚度方程,建立节点位移与节点载荷之间的关系,对结构进行整体分析。结构总刚度方程为

$$\{F\} = \boldsymbol{K}\{\delta\} \qquad\qquad (2-11)$$

式中,$\{F\}$——节点载荷列阵;

$\{\delta\}$——节点位移列阵;

$\boldsymbol{K}$——结构总刚度矩阵。

④ 选择合适的求解算法求解各节点的位移。

⑤ 根据所求得的节点位移,利用单元刚度方程求出各单元内的应力和应变。

结构有限元分析的基本流程如图 2-4 所示。

目前,国际上已开发出一些大型通用有限元软件,如 MSC/NASTRAN、ANSYS、ABAQUS、CATIA 等,这些软件都带有专用的前、后置处理程序,有些软件之间还可以数据相互利用。除了大型通用软件外,各专业还开发了许多专用有限元软件,用于求解专门的工程问题。

2. 有限元法在飞行器结构设计中的应用

利用有限元法可以对飞行器结构进行局部和整体求解。一般可把一个飞行器结构分成几个子结构,每个子结构再离散化成若干单元。单元的类型应符合结构的受力特点,例如把蒙皮

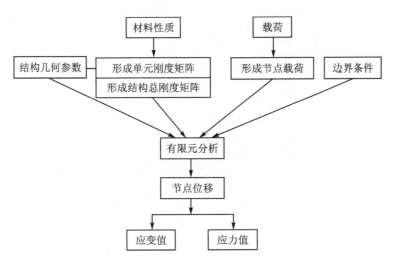

图 2 - 4　结构有限元分析流程图

以及梁、框、肋的腹板离散为受剪板或平面应力板,把长桁、梁与肋的缘条离散为杆元等。对于应力变化较大的区域,如集中载荷作用点和结构不连续区附近,网格要相对密一些;而在应力变化较小或应力水平较低的区域,网格可相对疏一些。图 2 - 5 所示为某机全机结构有限元模型图。

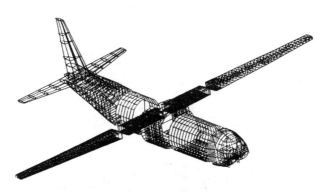

图 2 - 5　某机全机结构有限元模型图

　　利用有限元法进行应力分析是在已知各构件尺寸的条件下进行的,因此在进行有限元分析之前,一般应根据经验、原准机或初定量计算定出结构的初步尺寸。设计中需对某些结构局部做出更改时,只要更改相应子结构的原始数据,即可进行整个结构应力再分析。有的设计单位建立了两套程序:一套用于初步设计,离散化模型用粗网格,对所用单元也作了较粗糙的简化,如用轴力杆和受剪板,以减少更改设计时的计算工作量;另一套用于详细设计,离散化模型取细网格,所用的杆单元、板单元也根据实际情况,采用考虑弯曲影响的较为精确的模型。

　　图 2 - 6 为某变后掠翼结构示意图,其有限元计算模型如图 2 - 7 所示。该模型为 639 个自由度问题,共划分为 502 根杆单元、250 个梯形板单元、180 个平面应力三角形板单元(由两对三角形板单元组成任意四边形板单元)。

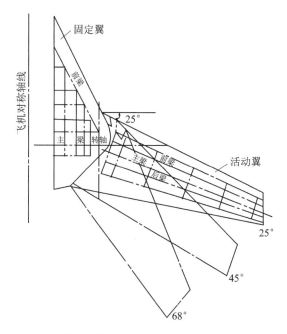

图 2-6　变后掠翼结构示意图（共有 25°、45°、68°三个后掠角）

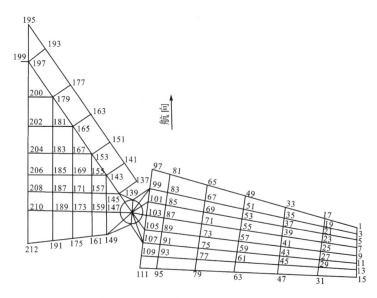

图 2-7　变后掠翼有限元计算模型

2.2.2　结构优化设计

在满足强度、刚度、寿命和气动弹性要求的前提下，尽可能地将飞行器结构设计得质量轻、成本低、耐久性好、使用维护方便，一直是结构设计师的愿望与追求。长期以来，由于结构分析比较困难且缺乏系统方法的指导，结构优化一直是依靠人们积累的设计经验以继承、改进的方式进行的。随着计算机的出现，以及有限元法和数学规划理论的发展，人们不仅有了强大的结构分析工具，而且有了一整套系统的方法来改进设计、优化设计，这就是所谓的结构优化设计技术。

1. 结构优化设计的基本概念

任何一个结构设计方案都可以用一组参数来代表。这些参数中,有些是根据设计要求事先给定而不能改变的,称为预定参数;另一些是在设计中可调整变化的参数,称为设计变量。常见的设计变量有尺寸变量、材料变量、几何或形状变量以及拓扑变量等。

尺寸变量主要指杆或凸缘的横截面积、板的厚度、腹板的高度等变量。仅含尺寸变量的优化设计是结构优化设计发展最成熟的部分,称之为尺寸优化设计。几何变量或形状变量指的是节点坐标或某些节点间的距离以及描述形状的参数。仅含尺寸变量、几何(形状)变量的结构优化设计称为几何优化或形状优化设计。拓扑变量指的是结构类型及节点间连接关系等。含有拓扑变量的结构优化称为拓扑优化设计。利用拓扑变量和外形变量一般就定义了结构的布局,因此,同时含有结构外形和拓扑的优化称为结构布局优化;此外,还有含材料变量的结构优化设计。

若决定整个结构设计方案的设计变量共有 n 个,则它们的集合可组成一个列阵

$$\boldsymbol{X} = (x_1, x_2, \cdots, x_n)^{\mathrm{T}} \qquad (2-12)$$

式中,$\boldsymbol{X}$——设计向量。

n 个变量可以构成 n 维空间 $\mathbf{R}^n$,n 维向量 $\boldsymbol{X}$ 可用 $\mathbf{R}^n$ 中的一个点来代表。代表所有可能设计方案的点构成 $\mathbf{R}^n$ 的一个子域,称为结构的设计空间,其中的每一个点代表一个可能的设计方案,称为设计点。

一个可行的设计方案必须满足的一系列条件称为优化设计约束条件。结构优化时所受到的约束条件可分成两类:第一类是直接对设计变量的尺寸约束,它们往往以显式出现;另一类是对结构性能或状态变量的约束,称之为性态约束。由于结构的性态变量是以隐式存在,它们与设计变量之间的关系往往要通过结构有限元分析求得,故又称之为隐式约束。由于隐式约束需要进行代价较大的结构分析,故它是结构优化设计的主要困难之一。此外,结构优化中的约束条件往往是设计变量的非线性函数,这构成了结构优化设计的另一个主要困难。

判别一个结构的优与劣总是以结构的某种属性指标为依据进行衡量的,这一指标显然是结构设计变量的函数,因而称之为目标函数。对于飞行器结构总体设计,一般以质量为目标函数;对于细节设计,一般以应力集中系数为目标函数或直接以寿命为目标函数。

对于飞行器上典型的杆、板结构,其总重可表示为

$$W(\boldsymbol{X}) = \sum_{i=1}^{n} \rho_i L_i A_i \qquad (2-13)$$

式中,ρ_i——构件 i 所用材料的密度;

L_i——杆件 i 的长度或板 i 的面积;

A_i——杆件 i 的横截面积或板 i 的厚度。

结构优化设计的数学模型可描述为:求设计向量 $\boldsymbol{X}$,使目标函数

$$W(\boldsymbol{X}) \to \min(\text{或 max}) \qquad (2-14)$$

并满足所有不等式约束(应力、位移等性状约束和尺寸约束)

$$g_j(\boldsymbol{X}) \leqslant 0, \quad j = 1, 2, \cdots, m \qquad (2-15)$$

所得到的设计变量就是优化设计方案 $\boldsymbol{X}^*$。

目标函数 $W(\boldsymbol{X})$ 可能是结构质量、结构成本、寿命或其他有关使用方面的要求。上述模型的特点是连续参数设计变量、单目标函数、确定性的优化数学模型。除此之外,还有离散参数

结构优化设计,多目标函数结构优化设计,基于可靠性的优化设计以及考虑载荷和结构反应允许区间模糊性的结构模糊优化设计等数学模型。

现代结构优化设计方法可分为两大类:数学规划法与优化准则法。

数学规划法将结构优化设计问题转换成形如式(2-14)和式(2-15)所表达的非线性规划问题,然后用数学规划中的方法求解。这类方法可以一般性地描述为,从一个初始设计 X^i 出发对结构进行分析,利用分析得到的信息,按照某种方法决定一个可使目标函数值更优且满足某种要求的探索方向 d^i,然后再决定沿这个方向前进的探索步长 α^i,得到一个改进的设计

$$X^{i+1} = X^i + \alpha^i d^i \qquad (2-16)$$

对于得到的新设计 X^{i+1},检查某种约定的收敛准则,若不满足,则以 X^{i+1} 为出发点按上述步骤重新进行分析和设计。

优化准则法的要点是,从力学原理出发,对规定的某类设计条件建立起相应的准则和使这些准则能够得到满足的一组迭代式,然后按这组迭代式修改设计,直到收敛。目前已导出了应力、位移、失稳、屈曲等约束条件下的结构优化准则。

需要说明的是,这两种方法一般只能找到局部最优解,而不一定是真正的最优设计方案。若从几个不同的初始设计值出发,得到相同的优化结果则可能是全局最优解。这两种方法用于确定构件的截面尺寸等比较成熟,但不太适用于结构布局优化。

此外,还有遗传算法、神经网络法等优化方法。从理论上讲,遗传算法依概率1收敛于全局最优解。神经网络法可考虑多种类型的设计变量,通过网络自身的学习,得到给定条件下的优化设计结果。这两种方法适合于结构布局优化问题,但目前在飞机结构设计中的应用还不是很成熟,有待进一步发展。

2. 结构优化设计软件与程序及应用

结构优化设计必须借助运算速度快的计算机和相应的软件才能用于工程实际。目前通用的结构分析软件大多有结构优化功能,如 NASTRAN、SNASYS、ABAQUS 等软件;除此之外,还有一些专用的结构优化软件,如 COMPASS 就是一款我国自行开发的飞机结构优化设计专用软件。

结构优化设计技术经历了40多年的研究与发展,目前尺寸优化和外形优化技术已经比较成熟,它们在航空、航天和汽车等一些工业领域已经得到了成功的应用;而拓扑优化技术还不是很成熟,仍处在研究发展阶段,但在工程实际中已经开始逐步得到应用。

2.2.3 数字化设计

随着计算机辅助设计(CAD)技术的发展,设计人员可以利用实体建模软件,如 CATIA,通过网络在计算机上直接对产品进行三维设计。当零件在计算机上建立三维数字模型后,设计人员就可在各自的计算机上很方便地进行后续环节的设计工作,如工程分析与仿真、部件的模拟装配、总体布置、管线敷设、运动模拟、干涉检查、数控加工编程及模拟等,从而为产品全寿命周期所有环节采用统一的产品信息模型奠定了基础,并由此引发了产品设计方法的一次重大变革,即数字化设计。

数字化设计技术是在 CAX(计算机辅助设计 CAD、计算机辅助制造 CAM 和计算机辅助工程 CAE 等)/DFX(可装配性设计 DFA、可制造性设计 DFM 等)技术基础上发展起来的,它融合了信息技术、先进制造技术和先进仿真技术,将其应用于产品全系统进行全寿命周期的综

合管理,并支持"从上至下"的复杂系统开发模式。

数字化设计技术的应用可以用虚拟样机(或数字样机)代替实物样机对产品进行创新设计、测试和评估,增强研发部门的产品开发能力和设计技术水平,缩短研制周期,降低研制成本,有利于实现产品标准化、系列化、通用化,提高各项工程管理的效率以及面向客户和市场需求的能力。

从 1990 年波音公司在 B777 研制过程中首次采用全面的产品三维数字化设计技术开始,数字化设计技术现在已经在航空航天领域得到了广泛的应用。在 B777 的研制过程中,日本为了完成从波音公司承包的任务,在名古屋建立了与波音芝加哥总部联网的数据中心,将 B777 的图纸和生产要求转送富士、川崎、三菱三家公司。B777 客机的设计、预装配及测试均在计算机中模拟完成,初步做到无图纸设计,并做到了型号一次试制成功,使 B777 的研制周期缩短了 50%,出错返工率减少了 75%,成本降低了 25%,成为数字化设计技术在飞行器研制中应用的标志和里程碑。F-22 应用数字设计使后期的设计更改工作量减少了 50%。

复合材料已经是飞行器的主要材料,复合材料结构的设计、材料、工艺、测试以及使用维修等技术之间关系密切,且相互影响,如果采用数字化设计技术,则更能有效地提高产品的质量和研制速度。

国内的数字化设计技术研究始于 20 世纪 90 年代中期,在产品数字化定义、虚拟装配、产品数据管理、数字化样机、设计与制造信息集成以及并行工程等方面取得了重大的进步,计算机辅助三维设计/制造软件得到了广泛应用,三维数字化设计制造技术体系已逐步形成,并在型号研制中得到了应用。

数字化设计技术的应用使得并行作业得以实施。飞行器的总体设计、气动设计、结构设计、工艺设计等紧密融合在一起,各部件的设计部门、系统部门、专业分析部门、试验部门、制造生产部门都可以及时从显示器上看到产品的总体布置,及早进行各专业协调。在设计阶段就可用三维几何模型模拟零件、部件的装配和设备安装,及早发现结构布局和系统安装的空间干涉问题。

数字化设计技术以全面采用数字化产品定义、数字化预装配、产品数据管理、并行工程和虚拟制造技术为主要标志,从根本上改变了传统的飞行器设计与制造方式,大幅度提高了设计制造技术的水平。

数字化设计技术涉及的内容很多,从 B777 的研制过程来看,数字化设计的技术内容主要包括数字化产品定义(DPD)、数字化产品预装配(DPA)和并行工程(CE)三个方面。

1. 数字化产品定义

数字化产品定义是在产品的全寿命周期内对其进行的数字化描述,其中包括产品全寿命周期内各阶段的数字化信息描述和各阶段数字化信息之间相互关系的描述,以便进行产品的异地设计和制造。通过数字化产品定义,可规范产品在各专业阶段模型的形式,为不同专业、不同阶段的人员协同设计与交流提供环境基础。

数字化产品定义的核心是数字化产品模型,它用来支持后续的产品设计与制造过程,包括以几何和拓扑信息为中心的几何模型和非几何信息模型。几何模型不仅包含产品的几何属性,还包含用于工艺设计、加工制造的属性信息。非几何信息模型是关于产品在寿命周期内特征属性的数字化描述,其中包括产品的功能、材料、制造公差、装配关系、使用维护文件等产品特征属性和管理属性。数字化产品模型的建立是一个渐进的过程,即从设计、制造、销售,直到支持服务,贯穿整个产品生命周期,各阶段将相应的信息加入,逐渐完善。

在设计、制造、生产管理、售后服务等环节中采用统一的产品数字化模型,就可通过数据库和网络技术在组织内部乃至国际范围各协作单位间建立畅通的信息流,实现更大范围的集成,同时提高各个环节的自动化程度。例如,由设计部门发出的零件图可以送入计算机工艺规划(CAPP)和加工编程系统,自动生成零件的加工工艺规程、数控加工指令和数控测量指令,实现 CAD/CAPP/CAM 的直接衔接。在物料处理中建立各种立体仓库,用以存放半成品和工艺装备,利用各种自动存取机构和运输系统实现高效的物流控制。采用成组技术将工艺流程相近的零件集中,组成柔性生产线,实现多品种、小批量的高效生产。统一管理产品的图纸、生产计划、材料需求计划、能力需求计划、备件需求预测、车间生产计划和监控、库存控制、产品成本核算、生产效益分析等,实现工厂计划与管理的自动化。

2. 数字化产品预装配

数字化产品预装配是在数字化产品定义的基础上,利用计算机技术模拟产品的装配过程。它主要用于对所研制的产品及时进行装配干涉检查、装配及拆卸工艺路径规划。采用数字化产品预装配可以有效地评价产品的可装配性,减少因设计不当造成的更改或返工,改善产品的可装配性,降低研制成本,缩短研制周期,提高竞争能力。在设计与制造异地的情况下,这个过程以网络环境下的设计共享为基础,通过数字化产品预装配来协调结构设计、系统设计检查,以及零件的安装和拆卸。

数字化产品定义和预装配是一个产品由粗到细的设计迭代过程。由于采用了数字化产品定义,设计制造过程中采用数字化传递和共享数据技术,改变了以往需要依靠实物、样件的研制方法,工装设计可以与产品设计并行展开,零件制造可以并行进行。并行工程的组织实施技术是缩短研制周期的最主要因素。

3. 并行工程

并行工程也称为集成产品开发(IPD),是一种工程产品设计与开发的方法,包括产品各部分的同时设计和综合,以及设计、制造和支持过程的协调。该方法使处于产品开发不同阶段的各个部门同时工作,从一开始就能考虑到产品全寿命周期内的所有环节,包括从项目规划到产品交付的有关质量、成本、周期和用户要求等。并行工程的应用,可以在产品早期设计中大量减少工程更改单,提高设计质量。由于把产品设计和制造串行进行的方式改成并行方式,因此减少了产品开发时间。通过把多种功能和学科集成到产品设计过程中,降低了制造成本。通过产品和设计过程的优化处理,可大大减少废品和返工现象。

产品数据管理(PDM)系统为实现并行工程提供了平台和支持框架。PDM 起源于 CAD 的文件管理和工程领域的图纸管理、文件审批和发放,其作用是将所有与产品相关的信息和过程集成在一起。产品相关信息包括属于产品的全部数据,如 CAD/CAPP/CAM 文件、材料清单(BOM)、产品配置、产品订单、电子表格、生产成本、供应商状态等;产品相关过程包括加工工序、加工指南和有关批准、使用权、工作流程、机构关系等所有过程处理的程序,以及产品全寿命周期的所有文档。PDM 为产品开发创造了一个虚拟工作环境,使产品开发的全过程在统一的数字化产品模型上进行。

国内的数字化设计技术研究工作始于 20 世纪 90 年代中期,数字化产品定义、数字化产品预装配、产品数据管理、数字化样机、设计与制造信息集成、并行工程等技术已经取得了重大的

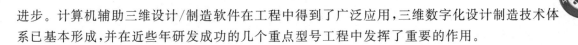

进步。计算机辅助三维设计/制造软件在工程中得到了广泛应用,三维数字化设计制造技术体系已基本形成,并在近些年研发成功的几个重点型号工程中发挥了重要的作用。

2.2.4　多学科设计优化

结构只是整个飞行器中的一个子系统,虽然单独的结构优化可以提高结构的设计质量,但在整个飞行器系统中不一定能产生理想的效果,甚至可能对其他子系统产生不利的影响,因而在结构设计中,必须考虑结构参数对整个飞行器系统功能和性能的综合影响;同时考虑多个子系统之间的相互影响能够更好地提高飞行器整体系统的功能和性能,这就是多学科设计优化(MDO)。

1. 多学科设计优化的基本思想

在传统的飞行器工程设计中,各个学科基本上是独立开展设计工作的。例如,在气动设计时仅通过质量控制来考虑对结构的影响,在结构设计时气动外形是固定的,这两个学科的设计工作按顺序执行。然后再对气动和结构组合后的系统进行分析,以确定系统的性能,获取进一步设计修改的内容和措施。该设计方法所需要付出的代价昂贵,且所得到的设计方案往往不是最优。这种设计模式实质上是将气动、结构、控制、制造等同时影响飞行器性能的因素人为地割裂开来,并没有充分利用各个学科(子系统)之间的协同效应,因此,极有可能失去系统的整体最优解。再例如,单独进行气动外形优化后再进行结构优化,虽然可能分别得到气动外形和结构的最优设计,但是两者结合起来就未必是最优的设计,若进行气动/结构一体化设计则会取得更好的设计效果。

飞行器设计是一项复杂的系统工程,涉及气动、结构、材料、制造、控制等多个学科,而各学科之间又有着复杂的耦合关系。例如,气动弹性现象就是气动与结构系统的耦合产物。系统的整体性能取决于各个学科的综合作用,只有采用多学科综合技术才能获得最好的设计结果,因此,多学科设计优化对于复杂工程系统的设计非常重要。

多学科设计优化的主要思想是,在复杂系统设计的整个过程中集成各个学科(子系统)的知识,应用有效的设计/优化策略和分布式计算机网络系统来组织和管理产品的工程设计过程,充分利用各个学科(子系统)之间的相互作用所产生的协同效应获得系统的整体最优解,通过产品并行设计来缩短设计周期,从而使研制出的产品更具有竞争力。因此,多学科设计优化的宗旨与现代设计制造技术中并行工程的思想不谋而合。多学科设计优化利用优化原理,为产品的全寿命周期设计提供了理论基础和实施方法。

多学科设计优化方法已被广泛应用于航空航天系统的初步设计,包括飞机、直升机、发动机结构、运载工具、太空船、微型无人飞行器、航天飞机、超声速飞行器以及主动控制的精密空间结构等。

2. 多学科设计优化问题描述

飞行器这一复杂系统按学科可分解为若干个子系统,包括结构、气动、控制等。各子系统之间信息流"耦合"在一起形成一种"网"结构,称为耦合系统。以气动和结构这两个学科为例,气动力分析时,需要结构分析提供的结构变形数据,而结构分析时则需要气动力分析提供的载荷数据,这两个学科之间存在耦合关系。气动与结构之间的耦合作用很多体现在气动弹性现象上,如升力重新分布、扭转发散、操纵效率下降、颤振等。军用飞机,特别是战斗机的机动性、敏捷性要求高,飞行包线范围扩大,飞行速度跨越亚声速到超声速的所有区域,飞行时间长,第四代战斗机可超声速巡航,这些特点对飞机的气动外形和结构设计提出了新要求,而且使气动与结构之间的耦合关系更强烈。

多学科设计优化主要是针对耦合系统的优化。其优化问题可表达为:求设计向量 $\boldsymbol{X}$,使目标函数

$$f(\boldsymbol{X},\boldsymbol{Y}) \to \min（或 \max） \tag{2-17}$$

满足约束条件:

$$h_i(\boldsymbol{X},\boldsymbol{Y})=0, \quad i=1,2,\cdots,m \tag{2-18}$$

$$g_j(\boldsymbol{X},\boldsymbol{Y}) \leqslant 0, \quad j=1,2,\cdots,n \tag{2-19}$$

式中,$\boldsymbol{Y}$——状态变量;

$h_i(\boldsymbol{X},\boldsymbol{Y})$——等式约束;

$g_j(\boldsymbol{X},\boldsymbol{Y})$——不等式约束。

对于耦合系统,状态变量 $\boldsymbol{Y}$、约束 h_i 和 g_j 以及目标函数 f 的计算涉及多个学科,它们的计算需多次迭代才能完成。这一计算过程称为系统分析。

多学科设计优化中的一个难点是系统分析非常复杂。由于耦合效应,系统分析需在各学科的分析模型之间进行多次迭代才能完成,这一问题称为多学科设计优化的计算复杂性。另一个难点是如何组织和管理各个学科(子系统)之间的信息交换。子系统之间的耦合效应使得多学科设计优化中各子系统之间的信息交换成为一个十分复杂的问题,这一问题称为多学科设计优化的信息交换复杂性。

2.3　飞行器结构设计综合协同创新

在上一节并行工程和多学科设计优化中,已经从协同工作环境、系统分析方法等技术方面对团队的工作组织与耦合系统的寻优求解进行了介绍,重点是协调人力与多种学科的资源,发挥协同效应,以提高所设计结构的效能,所做的工作是在给定条件下使结构的效能最优。但是,由于工程问题的复杂性,并非所有的工作都能在协同工作环境下完成,所有的问题都能及时找到合理的分析模型进行模拟,所以,试图通过这些技术做到结构效能的真正最优基本是不可能的,还必须依靠设计人员的经验与创新性设计,才能使结构更优。

人是生产力中最积极、最活跃的因素,因此,设计人员的创新意识和创新活动才是结构效能提升的不竭源泉,而有限元法、并行工程、多学科设计优化等分析与设计方法都只是提升工作质量和效率的工具。第 1 章已经把综合协同创新列为结构设计人员的 4 个基本素质之一。下面结合飞行器结构设计对综合协同创新内涵进行讨论,以启发设计人员的创新意识,提升创新能力。

2.3.1　飞行器结构设计的相关因素

综合协同创新是指从整个系统全寿命周期的功能、性能出发,综合各分系统与相关技术的进步,充分挖掘它们的协同效应,使系统的功能和性能得到较大的提升,从而实现系统整体综合创新的设计过程。其中,综合协同效应的提升是关键。

成功实现综合协同创新的典型例子是 B787。20 世纪 90 年代后期,在双发宽体机领域,

由于空客 A330 飞机的竞争,B767 飞机呈现销量明显下滑的趋势,为此,波音公司启动了新飞机研制计划。最初的研制目标为设计一种飞行速度提高 15%(0.95～0.98Ma),但燃油效率与 B767 相当的飞机,希望借助这款"声速巡航者"飞机树立自己的技术优势。然而由于"911"事件以及随后疲软的世界经济和居高不下的油价,航空公司对该机型的兴趣不大,最终该项目于 2002 年 12 月宣告终止。2003 年,航空运输行业虽然具备较强的增长潜力,但航空公司收益水平却明显下降,进入了高投入、低利润率的时代。通过大量市场调研,波音公司启动了代号为 7E7 的飞机项目,后来正式命名为 B787 梦想客机。面对航空公司经济性优于速度的要求,B787 的一项重要指标就是比 B767 飞机的单位油耗降低 20%。

最终,B787 实现了飞行速度 0.85Ma,可以和当今最快的宽体飞机相媲美;与当今同级别飞机相比,燃油效率提高了 20%,具有更出色的环保性能,提高了航空公司的运营盈利能力,优于同尺寸飞机 20%～45%。此外,如图 2-8 所示和表 2-2 所列,B787 比 B767、A330 飞机结构的维修费用和时间间隔都有较大改善,结构大检(D 检)周期比 B767 长了 1 倍,第一次大修时的维修费用下降了 30%,第二次大检时的维修费用下降高达 52%。

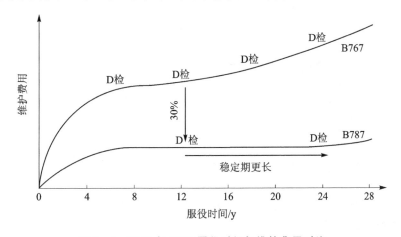

图 2-8　B787 与 B767 服役时间与维护费用对比

表 2-2　三种飞机各类维护时间间隔对比

机　型	B767	A330	B787
复合材料用量质量百分比/%	4～5	10	50
航线维护间隔/h	500	700	1 000
基地大修间隔/m	18	18	36
结构大检周期/y	6	6	12

B787 研制目标的实现,得益于飞机同时采用了 50% 的复合材料结构、整体结构制造工艺、先进的气动外形、先进的发动机和先进的健康监测系统等技术,以及与日本、韩国、中国、加拿大等多个国家许多公司的国际协作。这些因素在一个系统上协同运行,产生了最终的协同效果,这是仅由某一因素创新所无法比拟的。

从 B787 飞机的综合协同创新来看,影响整个飞机全寿命周期的功能和性能因素较多,包括气动设计、材料、制造工艺、国际合作等。结构是整个飞机系统的一个分系统,飞机结构设计与飞机总的性能要求、总体设计、材料、制造工艺、使用维护条件以及其他分系统等都有直接的

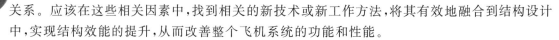

关系。应该在这些相关因素中,找到相关的新技术或新工作方法,将其有效地融合到结构设计中,实现结构效能的提升,从而改善整个飞机系统的功能和性能。

在与结构设计相关的诸多因素中,材料和制造工艺是最直接、最关键的因素。目前,先进复合材料和整体结构制造工艺的应用是飞行器结构先进性的重要标志。

连续纤维增强聚合物基复合材料比强度、比模量高,可以给飞行器带来明显的减重效果。复合材料用于飞行器,不仅结构可以设计,材料本身也可以设计,因此,复合材料比金属材料在结构设计上具有更大的自由度。利用复合材料的气动可裁剪性对翼面结构的弯曲和扭转刚度进行设计,可以取消为提高飞机颤振临界速度而布置在翼面前缘的配重,从而有效地减轻这些翼面结构的质量。复合材料的应用还使蜂窝夹层结构大量用于飞行器翼面和机身或舱体结构中,使这些结构的减重效果更好。

复合材料适合制造大型整体复杂制件。复合材料结构整体制造技术和金属结构增材整体制造技术不仅可以大量减少连接设计与紧固件数量,还能够减少构件的装配工装和装配工作量,并且使结构内部的传力路线更分散,减少应力集中现象,从而达到结构减重和降低制造成本的效果。

有关先进材料和制造工艺的内容在第4章会进行专门介绍,这里不再展开叙述。

2.3.2 结构设计综合协同创新

结构设计综合协同创新的目标是,改善结构与其他分系统之间的协调关系,提高由结构和其他分系统组成单元或整个飞行器系统的功能和性能,减轻单元或整个系统的质量和降低全寿命周期成本。

下面以我国某直升机旋翼桨叶防除冰系统为例,说明综合协同创新设计的考虑因素与简要过程。

根据防除冰所用能量方式的不同,现有的防除冰技术大致可分为4种类型,即机械除冰、液体防冰、热能除冰以及涂层防冰。

机械除冰是用机械方法把冰破碎,然后用气流吹除或通过离心力、振动把冰去除,常见的方法有胀套除冰和电脉冲除冰。由于该系统布置比较困难,因此不适用于直升机。液体防冰是将防冰液(乙烯乙二醇、异丙醇、乙醇等)喷洒到结冰部件表面,把水的冰点降至结构表面温度以下,使水不致结冰。液体防冰存在有效作用时间短、防冰液用量大、除冰效果差等缺点,多用于寒冷季节民航飞机起飞前的地面除冰。热能除冰是利用各种热能加热结构,使其表面温度高于0℃而起到防冰、除冰的作用,它进一步可分为电热防除冰、热气防除冰、微波除冰等类型。电热防冰系统主要由加热元件、转换器、过热保护装置、电源及控制器组成;热气防冰采用从发动机压气机引出的热空气来防冰;微波除冰是将微波能导到结冰表面对冰层加热,使冰与飞机表面的结合力大大降低,再利用气动力等将冰除去。涂层防冰是利用特种涂层的物理化学作用,使冰融化或减小冰与表面的附着力,从而减小结冰发生的可能。这类防冰方法的效果不是很好,目前还未见到实际应用的相关报道。

相较于其他类型的防除冰方法,电热防除冰具有设计简单、系统工作可靠、防除冰效果比较理想等优点,适用于直升机结构。

此前,我国没有工程可用的直升机桨叶防除冰技术,所有国产直升机均没有装备桨叶防除冰系统,所以,把桨叶设计成具有防除冰能力的结构在当时属于创新设计。其主要研制过程如下：

①　依据直升机旋翼系统战术技术要求和直升机使用环境要求，并参照适航条例 CCAR - 29 第 1419 条和 FAR 第 25 部附录的规定，拟定该直升机旋翼防除冰系统总体技术指标与要求，包括防除冰系统的组成、接口协调、防除冰系统的工作有效性范围等。

②　确定系统功率需求、防护位置、系统结构和防除冰控制率等设计参数。

③　全面综合评价系统的有效性、可靠性、可维护性及相容性，并通过一系列的试验加以验证。

直升机桨叶防除冰系统的开发是一个复杂的工程，需要综合考虑协调桨叶本体结构、冰形结构、加热元件选材与布置、结冰探测器和大气温度传感器布置、加热控制律设计等因素，其中桨叶本体结构为环氧树脂基复合材料夹层盒式结构，冰形结构可以通过计算和冰风洞试验确定，结冰探测器和大气温度传感器布置通过工程分析确定，加热控制律根据桨叶的对称性经过计算和试验制定。加热元件选材与布置则比较复杂，需综合考虑多方面的因素。

①　材料：包括加热元件（有金属片、金属丝、碳纤维丝束等）、加热元件附着的基材、隔热材料、导热材料等。

②　制造工艺：包括加热元件与基材的合成工艺、加热组件的合成工艺、加热组件与桨叶本体结构的合成工艺。

③　结构性能：包括桨叶本体结构的耐热性能，加热组件的抗沙蚀、加热速度、隔热性能、温度老化性能、绝缘性能等，桨叶本体结构与加热组件间的界面性能，以及整个桨叶的质量分布、刚度分布等。

④　疲劳寿命：包括桨叶结构的整体寿命、加热组件的寿命。

⑤　可维修性：包括桨叶本体结构的修理、加热组件的修理、加热组件供电系统的修理。

⑥　成本控制：包括材料成本、制造成本和使用维护成本等。

⑦　系统综合试验评估：包括加热组件的加热性能、隔热性能、耐沙蚀性能评估，整个桨叶系统所有静、动态力学性能的评估等。

可见，桨叶防除冰系统的设计涉及的因素非常多。在相关技术基础缺乏或不足的情况下设计这个系统，必须综合协调好以上所有因素才能设计出合格的产品。

结合以上工程实例，可以总结出结构设计综合协同创新工作的要点，包括以下几个方面：

①　设计人员要有创新的意志和敢为人先的气魄。

②　从整个系统考虑结构分系统的设计。

③　从全寿命周期考虑问题。

④　从用户角度考虑问题。

⑤　及时了解各学科的技术进展，特别是与所设计结构相关专业的技术进展。

⑥　具有辨识不同专业新技术成熟程度的能力。

⑦　对技术风险具有分析与管控能力。

习　　题

2-1　何为结构设计思想？结合飞行器结构设计，反思结构设计人员应该具备什么样的思想。

2-2 试述飞行器结构设计思想的内涵及其演变过程。

2-3 试分析结构安全寿命、耐久性和损伤容限这三个概念的内涵,举例说明其在飞机、直升机结构设计中的应用。

2-4 针对某一具体型号(或假拟一个飞行器),调查研究(或给出)其设计要求,然后分析说明结构设计思想如何用于其结构设计。

2-5 调查研究飞机或直升机复合材料结构损伤容限设计的目的,分析其技术发展现状。

2-6 调查研究飞机或直升机可靠性设计的应用现状,分析其技术发展现状。

2-7 何谓结构分析的有限元方法?有限元分析的一般过程是什么?

2-8 试描述典型的飞行器结构优化设计问题。

2-9 数字化设计包含哪几个方面的技术内容?

2-10 多学科设计优化的基本思想是什么?它与单纯的结构优化设计有何区别?

2-11 何为飞行器结构设计综合协同创新?如何提升自己的综合协同创新能力?

第3章　飞行器的外载荷和设计情况

在使用和运输过程中,飞行器受到各种载荷的作用。飞行器的外载荷是指飞行器在空中(太空)飞行、地面运行、起飞、着陆以及运输和装卸过程中,机体结构所承受外力的总称。外载荷的大小和性质取决于飞行器的类别、飞行性能、外形的气动特性、飞行器质量、起落特性和使用情况等,飞行器结构在使用、运输和装卸过程中应能承受作用在其上的外载荷。为了使飞行器结构在整个使用过程中,既能安全可靠地工作,又能使结构质量最轻,在结构设计前必须正确地确定外载荷。因此,飞行器的外载荷及相关的强度规范是结构设计和强度计算的重要依据。

本章首先介绍作用在飞行器上的外载荷及其表征量——过载的概念、设计中所用载荷的考虑方法与安全系数的概念,然后结合飞机、直升机的飞行情况阐述其设计载荷情况与过载的计算方法,最后以飞机为例简要介绍飞行器结构试验验证技术,包括试验载荷的确定、静力试验和疲劳试验技术等内容。

3.1　飞行器的外载荷和过载

飞行器结构在制造、运输和使用过程中会遇到大小不一、各种各样的载荷,但是,并非所有的载荷对结构的功能和性能都会产生影响,因此,结构设计中需要考虑的是对结构强度、刚度、寿命以及使用功能有影响的载荷。

3.1.1　飞行器的外载荷

飞行器结构在使用过程中可能遇到的外载荷主要有:

① 飞行器在大气中飞行时所受到的空气动力。

② 与飞行器或其部段质量 m 有关的质量力,即飞行器的重力 mg(g 为重力加速度)与由法向加速度 a_n 和切向加速度 a_τ 决定的惯性力 ma_n 和 ma_τ。质量力是与质量 m 成正比的分布载荷。

③ 起飞和着陆(或水面溅落)时受到的空气动力和冲击载荷。

④ 飞行器推力系统所产生的载荷。

⑤ 大气中的水平阵风和垂直阵风引起的载荷。

⑥ 运载或运输过程中运载装置或工具作用于飞行器上的载荷。

⑦ 在大气层中高速飞行时产生的气动加热温度载荷和在太空中飞行时不均匀辐射引起的温度载荷。

⑧ 飞鸟和陨石等外来物的撞击载荷。

⑨ 飞行器失事时的非正常载荷。

外载荷按作用的状态可分为静载荷和动载荷,其中静载荷为加载速度低、在较长时期内不变化的载荷,动载荷为迅速变化的载荷或反复作用的循环载荷;按分布形式可分为集中载荷和分布载荷(按结构的长度、表面和体积分布);按载荷性质可分为与飞行器质量有关的质量力和与质量无关的外力。重力和惯性力为质量力,空气动力、发动机推力、发动机加热和气动加热以及不均匀辐射引起的温度载荷、地面冲击力和支反力、发动机噪声引起的声载等为外力。

如图 3-1 所示为飞机在垂直平面内做曲线飞行时所受到的外载荷。图中所示的坐标系 $Ox_a y_a z_a$ 为速度坐标系,即飞行速度 v 与坐标轴 x_a 平行。飞机上作用有空气动力 D(阻力)和 L(升力)、发动机推力 F、重力 G 与惯性力 ma_n 和 ma_τ。将与质量无关的外力合力用 R_{bi} 表示,而质量力合力用 R_m 表示,则飞机质心处的动态平衡方程为

$$\boldsymbol{R}_{bi} = \boldsymbol{R}_m \tag{3-1}$$

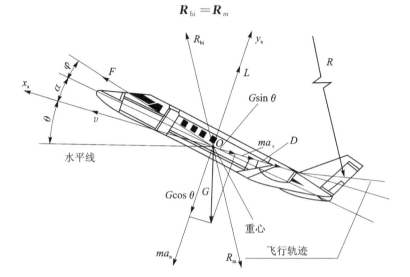

图 3-1 飞机在垂直平面内做曲线飞行时的外载荷

3.1.2 过载和过载系数

1. 过载的概念

作用于飞行器或其部件上载荷的程度可用量纲为1的过载值 n 表示。过载可理解为所有与质量无关的外力合力 R_{bi} 与飞行器重力值 G 之比

$$\boldsymbol{n} = R_{bi}/G \tag{3-2}$$

过载 $\boldsymbol{n}$ 是矢量,其方向与外力合力 R_{bi} 的方向一致。一般情况下,过载的方向与机体坐标系各轴的方向不一致。如图 3-2 所示,机体坐标系 $Oxyz$ 中沿飞行方向的机体轴线为 x 轴,机体对称面内与 x 轴垂直的为 y 轴,按右手准则确定的为 z 轴,原点 O 为飞行器质心位置。过载 $\boldsymbol{n}$ 沿机体坐标轴的分量分别用 n_x、n_y、n_z 表示,则

$$\boldsymbol{n} = \sqrt{n_y^2 + n_x^2 + n_z^2} \tag{3-3}$$

式中,$\boldsymbol{n}$——飞行器质心处的总过载。

飞行器在垂直平面内做曲线飞行是一种常见的飞行状态,作用在飞行器上的升力大小为 L,阻力为 D,发动机推力为 F。飞行器质量 $m = G/g$,G 为飞行器的重力,g 为重力加速度。取速度坐标系(见图 3-1)时,飞行器的运动平衡方程为

$$\left. \begin{array}{l} F\cos(\alpha + \varphi) - D = G\sin\theta + ma_\tau \\ L + F\sin(\alpha + \varphi) = G\cos\theta + ma_n \end{array} \right\} \tag{3-4}$$

式中,α——迎角;

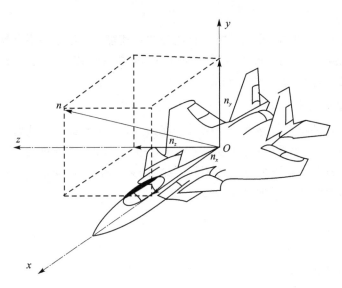

图 3-2　飞机坐标轴方向与过载

φ——发动机推力 F 与飞行器轴线的夹角；

θ——航迹角，即飞行器质心 O 处的速度矢量与水平面之间的夹角；

a_τ 和 a_n——飞行器质心处的切向加速度和法向加速度，即

$$a_\tau = \frac{\mathrm{d}v}{\mathrm{d}t}$$

$$a_n = \frac{v^2}{R}$$

式中，v——飞行器的飞行速度；

R——飞行器运动轨迹的曲率半径。

将式(3-4)除以 G，得

$$\left.\begin{aligned} n_{x0} &= \frac{F\cos(\alpha + \varphi) - D}{G} = \sin\theta + \frac{1}{g}\frac{\mathrm{d}v}{\mathrm{d}t} \\ n_{y0} &= \frac{L + F\sin(\alpha + \varphi)}{G} = \cos\theta + \frac{1}{g}\frac{v^2}{R} \end{aligned}\right\}$$
(3-5)

当以机体坐标系表示过载时，则有

$$\left.\begin{aligned} n_x &= n_{x0}\cos\alpha + n_{y0}\sin\alpha \\ n_y &= n_{y0}\cos\alpha - n_{x0}\sin\alpha \end{aligned}\right\}$$
(3-6)

当 α 和 φ 角很小时，式(3-6)可写为

$$\left.\begin{aligned} n_x &= \frac{F - D}{G} = \sin\theta + \frac{1}{g}\frac{\mathrm{d}v}{\mathrm{d}t} \\ n_y &= \frac{L}{G} = \cos\theta + \frac{1}{g}\frac{v^2}{R} \end{aligned}\right\}$$
(3-7a)

当有侧向力作用时，飞行器将有侧向运动，因此在 z 轴有过载分量 n_z，且

$$n_z = \frac{C}{G}$$
(3-7b)

式中，C——侧向力。

由式（3-7）可知，过载 n_x 决定了沿飞行轨迹的加速度 a_τ，并且它不可能超过飞行器的推重比 F/G。当采用阻力板或反推力装置时，过载 n_x 可能是负值。过载 n_y 决定飞行器的机动性。飞行器在侧滑飞行时，若 $C>0$，则 $n_z>0$。

2. 非质心位置的过载

以上讨论的过载是将飞行器看作一个质点展开的，是飞行器质心处的过载。若把飞行器看成刚体，则不仅有平移运动（飞行速度为 v），还有相对质心以角速度 ω_z 和旋转加速度 ε_z 的旋转运动，此时，飞行器上各点的过载将不同。如图 3-3 所示，设质心处过载为 n_{x0} 和 n_{y0}，飞行器绕质心旋转所引起的相对加速度为 Δa_x 和 Δa_y：

$$\Delta a_x = \frac{v^2}{x} = \omega_z^2 x$$

$$\Delta a_y = \varepsilon_z x$$

则相应产生的附加过载 Δn_x 和 Δn_y 为

$$\Delta n_x = \pm \Delta a_x / g$$

$$\Delta n_y = \pm \Delta a_y / g$$

式中，x——计算点 A 距质心的距离。

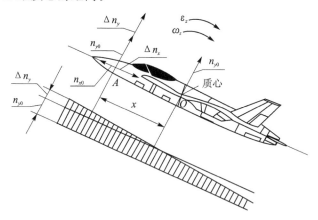

图 3-3 飞行器质心以外其他点处的过载

如果 Δn_x 和 Δn_y 的方向分别与 n_{x0} 和 n_{y0} 的方向相同，则符号为"＋"，反之为"－"。A 点的过载为

$$\left.\begin{array}{l} n_x = n_{x0} \pm \dfrac{\omega_z^2 x}{g} \\[2mm] n_y = n_{y0} \pm \dfrac{\varepsilon_z x}{g} \end{array}\right\} \tag{3-8}$$

附加过载与计算点到质心的距离 x 成正比。飞行器做机动飞行时，旋转角加速度 ε_z 较大，故结构设计中必须考虑这种附加过载。

【例 3-1】 飞机在垂直平面飞行时做急跃升机动。已知 $\varepsilon_z = 4\ \text{rad/s}^2$，发动机距飞行器质心 $x=4\ \text{m}$，求发动机质心处的附加过载 Δn_y。

解：

$$\Delta n_y = \frac{\varepsilon_z}{g} x = \frac{4}{9.81} \times 4 = 1.631$$

例 3 - 1 中发动机质心处所受的总过载为飞机质心处过载 n_{y0} 加上 Δn_y。但必须注意,对于发动机、导弹、副油箱等较长装载物来说,不能简单地将其作为一个质点来考虑,还应该考虑装载物自身转动的质量惯性矩 I_{zgi} 在其质心处产生的集中惯性力矩 $\Delta M_{zgi} = I_{zgi}\varepsilon_z$,将其计入支持结构的内力中。

3. 大气紊流引起的突风过载

大气中的气流是不平静的,气团移动会引起水平和垂直突风,突风强度可达到 15～20 m/s。突风可能是单突风,也可能是大的同一频率的循环突风。当飞行器遇到突风时会产生颠簸,其结构要承受很大的过载。这种由突风引起的过载称为突风过载,也叫颠簸过载、阵风过载。突风载荷可采用离散阵风分析方法和连续紊流分析方法(动态离散阵风法)计算。

离散阵风分析方法是把大气扰动理想化为具有一定形状、一定梯度距离以及一定强度的单个孤立阵风。单个孤立阵风的强度一般用当量阵风速度表示。然后将飞行器视为刚体,求出附加过载的峰值。此法对低速小型飞行器较合适。

连续紊流分析方法是使用频谱法把大气的循环紊流处理成一个连续的随机过程。将紊流功率谱在频域内表示为扰动函数,然后用动态分析方法确定柔性结构的响应,并建立两种设计准则——任务分析准则和设计包线准则。当对飞行器进行结构受载分析时,应同时采用这两种设计准则,取其最大值进行结构强度计算。此方法对薄翼型、高速或大型飞行器适合。下面以离散阵风分析方法为例介绍突风载荷。

(1) 垂直突风情况

垂直突风是各种方向突风中最严重的一种情况,当飞行器处于直线水平无侧滑飞行时,遭遇到一个确定形状和强度的孤立离散垂直突风,速度为 v_w,飞行器与气流相对速度的方向及大小均会发生变化。由于飞行速度 $v \gg v_w$,可认为飞行器仍以速度 v 相对空气运动,只增加翼面迎角 $\Delta\alpha$,$\Delta\alpha = v_w/v$,如图 3 - 4 所示,则升力增量 ΔL 为

$$\Delta L = KC_{La}\Delta\alpha S \cdot \frac{1}{2}\rho_H v^2 = KC_{La}\frac{\rho_H v v_w}{2}S \tag{3-9}$$

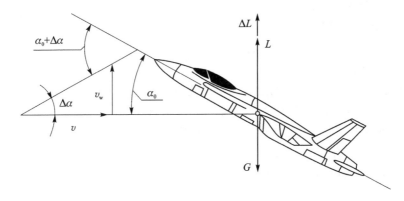

图 3 - 4　在垂直突风速度为 v_w 的不稳定气流中飞行时迎角的变化

以当量速度 v_{dl} 表示的突风过载 n_y 为

$$n_y = 1 \pm \frac{KC_{La}\rho_0 v_{dl} v_w}{2p} \tag{3-10}$$

式中,C_{La}——升力系数的斜率;

$\Delta\alpha$——迎角增量；

v_{dl}——当量飞行速度；

p——翼载，$p = G/S$（S 为翼面积，G 为飞行器重力）；

ρ_0——海平面空气密度；

K——离散突风减缓系数。K 是飞行器质量参数 μ_g 的函数，其值可由下式求得。

亚声速：

$$K = \frac{0.88\mu_g}{5.3 + \mu_g} \tag{3-11}$$

超声速：

$$K = \frac{\mu_g^{1.03}}{6.95 + \mu_g^{1.03}} \tag{3-12}$$

$$\mu_g = \frac{2G/S}{gC_{L\alpha}\rho_H C_G} \tag{3-13}$$

式中，g——重力加速度；

C_G——机翼平均几何弦长；

ρ_H——所在高度 H 的空气密度。

真实情况中，离散突风是由零增加到最大值，升力也是非线性的，迎角突然增加 $\Delta\alpha$，但升力增加需要一时间过程，故引入突风减缓系数 $K(K < 1)$。

对具有前、后翼布局的飞行器，垂直突风在后翼的水平尾翼上也将引起相当大的突风载荷。对于非机动类飞行器，该载荷有时会超过机动载荷。考虑前翼下洗气流对尾翼的影响，引入尾翼处稳定的下洗效应 $(1 - d\varepsilon/d\alpha)$，则水平尾翼的突风载荷增量 ΔL_{pw} 为

$$\Delta L_{pw} = \frac{1}{2}C_{L_{pw\alpha}}\rho_0 S_{pw} v_{dl} v_{w,dl}\left(1 - \frac{d\varepsilon}{d\alpha}\right)K_{pw} \tag{3-14}$$

式中，$C_{L_{pw\alpha}}$——水平尾翼升力系数 $C_{L_{pw}}$ 的斜率；

S_{pw}——水平尾翼的面积；

$v_{w,dl}$——当量突风速度；

K_{pw}——水平尾翼的突风减缓系数；

$d\varepsilon/d\alpha$——平尾的下洗角导数。

由上述公式可看出，突风引起的过载和平尾载荷与当量突风速度以及当量飞行速度成正比。当驾驶员发现前方有较大突风时，应降低飞行速度，以降低突风载荷。有时垂直突风虽然不大于 20 m/s，但突风会引起翼面变形、加速度和惯性力等随时间发生变化，诱发翼面结构弹性恢复力和惯性力的耦合作用，导致结构发生振动。当气动力的频率与结构固有振动频率靠近或重合时，会出现特别不利的共振情况。循环紊流能引起重型飞行器的较大过载，翼尖的过载值可能会超过 7。

（2）侧向突风

飞行器的垂直尾翼受侧向突风后，相应的突风载荷增量 ΔL_h 为

$$\Delta L_h = \frac{1}{2}\rho_0 v_{dl} S_h C_{L,h}^{\beta} v_{\alpha e} K_{w,h} \tag{3-15}$$

式中，$v_{\alpha e}$——折算当量空气速度；

S_h——垂直尾翼的面积；

$C_{L,h}^{\beta}$——垂直尾翼的侧力曲线斜率；

$K_{w,h}$——垂直尾翼的突风减缓因子。

（3）水平突风

飞行器以速度 v 水平飞行时，在某一瞬间迎面而来的水平突风 u 会使升力有一个增量，其总升力为

$$L = C_L \cdot S \cdot \frac{1}{2} \rho_H (v+u)^2$$

相应的过载为

$$n_y = L/G = (v+u)^2/v^2 = (1+u/v)^2 \approx 1 + 2u/v \tag{3-16}$$

真实情况中，即使水平突风非常强烈，u/v 也不会超过 0.15，因此，水平突风的过载增量不大于 0.3～0.5，对强度影响很小，设计中可以不考虑。

突风速度是一个随机变量，其大小随地区、飞行高度、气象条件的不同而变化，且高度越大，遇到相同突风的概率就越低。

4. 过载系数

与前面飞行器过载的定义相同，飞行器所受除重力之外的外力合力与其重力之比称为过载系数，又称为载荷因素、载荷因子，一般用字母 n 表示。过载是矢量，而过载系数是标量，用来表示过载的大小。但在工程中，这两个名词经常混用而不加区分。

过载系数是飞行器设计中的一个重要系数。过载系数表示实际作用于飞行器质心处除重力之外的外力合力 R_{bi} 与飞行器重力的关系，用比值的概念来表示，是一个相对值。以式（3-7）的第一式为例，$n_x = (F-D)/G$，即 x 轴方向的合力（$F-D$）与重力 G 之比为 x 轴方向的过载系数。

另一方面，过载系数又表示飞行器质量力与重力之比。例如，图 3-1 所示的飞行器在垂直平面内做曲线飞行时，飞行器质心处的离心惯性力 N_y 为

$$N_y = m \frac{v^2}{R} \tag{3-17}$$

而升力 L 为

$$L = G\cos\theta + N_y \tag{3-18}$$

此时，y 方向的过载系数 n_y 为

$$n_y = \frac{L}{G} = \frac{G\cos\theta + N_y}{G} \tag{3-19}$$

如式（3-18）所示，飞行器的质量力与飞行器所受的除去重力以外的外力合力大小相等、方向相反，因此，若用质量力来决定过载的方向，就应该是与飞行器坐标轴正方向相反为正，反之为负。

飞行器的过载系数是飞行器设计时的原始参数之一。一般情况下，在中高空过载系数越大，飞行器的机动性越好；也就是说，过载系数可作为表征飞行器机动性的重要指标。但过载系数越大，就要求飞行器能提供更大的升力或推力，结构拥有更高的强度和刚度，这将引起飞行器质量相应增大，反过来又会影响飞行器的机动性。因此，在飞行器设计时，应合理地确定过载系数。

3.2 极限载荷与安全系数

结构设计中所使用的载荷一般有两种,即限制载荷(limit load)和极限载荷(ultimate load)。在国内工程界,以前把它们分别称为使用载荷和设计载荷,这两个概念工程意义明确,但物理意义不准确,而且与术语"设计载荷要求"容易混淆,所以在现行的国军标中不再使用。

3.2.1 限制载荷

限制载荷是指飞行器实际使用中可能遇到的最大载荷,即在正常使用中所允许达到的最大载荷。

在限制载荷作用下,各元件的工作应力小于材料的比例极限强度,因没有进入屈服区,元件不会出现永久变形。如果超过该载荷,则元件的工作应力进入材料屈服区,结构可能发生有害的永久变形。在整个使用过程中,限制载荷可能不止一次地遇到,所以飞行器遇到限制载荷后不能有残余变形,否则就会影响下次使用。

3.2.2 极限载荷

为了保证一定的安全裕度,飞行器结构在实际设计中通常按能承受高于限制载荷的极限载荷进行设计,即对结构的静强度采用极限载荷法或破坏载荷法进行设计。

所谓的极限载荷为限制载荷与安全系数的乘积,飞行器各构件在该载荷作用下不应破坏,但超过该载荷则可以发生破坏。极限载荷法的强度条件为

$$F_U = F_L \cdot f \qquad (3-20)$$

极限载荷下元件的应力

$$\sigma_U \leqslant \sigma_b \qquad (3-21)$$

式中,F_U——极限载荷;

$\quad$ F_L——限制载荷;

$\quad$ f——安全系数;

$\quad$ σ_U——设计应力;

$\quad$ σ_b——结构失效强度,对于金属结构为许用应力,对于复合材料为结构设计值(应变)。

飞行器结构一般都是复杂的超静定结构,有多条传力路径,并大量采用弹塑性材料。当某一元件在限制载荷下达到比例极限或在极限载荷下达到失效强度时,该元件不能承受更大的载荷,但其他元件仍能承担更大的载荷,各结构元件所承担的载荷将重新分配,直到最主要的受力构件或较多的受力元件破坏时,整个结构才破坏。因此,按极限载荷进行设计,可充分发挥超静定结构的承载能力。

另外,飞行器结构静强度试验时,很难测准结构是否出现了永久变形,但较容易准确判断结构是否破坏。因而采用极限载荷进行静力破坏试验验证,不仅便于测试,而且更符合实际使用情况。

3.2.3 安全系数

众所周知,结构所承受的载荷、材料的性能、结构的尺寸以及加工质量等都存在较大的分

散性,为了保证结构安全可靠,在设计中引入安全系数的概念。

安全系数为极限载荷与限制载荷之比。其物理意义为实际使用中可能遇到的载荷增大到多少倍结构才破坏,这个倍数就是安全系数。

$$f = \frac{F_U}{F_L} = \frac{F_U}{nG} \tag{3-22}$$

式中,n——过载系数;

　G——飞行器所受的重力。

引入安全系数主要有以下几方面的考虑:

① 在限制载荷作用下飞行器结构没有永久变形或产生屈服;

② 使用中可能出现超过规定的机动动作或未估计到的突风,从而出现大于规定的限制载荷;

③ 结构所用的材料本身不可避免地存在缺陷或制造加工过程中引入了损伤;

④ 分析中的不确定因素和分析手段的不完善;

⑤ 满足结构刚度的要求。

安全系数影响结构的质量、承载能力和安全可靠性,因而正确选取安全系数 f 是既重要又困难的事情。最初的取值 $f=1.5$ 是根据一般金属材料(铝合金)的破坏强度和屈服强度比确定的,后来是根据结构试验数据的统计结果来确定。目前通常是根据理论分析和实验研究,并通过大量的使用经验的统计、归纳分析,最后以强度规范的形式明确给出适合各设计情况的 f 值。有人飞机一般规定安全系数取 1.5,但工程实际中常有加大或减小安全系数的情况。如对于重要接头等特殊部位,常以不同方式加大安全系数(如乘以 1.10~1.25)。又如由于设计分析和实验手段的提高,材料品质的改善(如材料的破坏强度和屈服强度比值降低),采用更先进的工艺方法等,一些结构部位可适当降低 f 值。对某些特殊情况,如应急情况或一次性使用的结构等,也可适当减小 f 值。

3.3　飞机设计情况

为了保证飞行器的安全使用,不同的飞行器形成了不同的强度规范。对于飞机和直升机结构设计,则有相应的飞机、直升机强度规范和适航规章。这些规范或规章是在飞行器遭遇前所未有的飞行条件发生事故,对其进行调查分析后总结提出的。对于飞机,无论是军用飞机还是民用飞机,目前国际上各官方组织所制定的结构设计强度规范均已比较完善,但由于飞机技术的发展,其仍然在不断改进完善之中。下面将以军用飞机强度规范为例,对其进行简要介绍。

3.3.1　典型飞行情况和机动过载

1. 平直飞行情况

飞机做水平直线等速飞行的情况如图 3-5 所示。飞机上所受载荷处于静平衡状态,无任何方向的加速度。此时外载荷的特点是升力等于重力,推力等于阻力,即过载 $n_y=1$。

$$\left. \begin{array}{l} L = G = mg \\ F = D \end{array} \right\} \tag{3-23}$$

过载系数

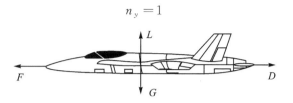

$$n_y = 1$$

图 3-5 飞机平直飞行时的受载情况

2. 俯冲拉起情况

飞机在垂直平面内做曲线机动是军用飞机的主要机动飞行情况,而俯冲拉起是较严重的机动飞行情况之一,如图 3-6 所示。此时,作用在飞机上的外载荷有 L、F、D、G 以及离心惯性力 N_y。

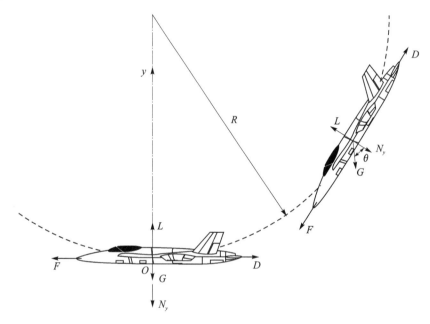

图 3-6 飞机俯冲后拉起时的受载情况

设飞机的飞行速度为 v,航迹的曲率半径为 R,则法向加速度为

$$a_y = \frac{v^2}{R}$$

离心惯性力为

$$N_y = -ma_y = -\frac{G}{g} \cdot \frac{v^2}{R} \tag{3-24}$$

将这些载荷投影到升力的方向上,可得到动态平衡方程式

$$L = G\cos\theta + \frac{G}{g} \cdot \frac{v^2}{R} = G\left(\cos\theta + \frac{v^2}{gR}\right)$$

用过载系数 n_y 表示 L/G,则

$$n_y = \frac{L}{G} = \cos\theta + \frac{v^2}{gR} \tag{3-25}$$

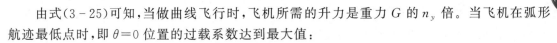
由式(3-25)可知,当做曲线飞行时,飞机所需的升力是重力 G 的 n_y 倍。当飞机在弧形航迹最低点时,即 $\theta=0$ 位置的过载系数达到最大值:

$$n_{y\,\max}=1+\frac{v^2}{gR}$$

可见,飞机在垂直平面内做曲线飞行时,升力和过载系数都在不断变化中;飞机的机动动作越剧烈,所需的升力就越大,过载系数 n_y 也越大。

3. 进入俯冲情况

图 3-7 所示为飞机进入俯冲的情况。在此情况下飞机法向的动态平衡方程为

$$L=G\cos\theta-\frac{G}{g}\frac{v^2}{R} \tag{3-26}$$

$$n_y=\frac{L}{G}=\cos\theta-\frac{v^2}{gR} \tag{3-27}$$

根据进入俯冲时情况的不同,即当飞行速度 v 和曲率半径 R 不同时,n_y 可能为正,也可能为负或为零。

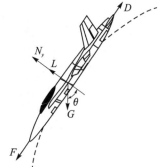

图 3-7　飞机俯冲时的受力情况

【例 3-2】　如图 3-7 所示为飞机进行俯冲的情况,求下列情况的过载系数 n_y。

① 已知 $v=62.64$ m/s,$R=800$ m,$\theta=30°$。

解：
$$n_y=\cos\theta-\frac{v^2}{gR}=\cos 30°-\frac{62.64^2}{9.81\times800}=0.366$$

② 已知 $v=80$ m/s,$R=800$ m,$\theta=30°$。

解：
$$n_y=\cos\theta-\frac{v^2}{gR}=\cos 30°-\frac{80^2}{9.81\times800}=0.051$$

③ 已知 $v=80$ m/s,$R=800$ m,$\theta=0°$。

解：
$$n_y=\cos\theta-\frac{v^2}{gR}=\cos 0°-\frac{80^2}{9.81\times800}=0.185$$

由以上计算可知,飞机进入俯冲时的飞行速度 v、航迹角 θ 等不同,对应的过载系数 n_y 也不同。

4. 垂直俯冲情况

图 3-8 所示为飞机垂直俯冲时作用在飞机上的外载荷,此时,
$$L=0$$
$$n_y=0$$

但由图 3-8 可知,在 x 方向可能存在过载

$$n_x=\frac{F-D}{G}=\frac{N_x-G}{G} \tag{3-28}$$

如果飞机在发动机推力 F 为零的状态下进行垂直俯冲,略去空气阻力 D,此时,$n_y=0$,即相当于自由坠落的失重情况。

5. 等速水平盘旋情况

图 3-9 所示为飞机做等速水平盘旋时所受的载荷。飞机在水平面内做曲线飞行一般需

要有倾斜角 γ，由升力 L 的水平分量 $L\sin\gamma$ 使轨迹改变，故 γ 角又称为盘旋角。在无侧滑（$C=0$）、高度不变，以恒定速度（$F=D$）等速水平盘旋时，n_z 和 n_x 将等于零。由 $L\cos\gamma=G$ 和 $n_y=L/G$ 可以得到

$$n_y = \frac{1}{\cos\gamma} \tag{3-29}$$

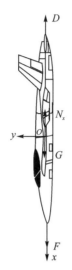

图 3-8 飞机垂直俯冲的情况

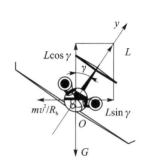

图 3-9 飞机等速水平盘旋的情况

由于水平盘旋时的离心力 mv^2/R_h 与升力分量 $L\sin\gamma$ 平衡，所以盘旋半径 R_h 为

$$R_h = \frac{v^2}{g\sqrt{n_y^2-1}} \tag{3-30}$$

在 v 为常数的情况下，盘旋过载系数 n_y 越大，则 R_h 值越小，转弯角速度 $\omega=v/R_h$ 就越高，飞机的机动性就越大。

盘旋时水平方向的过载 n_h 为

$$n_h = n_y\sin\gamma = L\sin\gamma/G$$

等速水平盘旋是飞机主要机动飞行情况之一。当飞行速度增大时，若做小半径盘旋，则需用大迎角飞行来产生大的升力 L，从而使升力水平分量 $L\sin\gamma$ 与盘旋所产生的离心惯性力平衡。很明显，大倾斜角将产生大的过载系数。同时，由于升力增大会引起阻力增大，故需要增大推力。

3.3.2　对称飞行机动包线与主要参数

由上一节对飞行情况的分析可知，军用飞机较严重的飞行载荷一般发生在对称飞行机动状态，故需要研究飞机对称飞行机动包线及其相应的参数。

1. 主要参数确定

由过载系数定义可知

$$n = L/G = qSC_L/G \tag{3-31}$$

式中，S——机翼面积；

C_L——升力系数；

$q = \rho v^2 / 2$——速压。

过载系数 n、飞机重力 G 和速压 q 决定了作用在飞机上的主要外载荷。下面分别对 n、G 和 q 三个参数进行分析。

(1) 过载系数 n 的确定

过载系数是飞机设计中的一个重要参数，n 越大，飞机机动性越好；但 n 增大意味着空气动力的增大，结构质量随之也会增大，反过来又会导致机动性降低，因此，飞机设计时应合理选取最大使用过载系数。一般定义在飞行中可能遇到的最大过载称为最大使用载荷。那么飞机的最大使用过载如何确定呢？

1) 最大理论过载系数

根据式(3-31)，飞机在飞行中某一瞬时，假设 G 不变，最大过载系数 $n_{y\,max}$ 在理论上由 L_{max} 决定：

$$n_{y\,max} = \frac{L_{max}}{G} = C_{L\,max} \frac{\rho v^2}{2} \frac{1}{G/S} = \frac{C_{L\,max} q}{p}$$

式中，$p = G/S$——翼载，是飞机总体设计时确定的飞机主要参数之一。

当飞机以最大速压 q_{max} 飞行时，突然改变迎角使升力系数达到最大值 C_{Lmax}，此时最大理论过载系数为

$$n_{y\,max} = \frac{C_{L\,max} q_{max}}{p} \qquad (3-32)$$

如某战斗机 $p = 3\,635.8\ \text{N/m}^2$，在 $H = 12\,200\ \text{m}$ 时，最大平飞速度为 $2\,120\ \text{km/h}$，$C_{L\,max}$ 为 1.2，由式(3-32)可得 $n_{y\,max} = 17.71$。

又如，分析一架飞机从稳定垂直俯冲退出的情况。当飞机稳定(等速)垂直俯冲时，飞机的迎面阻力等于飞机的重力，即

$$G = C_D q_{max} S$$

式中，C_D——全机阻力系数，则

$$n_{y\,max} = \frac{L_{max}}{G} = \frac{C_{L\,max} q_{max} S}{C_D q_{max} S} = \frac{C_{L\,max}}{C_D}$$

$C_{L\,max}$ 一般为 1.2，C_D 在 $0.017 \sim 0.023$ 之间，如取 C_D 为 0.020，则稳定俯冲时退出俯冲一瞬间的理论最大过载系数高达 60。然而，在实际飞行中飞机所能达到的最大过载受多方面因素的限制，不可能达到这么大的数值。

2) 最大使用过载的限制因素

首先，飞机以最大速度飞行时，升力系数不可能瞬时达到最大值 $C_{L\,max}$，而在 C_L 增加的过程中阻力也在增加，因而沿航迹的飞行速度会降低。这是由于受到来自飞机本身稳定性、惯性以及操纵效率的限制。

当飞机以低速飞行时，$C_{L\,max}$ 受到气流分离条件的限制；以超声速飞行时，$C_{L\,max}$ 还受到飞机平衡条件的限制。如果不考虑 C_L 增大过程中飞行速度的变化，$n_{y\,max}$ 随飞行马赫数 Ma 的变化如图 3-10 所示。由图中曲线可知，$n_{y\,max}$ 随着飞行速度增大而急剧增大。在中高空飞行时，由于空气密度降低，使飞机的最大升力下降，飞机无法产生大过载，故 $n_{y\,max}$ 随飞行高度增高而减小。

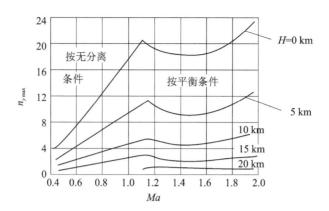

图 3-10 过载 $n_{y\max}$ 随马赫数 Ma 的变化曲线

对于载人飞机,人员生理因素对最大过载系数的限制是最主要的因素之一。人习惯于在地球引力场内活动,如果受到较大的过载,会引起人体各部分质量的变化,从而形成生理病态。例如过载 $n=2\sim3$ 时,人会感觉不舒服、头晕、恶心、心率快。当 $n=5\sim6$ 时,会产生眼发黑、昏迷等现象。人体承受过载的能力与下列因素有关:

① 人体承受过载大小的能力具有方向性。如图 3-11 所示,过载从前胸到后背或从后背到前胸,人体的忍受能力最强,短时间可承受大到十几的过载;从头到脚可承受过载 $7\sim10$,但从脚到头只能承受过载 3。为了提高机上人员承受过载的能力,抗过载服与高过载舱应运而生。

② 过载时间的长短。

③ 过载增加的速度。

④ 过载的最大值。

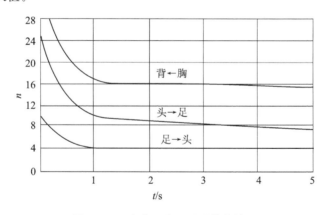

图 3-11 人体所能承受过载的情况

3) 最大使用过载 $n_{\max}^{sy}$ 的确定

过载系数的大小应根据飞机的用途确定。各国强度规范都根据本国实际情况对飞机进行分类,一般根据飞机的任务或战术技术要求以及最大使用过载范围将飞机分成三类:

第一类飞机:可以完成全部特技飞行的飞机,故称全特技类。其最大使用过载 $n_{\max}^{sy}\geqslant6$,例如歼击机、强击机、运动飞机等。通常取 $n_{\max}^{sy}=8$,在一定区间最大使用过载可达到 9,其负过载一般为 -3。

第二类飞机:可以完成部分特技飞行的飞机,故称半特技类。其 $n_{\max}^{sy}=4\sim6$,例如战术轰炸机和多用途飞机等。

第三类飞机：不能做特技飞行的飞机，其 $n_{\max}^{sy}=2.5\sim4$，故称非特技类，例如轰炸机和运输机等。

我国军用飞机强度规范中规定，全特技类飞机的最大使用过载按战术技术要求确定；对于第二、三类飞机的最大使用过载，可按规范中给出的公式计算。在强度规范中相应规定最小使用过载 $n_{\min}^{sy}$ 应根据战术技术要求确定，一般取 $n_{\min}^{sy}=-0.5n_{\max}^{sy}$。

（2）飞机重力 G 的确定

在飞机使用过程中，飞机的重力 G 是一个变化量。在计算外载荷时，如果 G 取得较大，则偏于安全，但结构的质量会增大，性能会下降；反之，则偏于不安全。因此，在强度规范中，根据各种受载情况规定下列设计质量。

1）基本设计质量 m_{if}

基本设计质量是飞机以最大正过载系数和最大负过载系数做机动飞行所允许的最大质量。在强度规范中对 m_{if} 作如下规定：

① 对于歼击机和强击机，应根据空机质量、乘员、滑油、氧气质量、按战术技术要求携带的基本武器质量以及按战术技术要求确定的机内燃油质量之和确定。

② 对于其他类飞机，应根据带有基本有效载荷和燃油载荷起飞，燃油量以发动机启动时计算的飞机质量确定，或根据战术技术要求确定。

2）最小飞行质量 $m_{\min}$

不能做机动飞行的飞机，应规定最小飞行质量 $m_{\min}$。因为飞机质量轻，阵风会使飞机产生较大的过载，这时气动力和惯性载荷综合作用的结果可能是飞机的严重设计状态。故强度规范中对最小飞行质量做出规定，即 $m_{\min}$ 为按 GJB 21949 定义的空机质量与不可用燃油、滑油、最小限度的设备、5％的机内可用燃油（或按有关规定确定的备份燃油）和最少乘员质量之和。

3）最大飞行质量 $m_{\max}$

强度规范规定最大飞行质量 $m_{\max}$ 为飞机使用质量加上最大内部和外部有效载荷和最大内部和外部燃油的质量。对于有空中受油能力的飞机，其最大飞行质量可以大于最大起飞质量。

4）着陆设计质量 m_{zl}

着陆设计质量是以最大下沉速度着陆时允许的飞机最大着陆质量，规定如下：

① 对于侦察机、教练机和多用途飞机，为最大飞行质量减去所有预期要消耗的有效荷载、所有外部燃油和 25％内部燃油的质量。

② 对于运输机，为最大飞行质量减去所有外部燃油和 50％内部燃油的质量。

③ 对于轰炸机、歼击机和强击机，为最大飞行质量减去所有外部燃油和 60％内部燃油的质量。

（3）最大平飞速度和限制速度的确定

影响飞机飞行载荷大小的主要参数之一是速压 q。相同速压下，飞机在不同高度的飞行速度 v 并不相同。故在强度计算中，将飞机各个高度的飞行速度 v_H 以速压相同的条件折算到海平面的速度 v_{dl}，称为当量空速，即

$$v_{dl} = v_H \sqrt{\frac{\rho_H}{\rho_0}} = v_H \sqrt{\Delta_H} \tag{3-33}$$

式中,ρ_H——高度 H 的空气密度;

      ρ_0——海平面空气密度;

      Δ_H——相对密度。

在强度计算中采用当量空速 v_{dl} 比较方便。因此,机动飞行包线和阵风载荷计算均采用 v_{dl}。

1)最大平飞速度 v_{max}

最大平飞速度为动力装置处于最大连续巡航状态时飞机所能达到的最大平飞速度。飞机在基本设计质量和正常飞行外形(起落架、襟翼收起和炸弹舱门关闭时的基本外形)情况下,发动机处于最大推力、额定推力或最大加力状态下,飞机能做定常直线平飞的最大速度。该最大平飞速度 v_{max} 由战术技术要求确定。

飞机在做等速直线水平飞行时,升力 L 等于重力 G,飞机阻力 D 等于发动机推力 F。由空气动力学可知阻力 D 为

$$D = \frac{1}{2}\rho_H v_H^2 S C_D$$

式中,C_D——飞机阻力系数。

在 H 高度飞机保持 v_H 水平飞行所需推力称为需用推力,发动机在这一高度下可能发出的推力称为可用推力。需用推力和可用推力随飞行高度和飞行速度变化。当需用推力等于可用推力时,得到该高度上最大平飞速度 $v_{H\,max}$,对应的 q_{max} 称为使用限制速压。最大速压主要影响飞机的气动弹性特性,是气动弹性设计的主要约束条件。飞机选用的最大飞行速度应比颤振速度低 $15\% \sim 20\%$。

2)限制速度 v_L

q_{max} 是在平飞时根据需用推力等于可用推力求得的,但 q_{max} 不能直接用来保证飞机结构的安全。如飞机在发动机小推力或大推力情况下做垂直和非垂直俯冲,在俯冲终了时飞机可能获得比平飞最大速度还大的速度,用 $v_{max\,max}$ 表示;与 $v_{max\,max}$ 对应的 $q_{max\,max}$ 称为强度限制速压。$q_{max\,max}$ 太大将使结构质量增大,因此在结构设计时要对 $q_{max\,max}$ 加以限制。进行飞机设计时,根据不同类型的飞机取

$$q_{max\,max} = K q_{max}$$

式中,系数 K 根据不同类型飞机确定,$K = 1.1 \sim 1.5$。飞行时飞行员将采取限制飞机俯冲高度 ΔH 及打开减速板等措施来限制 $q_{max\,max}$。

我国军用飞机结构强度规范规定,限制速度 v_L 为飞机在基本外形或高阻外形下使用发动机推力、战斗机以小角度或大角度俯冲、轰炸机和运输机以小角度下滑而减速板工作或不工作、飞机经受阵风作用等情况下,可达到的最大速度。限制速度 v_L 是结构强度的限制速度,其中考虑了驾驶错误或遇到相当大的阵风。v_L 对应的限制马赫数 Ma_L 比最大平飞速度 v_{max} 对应的最大马赫数 Ma_{max} 大 0.1。目前,有些型号的 v_L 与 v_{max} 数值很接近,甚至相等。与 v_L 对应的速压和当量速度分别为 q_L、$v_{dl,L}$。

2. 战斗机的对称飞行机动包线

飞机在飞行中作用在飞机上的载荷随飞行高度、速度、飞行姿态、过载系数和飞机质量等

的不同而发生变化,飞机设计中对所有情况都进行计算是不现实的,为此,根据理论分析和飞行试验,针对使飞机结构易遭损坏、人员易遭损伤的载荷情况及相应的可能飞机飞行状态,选出具有代表性的飞行状态作为设计情况。从前面对过载系数、飞行速度等参数的分析可知,由于受机动性和结构强度的限制,使得过载系数 n 有一定的限制范围;由于发动机功率和结构强度的限制,使得飞行速度 v 受到一定的限制。此外,飞机的升力系数 C_L 随着迎角的增大而增大也有一定的范围,如图 3-12 所示。根据 n、v 和 C_L 的限制条件可定出飞机的飞行速度和过载系数的范围,称为飞行包线,用来限制这些性能指标的应用区域。根据飞机的飞行性能、操纵性、稳定性、战术技术要求和结构强度要求,飞机有好几种飞行包线,在这些包线内,飞机飞行可控且结构强度要求得到保障。

对称飞行机动包线包括飞机允许和可能飞行的全部对称飞行范围。对称飞行机动包线以过载系数 n_y 为纵坐标,以当量速度 v_{dl} 为横坐标,按 n_y、v 和 C_L 的限制范围绘制而成。如图 3-13 所示为飞机的对称飞行机动包线,又称 $V-n$ 图。

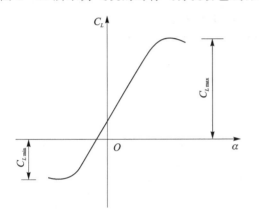

图 3-12　飞机的升力系数曲线　　　　　图 3-13　飞机对称飞行机动包线

图 3-13 中包线各段的含义如下:

① $\overline{JA}=\overline{GB}$——飞机在基本设计质量和最大飞行质量下对称飞行的最大过载系数;

② $\overline{GC}$——飞机在基本设计质量和限制速度下对称飞行的最小使用过载系数;

③ $\overline{HD}=\overline{KE}$——飞机在基本设计质量和最大设计质量下对称飞行的最小使用过载系数;

④ $\overline{OH}$——飞机最大平飞速度;

⑤ $\overline{OG}$——飞机限制速度;

⑥ $\overset{\frown}{OA}$——最大正升力曲线,对应的正过载系数 n_y 为

$$n_y=\frac{K\rho_0 v_{dl}^2}{2G/S}C_{L\max} \tag{3-34}$$

⑦ $\overset{\frown}{OE}$——最大负升力曲线,对应的负过载系数 n_y' 为

$$n_y'=\frac{\rho_0 v_{dl}^2}{2G/S}C_{L\min} \tag{3-35}$$

式(3-34)和式(3-35)中,

ρ_0——海平面空气密度;

G——飞机基本设计重力或最大设计重力;

v_{dl}——当量速度；

$C_{L\max}$——飞机最大升力系数；

S——机翼面积；

$C_{L\min}$——飞机最小升力系数。

式(3-34)中,系数 K 可根据风洞试验和飞行试验数据确定,同时还应兼顾机动剧烈程度、操纵面限制、马赫数、推力、质心位置、外挂形式以及对飞机最大升力系数有重要影响的其他因素。若无可靠数据,可用下式得到,即

$$K = \begin{cases} 1.25, & Ma \leqslant 0.6 \\ 1.625 - 0.625Ma, & 0.6 < Ma < 1.0 \\ 1.0, & Ma \geqslant 1.0 \end{cases}$$

根据飞行包线上每一点的两个参数就可确定另一参数。图3-13所示包线上各特定点对应于不同的飞行状态,表3-1给出了各特定点的状态参数。

表3-1 飞行包线上特定点的状态参数

包线上的特定点	飞行状态	n_y^{sy}	q(或 v)	C_L
A	A	$n_{y\max}$	$\dfrac{n_{y\max}G/S}{KC_{L\max}}$	$C_{L\max}$
B	A'	$n_{y\max}$	$q_L(v_{dl,L})$	$\dfrac{n_{y\max}G/S}{q_L}$
$\frac{1}{2}BG$	B	$0.5n_{y\max}$	$q_L(v_{dl,L})$	$\dfrac{0.5n_{y\max}G/S}{q_L}$
G	C	0	$q_L(v_{dl,L})$	0
D	D'	$n_{y\min}$	$q_{\max}(v_{dl,\max})$	$\dfrac{n_{y\min}G/S}{q_{\max}}$
E	D	$n_{y\min}$	$\dfrac{n_{y\min}G/S}{C_{L\min}}$	$C_{L\min}$

表3-1列出的各特定点所对应的飞行状态如图3-14所示。飞行状态 A 是一种小速度、大迎角和大过载的飞行情况,发生在实施急跃升退出俯冲时。状态 A' 为一种大速度、大过载和小迎角的飞行情况,如退出俯冲时。状态 B 为小迎角并偏转副翼飞行时,速度对应于强度限制速压,过载为最大过载系数的一半。状态 C 为偏转副翼俯冲,速度对应于强度限制速压,过载为零。状态 D 为飞机进入俯冲,状态 D' 为飞机以负迎角飞行。

图3-15示出了不同飞行状态下沿机翼弦向气动力的分布情况。从图3-13和表3-1可知,状态 A 和 A' 的总载荷相同并且最大,但其载荷分布不同。状态 A' 的压心靠后,机翼的扭矩和弯矩均比情况 A 严重,尤其后梁受载情况严重。状态 B 的压力中心更靠后(在55%~60%翼弦处),扭矩很大,机翼后部的后梁、副翼及翼肋后段等元件受载较大,通常根据这种状态的扭矩来确定蒙皮厚度(单块式机翼结构除外)。状态 D 和 D' 均在 $n_{y\min}$ 下飞行,机翼外载荷作用方向与 n_y 为正时相反,凡在状态 A 和 A' 中受拉的元件在这两个状态下都受压,因此要补充压缩检验。

结构强度计算时,不同结构部位需考虑其相应的最严重设计情况。对称飞行机动包线上的点均为比较严重的设计情况,但并非所有点对结构的影响都一致,不同的设计情况对结构产生最严重影响的部位是不同的。

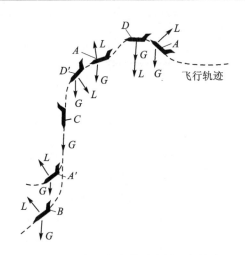

图 3-14　与飞行包线对应的飞行状态

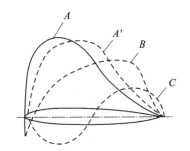

图 3-15　不同飞行状态沿机翼弦向气动力的分布

飞机的对称飞行机动参数应根据战术技术要求确定。飞行载荷中还应考虑滚转、侧滑、偏航以及突风载荷等非对称机动的情况。以上讨论以军用战斗机为主,结构设计时应参考军用飞机结构强度规范开展工作。

3. 民用运输机的对称飞行机动包线

民用运输类飞机主要是指大型民用运输机和旅客机。我国于 1985 年颁布了 CCAR-25《中国民用航空条例第 25 部——运输类飞机适航标准》。在制定民用航空条例时,为了与国际民用航空接轨,主要参考了美国《联邦航空条例第 25 部——运输类飞机适航性标准》(FAR 25 部)。

飞机载荷涉及的参数很多,所用的确定方法比较复杂。FAR 25.321 节中要求,计算飞行载荷时,每一速度下都要考虑空气压缩性的影响,同时还要考虑以下几个方面:

① 需要计算飞行高度范围内的每一关键高度的飞行载荷。

② 每个特定飞行载荷情况,需要计算从最小设计质量到最大设计质量的每一质量状态的载荷。

③ 对于每一要求的高度和质量,应根据飞机飞行手册中规定的使用限制内消耗性载荷的实际分布计算载荷。

此外,必须选取设计包线上和设计包线内足够的点,以保证飞机结构中考虑了每个部位的最大载荷。作用在飞机上的重要载荷必须被其他载荷以合理或保守的方式平衡掉。如线惯性力必须与推力和全部气动载荷相平衡,而角(俯仰)惯性力矩必须与推力和全部气动力矩(包括作用在诸如尾翼和发动机短舱等部件上的载荷引起的力矩)相平衡。

在 FAR 25.333 节中给出了运输类飞机的对称飞行机动包线($V-n$ 图),如图 3-16 所示。包线及其内部的任意一点的设计情况都必须满足强度要求。机动包线图纵坐标的过载系数 n 是气动力分量(垂直于飞机的假设纵轴)与飞机重力之比,相对飞机向上作用时为正;横坐标为当量空速。

图 3-16 中的 V_{SI} 为襟翼收起时的失速速度,V_A 为设计机动速度,其值不得小于 $V_{SI}\sqrt{n}$,其中 n 为 V_A 时正限制机动过载系数。V_C 为设计巡航速度,V_D 为设计俯冲速度。V_F 为设计

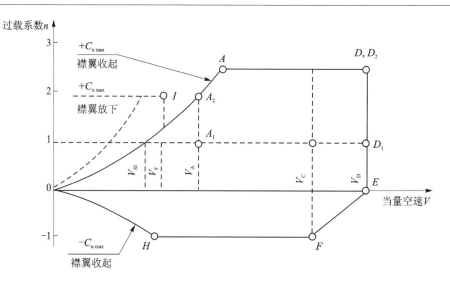

图 3-16　运输类飞机的对称飞行机动包线

襟翼速度。对应每一个襟翼位置的设计，襟翼速度 V_F 应大于各相应阶段的飞行速度，以计及空速控制的预期变化和由一种襟翼位置到另一种襟翼位置的转换。

对于直到 V_D 的任一速度，正限制机动过载系数 n 应大于 $2.1+10\,890\,kg/(W+4\,540\,kg)$（$W$ 为设计最大起飞质量，单位为 kg），但不得小于 2.5，也不得大于 3.8。

对于直到 V_C 的各种速度下，负限制过载系数不得小于 -1.0；当速度从 V_C 变化到 V_D 时，负限制过载系数应随速度变化而线性变化到零值。

对比图 3-13 与图 3-16 可以发现，不同类型飞机的对称飞行机动包线的形状基本相同，但由于飞机的使用要求不同，包线特征点的参数不同。其他类型飞机的对称飞行包线可参考相关手册和规范。

3.3.3　突风过载包线

如图 3-17 所示为飞机的突风过载包线 $V-n$ 图，图中失速线的构成方法与图 3-16 中的

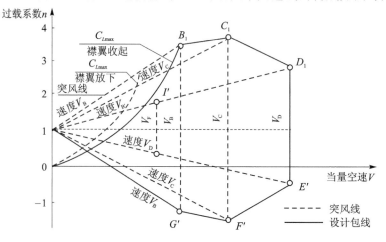

图 3-17　飞机的突风过载包线 $V-n$ 图

过载包线相同,突风线可按相应飞机的突风过载系数公式计算得到,是从点($n=1.0,V_{dl}=0$)向不同方向发射的一组射线。需要注意的是,设计突风强度随着飞行速度的增大而减小,因此使用中应根据实际情况进行飞行,也就是说,当湍流强度增加时,飞行员应降低飞行速度。

为了使用方便,工程中经常采用由突风过载包线和对称飞行机动包线组合而成的合成飞行包线确定飞机的载荷。如图 3-18 所示为战斗机的合成飞行包线。

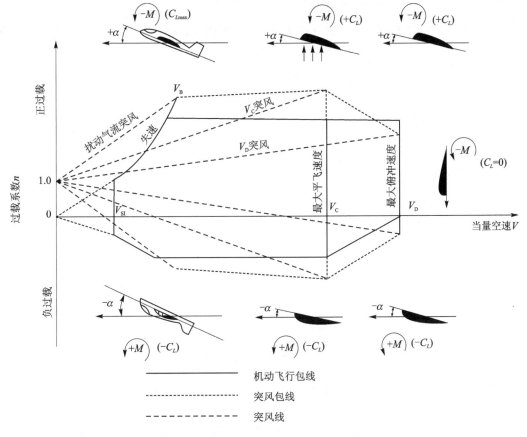

图 3-18　战斗机的合成飞行包线($V-n$ 图)

3.3.4　弹性变形引起的载荷修正

在空气动力和结构惯性力作用下,飞机结构会发生弹性变形,而这种变形会引起机翼上气动载荷分布以及无尾飞机和尾翼气动力导数的变化,并影响无尾飞机和尾翼载荷分配。例如,结构弹性变形往往造成机翼的负扭角,并且该弹性扭角从翼根到翼尖逐渐增大。特别是后掠机翼,在外载荷作用下,扭转和弯曲都将造成机翼顺流迎角展向分布的改变。所以,在保持总升力不变的条件下,若计入弹性影响,则翼根部及中外翼连接区域的弯矩将减小,从而可以减轻结构质量。目前,在载荷计算中计入弹性的影响主要分为以下两个方面。

1. 气动力分布修正

考虑空气动力和惯性力两种因素引起的气动力分布改变。其处理方法有两种:一是对基础压力分布进行修正;二是先按刚性飞机处理,待求出净载荷后再进行弹性修正。

2. 机动和突风总载荷求解中的弹性修正

一般将经过弹性修正后的气动导数引入飞行动力学方程。目前，采用静气动弹性修正系数修正升力系数和俯仰力矩系数等，并将这些系数对过载或 x 轴角速度求导所得的气动弹性导数引入飞行动力学方程，来考虑结构惯性力引起的弹性变形。

3.3.5 起飞降落过程中起落架的过载

飞机在起飞和降落过程中的载荷主要是地面（或水面）的反作用力。反作用力通过起落装置作用在飞机上，如图 3-19 所示。由平衡条件得

$$2F_m + F_h = G + N - L_r \qquad (3-36)$$

式中，F_m——主轮载荷；

$\qquad F_h$——前轮载荷；

$\qquad G$——飞机重力；

$\qquad L_r$——剩余升力，一般取为 $(0.75\sim1)G$；

$\qquad N$——飞机以 v_y 速度下降到触地后 $v_y = 0$ 使飞机减速而产生的惯性力。

地面反作用力的大小与飞行员的驾驶技术水平、飞机着陆姿态、在地面移动的方式、机场地面质量以及起落架减振系统的性能等因素有关。

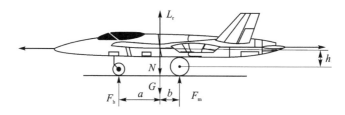

图 3-19　飞机降落时的受力情况

飞机以速度 v_y 下降触地后，减振系统被压缩直至 v_y 为零，因此会产生较大的加速度，从而产生惯性力 N。

飞机着陆时减振器吸收的能量等于飞机动能的改变和飞机质心降低时所做的功之和。飞机质心降低所做的功通常为飞机触地前动能的 10% 左右。

根据减振器吸收的能量，可以计算出飞机起落过程中作用在起落架上的最大载荷，将其与停机时起落架的载荷相除，就可得到起落架的过载。

设计中需要综合考虑对称和非对称着陆载荷、起转载荷和回弹载荷等 20 多种起落架设计情况，还应考虑地面操作和维修载荷，如滑行载荷、刹车滑行载荷、倒行刹车载荷、转弯载荷、前轮侧偏载荷、动力滑行载荷、牵引和顶起载荷等。具体的载荷情况及其计算方法可参考相关的设计手册与规范。

3.3.6 其他特殊情况的载荷

1. 非正常状态载荷

非正常飞行和着陆主要是指装有多台发动机的飞机中一台或多台发动机停车、单轮着陆、机头碰地和强迫着陆等情况。此时为保证飞机安全返回及着陆时的人员安全，结构的设计载

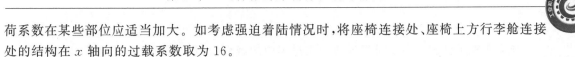

荷系数在某些部位应适当加大。如考虑强迫着陆情况时,将座椅连接处、座椅上方行李舱连接处的结构在 x 轴向的过载系数取为 16。

2. 鸟撞载荷

飞鸟具有一定质量,而且与飞机的相对速度大,低空飞行时飞鸟撞击飞机对结构会造成一定损伤,如座舱玻璃撞坏、机翼前缘受损,尤其是飞鸟经进气道吸入发动机内会造成停车事故。因此,飞机易被鸟撞的部位应考虑鸟撞损伤后结构的安全性,如有的规范规定飞机在 2 000 m 以下以最大设计速度飞行时,飞机风挡及其支撑结构应能承受 1.8 kg 的飞鸟撞击而不影响飞行的安全。

3. 冰雹载荷

冰雹可能分布在十几千米的高度范围内,最大直径一般为 10 cm 左右。飞机在空中飞行和地面停放时,可能遇到冰雹撞击,此时要求飞机结构受冰雹撞击后不应有严重损伤。设计时应考虑冰雹的密度、直径、速度和持续时间。

4. 噪声(声振)载荷

飞机上的噪声源有发动机的螺旋桨、涡轮风扇、压气机、燃气喷流等产生的噪声,机炮、导弹、火箭发射时产生的噪声,气流激波振荡、附面层压力激波和尾流等产生的噪声等。这些噪声产生声压,导致结构的声疲劳载荷。图 3 - 20 为某发动机喷口附近所测得的声压场。因此结构应进行声疲劳分析,保证在使用寿命内不会由于声载荷而导致破坏。

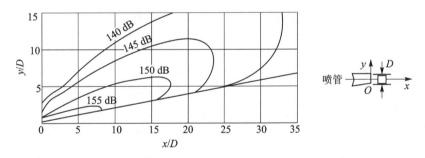

图 3 - 20　某发动机喷口附近的声压情况

5. 热载荷

飞行器结构在飞行中可能受到热载荷的作用。飞行器的热源主要来源于动力装置、气动加热以及太阳的直接辐射和反射辐射。

飞行器以超声速飞行时,靠近其表面的气流由于摩擦和压缩被阻滞,特别是附面层区域内受到强烈的阻滞,会在此区域产生热流并通过对流方式进入结构,使结构受热。飞行器结构内的温度分布不均匀会引起热应力,可导致结构出现热失稳和热疲劳破坏。

3.4　航天飞机的载荷特点

航天飞机也称空天飞机,它们需要经常往返于近地轨道和地面之间。苏联的航天飞机本身未装备主发动机,需要借助运载火箭送入太空;而美国的航天飞机都装有主发动机,可以直接起飞与降落。目前,航天飞机一般都是通过运载火箭或其他运载器搭载升空,然后像飞机一样在返回大气层后由人工操纵或自主着陆。

  航天飞机上的载荷主要是发射或起飞过程中的载荷。对于搭载升空的情况，航天飞机的外载荷主要包括发射过载、振动载荷以及噪声载荷；对于自主起飞的情况，其外载荷情况与飞行相似。

  如图 3-21 所示，航天飞机在大气层内高速飞行时，表面会因为气动摩擦而产生很高的热量。这些热量不仅使飞机表面温度高，而且分布不均匀，现有的飞行器结构材料很难长期耐受这么高的温度，必须对其进行隔热/防热设计，否则结构强度和内部仪器的工作温度很难满足设计要求。

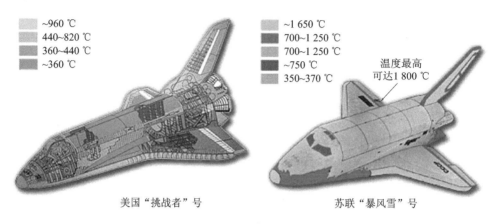

美国"挑战者"号   苏联"暴风雪"号

图 3-21 航天飞机表面温度分布情况

  航天飞机在大气层内一般不做较大的机动飞行，进入轨道后，由于离地球和其他星球距离较远，重力和气动力较小，且不做大机动飞行，所以过载较小。而温度环境及其分布不均匀引起的结构应力增大、材料性能下降以及结构热变形不匹配，是航天飞机结构设计必须面对的主要问题。美国"哥伦比亚"号航天飞机在返航通过大气层过程中的爆炸事故，是由于热防护系统出现故障造成的，而"挑战者"号航天飞机在升空离地 15.24 km 时发生爆炸，是由于发射时右侧固体火箭助推器 O 形环密封圈在低温下材料失去弹性，飞行过程中被气流吹落造成的，这两起重大事故都与温度直接相关。因此，典型的温度环境是航天飞机结构设计的危险载荷状态，设计中必须重点关注。

3.5 直升机设计情况

  直升机是一种通过旋翼旋转产生升力的飞行器，它具备垂直起降、悬停、小速度向前或向后飞行的能力，以及飞行速度较低、航程较短、机动过载系数小、载重较少等特点，因此其设计情况与固定翼飞机有明显差别。

  直升机可分为军用直升机和民用直升机，由于使用功能不同，机体所承受的载荷不同。本节主要以军用直升机为对象阐述直升机结构所承受的载荷。

  根据 GJB 720.1A—2012《军用直升机强度规范》和相关资料，军用直升机分为以下三种类型：

  第一类：攻击直升机，又称武装直升机，主要用于对地面、空中和水（海）上目标遂行攻击任务。

第二类：战斗勤务直升机，主要用于执行侦察、通信、联络、指挥控制、目标指示和校准、巡逻警戒、中继制导、电子对抗、搜索救援及训练等任务。

第三类：运输直升机，主要用于执行各类运输任务。

3.5.1　直升机的典型过载

直升机的基本设计质量又称正常起飞质量，是完成战术技术要求规定的主要任务所携带的全部内部和外部载荷的直升机起飞质量。三类直升机在基本设计质量下质心处垂直方向的使用过载系数如表 3-2 所列。

表 3-2　直升机的典型过载系数

直升机类型	最大过载系数 $n_{y\,max}$	最小过载系数 $n_{y\,min}$
第一类	3.5	−1.0
第二类	3.0	−0.5
第三类	2.67	−0.5

对于自转飞行状态，发动机停车时旋翼最大转速情况的典型过载系数取 2.0，发动机停车时旋翼极限转速情况的典型过载系数取 1.4。若要使用更小的过载系数，则需经使用方同意后方可采用。

1. 最大过载系数 $n_{y\,max}$

直升机最大过载系数 $n_{y\,max}$ 根据表 3-2 和自转飞行情况确定，也可以根据使用方的要求确定。

对于同一直升机，因为旋翼产生的最大拉力相同，因此可按基本设计质量与最大过载系数乘积不变的方法估算其他质量时的最大过载系数。

2. 最小过载系数 $n_{y\,min}$

最小过载系数一般在向下垂直阵风、推杆机动、爬越山头、贴地飞行等情况下出现。如图 3-22 所示为推杆机动时直升机的受载情况。由力的平衡条件可得

$$n = \frac{T}{G} = 1 - \frac{F_{1x}}{G} = 1 - \frac{v_0^2}{gR} \qquad (3-37)$$

式中，v_0——飞行速度；

　　R——曲率半径；

　　F_{1x}——离心力。

直升机推杆机动受力情况如图 3-22 所示。

由式(3-37)可知，当速度 v_0 足够大或 R 足够小时，n 就可能为负值。实践表明，表 3-2 给出的最小过载系数对结构设计是保守的。

3. 操纵运动

直升机的载荷不但与过载系数、飞行高度、飞行速度、飞行质量和飞行状态等有关，而且与操纵

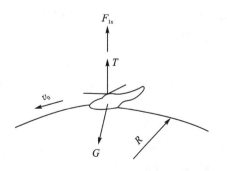

图 3-22　直升机推杆机动受力情况

运动密切相关。达到规定的操纵力和操纵位移所用时间,第一类直升机为0.2 s,第二类为0.3 s,第三类为0.4 s。

3.5.2 直升机典型设计情况

直升机的典型飞行状态包括最大速度平飞、悬停、爬升、消速飞行以及拉平着陆等,分别对应于发动机工作时的旋翼极限转速和旋翼最小设计转速两种情况。从静强度观点看,直升机在这些状态下所受的载荷并不严重,但由于旋翼系统的运转,使结构长期处于交变载荷作用下,而且在最大速度平飞、消速飞行等状态时交变载荷还比较大,因此,典型飞行状态对动部件疲劳寿命具有重要影响。

直升机前飞时的最大空速为极限俯冲速度 v_D;后飞和侧飞时的最大空速按研制要求的规定,分别对应发动机工作时的旋翼极限转速和旋翼最小设计转速两种情况。

1. 对称俯冲拉起

对称俯冲拉起是直升机的主要受载状态之一,它通常是旋翼及其固定结构以及中机身的最严重受载情况。此时,前飞空速应为极限俯冲速度 v_D 和产生临界载荷中的较低速度,每种给定空速时质心处的过载系数应符合3.5.1小节中的规定,或按对旋翼能力的限制来确定,旋翼转速为发动机工作时的旋翼极限转速和最小设计转速。在此情况下,操纵机构在不大于3.5.1小节给定的操纵运动时间内做线性位移,直至产生给定的过载,然后在操纵运动时间内返回到水平飞行要求的位置。

2. 自转飞行情况下的对称俯冲拉起

前飞空速应为发动机停车且下降率最小时对应的前飞速度、发动机停车时的极限俯冲速度 v_D 或产生临界载荷的任一中间速度的配平飞行空速。旋翼转速应为发动机停车时的旋翼极限转速和最小设计转速。以每一规定空速做对称俯冲拉起时,所获得的过载系数应符合3.5.1小节中的规定。在此情况下,总距和驾驶杆在不大于3.5.1小节给定的操纵运动时间内做线性位移,直至产生给定的过载,然后在操纵运动时间内返回到水平飞行要求的位置。

在自转飞行时,由于可用的总距范围大,旋翼转速高,飞行中可达到最大的过载系数,因此是重要的设计情况之一。

3. 垂直起飞

直升机从地面垂直起飞时,总距操纵应在规定的操纵运动时间内,使旋翼桨距从最小角度变化到最大角度,所产生的垂向过载系数应符合3.5.1小节中的规定,或根据对旋翼能力的限制条件确定,但不小于2.0。旋翼转速应为发动机工作时的旋翼极限转速。

4. 悬停回转

直升机在近地面悬停情况下,旋翼转速为发动机工作时的极限转速和最小设计转速。航向操纵在不大于操纵运动时间范围内,从初始位置移动到极限位置(包括左、右两个极限位置)或者稳定地施加1.355 kN最大航向操纵力可达到的最大位置,并保持此位置,直至直升机绕其垂直轴旋转360°或回转角速度达到最大值(或限制值)为止,取两者首先出现者,然后航向操纵在操纵运动时间内返回到初始位置。

5. 偏航情况

偏航情况是在直升机前飞时猛蹬脚蹬产生的严重受载情况,主要考核的是后机身、尾梁、尾桨等部件的强度。偏航飞行状态分以下两类。

（1）带功率偏航情况

直升机以极限俯冲速度 v_D 的前飞速度和以产生严重侧向载荷的某一较小前飞和侧向飞行速度飞行时，航向操纵应在操纵运动时间内移动到止动器限制的最大位置或稳定施加 1.335 kN 最大航向操纵力所能达到的最大位置，并保持该位置直至最大侧滑角或侧滑角包线值为止，然后使航向操纵在相同的时间内返回到中立位置。旋翼转速应为发动机工作时的极限转速。

（2）自转飞行时偏航情况

前飞空速应为发动机停车时的极限俯冲速度 v_D 和发动机停车时下降率最小时对应的前飞速度，或产生严重侧向载荷的任何中间速度，航向操纵与带功率偏航情况相同。旋翼转速为发动机停车时的极限转速。

6. 操纵机构最大位移时的滚转改出

前飞空速应为极限俯冲速度 v_D 和产生严重载荷时的某一较低空速，旋翼转速为发动机工作时的极限转速和最小设计转速。在此情况下，滚转速率应在相应的操纵运动时间内，施加 445 N 的横向操纵力或横向位移所能达到的最大值，垂直过载应是 3.5.1 小节中规定正过载的 0.8 倍，也可以为零。最大滚转速率应与过载同时产生。航向操纵机构应位于如下位置：

① 保持在初始位置；

② 在 3.5.1 小节给定的操纵运动时间内向恢复的方向尽最大可能偏转。

7. 阵风载荷

直升机在从悬停到最大设计平飞速度 v_{max} 的每个空速下，既能承受由 15 m/s 的垂直阵风所产生的载荷，也能承受由 15 m/s 的水平阵风所产生的载荷。旋翼转速应为发动机工作时的包括极限转速在内的所有转速。计算时，应考虑阵风减缓的影响。

对于有特殊要求的直升机，则需按研制合同，就其特殊要求对受载情况的影响予以考虑。

3.6 结构试验验证

新研制的飞机、直升机等飞行器结构必须进行地面试验和飞行试验。下面以飞机为例来说明飞行器结构试验验证的主要内容，对于地面全尺寸结构试验将进行较为详细的阐述。

3.6.1 飞机结构地面试验内容与安排

通常情况下，飞机结构地面试验主要包括设计研制试验，全尺寸结构静强度试验、耐久性试验与损伤容限试验，声耐久性试验，结构动力学试验，雷电防护试验以及气候试验等。

新研飞机的结构强度试验计划应与飞行载荷和地面载荷测量计划相协调，使试验件破坏和随后修理的可能性减到最小。设计研制试验一般应在设计阶段的早期完成。

全尺寸结构静强度试验在结构设计工作接近尾声，且全机结构生产出来之后进行；全尺寸飞机结构耐久性试验应在静强度试验中的极限载荷强度试验之后开始，在批生产之前至少完成 1 倍寿命耐久性试验和指定的检查，之后，进行全尺寸结构损伤容限试验。

起落架落震试验、摆振试验、地面振动试验在首飞前完成。对于舰载飞机，应在着舰试飞前完成整机落震试验和拦阻试验。

声耐久性试验应在声疲劳防护大纲的设计和分析阶段进行,并尽量在最后设计结束前完成,以便尽早发现问题、更改设计与重新试验。

新研或结构动力学特性发生变化的改型飞机,首飞前应完成结构动力学试验。根据试件构型的不同,雷电防护试验贯穿于设计研制和批生产阶段。气候环境试验的对象为总装待交付的飞机部件或全机,也可以是已交付的部件或全机,试验安排在生产定型之后。

1. 设计研制试验

飞机结构设计研制试验包括静强度设计研制试验、耐久性设计研制试验、损伤容限设计研制试验、声耐久性设计研制试验以及动强度设计研制试验等。不同研制试验的目的、内容和方法均不相同。设计研制试验涉及面非常广,试验内容丰富,试验结果用于结构元件、典型结构件和部件的设计输入与验证。

2. 结构部件声耐久性试验

声耐久性试验构件的组件和子装配件都应从飞机每个分区中选择,选择试验件时应考虑包括(但不限于)下列各项中的任一项:

① 寿命不能达到预计指标的结构件;

② 经受预计大于 140 dB 声压水平的结构件;

③ 在比预计的环境噪声高 3.5 dB 的声压级下,所预计寿命低于要求寿命的构件。

声耐久性试验要求在施加的声压水平比预计环境大 3.5 dB 的条件下,能持续试验到 2 倍的使用寿命之后,继续试验到 4 倍的使用寿命(主要结构发生不可修复的破坏为试验终止条件)。试验中还应尽量施加与声环境组合的其他影响环境。

3. 动态疲劳试验

动态疲劳试验的目的是考核结构能否在飞机使用寿命周期内经受其所处的动态环境而不发生破坏。动态疲劳试验包括振动耐久性试验、油箱晃振试验以及尾翼结构振动疲劳试验等内容。

4. 结构动力学试验

结构动力学试验包括地面振动模态试验、飞机伺服弹性地面试验等。在第一架新研飞机或结构动力学特性发生变化的改型飞机首飞前,应进行飞机地面结构动力学试验。做气动弹性稳定性飞行试验的飞机首飞前,也应进行地面振动模态试验,用于确定整机和主要飞机部件的模态频率、振型和模态阻尼系数。试验件应包括无油构型和其他通过分析认为有颤振危险性或动力学重要性的燃油构型,燃油可以用合适的液体模拟。为获得飞机自由模态,需要仔细设计飞机的支持,使支持频率小于被激励的弹性机翼或机身最低模态频率的 1/3。

对于带有飞行控制系统或增稳系统的飞机要进行伺服弹性地面试验,并在飞机首飞前完成。试验包括开环频率响应试验和闭环耦合试验,试验中的飞机悬浮支持要求与地面振动模态试验相同。

5. 雷电防护试验

雷电防护试验是对飞机结构和系统(如燃油、操纵、电子/电器系统等)所采用的防护措施在地面进行模拟试验,通常包括雷电附着点试验、雷电直接效应试验以及雷电间接效应试验。

试验件应该是批生产状态的部件或试板级试件。根据试件构型的不同,有的试验在设计研制阶段进行,有的在批生产阶段进行。

对于飞机上易受雷电放电损伤的结构部位、部件或复合材料部件,应进行模拟雷电直接效应试验;对于不能明确划分雷电附着区的结构部位或部件,应进行雷电附着点试验;对于飞机上处于雷电扫掠冲击区的整体油箱结构部位,应进行燃油蒸气点火试验;对于飞机上处于雷电电场中的雷达罩和座舱盖部件,应进行电晕和流光试验。

6. 气候环境试验

气候环境试验用于验证飞机在规定的气候极值环境下,不会发生可动结构和操作机构的系统故障和功能丧失,识别出导致区域腐蚀问题的根源,为制定结构维修计划和防腐蚀设计提供依据。试验对象为总装待交付或已交付的飞机部件或全机结构。试验模拟的气候环境包括高温、低温、太阳辐射、温度/湿度、淋雨、降雪、冻雨以及结冰等。

3.6.2　飞机全尺寸结构静强度试验

虽然在型号研制阶段已经进行了大量的结构设计研制试验,但这些试验是针对其中的零件、构件、组件、次部件等分散进行的,将所有的零、构件组装在一起时可能会出现新问题,所以,必须进行飞机全尺寸结构的静强度、疲劳、耐久性和损伤容限试验。

全尺寸结构静强度试验是飞机进行飞行试验和设计定型的先决条件之一。全尺寸飞机结构静强度试验用于验证飞机结构静强度是否满足设计要求、设计所用强度和刚度计算方法是否正确,检验制造工艺是否合理,确定结构的承载能力以及是否可以减轻结构质量,还可以为全机耐久性试验和损伤容限试验中可能出现的损伤和广布疲劳裂纹提供预示信息,可减轻和预防结构可能发生的维修问题。试验结果可为今后结构改进、飞机改型提供数据。图 3 - 23所示为 B787 全机极限载荷试验情况。

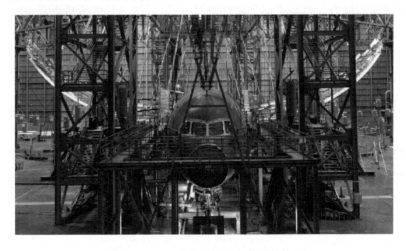

图 3 - 23　B787 全机极限载荷试验情况

1. 试验内容

飞机全尺寸结构静强度试验内容丰富,包括机翼试验、机身试验、座舱试验、进气道试验、垂尾和平尾试验、副翼试验、油箱试验、发动机架试验、起落架试验、操纵系统试验等,每项试验

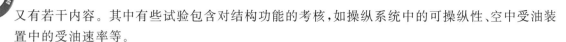

又有若干内容。其中有些试验包含对结构功能的考核,如操纵系统中的可操纵性、空中受油装置中的受油速率等。

2. 试验顺序和要求

试验时,一般按先功能性试验后强度试验、先非破坏性试验后破坏性试验、先一般受载情况试验后严重情况试验,在确保试验安全可靠的前提下按尽可能地提高效率的原则安排试验顺序。

功能性验证试验和限制载荷试验应在首飞之前完成,起落架及其安装结构、发动机架及其安装结构、阻力伞钩、操纵系统的极限载荷试验也应在首飞前完成,其余极限载荷试验都应在与强度考核相关的飞行试验之前完成。试验程序一般如下:

① 预试验。检查整个试验系统是否处于良好状态,并把飞机结构拉紧,消除结构内的间隙。预试验加载一般不超过 40% 极限载荷,以检查加载的正确性、各加载点的协调性,以及应急卸载装置的可靠性。

② 功能性验证试验。验证飞行操纵机构系统和部件的功能在最大操纵载荷时能否正常工作,其中包括操纵面、舱门及其驱动机构,控制电器,拉杆和滑轮,脚蹬及压力控制系统,主动和被动的热控制系统等。

③ 限制载荷试验。允许新研飞机首飞和在 80% 限制载荷内使用时必须完成限制载荷试验。对于所有主要设计情况均应逐级加载至限制载荷。加载至限制载荷时应保载至少 30 s,此时,飞机结构不应产生影响操纵、飞机气动特性、需要修理等的有害变形。

④ 115% 限制载荷试验。对于所有主要设计情况均应逐级加载至 115% 限制载荷,加载至该载荷时应保载至少 5 s,用于全机结构的强度验证。此时也应检查飞机结构是否产生有害的变形。

⑤ 极限载荷试验。对于所有主要设计情况,一般均应逐级加载至极限载荷,用于验证飞机结构承受该载荷的能力。但对于部分设计情况,可以只加载到低于极限载荷的某一百分数。加载至规定的载荷时应保载 3 s,要求在等于或小于极限载荷时结构不发生破坏。

⑥ 破坏试验。全部极限载荷试验完成后,为确定所研制飞机结构的实际承载能力及强度裕度,并为以后飞机改型或扩大使用范围提供依据,还可选取最严酷的设计情况对全机和主要部件进行破坏试验。破坏试验应采用经飞行实测数据修正后的载荷。

增压舱应在增压飞行前完成增压限制载荷验证试验,在需要验证外载荷与增压载荷同时作用的情况下,增压验证试验应与外载强度试验结合进行。

在破坏试验之前的验证试验完成后,应对飞机结构进行全面无损伤检查,对测试数据进行处理分析,以确定结构内部是否发生了损伤或有害变形,预计相应设计情况极限载荷内是否需对结构进行修改或对飞行状态进行限制。

3.6.3　飞机全尺寸结构循环载荷试验

飞机全尺寸结构循环载荷试验包括全机疲劳试验、耐久性试验和损伤容限试验。

全机疲劳试验用于验证飞机结构的疲劳寿命和疲劳分析方法的正确性,暴露结构疲劳薄弱部位,确定结构的使用寿命。试验过程需测量结构应力分布及其变化情况、损伤(含裂纹)的形成寿命、损伤扩展寿命和剩余强度或刚度数据。飞机首飞前应完成一定时间的疲劳试验,以保证首飞的安全。

在飞机设计定型及投产前,应采用全尺寸飞机结构或经批准的代用件进行耐久性试验,目的是验证飞机结构是否满足设计使用寿命的要求,并由分析或研制试验确定关键部位。对于识别的关键部位,获取分析其所处环境对结构耐久性影响所需的试验数据,为结构维护大纲的制定提供依据。耐久性试验可结合疲劳试验进行。

全机损伤容限试验用于验证飞机结构具有足够的损伤容限能力,对由飞机结构修理方案改进或使用情况变化引起的寿命变化估算提供试验数据,为飞机结构延寿潜力的挖掘提供数据支持。应采用全尺寸飞机结构或经批准的代用件,其缺陷或损伤可通过人工引入。一般在疲劳试验或耐久性试验后进行能反映飞机基准使用情况的损伤容限试验,并可结合疲劳试验或耐久性试验进行。

如图 3-24 所示为 B787 全机疲劳试验工装及夹持情况。由于试验时间很长,同时可以部分反映真实使用情况,B787 的疲劳试验在露天环境下进行。

图 3-24　B787 全机疲劳试验工装及夹持情况

循环载荷试验的关键因素之一是试验谱。

疲劳试验载荷谱应根据载荷环境分析或飞行测量统计结果得到的使用载荷谱编制,编谱时要保证损伤等效。

耐久性试验应采用耐久性设计使用载荷谱导出耐久性飞—续—飞试验谱,允许对载荷进行适当的截取、截除或替换处理。当全尺寸耐久性试验在强度试飞或批生产后进行时,应考虑实测谱对设计使用载荷谱的修正。

损伤容限试验应采用损伤容限设计使用载荷谱导出损伤容限飞—续—飞基准试验谱,并通过前期的研制试验获得高载截取、低载删除及载荷排列顺序的技术方案。当全尺寸结构损伤容限试验在强度试飞或批生产后进行时,应考虑实测谱对设计使用载荷谱的修正。

3.6.4　飞机飞行试验

试验飞机为试制阶段生产的原型机,试飞前需根据试飞大纲和测试要求对飞机进行改装,使其既能保持要求的飞机技术状态,又能实施试验测试。飞行试验用于对所要求飞行状态飞机的稳定性、操纵性和气动弹性稳定性进行评定,采用逐步逼近的试验原则进行结构强度试飞,并做好特殊情况的处置预案。

1. 首飞前的功能验证试验

首飞前应对飞行安全关键结构、机构和组件进行功能验证。功能验证试验可以在试验飞机上进行,也可以在经过批准的替代试验件上进行。

2. 初期 80％使用限制

在极限载荷静力试验完成之前,如果要在超过 80％限制载荷的条件下进行飞行试验,则应对飞机结构及部件进行强度验证试验。在增压飞行前应进行增压验证试验。

获取初期 80％使用限制时,飞机对称机动飞行过载系数最低允许值分别为 2.0(正过载)和 0(负过载)。

3. 期中使用限制

试验飞机可在 80％～100％限制载荷之间选定期中使用限制,飞机应在地面强度验证试验所允许的期中使用限制条件下飞行。

4. 结构限制的解除

对于试验和服役的所有飞机,当结构强度飞行试验和极限载荷静强度试验完成后,可以解除结构限制,进行 100％限制载荷水平的飞行试验。

习　　题

3-1　试述飞行器过载的定义及物理意义,并对至少 3 种不同飞行器的过载特点进行对比分析。

3-2　在材料力学设计中采用基于应力的安全系数,而在飞机结构设计中采用基于载荷的安全系数,试分析其原因。

3-3　对比分析复合材料结构与金属结构的安全系数取值方法的特点。

3-4　飞行包线的物理意义是什么? 如何确定飞机、直升机等飞行器的设计情况?

3-5　确定飞机以 $v=900$ km/h、曲率半径 $R=2\,500$ m,$\dfrac{\mathrm{d}v}{\mathrm{d}t}=2.8$ m/s^2 在垂直平面内做俯冲飞行,试计算 $\theta=0°$ 及 $\theta=20°$ 时的飞机过载系数 n_x 和 n_y 值。

3-6　飞机在 $H=1\,200$ m 处,以速度 $v=580$ km/h 做等速正常盘旋,盘旋半径 $R=650$ m,试求该机的最大盘旋角和盘旋时过载系数 n_y 和水平方向的过载系数 n_h。

3-7　对比飞机和直升机典型设计情况,分析它们的异同成因。

3-8　调查研究航天飞机的热载荷,总结现在工程中实际使用热防护结构的技术特点。

3-9　请结合自己的经验说明对于所设计的结构应该进行哪些试验验证,如何安排这些试验,并分析其中的理由。

3-10　调查研究对于改进或改型的飞机是否要进行全尺寸结构疲劳试验、耐久性试验以及损伤容限试验,并分析其原因。

3-11　试对飞机全尺寸结构疲劳试验、耐久性试验以及损伤容限试验进行比较,对比分析它们的特点。

第4章 飞行器结构设计选材与工艺

高性能材料、先进制造和现代化设计是支撑先进飞行器发展的三大关键技术。减轻结构质量是飞行器设计追求的永恒目标。先进材料是飞行器结构轻量化的基础,先进制造技术是降低成本、保证飞行器可靠性的重要手段。结构所用材料的性能,很大程度上影响所设计的结构能否满足飞机的性能指标。结构材料的性能指标要求往往是互相矛盾的,如一些材料静强度的提高往往会使制性降低,疲劳断裂品质恶化,应力腐蚀倾向增加。此外,材料的选择对结构的生产工艺性有直接的影响,与制造成本关系很大。新机研制中新材料和新工艺的应用在所难免,但新材料和新工艺项目太多又必然增加研制的风险和成本。所以材料和工艺的选择是在许多矛盾中进行多次综合、权衡的过程。

4.1 选材原则和判据

4.1.1 结构选材的一般原则

① 所选的材料必须服从飞行器性能要求。在保证飞行安全、使用可靠、减轻结构质量的前提下,还应考虑到配套性、工艺性和经济性,按不同使用部位的环境及受载情况合理选材。

② 考虑飞行速度、环境、温度等因素,为减轻结构质量,应适当扩大使用钛合金、碳纤维复合材料及与先进的工艺方法相适应的其他材料。

③ 优先选用老机种已用过的又能满足新机要求的材料,适当选用新材料。对所选用的新材料,其质量应稳定,应有相应的验收标准和稳定的供应渠道。

④ 新材料应尽可能立足国内研制。对于用量少、耗资多或研制周期过长的新材料,可采购国外相应材料。

⑤ 所选材料的品种、规格等应尽量标准化,以利于系列化管理和降低成本。

⑥ 选材务必与防腐蚀措施相结合,所选材料利于全寿命期采用经济、低维护工作量的防腐蚀系统,同时要克服与避免现役飞行器所出现的常见腐蚀故障。

4.1.2 结构选材考虑的基本内容

(1) 材料性能
比强度、比刚度、疲劳、损伤容限和环境稳定性等。
(2) 特殊应用部位性能
腐蚀、磨损、磨蚀、温度特性、电位特性以及与其他材料的兼容性等物理和化学性能。
(3) 经济性
可获得性、材料成本、制造成本、维护成本及工艺特性(包括从原材料到最终成品的所有环节)。

以上仅列出飞行器结构选材判据的基本内容,在设计中可根据自身的特点有所侧重和具体化。

4.1.3 结构选材判据

1. 根据零件的受力和使用特点来选择材料

结构设计要求不同，其选材时考虑的性能指标也有所不同，主要包括按静强度、刚度和疲劳断裂要求设计的结构三种类型。

（1）按静强度要求设计的结构

对受拉应力区（如机翼的下壁板、机身的上壁板）的主要受力结构，若为非疲劳断裂关键件，主要考虑拉伸、剪切极限强度和根据强度理论得出的复合强度。但实践证明，在受拉伸应力区而非疲劳断裂关键件是很少的，故这类零件大多按疲劳断裂要求设计。

对受压缩和压缩剪切复合应力区（如机翼上壁板、机身下壁板和梁腹板等）的零件，静强度问题主要考虑的是结构的稳定性。影响弹性稳定性的主要因素是弹性模量 E。但由于受载和失稳形式的多样性，以及结构尺度的影响，单纯按比模量 E/ρ（ρ 为材料密度）来选材有时尚不准确。对工作应力超过比例极限的结构，其屈曲应力除与弹性模量 E 有关外，还与割线模量 E_s、切线模量 E_t 以及泊松比 ν 有关。考虑塑性后的屈曲应力要比按弹性方法计算的结果降低很多。因此，选用受压屈服强度 $\sigma_{-0.2}$ 较高的材料可提高其塑性屈曲应力。对某些类型结构（如加筋板、多墙结构），结构局部屈曲后尚能继续承载。结构后屈曲应力除与弹性模量 E、结构尺度有关外，与压缩屈服强度 $\sigma_{-0.2}$ 也有很大关系，在数据缺乏的情况下可用条件屈服强度 $\sigma_{0.2}$ 来代替 $\sigma_{-0.2}$。

当提供的静强度数据包含有 A 和 B 基准值时，可以根据结构设计要求的不同进行选用。例如，对于超静定结构或破损安全结构可选用 B 基准值，对于损伤后就会导致结构失效的构件则应选择 A 基准值。

（2）按刚度要求设计的结构

刚度为结构承受载荷时抵抗变形的能力。需要对结构的变形加以限制的零件，就要有刚度要求。刚度对结构静、动气动弹性的影响很大。如翼面的扭转刚度、操纵面旋转刚度对翼面不同形态的颤振临界速度都有重大影响。故翼盒的蒙皮、操作系统的拉杆、摇臂等常常要按刚度设计。结构刚度与受力形式（拉、压、剪、弯曲等）、零件尺寸及材料弹性模量 E、剪切模量 G 有关。规范规定，飞机在飞行中受严重载荷而导致结构有效刚度减小（如局部失稳）的情况下，也要满足气动弹性要求，这点在设计中必须加以注意。

（3）按疲劳断裂要求设计的结构

20 世纪 40—50 年代以后，由于结构因疲劳断裂飞行事故增加，结构设计思想和规范逐步发展完善，从静强度、刚度直到安全寿命（疲劳）以及疲劳耐久性和损伤容限。疲劳是研究在环境、载荷谱作用下的结构寿命，损伤容限则研究含裂纹结构的裂纹扩展寿命，而耐久性则是研究结构抗疲劳开裂的经济寿命，三者之间既有共同点又分别有所侧重。

抗疲劳断裂设计的重点放在疲劳断裂关键件的关键部位，关键部位一般包括：拉伸或剪切应力较高的区域；结构细节上有较大的应力集中和连接件中钉载较大的区域；传力路线上的结构不连续或刚度突变处；试验或使用经验表明容易开裂的部位；所有飞行安全结构。

抗疲劳设计所需的材料性能包括：采用名义应力法时需要材料应力疲劳 $S - N$ 曲线（包括不同应力集中系数 K_t 和应力比 R）或等寿命曲线（纵横坐标为平均应力 σ_m 和交变应力幅

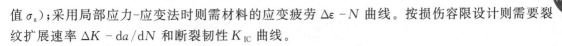

值 σ_a);采用局部应力-应变法时则需材料的应变疲劳 $\Delta\varepsilon - N$ 曲线。按损伤容限设计则需要裂纹扩展速率 $\Delta K - da/dN$ 和断裂韧性 K_{IC} 曲线。

2. 选用高强材料时需注意缺口敏感性

当不考虑损伤对材料(裂纹或类裂纹)性能的影响时,高强合金在选材中占有很大优势。但从图 4-1 可知,当应力集中系数 K_t 较小时,光滑、强度较高的材料仍具有较高的缺口强度;但当 K_t 增大至一定程度时,其缺口强度明显降低。这就是选用高强材料(在缺陷漏检时)常容易失效的重要原因。因此,选材时必须注意材料对尖锐缺口(K_t 较大时)的敏感性。

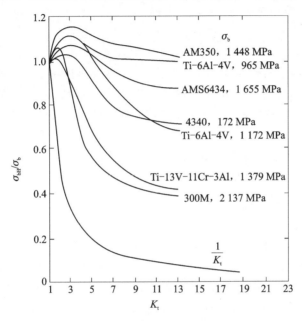

图 4-1 应力集中系数 K_t 对材料缺口强度 σ_{bH} 的影响

3. 选用高强材料时需注意其断裂韧性的降低

材料的强度和韧性往往是矛盾的,无论铝合金、钛合金和结构钢,总的趋势是,随着强度的提高,其断裂韧性将呈降低趋势,如图 4-2 所示。

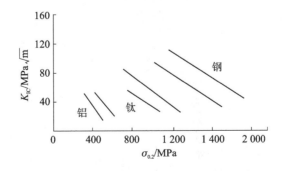

图 4-2 金属材料屈服强度与断裂韧性的关系

根据断裂力学知识,当宽板中存在长度为 $2a$ 的穿透性裂纹时,裂纹失稳扩展临界拉应力 σ_c 为

$$\sigma_c = \begin{cases} \dfrac{K_{IC}}{\sqrt{\pi \cdot a}} & \text{（平面应变状态）} \\[4mm] \dfrac{K_C}{\sqrt{\pi \cdot a}} & \text{（平面应力状态）} \end{cases}$$

因此,当裂纹长度一定时,σ_c 与 K_{IC}(或 K_C)成正比。如果裂纹长度较大,就可能出现工作应力远远低于 $\sigma_{0.2}$ 但已经超过 σ_c 而发生断裂破坏的现象。

仍以宽板穿透裂纹平面应变断裂为例,断裂判据可写为 $K_{IC} = \sigma\sqrt{\pi \cdot a_c}$,如断裂发生在设计使用应力下,取设计使用应力为 $0.6\sigma_{0.2}$,则得

$$a_c = \left(\frac{K_{IC}}{0.6\sigma_{0.2}}\right)^2 \cdot \frac{1}{\pi} \approx \left(\frac{K_{IC}}{\sigma_{0.2}}\right)^2$$

可见如果片面依靠选用高强合金提高结构效率,就有可能由于 $\sigma_{0.2}$ 的提高使 a_c 降低,甚至可能由于临界裂纹长度过低而使无损探伤无能为力。应当指出,通常从临界裂纹长度的 75% 扩展到临界裂纹长度的时间,仅占总裂纹扩展周期的 1% 以下,所以 a_c 最好取 75% 临界裂纹长度。

综上,结构选材时不应片面追求高 σ_b 和 $\sigma_{0.2}$,而应综合考虑 σ_b、$\sigma_{0.2}$、K_{IC} 和 $(K_{IC}/\sigma_{0.2})^2$,以便既有高的结构效率,又有合格的临界裂纹尺寸。

4. 选用裂纹扩展速率 da/dN 较小的材料

选用裂纹扩展速率较小的材料是实现结构高寿命和高可靠性的必要条件。裂纹扩展周期取决于初始裂纹尺寸(a_0)、临界裂纹尺寸(a_c)和裂纹扩展速率(da/dN)。当 a_0、a_c 确定后,裂纹扩展周期的长短就取决于 da/dN。由于 da/dN 测试中分散性较大,因此 $da/dN - \Delta K$ 数据构成一个分散带。工程应用一般应取分散带的上限。另外,试验频率对 da/dN 有明显的影响,低频实验数据处于高频实验数据的上方,如图 4-3 所示。实际结构承受的交变应力频率一般是很低的,故将高频疲劳获得的 da/dN 用于实际时应给予修正。此外,试验温度和腐蚀环境对 da/dN 都有较大的影响,而且试验频率越低,影响越大。

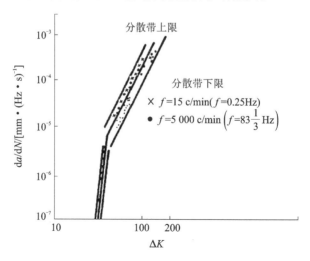

图 4-3 20Cr3WMoV 钢的裂纹扩展速率曲线

5. 选用应力腐蚀临界应力强度因子 K_{ISCC} 高的材料

金属在腐蚀介质与应力联合作用下的破坏为应力腐蚀。解决应力腐蚀的最好设计措施是防止其发生,而不是控制其发展。图 4-4 所示为应力腐蚀破坏与 σ_c、σ_{scc}、工作应力 σ、裂纹尺寸 a 之间的关系。由图 4-4 可知:构件中存在 a_c 尺寸的裂纹时,在某个工作应力 σ_1 的作用下立即发生破坏;当构件存在 a_i 尺寸的裂纹时,在同样应力 σ_1 作用下并不立即破坏,而是在腐蚀介质的作用下亚临界扩展,直到发生尺寸 a_c 时发生破坏;当裂纹尺寸为 a_0 时,在应力 σ_1 的情况下裂纹不发生扩展。因此,防止发生应力腐蚀的关键是控制拉应力低于应力腐蚀门槛值 σ_{scc}。

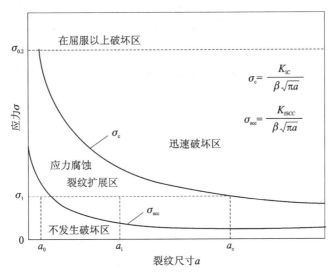

$$\sigma_c = \frac{K_{IC}}{\beta\sqrt{\pi a}}$$

$$\sigma_{scc} = \frac{K_{ISCC}}{\beta\sqrt{\pi a}}$$

σ_{scc}—应力腐蚀门槛值;β—裂纹和结构的几何形状参数

图 4-4　应力腐蚀破坏与 σ_c、σ_{scc}、σ、a 之间的关系

结构中的拉应力的分布是很复杂的,其中包括载荷引起的拉应力、零件本身由于材料组织不均匀和夹杂引起的内部残余应力,加工过程中如焊接、装配引起的残余应力和干涉配合中存在的拉应力等。因此在介质环境中,即使零件外载荷为零时,由于残余应力的存在,裂纹往往会处在亚临界扩展中。真正控制拉应力的水平是很困难的。因此,选用 K_{ISCC} 高的材料提高应力腐蚀门槛值是最有效的防止应力腐蚀的方法。

4.2　常用材料及发展

高性能的金属、非金属和复合材料连同它们的加工生产技术支撑飞行器结构设计师们选用所需的材料和性能,如高比强度、高比刚度、优异的断裂和应力腐蚀性能以及隐身功能等。目前,铝合金、钛合金、高强度钢和复合材料并列为飞机四大结构材料。结构选材中复合材料和钛合金用量增加,铝合金和合金钢的用量减少,如表 4-1 所列。发展高性能结构材料,尤其是先进复合材料是支撑飞行器研制的战略任务。

表 4-1　美国军机所用四种材料比例的变化

机　　种	设计年份	所占比例/%			
		复合材料	钛合金	铝合金	合金钢
F-14	1969	1	24	39	17
F-16	1976	2	3	64	3
F-18	1978	10	13	49	17
AV-8B	1982	20	9	49	15
B-2	1988	28	26	19	6
F-22	1989	40	37	11	5

随着新一代飞行器高机动性、隐身性、超声速巡航、高可靠性和长寿命等技战术指标要求的提高，材料发展以进一步减重、提高发动机推重比和机动性、耐受飞行带来的热负荷和隐身功能为目标，材料领域正在伴随先进飞行器设计发展经历一场"革命"。

4.2.1　飞行器结构常用金属材料

1. 铝合金

铝合金一直是飞机的主要结构材料，但近年来面临钛合金尤其是碳纤维增强树脂基复合材料的竞争，用量逐渐减少。例如在 F-22 上的铝合金用量已下降到 11%。飞机上使用最多的铝合金是传统的高强度 7000 系列和高韧性 2000 系列。高强高韧合金是铝合金的发展方向之一，其主要发展途径是：① 降低合金中 Fe、Si 杂质含量，发展了诸如 2124、2324、7475、7150 等高纯合金，改进了韧性和强度；② 调整热处理状态，获得包括断裂韧性、应力腐蚀抗力在内的优良综合力学性能，并形成高强韧合金系列；③ 调整合金成分，发展高性能新合金。

铝-锂（Al-Li）合金比常用铝合金密度低 10%，而模量却高 10%。新一代 Al-Li 合金克服了传统 Al-Li 合金韧性低和应力腐蚀开裂抗力不足的缺点，使 Al-Li 合金代替传统的 7000 系列和 2000 系列合金成为可能。美国 Alcoa 公司的 2090、8090，英国 Alcan 公司的 8091 以及 Pechiney 公司的 2091 合金等，用以代替 7075-T6、2014-T6、2024-T3 等铝合金减轻结构质量。8090 合金厚板用作 F-15 飞机整体壁板蒙皮、英国 EAP 战斗机的副翼。铝锂合金的生产方法有铸锭法、粉末冶金法和机械合金化法。当前工业生产大多采用铸锭法。

高强度铸造铝合金大型、整体、无余量或少余量的精密铸件将在飞机上继续得到广泛应用。快速凝固粉末铝合金则是铝合金另一个重要的发展方向。Alcoa 公司研制的 X7093，拉伸强度达到 550~585 MPa，屈服强度达 515~550 MPa，较铸锭合金具有明显优越性。

2. 合金钢

飞机上关键承力构件，如机翼主梁、起落架等都一直用高强度、超高强度钢制造。但由于钢的密度大，随着先进材料和制造技术的发展，其用量逐渐减少，F-15、F-16、F-22 等飞机合金钢的用量仅 5%。

飞机结构用钢大部分为中低碳合金超高强度钢，如 30CrMnSiNi2A、4340、300M 等。300M 钢的室温拉伸强度达到 2 000 MPa，并兼有良好的韧性，从 20 世纪 70 年代以来一直应用广泛。美国 90% 以上的军民用飞机起落架都用该钢制造，被誉为不可替代的起落架钢。

图 4-5 中表示了超高强度钢的发展目标,要求断裂韧性和抗应力腐蚀性能与拉伸强度等一样作为评价材料的指标。按此目标,常用的低合金超高强度钢、中合金超高强度钢都不能满足选材要求,而只能发展高合金系列钢种。AF1410 钢拉伸强度达到 1 700 MPa,断裂韧性 K_{IC} 大于 140 $MPa\sqrt{m}$,而且抗腐蚀性能良好,是一种可替代钛合金使用的超高强度钢,在 F/A-18 飞机起落架零件上得到应用。AF1410 钢的缺点是强度偏低,应用受到一定限制。美国 Carpenter 公司研制出 AerMet100 超高强度钢,其性能列入表 4-2 中。可以看到该钢具有与 300M 钢相同的强度,而断裂韧性和抗应力腐蚀性能优越,是一种新的起落架用钢。当前在合金钢制备方面主要发展熔炼工艺,提高钢的纯洁度,改善断裂韧性、应力腐蚀抗力和疲劳性能。

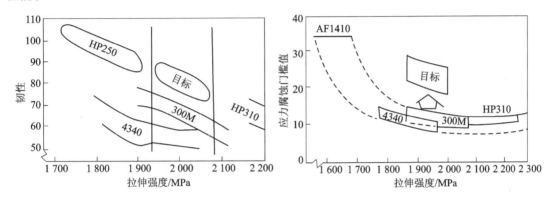

图 4-5　超高强度钢发展目标示意图

表 4-2　几种高强度钢的室温力学性能

性　　能	AerMet100	AF1410	HY180	300M
0.2% 屈服强度/MPa	1 758	1 517	1 345	1 689
极限拉伸强度/MPa	1 965	1 655	1 413	1 993
延伸率/%	14	15	16	9.5
断面收缩率/%	65	68	75	34
硬度/HRC	54	49	43	53
夏比冲击功/J	41	61	190	20
断裂韧性 K_{IC}/$MPa\sqrt{m}$	115	154	—	57

3. 钛合金

钛合金是航空结构中最活跃的材料之一,其具有优良的抗腐蚀性能,与碳/树脂基复合材料的相容性好,代替铝合金在 150 ℃ 以上温度使用,可以提高结构载荷特性,使其在飞行器结构上用量显著增加。

当前使用最多的钛合金仍是 Ti-6Al-4V 双相钛合金。表 4-3 中列出了几种钛合金性能比较。Ti-1023 钛合金具有高强度和高韧性,用于 F-16、F-18、幻影 2000 飞机,还用作 B777 飞机主起落架大部分构件和前起落架支柱等。Ti-153 合金是一种较为理想、可冷成形的板材合金,属于亚稳 β 钛合金,能制成各种薄板、箔材、丝材和管材,冷轧变形量可达 70%,可制成复杂形状的零件,钣金件已用于 B-1 飞机。高强度 Ti-153 铸件强度达 1 170 MPa,可代替一部分 15-5PH 不锈钢用作机翼驱动机构中的万向接头等。美国 Timet 公司研制的 β21S 合金与 Ti-153 工艺性能相似,但具有更高的强度、可焊、可冷成形、耐腐蚀等优点,可制成薄板、箔材,是当前强度、韧性值最高且最有应用前景的合金。俄罗斯 BT22 钛合金性能优良,已用作伊尔-76、伊尔-86 和伊尔-96 飞机主起落架支柱,其他如 BT23、BT16 合金也在俄罗斯飞机上得到广泛应用。高强高韧钛合金是发展的重要方向,目前主要依靠降低间隙元素和采用特殊热处理的方式提高材料的断裂韧性,如目前在飞机主承力结构上广泛应用的 Ti-6Al-4V-ELI(国内为 TC4-DT),其在 TC4 钛合金的基础上通过降低合金间隙元素和 β 热处理的方式提高材料断裂韧性,降低其静强度,从而实现更好的强韧性匹配。

表 4-3 几种钛合金的力学性能

合金牌号	σ_b/MPa	$\sigma_{0.2}$/MPa	δ_5/%	ψ/%	K_{IC}/MPa$\sqrt{m}$
Ti-6Al-4V	967	860	10	20	78
Ti-1 023	1 276	1 200	9	27	44
Ti-15-3	1 313	1 222	7.8		
BT22	1 323~1 470		7~10	30~40	57
β21S	1 459~1 486	1 393~1 421	9.5~12.4	37.27~39.16	80

钛合金的主要缺点是加工困难,成本高。因此,飞机上较大型钣金件应用受到限制。超塑成形-扩散连接工艺(SPF/DB)和增材制造是弥补这一缺点的有效方法。B777 飞机上用超塑成形-扩散连接 Ti-6Al-4V 板制造蒙皮。我国增材制造钛合金框、梁等结构已在飞机结构中得到应用。

4.2.2 飞行器结构常用复合材料

复合材料是由两种或两种以上材料通过专门成形工艺复合而成的一种高性能的新材料体系,复合的目的是要改善材料的性能,或使材料能满足某种特殊的物理性能(如光、电、热、声、磁等)要求。复合化是当代材料技术发展的重要趋势之一,而大量采用高性能复合材料是航空航天飞行器发展的重要方向。

复合材料由增强材料和基体材料组成。基体又可分为金属和非金属两大类。增强材料有碳纤维、硼纤维、芳纶和玻璃纤维等。目前发展较为成熟,飞机结构上应用最多的是树脂基复合材料。金属基、陶瓷基和碳-碳复合材料均属于高温复合材料,主要应用于航空、航天发动机和某些特殊要求的工业产品上。

1. 树脂基复合材料

新一代客机 A350XWB 和 B787 的复合材料用量分别达到 52% 和 50%,这标志着航空复合材料发展新的里程碑。在航天领域,高性能复合材料的用量也在迅速扩大。复合材料按使用要求大致分为结构复合材料和功能复合材料。在航空航天领域,用于承载结构件的主要是碳纤维增强树脂基复合材料(简称 CFRP)。CFRP 具有轻质、高强、疲劳性能好、耐腐蚀和可设计性强等优点,用 CFRP 制造飞机的结构件,同铝合金相比减重可达 20%~40%,体现出巨大的节能效益。复合材料在飞机上应用部位和用量的多少成为衡量飞机先进性的重要标志。

先进复合材料给飞机设计带来了很多机遇,也带来了很多问题和挑战。复合材料的可设计性远大于金属材料,为设计者发挥创造能力提供了更广阔的机遇。但复合材料的结构设计与传统金属结构有很多本质的区别。复合材料突出的特点是力学及物理性能与材料的方向性有关,可根据结构的受力情况进行设计和剪裁。设计分析所用的力学基础、性能数据和计算方法均不同于过去的传统材料。结构设计人员需了解复合材料及其工艺特点,才能充分发挥复合材料的优势和潜力,设计出高效率、低成本、长寿命的先进结构。

（1）纤维性能及选择

纤维增强树脂基复合材料中,增强纤维起主要的承载作用。飞机上应用较多的是碳纤维和芳纶纤维。硼纤维复合材料由于价格昂贵、加工困难,目前在飞机上已经很少应用。玻璃纤维复合材料因其强度、刚度较差,难以在主承力结构上应用;但因价格便宜,在一些次承力构件上仍有应用。增强纤维的主要发展方向是提高强度与模量,提高断裂应变水平,降低成本。常用纤维的主要力学性能如表 4-4 所列。

表 4-4　常用纤维性能

牌　号	厂　商	拉伸强度/MPa	拉伸模量/GPa	断裂伸长/%	密度/(g·cm⁻³)
T300	Torayca	3 530	235	1.5	1.76
T400	Torayca	4 500	250	1.8	1.80
T700	Torayca	4 512	255	1.8	1.80
T800	Torayca	5 590	294	1.9	1.80
T1000	Torayca	7 060	294	2.4	1.81
AS4	Hercules	3 641	231	1.52	1.78
AS6	Hercules	4 255	244	1.66	1.87
IM-6	Hercules	5 140	276	1.66	1.80
IM-7	Hercules	5 347	276	1.8	1.8
K-49	Dupont	3 620	131	2.5	1.44
K-149	Dupont	2 833	176	1.45	1.47

在具体选择纤维时,应按照比强度、比刚度、拉伸断裂应变和性能价格比四项指标,并结合结构使用要求综合考虑后选定。表 4-5 为各类纤维的技术指标和在航空、航天结构上的应用情况,可供设计参考。

表 4-5　纤维的技术指标和在航空、航天结构上的应用情况

纤维类别	比强度	比刚度	强度-价格比	模量-价格比	断裂应变/%	应用情况
高强玻璃纤维	1.04	32.1	0.22	6.67	3.25	用于透波类结构和耐冲击结构
芳纶	1.9	85~120	0.11	4.96	2.5	用于透波类结构和混杂结构
氧化铝纤维	0.35	97	0.007	1.9	0.36	用于透波类结构
硼纤维（钨芯）	1.41	161	0.018	2.0	0.88	适用于航空、航天器主承力骨架,适用于大截面的零件,应用较少
碳化硅纤维（钨芯）	0.98	135	0.015	2.13	0.73	适宜做金属基复合材料,用于航空、航天器的主承力骨架

纤维类别	比强度	比刚度	强度-价格比	模量-价格比	断裂应变/%	应用情况
普通碳纤维	1.74	130	0.15	8.51	1.4	用于民用产品、一般航空结构、混杂复合材料结构
中强碳纤维（如 T300、T500）	1.8～2.7	130～170	—	—	1.5～1.7	用于民机结构、军机一般结构、重要的混杂结构
高强高韧碳纤维	3.1～3.9	160～170	—	—	＞1.8	用于航空、航天器的主承力结构
高模碳纤维	0.95～1.35	210～330	0.03～0.04	1～3.5	0.3～0.65	用于质量控制很严、刚度要求很高的结构,如航天飞机的机械臂

（2）树脂性能及选择

在复合材料中树脂将纤维聚集粘附在一起,支撑增强纤维的受力并起一定的保护作用。复合材料的韧性和对环境的耐受能力主要取决于树脂。常用树脂体系性能比较见表 4-6。

表 4-6   常用树脂体系性能比较

性能 ＼ 树脂	聚 酯	环 氧	酚 醛	双 马	聚酰亚胺	热塑性
工艺性	优	优	良	优	差	良
力学性能	中	优	中	优	良	良
成本	低	中	低	中	高	高
耐温/℃	82	120	177	177	315	
尺寸稳定性	良	优	优	优	优	优
韧性	差	良	差	良	差	优

热固性树脂形成的复合材料称为热固性复合材料。当前广泛使用的树脂基结构复合材料中以热固性树脂基占优势。热固性树脂基复合材料中,环氧树脂用量最大,双马来酰亚胺综合性能较好,聚酰亚胺树脂耐热性最好。热塑性树脂因具有断裂韧性高、耐冲击、耐湿热性好、耐溶剂性好、预浸料无贮存期限制等优点而得到迅速发展。航空使用最多的是 PEEK（聚醚醚酮）和 PEKK（聚醚酮酮）。树脂的选择应考虑以下原则：

① 满足结构的使用温度范围要求。不同类型树脂的工作温度范围相差很大,一般认为树脂工作温度 T_w 与树脂的玻璃化转变温度 T_g 有如下关系：

$$T_w = T_g - \Delta T$$

式中,ΔT 对环氧树脂为 30 ℃,对双马基体为 50 ℃。但在确定树脂的最高可使用温度时,还应考虑到复合材料吸水后玻璃化转变温度的下降,其下降量取决于树脂种类、水分含量,主要通过试验确定。常用树脂体系的工作温度范围可参考表 4-7。

在结构设计时,材料的使用温度上限由单向板试验确定。单向板的模量（主要考虑压缩模量）随温度的变化曲线如图 4-6 所示,一般以高温模量比室温模量下降 5% 的对应温度作为材料的使用温度上限。

表 4 - 7　各类树脂基体的工作温度范围

基　体	热固性树脂			
	各类环氧树脂		双马树脂	聚酰亚胺	酚　醛
	120 ℃固化	180 ℃固化			
T_w/℃	$-55\sim82$	$-55\sim105$ $-55\sim120$ $-55\sim177$	$-60\sim177$ $-60\sim232$	$-60\sim250$ 短期 316	$-55\sim140$ $-55\sim177$ $-55\sim260$

基　体	热塑性树脂			
	聚醚醚酮	聚苯硫醚	聚醚砜	聚　砜
T_w/℃	250	200	180	170

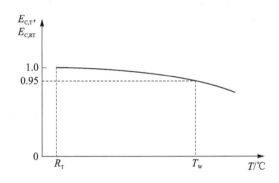

图 4 - 6　单向板模量随温度的变化曲线

② 满足对基体的力学性能要求。基体力学性能通过测试浇注体或复合材料单向板获得。对浇注体主要测试拉、压模量和拉伸断裂应变,对单向板主要测定横向拉伸断裂应变和 Ⅱ 型裂纹的临界能量释放率 $G_{ⅡC}$。

③ 基体的断裂应变应与纤维断裂应变相匹配,基体和纤维应具有较高的界面结合强度。

④ 基体的理化性能应满足结构的使用要求。树脂应具有良好的耐介质和自然老化性能,对高温下使用的基体还要考虑热老化性能。树脂的饱和吸湿率不能过高。民机内部结构的树脂基体还应满足有关阻燃、燃烧、烟雾和毒性等方面的指标要求。

⑤ 满足工艺性要求。工艺性要求如挥发物含量、粘性、预浸料使用期、固化加压带、固化温度和固化收缩率等。

纤维增强铝合金胶接层板(AR - ALL)是一种新形式的复合材料,兼具纤维复合材料和铝合金的双重优点,比同厚度铝合金可减重 12%～14%。层合结构带来的裂纹扩展桥接机制使其疲劳寿命比铝合金提高数十倍。高强度玻璃纤维增强的胶接层板 Glare,其性能优于 AR - ALL,已广泛用于机翼、机身和尾翼等部件。

2. 金属基复合材料

金属基复合材料与树脂基复合材料相比具有层间剪切强度高、工作温度高、耐磨损、不吸湿、不老化等优势,而且具有导电、导热等金属特性,因而成为复合材料的重要分支,受到各国的重视。

金属基复合材料采用的基体主要有铝、镁、钛和镍基合金。增强体主要有硼纤维、碳化硅纤维或颗粒、碳纤维、氧化铝纤维等。其中,铝基复合材料发展最快。硼纤维增强铝基复合材料和碳化硅增强钛基复合材料具有最高的强度和模量。金属基复合材料可制成板材、棒材、管材和型材等各种产品,并已做过多种飞行器零件,用于航天飞机的机身骨架时减重44%。洛克希德公司以 2009 铝合金为基,用碳化硅颗粒或晶须增强体制备先进喷气战斗机的垂尾安定面。该部件长 3.2 m,下弦 1.5 m,上弦 0.76 m,厚 1.52 mm,是迄今最大的金属基复合材料主结构件。碳化硅增强的 Ti‑6Al‑4V 复合材料制成的厚板、薄板和管材构件也都获得应用。Ti 合金基体也开始使用 Ti‑153 和 β21S 合金。当然,金属基复合材料真正规模地用于飞机承力构件生产还要解决很多的问题。

3. 陶瓷基复合材料

陶瓷基复合材料是在陶瓷基体中引入第二相材料,使其增强、增韧的多相材料,又称为多相复合陶瓷或复相陶瓷。陶瓷基复合材料是 20 世纪 80 年代逐渐发展起来的新型陶瓷材料,包括纤维(或晶须)增韧(或增强)陶瓷基复合材料、异相颗粒弥散强化复相陶瓷、原位生长陶瓷复合材料、梯度功能复合陶瓷及纳米陶瓷复合材料。它具有耐高温、耐磨、抗高温蠕变、热导率低、热膨胀系数低、耐化学腐蚀、强度高、硬度大及介电、透波等特点,因其在有机材料基和金属材料基不能满足性能要求的工况下可以得到广泛应用,而成为理想的高温结构材料,越来越受到人们的重视。当前陶瓷基复合材料主要应用于发动机非转子组件的热端部件,如喷管、低压涡轮静子叶片、喷管调节片、隔热瓦等部件。未来陶瓷基复合材料将替代金属及其合金而成为发动机热端结构和空天飞行器防隔热材料的首选材料。陶瓷基复合材料种类繁多,不同类型的基体材料、纤维材料都能影响复合材料整体性能。

陶瓷基体分为玻璃陶瓷、氧化物陶瓷和非氧化物陶瓷 3 类,其选择需要考虑两个方面:① 材料是否具有较高的耐温性及良好的界面相容性,这将决定材料是否能够保护纤维,承受载荷;② 材料的稳定性,材料能否承受服役环境的考核,如果基体产生裂纹,其扩展方式如何变化等。这两个方面都与陶瓷本身具有的性质有关;除此之外,陶瓷的成形性能、基体与纤维的结合性能都会影响到陶瓷基体的选择。

增强纤维作为陶瓷基复合材料的主要承力部分,其性能的优劣将决定产品性能的好坏。因此,对增强纤维的要求,首先应具备纤维增韧的特性,如连续性、高强度、高弹性等;其次还应具备耐高温、高比强度、高介电常数等。常用的增强纤维有碳纤维、碳化硅纤维、氧化铝纤维、氮化硅纤维、硼纤维、石英纤维等。碳纤维是目前开发最成熟、性能最好的纤维之一,其高温性能好,但抗氧化性能差。碳化硅纤维作为一种新型纤维,具有高的比强度和比模量、卓越的耐热性、优良的抗疲劳和抗蠕变性及使用可靠性,在航空航天、原子能、武器装备等领域具有良好的应用前景及应用价值。

陶瓷基复合材料的界面结合方式包括化学结合、物理结合、机械结合和扩散结合,其中以化学结合为主。界面相材料的选择首先要满足低模量的要求,能够缓冲基体和纤维的热膨胀系数,减小纤维损伤;其次要求有低的剪切模量,较低的剪切模量才能实现裂纹偏转,从而增韧;最后要求有高的稳定性,能够在服役环境中稳定存在。目前常用的界面层为热解碳界面层和氮化硼界面层。

4.3　金属结构制造工艺

飞行器制造技术和制造模式是随着一个国家科学与技术的进步而不断发展的,是国家经济实力和综合国力的重要体现,是国家航空航天技术水平的标志。先进制造技术是降低成本、提高经济效益的重要手段,是飞行器质量和可靠性的保证。以飞机产品为例,飞行器产品制造有以下特点。

（1）零件数量大、品种多

飞机不但结构复杂,而且其内部空间十分紧凑,各类系统布置密集(如机上载有各种设备、仪表和附件等 20 几个系统)。一架飞机的零件不仅数量很大,而且品种很多。一般来说,一架飞机的零件数量可达数十万,一架大型飞机的零件数量可达数百万,如 B777 的零件数量约有300 万个,A380 飞机上除了上百万的零件以外,还有 450 km 左右的电缆和 4 万多个接头,可见零件数量之巨大。

（2）外形复杂,精度要求高

飞机各部件大多具有不规则的曲面外形,外形非常复杂。作为飞机产品,它的战术、技术特性和使用可靠性等指标又决定了对其精度要求很高,尤其是接触气流的飞机表面,不仅对它的表面光洁度有很高的要求,而且对其外形准确度也提出了很高的要求。

（3）零件尺寸大,刚度小

飞机外形尺寸很大,有的飞机机翼长达几十米,而机翼本身又是薄壁结构,刚度小,易变形,因此飞机结构的精确度不易保证。在飞机装配过程中,由于钣金件刚性小,需采用大量复杂的型架等工艺装备来保证飞机结构的形状和尺寸。因此,在飞机生产中,零部件的装配和部件对接装配一直是飞机生产过程中最费时费力的一个重要环节。

（4）材料品种多、新材料应用比例大

飞机中大多数零件是用有色金属制造的,其他则选用黑色金属及非金属材料。随着飞机飞行速度、飞行高度的不断增大,以及材料技术的发展,新材料在飞机结构中所占比例越来越高。如民用客机 B787 机体主要结构大规模地采用复合材料,复合材料用量由 B777 飞机的12％提升到 50％,维修成本可节省 30％,燃油可节省 20％,飞行的舒适性也得到很大提高。

（5）结构不断改进,产量变化范围大

为保持国防军事实力,掌握制空权、制天权,以及在激烈的市场竞争中保持竞争优势,需要加快飞机的型号更新,因而其结构需要经常修改、变动。例如某型号战斗机,为了提高性能和满足各种特殊用途的需要,往往要在原型机的基础上设计多种型号,如空军型、海军型、侦察型和教练型等。如美国的 F-4 飞机,在十几年的生产中共有 13 种改型。同时,由于市场需求的变化,飞机的产量变化范围较大,尤其是军用飞机,在战时要求迅速扩大产量,以满足战争不断消耗的需要。

4.3.1　金属减材制造工艺

1. 切削加工

切削加工是指用切削工具从工件表面切除多余材料,从而获得符合要求的形状、精度和表面质量的零件的加工方法。切削加工分为机械切削加工和钳工。机械切削加工(简称机工)是

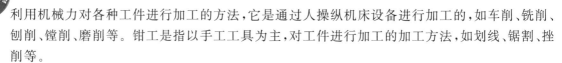

利用机械力对各种工件进行加工的方法,它是通过人操纵机床设备进行加工的,如车削、铣削、刨削、镗削、磨削等。钳工是指以手工工具为主,对工件进行加工的加工方法,如划线、锯割、挫削等。

由于切削加工具有较高的生产率,并能获得较高的精度和表面质量及具有较大的加工范围,在现代机械制造中除少量零件采用精密铸造、精密锻造、粉末冶金、塑料压制成形及特种加工等方法获得外,绝大多数零件要靠切削加工成形。据统计,切削加工目前占机械制造总量的$40\%\sim60\%$。

2. 精密加工

精密加工是指加工精度和表面质量都达到了较高程度的加工工艺,具体又可细分为精密加工和超精密加工。所谓精密与超精密的概念是动态的、相对的,它们的界限随着科学技术的进步而向前发展。随着计算机、材料科学、航空航天和自动控制系统等高新技术产业的迅速发展,使当代机械加工精度已经达到 $0.01~\mu\mathrm{m}$ 的亚微米级,并向纳米级发展。目前精密与超精密加工的范畴可划分如下:

① 一般加工:指加工精度在 $10~\mu\mathrm{m}$ 左右,相当于公差等级在 IT6~IT5、表面粗糙度 $Ra=0.2\sim0.8~\mu\mathrm{m}$ 的加工方法,如车、铣、刨、磨、铰等工艺方法,适用于汽车、机床等一般机械制造行业。

② 精密加工:指加工精度在 $1\sim0.1~\mu\mathrm{m}$,公差等级在 IT5 以上,表面粗糙度 $Ra=0.1\sim0.03~\mu\mathrm{m}$ 的加工方法,如精密车削、研磨、抛光、精密磨削等,适用于精密机床、精密测量仪器等行业的精密零件加工。

③ 超精密加工:指加工精度在 $0.1\sim0.01~\mu\mathrm{m}$、表面粗糙度 $Ra=0.025\sim0.001~\mu\mathrm{m}$(或称为亚微米级)的加工方法,如金刚石刀具超精密切削、超精密磨削等。它主要应用于一些精密仪器或装置的制造上,如惯性导航仪静电陀螺球、超大规模集成电路基片等的加工。

当加工精度高于 $0.01~\mu\mathrm{m}$、表面粗糙度 $Ra<0.001~\mu\mathrm{m}$ 时,被认为是纳米级($10^{-3}~\mu\mathrm{m}$)的加工范围。

3. 特种加工

切削加工方法在机械制造业中,长期以来占据着难以替代的主导地位。然而随着航空航天飞行器新材料、新结构的不断出现,使传统的切削加工方法面临着严峻的挑战,主要表现在:

① 材料难切削:如硬质合金、钛合金、高温合金、耐热不锈钢、聚晶金刚石、陶瓷、石英及其他各种高硬度、高强度、高熔点、高脆性的金属和非金属材料的加工。

② 型面复杂:如涡轮叶片、发动机机匣与模具上的立体型面及炮管、喷嘴、喷丝头等零件上的各种异形孔、细微孔和窄缝。

③ 结构特殊:如薄壁零件、弹性元件、细长零件等低刚度零件。

因此,机械制造业必须发展新的加工方法,以适应工业与技术的发展。另一方面,科学技术的发展也为机械加工开辟新的加工途径提供了可能。特种加工就是在这种前提条件下产生和发展起来的。

特种加工是直接借助电能、热能、声能、光能、化学能等常规机械能以外的各种能量实现材料去除的工艺方法的总称。常用特种加工方法及分类如表 4-8 所列。

表 4 - 8　常用特种加工方法及分类

分　类	能量形式	加工方法	缩写符号
电加工	电、热能	电火花加工	EDM
		电子束加工	EBM
		等离子束加工	PAM
	电、化学能	电解加工	ECM
	光、热能	激光加工	LBM
	电、机械能	离子束加工	IBM
	声、机械能	超声波加工	USM
非电加工	化学能	化学铣削	CHM
	光、化学能	光化学加工	PCM
	液流、机械能	磨粒流加工	AFM
		磨料喷射加工	AJM
		液体喷射加工	LJM

与传统的切削加工方法比,特种加工的主要特点如下:

① 加工范围不受材料力学性能限制,可加工任何硬的、软的、脆的、耐热或高熔点金属及非金属材料;

② 加工中不存在显著的切削力,能获得良好的表面质量,残余应力、热应力等均比较小;

③ 易于加工复杂型面、微细表面及柔性零件;

④ 可发展成以多种能量同时作用的复合加工工艺,如电解磨削、电解电火花及超声电火花加工等。

需要指出,特种加工的材料去除速度一般低于常规的切削方法,这也是目前在加工领域中常规的切削加工仍占主导地位的主要原因。实践证明,用常规的切削方法越是难以完成的加工,特种加工则越能显示其优越性。特种加工已经成为当前机械制造中一种不可缺少的机械加工方法,并为新产品设计打破了许多受加工手段限制的禁区,为新材料的研制提供了很好的应用基础。

4. 现代制造技术

现代制造技术是传统制造技术不断吸收机械、电子、信息、材料、能源及现代管理等技术成果,将其综合应用于产品设计、制造、检测、管理、售后服务等制造全过程,以实现优质、高效、低耗、清洁、灵活生产,取得综合技术和经济效益的制造技术的总称。可以认为,凡是那些融合了当代最新科学技术成果,充分发挥人和设备的潜能,达到当代制造先进水平的制造技术,均可称之为现代制造技术。

现代机械制造技术的特点是:

① 广泛采用计算机、传感、自动化、新材料等新技术及管理技术;

② 打破了传统机械制造技术分工过细以及专业、学科单一的局面,整个过程多专业、多学科相互交融;

③ 突破了制造过程仅是指机械加工工艺过程的传统观念,该过程贯穿于产品设计、加工

制造到产品销售及使用维护等全流程；

④ 整个生产过程是一个以生产对象、机床设备、工艺装备等为中心的物质流，以生产管理和信息处理等管理技术为主的信息流，以及为了保证生产过程正常进行而必需的能量流的现代化过程；

⑤ 更加重视工程技术与经营管理的结合，以期实现优质、高效、低耗、清洁、灵活的生产而取得最佳技术经济效果。

对制造技术不断优化进步而言，现代机械制造技术是一个相对的、动态的概念。目前已较为成熟的现代技术主要有：成组技术（GT）、计算机数控（CNC）、计算机直接控制和分布式控制（DNC）、计算机辅助设计/计算机辅助制造（CAD/CAM）、工业机器人（ROBOT）、柔性制造系统（FMS）、计算机集成制造系统（CIMS）等。随着计算机技术及其他科学技术的发展，将有更多的高新制造技术不断涌现出来。

4.3.2 金属增材制造工艺

增材制造（俗称 3D 打印）是以数字模型为基础，以金属粉末、金属丝材为原料，以激光、电弧、电子束等为热源，将粉材/丝材逐层熔覆沉积，直接由零件 CAD 数模完成全致密、高性能、"近终形"复杂金属零件的成形制造，是一种"变革性"的设计制造一体化的先进技术，如图 4 - 7 所示。它彻底颠覆了传统的减材加工制造模式，并将先进材料技术、数字制造技术与信息网络技术深度融合，将给传统制造业带来变革性的影响。增材制造技术被称为"第三次工业革命"的重要标志之一，美国《时代》周刊将增材制造列为"美国十大增长最快的工业"，英国《经济学人》杂志则认为它将"与其他数字化生产模式一起推动实现第三次工业革命"。随着增材制造技术日趋成熟，它将改变产品的生产制造方式。

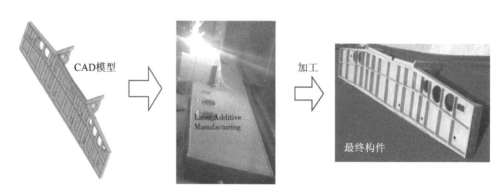

图 4 - 7　增材制造工艺流程（由数模直接近净成形最终构件）

就飞机结构设计而言，增材制造技术从根本上解决了异型复杂构件的制造难题，可实现高性能材料微观组织与宏观结构的可控成形。它从根本上改变了结构设计理念，由"制造引导设计、制造性优先设计、经验设计"等传统设计理念，转变为"设计引导制造、功能性优先设计、拓扑优化设计"的增材设计理念。借助软件的支持，通过数字驱动制造，将大力推动航空航天装备技术创新，为提升航空航天装备性能发展开辟巨大空间。与锻压＋机械加工、锻造＋焊接等传统大型金属构件制造技术相比，该技术具有以下独特优点：

① 增材制造将"高性能金属材料制备"与"大型、复杂构件成形制造"一体化，制造流

程短。

② 零件具有晶粒细小、成分均匀、组织致密的快速凝固非平衡组织,综合力学性能优异。

③ 无需大型锻铸工业装备及其相关配套基础设施,无需锻坯制备和锻造模具制造,后续机械加工余量小、材料利用率高、周期短、成本低。

④ 具有高度的柔性和对构件结构设计变化的"超常快速"响应能力,同时也使结构设计不再受制造技术的制约。

⑤ 激光束能量密度高,可以方便地实现对各种难熔、难加工、高活性、高性能金属材料的激光冶金快速凝固材料的制备和复杂零件的直接"近净成形"。

⑥ 可根据零件的工作条件和服役性能要求,通过灵活改变局部激光熔化沉积材料的化学成分和显微组织,实现多材料、梯度材料等高性能金属材料构件的直接近净成形等。

由于增材制造技术具有上述独特的制造技术优势,该技术为航空航天装备大型难加工金属构件的制造提供了一条快速、柔性、低成本、高性能、短周期的技术新途径。其近年来成为国内外材料加工工程、先进制造技术与飞行器设计等学科交叉领域的前沿研究热点方向之一,在世界范围内受到政府、工业界和学术界的高度关注。

目前,高性能金属增材制造技术所应用的材料已涵盖钛合金、高温合金、铝合金、难熔合金、陶瓷以及梯度材料等多种机体结构材料,在航空航天领域高性能复杂构件制造中具有显著优势。本小节仅介绍目前在航空领域最具应用前景、最具技术代表性的几种增材制造技术,分别为以同步送粉为技术特征的激光熔化沉积(Laser Melting Deposition,LMD)技术、以粉床铺粉为技术特征的激光选区熔化(Selective Laser Melting,SLM)技术和以同步送丝为技术特征的丝材电弧增材制造(Wire and Arc Additive Manufacture,WAAM)技术。

1. 激光熔化沉积

激光熔化沉积技术是利用快速原型制造的基本原理,以金属粉末为原材料,采用高能量的激光作为能量源,按照预定的加工路径,将同步送给的金属粉末进行逐层熔化,快速凝固和逐层沉积,从而实现金属零件的直接制造。激光金属直接成形系统平台包括:激光器、数控工作台、同轴送粉喷嘴、高精度可调送粉器及其他辅助装置。激光金属直接成形技术集成了激光熔覆技术和快速成形技术的优点,所制造的金属零件不仅形状复杂,尺寸大,且其力学性能接近甚至超过传统锻造技术制造的零件,适合于大型复杂整体关键主承力构件的制备。图 4-8 为北京航空航天大学采用激光熔化沉积技术制备的翼身连接根肋接头。

由于激光熔化沉积技术在制造高性能大型构件方面独特的技术优势,受到了许多国家的重视并得到大力发展。2013 年欧洲空间局提出了"以实现高技术金属产品的高效生产与零浪费为目标的增材制造项目"计划,汇集了空中客车公司、欧洲宇航防务集团公司、英国罗罗公司以及英国的克兰菲尔德大学等 28 家机构来共同从事激光金属增材制造方面的研究,其首要目标是快速生产大型零缺陷增材制造金属零件,提高材料的利用率。与此同时,美国的 Sandai 国家实验室、Los Alomos 国家实验室、GE 公司以及国家航空航天局(NASA),德国的弗劳恩霍夫(Fraunhofer)激光技术研究所,我国的北京航空航天大学、西北工业大学等也对激光熔化沉积技术展开了深入的研究。以北京航空航天大学为代表,目前我国激光增材制造钛合金及超高强度钢大型整体关键构件在舰载机、大型运输机、大型客机、四代机等多个型号飞机研制生产中得到实际应用,为解决制约重大装备研制的"瓶颈"难题发挥了不可替代的作用,同时也使我国成为迄今世界上唯一掌握大型整体钛合金关键构件激光增材制造技术并成功实现装机应用的国家。

图 4-8　北京航空航天大学采用激光熔化沉积技术制备翼身连接根肋接头

2. 激光选区熔化

激光选区熔化技术是利用高能量的激光束,按照预定的扫描路径,扫描预先铺覆好的金属粉末将其完全熔化,再经冷却凝固后成形的一种技术。激光选区熔化技术实际上是在选区激光烧结(Selected Laser Sintering,SLS)技术的基础上发展起来的一种激光增材制造技术。为解决 SLS 成形过程中存在粉末连接强度较低的问题,德国弗劳恩霍夫激光技术研究所 1995 年提出了基于金属粉末熔凝的选区激光熔化技术构思,并且在 1999 年研发了第一台基于不锈钢粉末的 SLM 成形设备,随后许多国家的研究人员都对 SLM 技术展开了大量的研究。目前对 SLM 技术的研究主要集中在德国、美国等国家,主要是针对 SLM 设备的制造和成形工艺两方面展开。国外有许多专业生产 SLM 设备的公司,如美国的 3D SYSTEM 公司,德国的 EOS、CONCEPT、SLM SOULITION 公司。在中国对 SLM 设备的研究主要集中在高校,如华中科技大学、西北工业大学和华南理工大学等高校。

SLM 主要用于小型零件精密成形制造,图 4-9 为空中客车 A350XWB 飞机上应用 SLM 技术制备的 Ti-6Al-4V 增材制造结构件,图 4-10 为美国 GE 公司激光选区熔化高温合金结构件。激光选区熔化的主要技术特征包括:

① 原料为金属粉末,主要包括不锈钢、高温合金、钛合金、高强铝合金等;

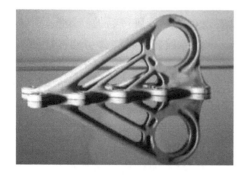

图 4-9　A350XWB 飞机上应用的
Ti-6Al-4V 增材制造结构件

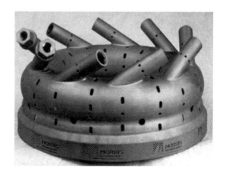

图 4-10　美国 GE 公司
激光选区熔化高温合金结构件

② 采用细微聚焦光斑的激光束成形金属零件,成形的零件精度较高,表面稍经打磨、喷砂等简单后处理即可达到使用精度要求,一般不进行后处理;

③ 成形零件的力学性能良好,一般拉伸性能可超铸件,达到锻件水平;

④ 成形效率较低,零件尺寸会受到铺粉工作箱的限制,不适合制造大型的整体零件。

3. 丝材电弧增材制造

丝材电弧增材制造(WAAM)是采用熔化极气体保护焊(GMAW)、钨极氩弧焊(TIG)或等离子弧焊(PAW)热源,以金属丝材为原料,利用逐层熔敷原理,通过丝材的添加,采用逐层堆焊的方式成形出金属零件的技术。WAAM 构件组织和化学成分均匀,主要用于大尺寸、较复杂形状构件的低成本、高效快速成形。与以激光和电子束为热源的增材制造技术相比,它具有沉积速率高、制造成本低、对金属材质不敏感等优势。但电弧增材制造成形精度差,一般需要二次表面机加工。WAAM 的应用是"近净成形""原型制造",其追求的是低成本、高效率和大尺寸,而非高精度,所以对成形精度要求并不苛刻(需要二次机加工来保证成形精度)。

近年来,国内外研究人员已经成形出电弧增材制造大型金属结构件。在航空航天领域,WAAM 技术应用有原位制造和复合制造。原位制造指采用电弧增材制造技术制造出所需零件或修补存在缺陷的零件,复合制造则是增减材制造技术相互补充共同生产制造金属构件的方法。英国 Cranfield 大学研究人员采用 MIG 电弧增材制造技术快速成形制造出了缺陷少的钛合金大型框架构件,如图 4 - 11 所示。欧洲 Airbus、Bombardier、BAE system、Lockheed Martin - UK、MBDA 和法国航天企业 Astrium 等均利用 WAAM 技术实现了大尺寸钛合金及高强钢结构件的直接快速成形,Bombardier 制造了长 2.5 m 的飞机翼肋壁板。

图 4 - 11　英国 Cranfield 大学电弧增材制造的大型金属结构件

4.3.3　金属结构连接工艺

1. 螺纹连接

螺纹连接是飞机结构的主要连接形式之一。由于它的结构简单、安装方便、易于拆卸,并具有连接强度高和可靠性好等特点,螺纹连接技术发展迅速,应用范围更加广泛。螺纹连接以普通螺栓、螺钉连接为主要形式,应用最广。近年来高锁螺栓连接、干涉配合螺栓连接等的应用也不断地扩大,使螺纹连接技术在飞机制造中占有较重要的地位。螺纹连接主要应用于飞机主承力结构部位的连接。常用螺纹连接形式如表 4 - 9 所列。

表 4 - 9　螺纹连接形式的种类及特点

简　称	简　图	图　注	特点及应用
普通螺栓连接		1—凸头螺栓； 2—沉头螺栓； 3—螺母； 4—垫圈； 5—被连接件	螺栓连接是最基本、应用最广的螺纹连接形式,其结构简单、安装方便,能承受较大载荷。适用于组合件之间的连接、接头连接、部件对接,以及设备、成品、系统的安装等
托板螺母连接		1—凸头螺栓(钉)； 2—沉头螺栓(钉)； 3—托板螺母； 4—铆钉； 5—活动构件； 6—固定构件	托板螺母有双耳、单耳、角形、气密游动等类型,双耳的受力较好,游动的安装方便。安装时要注意托板螺母的螺纹孔与被连接件的螺栓孔的协调。适用于封闭、不开敞、经常拆卸处
高锁螺栓连接		1—沉头高锁螺栓； 2—凸头高锁螺栓； 3—高锁螺母； 4—被连接件	比螺栓连接质量轻,抗疲劳性能良好,自锁能力强,有较高而稳定的拧紧力,可实现单面拧紧。一般用于较重要的连接

螺纹连接按受力形式可分为受拉螺栓连接、受剪螺栓连接和受拉受剪螺栓连接。选择受力形式应考虑到结构的特点以及对疲劳性能的要求,例如,对于板件连接、耳片叉耳的连接多采用受剪形式;对于受力较大、疲劳性能要求较高的重要连接尽量采用受剪形式。有时由于结构的限制,有些受力较大的重要连接,如果采取了抗疲劳措施,也可采用受拉形式。

根据不同的受力形式选择相应的螺栓。受剪形式采用承剪螺栓,受拉形式采用承拉螺栓,同时受拉剪两种载荷作用而不能略去其中任何一个时采用拉剪螺栓。受拉螺栓的制造和装配较简单,而受剪螺栓的制造和装备要求较高。因此对于受力不大、要求不高的连接,以及某些连接虽然较重要但由于螺栓数量多、装配协调要求利用间隙孔进行补偿时,不论其受力形式如何,往往采用承拉螺栓。

当结构连接必须采用受拉形式而又有抗疲劳要求时,则应设计抗拉疲劳螺栓。这种螺栓一般需镦制以保证材料流线的完整,并在热处理后滚压螺纹。螺纹采用齿根圆弧形,光杆与头部转接半径较大。

2. 铆接连接

铆接是一种不可推卸的连接形式。与其他连接形式相比,虽然铆接降低了结构的强度,疲劳性能较差,变形大,手工劳动量的比重大,但它的工艺过程简单,连接强度稳定可靠,检查和排故容易,适于较复杂结构的各种金属及非金属材料之间的连接,所以铆接是飞机结构中广泛采用的主要连接方法。为了改善劳动条件,提高生产效率,保证铆接质量,发展了铆接机械化和自动化。为了提高连接疲劳寿命,适应飞机性能和技术要求的不断提高,新型铆钉和新的铆接技术不断出现,如环槽铆钉、高抗剪铆钉、抽芯铆钉、钛合金铆钉的铆接和干涉配合铆接。铆接种类及特点如表 4-10 所列。

表 4-10　铆接种类及特点

铆接种类	特　点	应用范围
普通铆接	工艺过程比较简单,方法成熟,连接稳定可靠,应用范围广,但铆接变形较大	广泛应用于机体各种组合件和部件
密封铆接	消除结构缝隙,堵塞泄漏途径。工艺过程比较繁杂,密封材料的铺设要在一定的施工温度、湿度等环境下进行	用于有密封要求的部位和结构,如整体油箱、气密座舱等
特种铆接	铆接效率高,操作简单;能适应结构的特殊要求。铆钉结构比较繁杂,制造成本高,应用范围较窄,铆钉故障不易排除	用于结构有特殊要求的部位,还可用于修理和排除故障;有环槽铆钉铆接、拉丝型抽芯铆钉铆接,高抗剪铆钉等
干涉配合铆接	疲劳寿命高,能对钉孔起密封作用,从根本上提高铆接质量;但铆钉孔精度要求高,铆接前钉与孔的配合间隙要求严格	用于抗疲劳性能要求高的或者有密封要求的组合件、部件;有无头铆钉干涉配合铆接

为提高铆接结构疲劳寿命,推荐采取以下设计措施:

① 连接处尽可能地采用对称连接,避免采用不对称连接,以减小铆钉传载偏心和孔处的附加弯曲应力。

② 避免铆钉承受拉力。

③ 在静强度允许的条件下,尽可能地采用平行排列的铆缝。

④ 较重要的并有抗疲劳要求的铆缝,铆钉的边距不小于 2.5 倍铆钉直径。

⑤ 随着铆钉排数的增加,应力集中系数减小,疲劳强度增加;但超过三排以后,应力集中系数减小缓慢,疲劳强度增加也缓慢。所以铆钉排数不应超过三排。

⑥ 表 4-11 为几种铆接形式的疲劳强度比较,应尽量采用疲劳性能好的铆接方式。

表 4-11　几种铆接形式的疲劳强度比较

疲劳强度	最好	好	较好
铆接形式		$\delta_1/h>1.5$	
疲劳强度	不好	最不好	
铆接形式			

4.4　复合材料成形工艺

4.4.1　热压罐成形工艺

热压罐成形工艺的主要优点之一就是适合于多种材料的生产,只要是固化周期、压力和温度在热压罐极限范围内的复合材料都能生产。热压罐成形工艺的另一优点是它对复合材料制件的加压灵活性强。通常制件铺放在模具的一面,然后装入真空袋中,施加压力到制件上使其紧贴在模具上,制件上的压力通过袋内抽真空而进一步被加强。因此,热压罐成形技术可以生产不同外形的复合材料制件。由于上述优点,热压罐被广泛应用于航空航天先进复合材料制件的生产。

作为航空复合材料主要生产设备的热压罐,是一个具有整体加热系统的大型压力容器。典型热压罐的结构如图 4-12 所示,由于热压罐是一个压力容器,因此它常见的结构是一端封闭、另一端开门的圆柱体,为先进复合材料制件的压实和固化提供必要的热量和压力。通常情况下,航空航天复合材料制件的尺寸很大,因此热压罐必须更大。

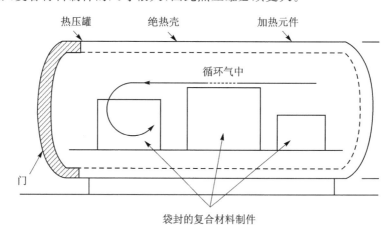

图 4-12　复合材料热压罐结构示意图

热压罐的温度和压力通常由所采用的材料体系决定。在成形热固性复合材料时,需要高温来降低树脂粘度和引发固化化学反应,而压力用来将各层压合起来并抑制空隙的产生。对于热塑性复合材料,这些要求同样存在。常用的航空热固性材料(例如高温固化环氧树脂)的固化温度为 175 ℃,固化压力为 600 kPa,因此必须保证热压罐在高温下足够坚固,这使得热压罐的制造相当昂贵,通常用钢焊接制造。同时,一些复合材料成形要求的压力和温度更高,例如,先进热塑性基体复合材料(PEEK、PEI)和高温热固性材料(如聚酰亚胺 PMR-15 等)要求温度在 300～400 ℃ 的范围、压力在 1 MPa 以上。针对这种情况,需要建造特殊的热压罐,但成本会相当高。幸运的是大多数应用只要求中等的温度和压力。

使用单面模具生产复合材料制件时,其厚度变化主要产生于两个因素:① 压实程度;② 单层预浸料的厚度变化。压实程度由固化成形周期及其控制的好坏决定。例如,压力不足不能去除多余的树脂,这导致制件厚度比设计值高。然而,预浸料的厚度变化可能也很大,甚至在某些情况下成为制件厚度变化的主要原因。对于先进复合材料,另一个重要的质量问题是翘曲。先进复合材料制件极少与其固化模具的外形十分一致,这主要是由于复合材料平行和垂直于纤维方向的热膨胀系数(CET)的较大差异所造成的,这种差异导致了所谓的"回弹"效应。对于形状简单的情况,可以采用简单的层合板理论计算这种效应;而对复杂外形的复合材料,则需要通过数值模拟和有限元方法进行计算。

4.4.2　液体成形工艺

1. 树脂传递模塑(RTM)成形工艺

RTM 是在模塑过程中一种把干纤维增强材料或材料混合物(通常称为"预成形件")与液态树脂结合在一起的工艺,并借此将这些结合在一起的材料固化制造三维部件。RTM 是一种低成本的方法,而且由于该工艺的特性,能够获得极其复杂的形状和三维受力路线的结构,使设计者能够把替换工艺生产的许多独立部件组合在一起形成整体结构,从而降低零件数量,降低生产成本。

2. 真空辅助树脂渗透(VARTM 或 VARI)成形工艺

与能生产复杂细节零件的传统 RTM 不同,因为使用类似的单面模具,VARI 生产类似于敞式模压技术生产的细节零件。因为 VARI 工艺通常不要求高压或加热高于 93 ℃(200 ℉),故模具制造成本远低于热压罐固化的敞式模压或传统 RTM。

在 VARI 工艺里,通常直接在模具上制造预成形件。铺敷每层增强材料并用粘接剂或增粘剂固定就位。树脂入口管设在零件上面的最佳位置,以使在树脂凝胶之前,能够完全浸湿零件。环绕零件周边配置连接到真空除尘歧管的真空管。用传统的尼龙真空袋压薄膜和密封带把零件装进真空袋,允许树脂和真空管线穿过袋的边缘。对零件抽真空,袋的放置要防止架桥,并进行漏气检验。树脂管路插入敞开的混合液态树脂容器中。当管路开启时,通过树脂和真空袋之间的压力差使树脂流经零件。在零件完全浸透后,使零件在室温或在对流烘箱中的高温下开始固化,也采用包括紫外线和微波等固化的替代方法。然后零件从模具上脱除,除去工艺材料,对零件进行后固化(如要求)和最后修整。

3. 树脂膜熔浸(RFI)成形工艺

由 RTM 工艺派生出的树脂膜熔浸(RFI)工艺,其基本原理是在生产最后固化部件几何形状的模压工艺过程中,把干的增强材料预成形件和树脂结合在一起。RFI 是 RTM 的一种,在 RFI 中通过把树脂靠着预成形件放置实现树脂熔浸。树脂形式和铺放位置随树脂和模具而变,可以放在预成形件上面或下面,以瓦片状、薄膜和液体形式的树脂来制造零件。在固化的时候树脂流过整个预成形件,排气孔位于模具的顶端。

RFI 比其他树脂传递工艺的优点是模具制造成本较低;此外,树脂传递距离比较短(基本上只通过厚度),因此零件尺寸不取决于树脂流动能力,能够生产非常大的零件。短的传递距离也增加了可能应用的树脂种类,包括更高性能的树脂。该工艺具备用缝合预成形件生产整体化结构的能力,因此其另一个潜在优点是提高结构损伤容限特性。该工艺制备零件纤维体积含量可达 55%～60%,因此其拉伸和压缩等力学性能接近用手工铺贴所达到的水平。

4.4.3　复合材料结构连接工艺

机械连接(包括螺接和铆接)和胶接是最常用的两种连接方法。一般来说,机械连接适用于可靠性要求较高和传递较大载荷的情况,胶接适用于受载较小的结构。这两种连接方式的优缺点比较如表 4 – 12 所列。

表 4 – 12   机械连接和胶接连接的比较

优缺点	机械连接	胶接连接
优点	1. 便于质量检测、安全、可靠; 2. 能传递大载荷、抗剥离性能好; 3. 受环境影响较小; 4. 没有胶接固化时产生的残余应力; 5. 允许拆卸再装配; 6. 加工简单,装配前表面无需进行专门的清洁处理	1. 纤维连续,不削弱元件的承载能力; 2. 抗疲劳性能好; 3. 可用于不同类材料的连接,无电偶腐蚀; 4. 能获得光滑表面; 5. 密封性好; 6. 没有磨蚀问题
缺点	1. 纤维被切断,严重削弱承载能力; 2. 易于腐蚀和磨蚀; 3. 抗疲劳性能差; 4. 采用钢和铝紧固件时,有电偶腐蚀问题	1. 质量检测较难; 2. 抗剥离能力差,不能传递较大载荷; 3. 胶粘剂存在老化问题,受环境影响大; 4. 固化时产生较高的残余应力; 5. 不可拆卸; 6. 需要特殊的表面处理

连接部位通常是复合材料结构静强度和疲劳强度的薄弱环节。这是因为复合材料具有各向异性和脆性的特点,使复合材料连接部位的应力集中要比金属的严重,尤其是多钉连接中各钉孔的承载极为不均。金属有较好的塑性,当多钉连接结构接近其极限强度时,由于金属的塑性效应,会使高载钉卸载,故载荷可按钉刚度分配。由于复合材料是脆性材料,没有对高载钉卸载效应,钉载十分不均匀,在有的钉尚未承受其可受载荷时,高载钉部位可能已破坏,故如按设计金属结构多钉连接方法来设计是十分危险的。正确的设计方法是既要考虑钉连接的柔度(类似 $P-\delta$ 曲线),又要考虑基体的柔度来确定多钉连接的破坏载荷。胶接也有类似的情况,当搭接段较长时,段中间部分胶层强度无效,复合材料的层间剪切强度和拉脱强度又比较低。因此,结构设计时要特别注意连接设计。机械连接设计和胶接设计的一般原则如下。

(1) 机械连接设计的一般原则

① 应满足连接强度要求,连接几何参数及铺层的选择应尽可能保证连接接头只发生挤压破坏,或者与挤压破坏有关的组合形破坏;

② 应优先选用螺接,尽量避免铆接;

③ 双排以上多钉连接,各排钉孔应尽可能平行排列而不选用交错排列;

④ 紧固件应易更换,且施工方便;

⑤ 应满足抗电偶腐蚀要求;

⑥ 应尽可能减轻质量和降低成本;

⑦ 应考虑使用环境条件的影响和特殊要求。

(2) 胶接设计的一般原则

① 使胶层在最大强度方向受力;

② 尽可能减小应力集中;

③ 防止接头端部层压板发生层间分层破坏;

④ 合理增大胶接面积,提高接头承载能力。

4.5　整体结构制造技术

整体化结构具有减少紧固件数量、减轻质量及降低加工成本等诸多优点。大型整体结构件,如大型机翼整体壁板、大型复合材料构件、大型整体框梁结构等的加工和成形技术对于提高飞行器性能具有重要意义。

4.5.1　锻造整体结构

锻造零件是飞机零件设计的一种重要构造形式,它通过材料的变形形成零件毛坯,并获得所需要的金相显微组织和机械性能,再通过机械加工制成整体结构。锻造零件的优点是:整体性好,质量轻,具有在复杂的使用条件下可靠工作的能力。不足之处是整体件对裂纹扩展止裂性能较差,因此,一般要设计成缓慢裂纹扩展类型;由于非加工面及加工工艺对最小尺度的限制,有一部分多余材料不能去掉,这是零件增重的因素。凡是飞机上承受较大载荷的部位、高应力区等受力大的重要零件,以及在温度、湿度等变化较大的区域和在周围介质恶劣的环境下工作的零件,通常都设计成锻件。

锻件按精度等级,可分为粗模锻件、普通模锻件、半精密锻件和精密锻件。按锻造工艺方法,锻件分自由锻件和模锻件,其特点如表 4-13 所列。

表 4-13　自由锻件和模锻件的特点比较

类　别	自由锻件	模锻件
优点	1. 不需要锻模,零件投产快; 2. 零件的尺寸和质量仅受锻坯尺寸限制	1. 可锻出形状复杂、精度要求高的锻件; 2. 材料利用率高; 3. 生产效率高; 4. 切削加工量远小于自由锻; 5. 经济性较好
缺点	1. 不能锻出形状复杂、精度要求高的锻件,机械性能也不如模锻; 2. 材料利用率低; 3. 生产效率低; 4. 切削加工量大; 5. 经济性差	1. 需要专制锻模,零件投产慢; 2. 零件尺寸和质量有一定限制
用途	适合单件、小批生产,常用于新机研制或试制阶段的生产	零件机械性能和质量较稳定,适于大批量生产,常用于飞机定型后的成批生产

锻件设计除满足机械制图的一般规定外,还应注意以下几点:

① 在确定锻件长度、宽度(或直径)、高度尺寸的公差时,通常要用到锻件的最大外形尺寸及投影面积,因此,锻件图上应尽可能地标出锻件的最大外形尺寸。

② 尽可能使锻件整体化,用一个锻件代替一个组合件。其结构要力求简单、外形规整、对称,截面过渡均匀。

③ 合理选取设计基准,使所选取的表面是锻件受工艺因素和操作因素影响最小的表面,要注意应力集中部位的细节设计。

④ 锻件腹板上尽量设计减轻孔,以减轻零件的质量。

⑤ 尽可能选用精密锻造,以减少加工面。零件需要加工的表面,要充分考虑转接半径的设计,以减少刀具,方便加工。对零件的不加工表面,应注意设计的合理性和锻造的工艺性,对其尺寸公差应给予足够的重视。

⑥ 应注意锻造纤维方向的设计,在一般情况下,受拉(压)力的方向应与纤维方向一致,而受剪力的方向应与纤维方向垂直。对于关键件、重要件的高应力区或疲劳敏感部位,应在图中注明流线方向,并对重要部位进行理化试验取样,以进行机械性能、疲劳性能等检查。

⑦ 零件图上应注明特种检查要求,尤其是重要锻件。

⑧ 零件设计时,要考虑载荷的合理传递,应尽量设计直接传力或以最短路线传力,并应注意对接部位的设计,使结合面尽量减少。

⑨ 对于大型整体锻件,可由几个分锻件焊接或螺接而成,以便于制造。

4.5.2　铸造整体结构

铸造能生产出形状复杂的零件且成本低廉。飞机上一些受力较小而要求有一定刚度的零件,常采用铝合金或镁合金铸件;对于受力较大的零件可采用钢铸件。精度、粗糙度和质量要求较高的零件可采用精密铸造、压力铸造等方法,以减少或不再进行切削加工。但由于铸件内部晶体结构的松弛和铸造上难以避免的某些缺陷,使其冲击韧性和抗疲劳强度不如锻件高,因此铸件的应用受到一定限制。受冲击和振动载荷的零件一般不宜采用铸件,但随着铸造技术的提高,少数受冲击载荷如前起落架转轴支座也有采用铸钢件的。

飞机结构铸件最常用的金属有铝合金、镁合金、钢和耐热合金。目前航空工业常用的铸造方法有砂型铸造、金属型铸造、熔模铸造、压力铸造和壳型铸造等。

4.5.3　焊接整体结构

焊接是在加热或同时加压的条件下,靠金属在熔融状态下分子之间的结合力,把两个或几个零件连接成为一个不可拆卸的整体的工艺过程。飞机制造工业常用的焊接方法有:熔焊(电弧焊、氢原子焊、气焊、二氧化碳气体保护焊、氩弧焊、等离子焊)、接触焊(点焊、滚焊)和钎焊。随着焊接技术的发展,一些新的焊接方法如电子束焊、真空扩散焊、接触对焊(闪光对焊和电阻对焊)、摩擦焊等,在飞机制造工业中已逐渐开始应用。

焊接件的主要优点是能制造形状复杂的构件,节省材料、减轻结构质量,且能保证密封性,工艺较简便。因此,焊接件在飞机设计中应用广泛,如用于飞机的起落架、发动机架、驾驶舱盖骨架、金属油箱、排气管、冷气瓶,各种承力接头、支架等。但是,焊接件也存在着质量不易保证、焊缝区域机械性能有所降低、抗疲劳性能较差、焊接残余应力和变形较大等缺点,需在设计时予以充分注意。焊接结构设计应遵循以下原则:

① 应满足设计性能及功能要求。

② 焊接性好。设计焊接件时应尽可能选用焊接性好、韧性高的材料或坯件,同时考虑有效地利用锻件、轧材,采用复合工序,尽可能减少焊缝的数量和长度。

③ 避免应力集中。应力集中易产生引起疲劳破损和脆性断裂的裂纹源,必须采取有效措

施防止应力集中,尽可能避免形状、强度、刚度等的突变及小圆角过渡。

④ 减小残余应力和变形。设计和制造焊接件时,要设法减小构件的残余应力和变形。应按"对称地布置焊缝"原则,合理地配置焊缝,避免汇交、聚集,让次要焊缝中断,主要焊缝连续,使焊缝尽量接近中性轴,避开高应力区、应力集中部位、加工面等。

⑤ 工艺性好。合理地设计结构、布置焊缝,以便于施焊与检查;在大批量生产时,尽可能多采用自动焊、半自动焊,减少手工工作量,为保证焊接质量创造条件,同时可改善劳动条件。

4.5.4　超塑成形/扩散连接整体结构

金属的超塑性及其特点潜藏着巨大的应用潜力,利用金属的超塑性进行零件成形已取得了成功。特别在航空航天领域,钛合金、高强铝合金的超塑成形已发展成新的加工专业。常见的超塑成形方法有真空超塑成形、气压超塑成形、超塑模压法等。其中气压超塑成形法在航空工业中应用最广。

扩散连接是对同种或异种金属或非金属材料进行连接的一种工艺过程,其实质是在特定的条件下靠被连接材料表面互相扩散,产生原子量级上的结合,从而获得牢固的整体接头。温度、压力、保温时间和连接工件的表面状态是影响扩散连接过程和接头质量的主要因素。

用超塑成形/扩散连接组合工艺制造的结构件称为超塑成形/扩散连接结构。当前技术成熟,广泛应用的是 TC4 钛合金超塑成形/扩散连接结构。超塑成形/扩散连接组合工艺进一步为结构设计提供了下列可能:

① 可以根据需要采用加强条、加强板以提高结构的强度和刚度。

② 使采用夹层结构成为可能,特别是外形复杂的夹层结构。

③ 大量地减少了连接件数量,减少了连接用孔,减少了疲劳裂纹产生的根源,为设计高寿命、高可靠性结构提供了方便。

④ 为设计高效结构、减轻结构质量提供了新的途径。

⑤ 生产工序简单,减少了工装,简化了装配,大量节省了工时,降低了制造成本,为扩大钛合金的应用创造了条件。

4.5.5　增材制造整体结构

采用整体锻造等传统方法制造大型复杂构件工艺复杂,材料利用率低、周期长、成本高。大型复杂金属构件的增材制造以合金粉末或丝材为原料,通过高功率激光/电子束/电弧原位冶金熔化,快速凝固逐层堆积,直接从零件数字模型一步完成大型复杂构件的直接近净成形制造,具有数字化、精确化、快速响应、设计-材料-制造融合等突出技术优势。增材制造技术为飞机结构创新设计提供了契机。与传统制造技术相比,增材制造技术具有不受结构尺寸、形式和材料规格限制等优点,结构设计人员可突破传统制造技术的工艺束缚,转变传统设计理念,优先考虑功能与承载需求。通过结构优化创新设计可进一步发挥增材制造工艺的优势,实现结构的大型整体化、复杂拓扑化、材料梯度化、结构功能一体化,满足飞机长寿命、高安全、减重、降成本等设计要求。

受制造工艺约束,传统飞机结构非常复杂,零部件离散。以图 4-13 所示翼身连接结构为例,传统翼身连接以接头螺接为主,如图 4-13(a)所示,不仅工艺复杂、周期长,并且由于大量连接导致结构超重,疲劳薄弱环节增多,危及结构安全。增材制造直接由零件三维数模完成全致密、高性能、"近终成形"的大型整体翼身连接结构,如图4-13(b)所示,零件数量减少50%,减重38%,制造效率提高10倍以上;同时,疲劳危险部位大大减少,提高了结构安全性。

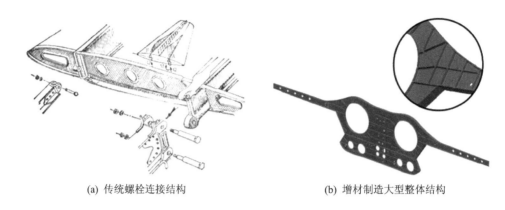

(a) 传统螺栓连接结构　　　　　　　(b) 增材制造大型整体结构

图4-13　飞机机翼-机身连接结构

4.5.6　复合材料整体结构

随着复合材料用量的增加,进一步挖掘复合材料潜能、按复合材料特点构建复合材料结构以及更有效地提高结构效能的需求日趋受到关注。结构的整体化是实现高效复合材料结构的重要途径。结构整体化不但能减少紧固件数量和结构的不连续状态,提高结构的整体功能,而且还能减少制造工序和装配周期等,从而降低成本。

复合材料结构由于其制造工艺的特殊性,不同的结构组分既可直接通过纤维的连续铺放、编织或缠绕等结为一体,也可通过共固化或胶接共固化等途径在复合材料结构的材料形成过程中结为一体。还可以通过二次胶接等连接方式构成。与相同功能的金属结构相比,采用紧固件连接的零件数量可大幅减少。

复合材料整体成形工艺方法主要有:按树脂对纤维的浸润方式可分为预浸料法和液体成形法。航空结构制造从固化方法方面来看以预浸料、热压罐法为主,按构件中工艺组件间的结合方法,还可分为共固化、共胶接(常称之为胶接共固化)和二次胶接(不常用)。从结构三维几何形状形成过程来看,预浸料法还可分为模压工艺、缠绕工艺(又可分为带缠绕和纤维缠绕)和铺放工艺(又可分为带铺放和丝束铺放)等。液体成形法按液态树脂浸润纤维的方式,还可分为RTM、RFI和VARI。

4.6　智 能 材 料 与 结 构

智能材料与结构是指能模仿生物体,同时具有感知和控制等功能的材料或结构,它既能感知环境状况,又能传递分析有关信息,同时做出类似有生命物体的智能反应,如自诊断、自适应或自修复等。这种材料与结构一般具有4种主要功能:① 对环境参数的敏感;② 对敏感信息的传递;③ 对敏感信息的分析、判断;④ 智能反应。

4.6.1 智能材料及选择

设计智能结构系统的关键是选择传感器和作动器材料。智能结构是通过相应材料不同的物理效应来实现传感和动作的功能的,选择不同的传感器和作动器材料,将产生不同功能的智能结构。智能材料选择主要考虑以下特性:

① 敏感特性:融入材料使新的复合材料能感知环境的各种参数及其变化。可供融入的材料很多,但必须具备对环境不同参数的敏感特性。例如常用的光导纤维传感器,就具备对多种参数的敏感特性,能测量多种物理参数及其分布状况,并且体积小,种类多,是一种较理想的基础智能材料。目前常用的具有敏感特性的智能材料还有形状记忆合金、压电陶瓷等。

② 传输特性:智能材料不仅需要敏感环境的各种参数,而且需要在材料与结构中传递各种信息,其信息传递类似人的神经网络,不仅体积微小,而且传递信息量特大。目前最常用的是用光导纤维来传递信息。

③ 智能特性:智能特性是智能材料与普通功能材料的主要区别,智能材料除了能敏感、传输环境参数外,还应能分析、判断其参数的性质与变化,具有自学习、自适应等功能。经过学习和"训练"的智能材料结构能模仿生物体的各种智能。

④ 自适应特性:自适应特性主要是由智能材料中的各种微型驱动系统来实现的。该系统是由超小型芯片控制并可做出各种动作,使智能材料自动适应环境中应力、振动、温度等变化或自行修复各种构件的损伤。目前常用的微型驱动系统有形状记忆合金、磁致伸缩材料、电流变体等。

⑤ 相容性:相容性的内容很多,原则上是以埋置的材料性质与原构件的材料基质的性质越相近越好。下述几种相容性是最需要考虑的。

- 强度相容:埋置材料不能影响原材料的强度或者说应影响很小。
- 界面相容:埋入材料的表面和原材料有相容性。
- 尺寸相容:埋入材料或器件与原材料构件相比,体积应很小,不影响原构件特性。
- 场分布相容:埋入材料与器件不影响原材料构件各种场分布特性,如应力场、振动模态等。

近年来,智能材料有很大的发展,已研制开发出下列几种智能材料:压电材料、形状记忆材料、电(磁)流变体材料、光导纤维、电(磁)致伸缩材料、智能高分子材料。它们的主要特性和功能如下:

① 形状记忆合金:形状记忆智能材料是一类具有形状记忆功能的材料,其产生形状记忆效应的最根本原因是马氏体相变。在合适的温度下,马氏体相与母相能发生可逆的变化。形状记忆合金材料的制备方法主要有熔炼,铸造,冷、热加工等方法,加入少量稀土元素等添加剂可以显著改善形状记忆合金的性能。形状记忆合金材料集自感知、自诊断和自适应功能于一体,具有传感器、处理器和驱动器的功能,是一类具有特殊功能的智能材料。

② 压电智能材料:压电智能材料是一类具有压电效应的材料。具有压电效应的电介质晶体在机械应力的作用下将产生极化并形成表面电荷,若将这类电介质晶体置于电场中,电场的作用将引起电介质内部正负电荷中心发生相对位移而导致形变。压电材料可实现动传感元件与动作元件的统一,从而使压电材料广泛地应用于智能材料与结构中,特别是可以有效地用于材料损伤自诊断自适应、减振与噪声控制等方面。

③ 电/磁流变液：电流变液和磁流变液是两类非常重要的智能材料。它们通常由固体微粒分散在合适的液体载体中而制成，在外加电场或磁场的作用下，电流变液和磁流变液的剪切应力、粘度等流变性能会发生显著的可逆变化。这种优异性能使它们在很多方面得到应用。电/磁流变液主要用于阻尼器、离合器、激振器、安全阀以及民用建筑物的抗振减振等方面。

④ 磁致伸缩智能材料：磁致伸缩效应是指磁性物质在磁化过程中因外磁场条件的改变而发生几何尺寸可逆变化的效应。而磁致伸缩智能材料是一类磁致伸缩效应强烈，具有高磁致伸缩系数的材料。磁致伸缩材料通常分为金属磁致伸缩材料和稀土-铁超磁致伸缩材料两大类。目前这类材料已广泛用于声呐系统，大功率超声器件、精密定位控制、机械制动器，各种阀门和驱动器件等方面。

⑤ 自组装智能材料：自组装智能材料是在特定的基片上，通过化学键、氢键或者静电引力将聚合物分子或聚合物与无机纳米粒子的复合物逐层组装上去，以形成单层、双层或多层自组装薄膜材料。近几年来，静电自组装薄膜材料发展很快。这种材料具有薄膜厚度可精确控制到分子水平、薄膜与基体以及薄膜与薄膜之间结合力强、薄膜厚度与成分均匀等特点，在非线性光学材料、光学器件等方面有着重要的潜在应用。

⑥ 光纤智能材料：光导纤维是一种圆柱介质光波导，它能够约束并引导光波在其内部或表面附近沿轴线方向向前传播。由于光纤具有感测和传输双重功能，并且有直径小、柔韧易弯曲、质量轻、抗电磁干扰等优点，故光纤传感技术已成为智能材料的主要技术基础之一。光纤传感技术在智能材料中主要用于检测材料受力、损伤情况，以及结构状态监测和振动主动控制等。

4.6.2 智能结构系统

智能结构系统主要包括传感器、作动器、母体材料、通信网络和控制器。图 4-14 为智能结构系统的原理图。当外界环境发生变化时，传感器首先对外界的信号进行检测，并将信号通过通信网络传到控制器中，控制器进一步对信号进行分析鉴别，同时发出控制指令，指挥自适应地改变结构的状态，如形状、刚度、颜色、位置等。

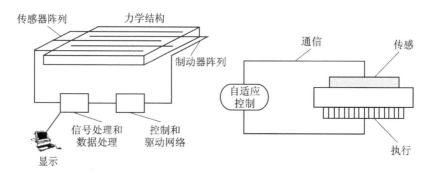

图 4-14 智能结构系统的原理图

智能材料和结构则完全可以实现这些要求，智能材料和结构概念一经提出立即引起美国、日本及欧洲等国家和地区的重视，并投巨资成立专门机构开展这方面的研究。美国陆军科研局首先对智能旋翼飞行器的研究给予赞助，要求研制出能自适应减小旋翼叶片振动和扭曲的结构，用于结构部件振动控制、损伤检测和自修复等，而海军科研局则计划用智能材料减小潜艇的振动噪声,提高其安静度。美国空军也启动了智能蒙皮的研究计划。目前,智能结构系统的研究经过基础性研究与探索,已在基本原理、传感器研制、作动器研制、功能器件与复合材料之间匹配技术、智能材料成形工艺技术、智能材料在特殊环境下的性能评价、主动控制智能器件等方面开展了许多工作,取得了较大突破。目前有关智能结构系统的研究,已经从基础性研究进入到预研和应用性研究阶段。智能结构对航空航天领域的发展会产生重要影响,其应用前景包括:

① 威胁预警:在航空航天飞行器蒙皮中植入能探测射频、激光、核辐射等多种传感器的智能蒙皮,可用于对敌方威胁的监视及预警。

② 结构健康监控:航天飞行器具有自诊断及自适应等功能的结构健康监测系统对飞行器的安全监测具有重要意义。这种监测系统可以实时测量结构内的应力、应变、温度、裂缝及裂纹,探测疲劳损伤及攻击损伤,能自动地进行结构健康诊断、评估及预测寿命。

③ 结构振动和噪声控制:随着飞行器性能不断提高,振动及颤振问题更加复杂及突出。振动的危害不能轻视。智能材料及智能结构为结构振动控制及结构减振和噪声控制开拓了一条新途径。

④ 智能蒙皮:飞机的智能蒙皮是将多系统所需的感知元件及驱动元件、信号处理单元及识别单元融合在飞机表层材料中,使飞机表层具有通信、隐身、敌我识别、预警、电子对抗、干扰、火控飞控、电子保障、综合导航、环境监测及自适应等功能。

⑤ 智能机翼:利用可自适应改变形状的智能结构与空气动力学控制相结合来制造自适应机翼,根据飞行条件及要求,自动改变形状,从而提高升力及减小阻力。

习　　题

4-1　结构设计选材的一般原则是什么?结构选材主要考虑哪些力学性能指标?

4-2　什么是材料的断裂韧性,选材时如何考虑强度和韧性之间的平衡?

4-3　简述飞行器结构主要金属材料及其性能特点和发展趋势。

4-4　简述飞行器结构主要复合材料及其性能特点和发展趋势。

4-5　简述纤维增强树脂基复合材料纤维和树脂选择的基本原则。

4-6　简述增材制造技术的特点及其制备航空航天大型主承力结构的优势。

4-7　复合材料成形工艺有哪些?复合材料螺栓连接和胶接的优缺点是什么?

4-8　大型整体结构有何技术优势?其制造方式有哪些?

4-9　什么是智能材料结构?其主要特征是什么?

第5章 翼面结构分析与设计

翼面是飞行器最重要的部件之一,是机翼、弹翼、尾翼、前翼及舵面等的统称。翼面设计的优劣在很大程度上决定了飞行器的整体性能。翼面结构设计的任务是根据总体设计所提供的翼面平面形状、翼型配置、翼身相对位置及翼面内部的部位安排,设计出能够满足战术技术指标和使用要求或研制任务书要求的具体翼面结构。

结构分析是结构设计的基础,如果不具备结构分析能力则无法设计出好的结构。正确进行结构分析的前提是对结构本身特点的熟悉和对结构位移边界的准确判断。本章将从翼面功用和设计要求出发,分析翼面结构的外载荷、内力与位移边界条件。在明确翼面主要构件及其受力特点后,对典型翼面结构形式与特点进行阐述。然后,运用结构传力分析原理与方法,结合一些飞机型号,分别对平直翼面、后掠及三角翼面结构进行传力分析。在此基础上,介绍翼面结构的设计方法,包括结构形式选择、元件设计、开口区设计、连接设计、刚度设计等。旋翼是旋翼飞行器的核心部件,其结构与一般的翼面结构有较大差别,因此本章对其进行单独介绍。

5.1 翼面的功用与设计要求

1. 翼面的功用

机翼、弹翼的主要功用是产生升力,以平衡飞机或导弹的重力。

翼面的前、后缘安装有各种附翼,如后缘布置有横向操纵用的副翼和扰流片等,前缘和后缘装有各种形式的襟翼及缝翼等增升装置,用于提高飞行器的起降或机动性能。翼面本身及安装在翼面上的附翼还为飞行器提供横侧稳定性,对飞行器进行操纵以及增加升力和阻力,如图5-1所示。

机翼还可作为起落架、发动机等部件的固定基础。现代歼击机和歼击轰炸机往往在机翼下布置多种外挂,如导弹、炸弹、火箭弹、副油箱和电子吊舱等军械与装置。机翼的内部空间常用来收置主起落架或其部分结构,贮存燃油等。特别是旅客机,为了保证旅客安全,很多飞机不把燃油贮存在机身内,而是全部贮存在机翼内。为了最大限度地利用机翼容积,同时又减轻结构质量,现代飞机的机翼油箱大多采用由机翼结构构成的整体油箱。此外,机翼内通常还需要安装操纵系统、一些小型设备和附件。

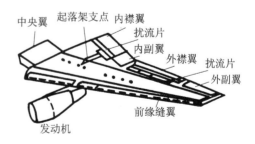

图 5-1 机翼布置

2. 翼面结构设计要求

翼面结构设计要求与飞行器结构基本一致,包括空气动力外形和表面品质要求,结构质量要求,静、动力和热强度要求,气动弹性品质要求,使用寿命要求,可维修性要求,工艺性要求,

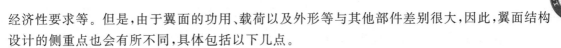

经济性要求等。但是,由于翼面的功用、载荷以及外形等与其他部件差别很大,因此,翼面结构设计的侧重点也会有所不同,具体包括以下几点。

（1）气动要求

翼面是产生升力的主要部件,对于飞行器的飞行性能具有决定性影响,因此对其首先是空气动力方面的要求。翼面除保证升力外,还要求阻力尽量小（少数特殊机动情况除外）。翼面的气动特性主要取决于其外形参数,如展弦比 A、相对厚度 $\bar{c}$、后掠角 χ 和翼型等,这些参数在总体设计时确定;结构设计则应从强度、刚度和表面光滑度等方面来保证翼面气动要求的实现。

（2）质量要求

在外形、装载和连接情况已定的条件下,质量要求是翼面结构设计的主要要求之一。具体地说,就是在保证结构完整性的前提下,设计出尽可能轻的结构。结构完整性包含了强度、刚度、安全寿命、耐久性、损伤容限以及使用成本和功能等多方面内容。

（3）刚度要求

随着飞行速度和机动性能的提高,翼面所受的载荷也在不断增大,高机动性能歼击机和高速飞行导弹的情况尤其如此。出于减少气动阻力等的需要,翼面的相对厚度越来越小,再加上后掠角的影响,致使翼面结构的弯曲刚度和扭转刚度越来越难保证,这些因素将导致翼面在飞行中的变形增加。高速飞行时,很小的变形就可能严重恶化翼面的气动性能;刚度不足还会引起颤振和操纵面（如副翼）反效等严重问题。因此,对于高速飞机和导弹,保证它们具有足够的刚度十分重要。然而,也正由于上述原因,要解决好翼面的最小质量要求与强度、刚度要求之间的矛盾将更为困难。同时,这种矛盾的解决推动了新材料的应用和翼面结构受力形式的不断发展。

（4）气动加热要求

一般的亚声速飞行器结构所选用的材料是常用的金属与非金属材料,不必考虑温度对材料性能的影响。但对于高速飞行器,翼面结构将受到气动加热的影响,尤其是翼面前缘,其气动加热问题更为严重。因此,对于大马赫数飞行器,还需要考虑气动加热对结构强度和刚度的影响。

（5）使用和维护要求

翼面结构应便于检查、维护和修理。翼面内部通常铺设有相当数量的操纵系统零构件、燃油管路、电气线路和液压管路等,对于这些系统和线路经常需要进行检查调整。当机翼内布置有整体油箱时,必须保证燃油系统（包括油箱密封）工作的高度可靠性。所有要求检查维护的部位都应具有良好的可达性,为此必须设置一定数量的开口,设计时要求处理好使用维护与结构质量之间的矛盾。

翼面结构设计的其他要求与一般飞行器结构的相同,此处不再重复。

5.2　翼面的载荷与内力

1. 翼面的外载荷

翼面的外载荷有以下三种类型。

（1）空气动力

空气动力载荷 q_a 是分布载荷,以吸力或压力的形式直接作用在翼面的蒙皮上,形成翼面的升力和阻力,其中升力是翼面的最主要外载荷。飞行器的设计情况不同,翼面上气动载荷的作用情形也不同,其合力的大小、方向和作用点的位置也不相同,将直接影响翼面的受力情况。

（2）翼面结构质量力

翼面结构本身的质量力 q_c（包括重力和惯性力）作用在翼面整个容积上,其大小与分布取决于翼面结构质量的分布情况。在工程计算中,质量力沿翼展方向的分布可近似认为与翼面的弦长成正比。

（3）其他部件和外挂传入的集中载荷

固定在翼面上的其他部件（发动机和起落架等）、副翼和襟翼等各类附翼,以及内部装载（燃油、设备和武器等）和外挂（副油箱和武器装备）等,一般都是通过有限的连接点与机翼主体结构相连。因此,不论是起落架传来的地面撞击力或附翼等的气动载荷,还是翼面上各部件、外挂本身的质量力,都是通过各自的连接接头以集中载荷的形式传给翼面;整体油箱的燃油载荷（包括燃油的质量力和油箱增压载荷等）则为分布载荷。

上述三类载荷按分布形式又可分为两种类型:一种是分布载荷,包括气动载荷、翼面结构本身的质量力和燃油载荷,按一定规律分布作用在翼面结构上,是翼面的主要载荷形式;另一种是由各接头传入的其他部件、外挂的集中载荷（力或力矩）。翼面结构质量力、其他部件和外挂的质量力,其大小还与过载系数有关,方向大多与升力相反,对翼面结构起卸载作用。

翼面与机身或弹身相连,并相互支持。翼面上的各种载荷由翼面结构经连接接头传向机身或弹身,由机身或弹身提供支持力来平衡,如图 5-2 所示。作为简化受力模型,当翼面分成两半在机身或弹身两侧与其相连时,可把每半个翼面看作支持在机身或弹身上的悬臂梁;若左右翼面连成一个整体,则可把它看作支持在机身或弹身上的双支点外伸梁。这两种情况虽然在支持形式上有所不同,但对外翼结构来说,都可以看作悬臂梁。在载荷作用下,翼面发生剪切、弯曲和扭转。在精确计算中,要考虑结构支持的弹性效应,将机身或弹身视为弹性支承。

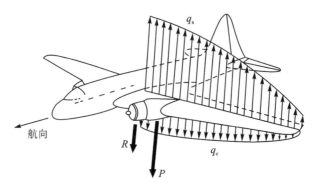

q_a—空气动力分布载荷;q_c—翼面结构质量力分布载荷;
P—发动机或其他部件传入的集中载荷;R—机身支反力

图 5-2　翼面所受的各种外载荷

2. 翼面的内力

载荷由翼面结构向机身或弹身传递过程中,在翼面结构中会引起相应的内力,包括剪力 Q、弯矩 M 和扭矩 M_t,统称为翼面的总体内力,如图 5-3 所示。取翼展方向为 z 轴,与 z 轴垂直的翼弦方向为 x 轴,与 x-z 平面垂直的方向为 y 轴。剪力沿 y 轴和 x 轴的分量分别为垂直剪力 Q_n 和水平剪力 Q_h,它们相应的弯矩为垂直弯矩 M_n 和水平弯矩 M_h。由于外载合力作用点一般与翼面结构各剖面的刚心不重合,因而还会引起相对于刚心的扭矩 M_t。Q_h 和 M_h 的量值通常较小,且作用在翼面刚度最大的 x-z 平面内;而翼面的升力很大,且作用在刚度最小的方向上,因此,Q_h 和 M_h 引起的正应力和剪应力比 Q_n 和 M_n 引起的要小很多。故在近似分析时,通常忽略 Q_h 和 M_h 的影响,而重点考虑 Q_n 和 M_n 等的作用。为简便起见,略去下标 n。此时,翼面上剪力、弯矩和扭矩的分布如图 5-4 所示。

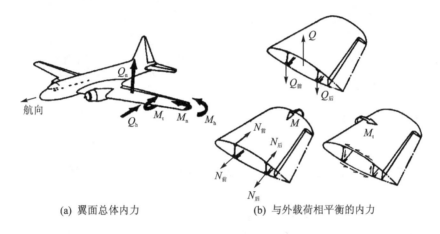

(a) 翼面总体内力　　　　　(b) 与外载荷相平衡的内力

图 5-3　翼面所受的力矩和剪力

翼面任一剖面处的剪力和弯矩都可以用积分方法求得(从翼尖向翼根积分):

$$Q = \int_{l/2}^{z} q \, \mathrm{d}z + \sum P_i \qquad (5-1)$$

$$M = \int_{l/2}^{z} Q \, \mathrm{d}z \qquad (5-2)$$

式(5-1)中的 $q = q_a - q_c$。

分布载荷引起的翼剖面扭矩可按下式求得:

$$M_t = \int_{l/2}^{z} m_t \, \mathrm{d}z \qquad (5-3)$$

式中,$m_t = q_a e + q_c d$,如图 5-5 所示。

通常直接取刚心线为相对轴将翼面的弯、扭分开,以便于进行翼面动力学分析。在翼面具体结构设计出来以前,刚心线的位置尚属未知,这时可以近似取一根垂直于 x 轴的直线作为相对轴。对相对轴的扭矩虽然不是真正的扭矩,但在弯、扭未曾分开计算的情况下,求得的正应力和剪应力与弯扭分开计算的结果相同。分布载荷引起的扭矩与集中载荷引起的扭矩叠加,即可得到翼剖面的总扭矩。

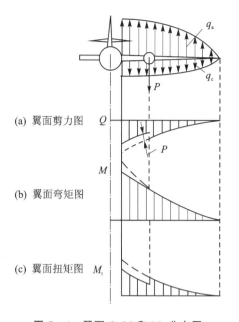

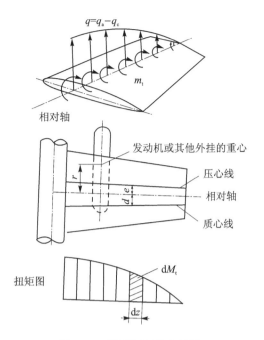

图 5-4　翼面 Q、M 和 M_t 分布图

图 5-5　翼面扭矩分布计算

5.3　翼面主要受力构件的用途及构造

　　翼面属薄壁型结构,构造上主要分为蒙皮和骨架结构两大部分,如图 5-6 所示。骨架结构中,纵向构件有翼梁、桁条(长桁)和墙(腹板),横向构件有普通肋和加强肋。翼面结构在其根部与其他翼段相连或与机身(弹身)相连。翼面元件的基本功能是形成和保持翼面外形,以产生气动力并承受和传递外载荷,其中,主要用于维持气动外形、只承受局部气动载荷而不参加整个结构受力的元件统称为维形件,如早期低速飞机上的蒙布;主要作用是参与结构总体受力,承受剪力、弯矩和扭矩的元件统称为受力件,如厚蒙皮和翼梁等。

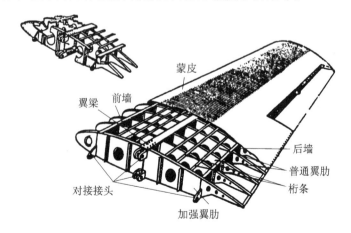

图 5-6　翼面的典型结构元件

1. 蒙 皮

蒙皮的直接功用是形成流线形的翼面外形。气动载荷直接作用在翼面表面上,蒙皮受到垂直于其表面气动载荷的作用,并将之传递给翼面的纵向和横向元件。一般情况下,蒙皮参与翼面总体受力,它和翼梁或墙的腹板组合在一起,形成封闭的盒式薄壁结构承受翼面扭矩;与长桁组合在一起形成壁板,承受翼面弯矩引起的轴向力。

结构上最简单而又被广泛使用的是硬铝和复合材料蒙皮,对于高超声速的飞行器采用碳纤维复合材料或钢、钛合金制成的蒙皮。蒙皮和桁条组成的壁板有组合式或整体式两种,如图 5-7 所示。某些结构形式(如多墙式翼面)的蒙皮很厚,可从几毫米到十几毫米,常做成整体壁板形式,此时,蒙皮成为最主要甚至是唯一的承受弯矩的受力元件。整体壁板可以减少连接件,提高翼面整体油箱的密封性,在保证足够强度和刚度的条件下,得到质量轻的光滑翼面。

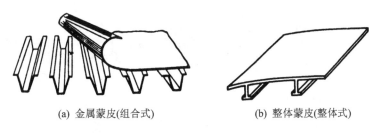

(a) 金属蒙皮(组合式)　　　　　(b) 整体蒙皮(整体式)

图 5-7　蒙　皮

除了整体壁板外,夹层结构蒙皮也得到了一定的应用。夹层结构蒙皮通常由两层薄面板与轻质泡沫、蜂窝等夹芯组成,如图 5-8 所示。夹层结构蒙皮可以减轻翼面结构质量,提高翼面刚度和表面品质(没有铆缝),具有良好的隔热、隔声、防振、抗裂纹及其他损伤扩展的性能。

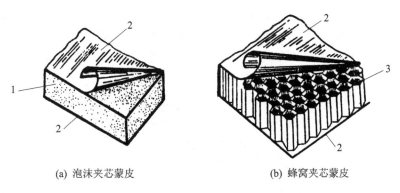

(a) 泡沫夹芯蒙皮　　　　　　(b) 蜂窝夹芯蒙皮

1—泡沫芯;2—面板;3—蜂窝芯
图 5-8　夹层结构蒙皮

2. 桁 条

桁条也称长桁,是翼面结构中沿展向布置的细长杆件。它们通常固定在翼肋上,并与蒙皮连接在一起,对蒙皮起着支撑作用。桁条是骨架纵向重要受力构件之一,承受翼面弯矩引起的轴向力和蒙皮上气动力引起的剪力。这些力的大小取决于翼面结构的形式,并对桁条截面形状和面积起着决定性作用。

按截面形状可将桁条分为开式和闭式两种类型；按制造方法则可分为板弯型材桁条和挤压型材桁条两种，如图 5－9 所示。板弯开式型材采用板材制造，容易弯曲，与蒙皮贴合好，得到的翼面光滑，它们容易与蒙皮及其他构件进行装配。板弯闭式型材（见图 5－9(a)中的 6 和 7）可提高桁条与蒙皮壁板的压缩临界应力。与板弯型材相比，挤压型材的腹板通常比较厚，在其他条件相同的情况下，它们的受压临界应力较高，但与蒙皮（特别是弯曲度较大的蒙皮）的可装配性较差。

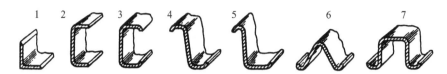

(a) 板弯型材桁条

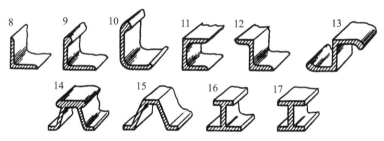

(b) 挤压型材桁条

图 5－9　标准型材桁条

3. 翼　梁

翼梁由腹板和缘条（或称凸缘）组成，如图 5－10 所示，截面一般呈工字形或槽形。翼梁是受力件，缘条承受由弯矩 M 引起的拉、压轴力，腹板（通常有加强支柱）承受剪力 Q 以及由扭矩 M_t 引起的剪流。在有的结构形式中，它是翼面主要纵向受力件，承受翼面全部或大部分弯矩。翼梁大多在根部与中翼段或机身（弹身）固接。

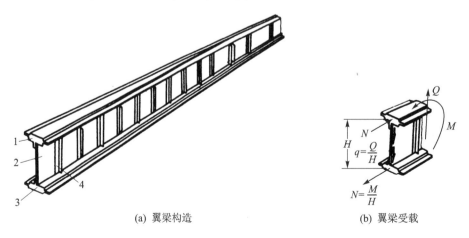

(a) 翼梁构造　　　　　　　　　(b) 翼梁受载

1—上缘条；2—腹板；3—下缘条；4—加强支柱

图 5－10　翼　梁

4. 纵　墙

纵墙的构造与翼梁相似,但缘条比梁缘条弱得多,一般与长桁相近,根部与其他结构的连接为铰接。纵墙承受弯矩的能力很弱,无法通过根部铰接把弯矩传给其他元件,它主要用来承受和传递剪力,并与蒙皮以及其他腹板(如梁腹板)构成闭室,共同承受翼面扭矩引起的剪流。纵墙对蒙皮还起着支持作用,以提高蒙皮的抗屈曲能力。纵墙腹板上通常没有减重孔。为了提高腹板的临界应力,通常用型材支柱对其进行加强。后墙还有封闭翼面内部容积的功能。普遍使用的纵墙结构形式如图 5-11 所示。

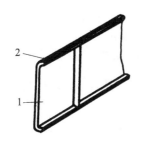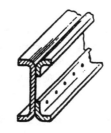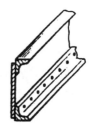

1—腹板;2—弱缘条

图 5-11　纵　墙

5. 翼　肋

普通翼肋(见图 5-12)的主要功用是维持翼剖面的形状,并将蒙皮上的局部气动载荷和桁条上的载荷传递给翼梁和蒙皮。翼肋通常与蒙皮、长桁相连,给蒙皮、长桁提供垂直方向的支持。同时,蒙皮和梁(或墙)腹板也给翼肋周边提供支持,在翼肋受载时,为其提供各自平面内的支承剪流。

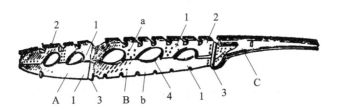

1—腹板;2—周缘弯边;3—与腹板连接的弯边;4—减重孔

A—前段;B—中段;C—后段;a—上部分;b—下部分

图 5-12　腹板式普通翼肋

加强翼肋除了起到普通翼肋的作用外,主要用于承受固定在翼面上的其他部件,如起落架、发动机短舱、副翼及翼面其他活动部分等的集中力和力矩,并将它们转化为分散力传递给蒙皮、翼梁和纵墙。结构不连续的地方也要布置加强肋,用于重新分配纵向构件轴线转折处壁板和腹板之间的力,或将翼面结合处和大开口边界上的扭矩转换为力偶。

加强翼肋有很大的横截面积,挤压型材制成的缘条和腹板上一般不布置开口,腹板通常还使用支撑角材加强,如图 5-13 所示。由于不切断加强翼肋缘条,展向桁条在加强翼肋处不连续,需要重新对接。这种翼肋有时采用锻件制造,也可采用桁架式结构。

翼面一般都是薄壁结构,对于金属材料,以上各构件之间大多只能采用分散式连接,如铆

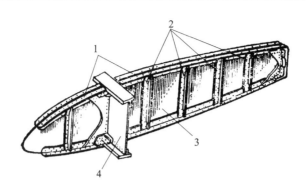

1—缘条；2—支柱；3—腹板；4—翼梁

图 5-13　带支柱的腹板式加强翼肋

连、螺连、点焊、胶接或它们的混合形式，如胶铆等；对于复合材料，则可以做成不同程度的整体构件，然后采用铆钉、螺栓、胶接等方式将它们装配在一起。

除了以上这些基本构件外，翼面结构还有翼身连接接头，它是重要受力件。接头的具体形式由翼面结构的受力形式决定。连接接头至少要保证翼面静定地固定在机身（弹身）上，即能提供 6 个自由度的约束；实际上，该连接一般都是静不定的。

5.4　翼面结构形式

用于承受作用在翼面上的力和力矩的构件总和构成了翼面的主承力系统。翼面的其他构件只是将局部载荷传递到主承力系统的构件上，并与主承力系统一起形成了翼面整体承力系统。所谓翼面结构形式是指结构中主承力系统的组成形式。结构形式不同，表示翼面结构总体受力特点不同。翼面结构典型的受力形式有蒙皮骨架式、整体壁板和夹层结构。

1. 蒙皮骨架式翼面

蒙皮骨架式即薄壁结构。随着飞行器飞行速度的增大和翼载荷的提高，为了增大翼面的局部和总体刚度，开始采用硬蒙皮，于是出现了半硬壳式薄壁结构形式。起初的薄壁结构翼面，蒙皮很薄，只承担扭矩，不能承受弯矩，称为梁式结构。随后蒙皮不断加厚，支持蒙皮的桁条相应加强，蒙皮不仅承扭还参与承弯，并且承弯程度越来越高，以至蒙皮与桁条一起组成的加筋壁板成为主要的承弯构件，结构便发展为单块式形式。蒙皮进一步加厚，取消桁条，由多根纵墙对蒙皮提供支持，蒙皮单独成为承弯元件，结构便发展成为多墙（腹板）式形式。因此，按照抗弯材料的配置，蒙皮骨架式翼面又可分为梁式、单块式和多墙式三种结构形式。

（1）梁式翼面结构

梁式翼面结构的主要特点是，蒙皮很薄，常用轻质铝合金或碳纤维复合材料制造，纵向翼梁很强，纵向长桁较少且弱，有时在与翼肋相交处断开，梁缘条的截面积比长桁的大得多，可近似地认为翼面弯矩的绝大部分或全部由梁缘条承担。按翼梁的数量可将梁式翼面分为单梁式（见图 5-6）、双梁式（见图 5-14）和多梁（3～5 根梁）式。

单梁式翼面的翼梁通常放在翼剖面最高处，这样可充分利用结构的高度来提高翼梁的弯曲刚度，减小缘条中由弯矩引起的拉、压轴力，减轻翼梁质量。这种翼面通常布置 1～2 根纵墙，用于与翼梁形成闭室，提高翼面的抗扭能力。前后纵墙还可用来固定副翼、襟翼及缝翼。

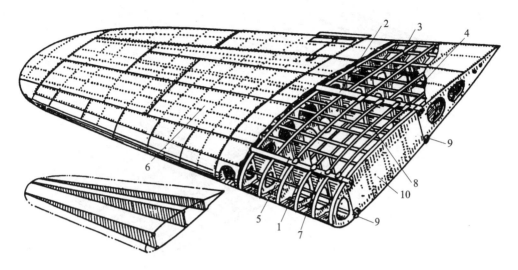

1—前梁;2—后梁;3—后墙;4—桁条;5—普通翼肋;6—蒙皮;7—梁缘条;8—支柱;9—接头;10—加强翼肋

图 5 - 14　双梁翼面

双梁式结构对翼面内部空间的合理利用较为有利,两梁之间高度较大的部位可用来收置起落架或布置燃油箱,但梁的高度降低,结构较重。

多梁式结构多用于弦长较大的小展弦比机翼,其安全性较好,可以设计成多通道传力。这种形式的翼面通常不做成一个整体,而是分成左、右两个翼面,然后通过位于梁、墙根部的几个集中接头与机身或弹身连接。

梁式结构的主要优点:结构比较简单;抗弯材料集中在梁缘条上,受压缘条的失稳临界应力接近于材料的极限应力;蒙皮上大开口方便,并对结构承弯能力影响很小。另外,中、外翼或翼身通过翼梁根部的接头连接,对接点少,连接简单。

梁式结构的主要缺点:未能发挥蒙皮的承弯作用,蒙皮材料利用不充分;蒙皮失稳后出现的皱屈会影响气流质量,增大飞行阻力,并易导致早期疲劳损坏;与其他承弯材料分散性大的结构形式相比,其生存性能较低。

(2)单块式翼面结构

单块式翼面结构蒙皮较厚,蒙皮与长桁、翼梁缘条组成可受轴力的壁板承受绝大部分弯矩;长桁布置较密,长桁截面积与翼梁缘条的面积比较接近或略小;梁或墙与蒙皮壁板形成封闭盒段,增强了翼面结构的扭转刚度。

单块式结构的优点:蒙皮在气动载荷作用下变形较小,气流质量高;材料向翼剖面外缘分散,抗弯、抗扭刚度与强度均比较高;安全可靠性比梁式结构好。

单块式结构的缺点:结构比较复杂;大开口后,需加强周围结构以补偿承弯能力;如果加口盖,需对口盖和口框加强,以保证传力连续。与中翼或机身连接时,接头必须沿周缘分布,结合点多,连接复杂。为充分利用单块式结构的受力特性,左、右翼面最好连成整体贯穿机身。有时为使用、维修方便,可在展向布置设计分离面,分离面处采用沿翼盒周缘分散连接的形式将翼面连成一体,如图 5 - 15 所示。整个翼面通过几个集中接头与机身相连。

(3)多墙式翼面结构

多墙式(或称多腹板式)翼面布置了较多的纵墙(一般多于 5 个),蒙皮厚(可从几毫米到十

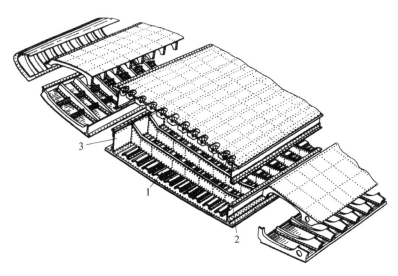

1—长桁;2—翼肋;3—墙或梁的腹板

图 5-15 单块式翼面

几毫米),无长桁。多墙式厚蒙皮结构很好地解决了高速薄翼型翼面的强度和刚度与结构减重之间的矛盾。由于多墙式结构的厚蒙皮和多个纵墙足以保持准确的翼面外形,因此可取消普通翼肋;为了满足承受集中力的需要,只需在翼面上布置 3~5 个加强翼肋,如图 5-16所示。

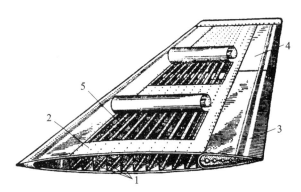

1—纵墙;2—蒙皮;3—襟翼;4—副翼;5—纵墙的缘条

图 5-16 多墙式机翼

　　多墙式结构的优点:抗弯材料分散在翼剖面上下缘,受压上蒙皮通过墙得到受拉下蒙皮的支持,因而能够提高薄翼结构的承载能力与结构效率;翼面局部刚度与总体刚度大;受力高度分散(多墙抗剪、蒙皮分散受弯及多闭室承扭),破损安全特性好,生存性好。

　　多墙式结构的缺点:不宜大开口,与机身或弹身连接点多。当左、右翼面连成整体时,翼面与机身(或弹身)的连接与单块式结构类似。但很多情况下是与梁式结构类似,分成左右翼面,在机身(或弹身)两侧与之相连。此时往往由多墙式过渡成多梁式,然后通过梁根部的集中接头与机身(或弹身)连接,如图 5-17 所示。多墙式结构多用于高速飞机小展弦比薄机翼上。

2. 整体壁板翼面

为了减小翼面阻力,应采用相对厚度较小的薄翼型;为了提高翼面的承载能力,则需增加蒙皮厚度。若采用蒙皮骨架结构翼面,将会给装配工作带来困难,于是出现了由整体件组成的整体结构。整体件是由整块毛坯加工制成的大型受力元件。整体结构是由若干大型整体件,如整体蒙皮壁板、整体梁和整体肋组成的结构。整体壁板翼面由蒙皮与纵向和横向构件合并而成上下两块整体壁板,如图 5-18 和图 5-19 所示,然后再通过铆接装配成整体翼面。

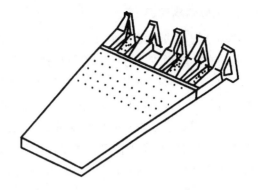

图 5-17　F 104 机翼根部构造

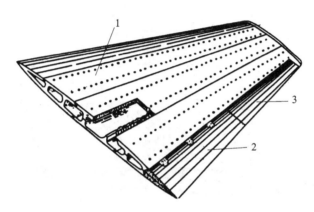

1—整体壁板;2—襟翼;3—副翼

图 5-18　整体壁板翼面

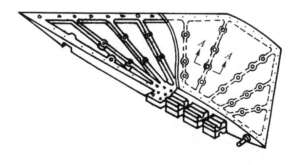

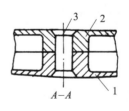

1—下壁板;2—上壁板;3—铆钉

图 5-19　辐射式加强筋整体弹翼

整体壁板翼面的特点是:蒙皮容易实现变厚度,蒙皮材料离翼剖面中心远,受力效果好,翼面强度、刚度较大;构造简单,质量轻;铆缝少,表面光滑,气动外形好;零件少,装配协调容易,生产效率高,成本较低。整体壁板结构除了用金属材料制造以外,用复合材料制造更具优势。

3. 夹层结构翼面

这种结构形式采用了夹层板(见图 5 - 8)作为主承力元件。夹层板通常由两个薄面板及其中间的夹芯层构成。芯层一般都是轻质材料,如泡沫、蜂窝等。面板的材料有铝合金、不锈钢、钛合金和各种复合材料。芯层与面板一般用胶粘剂粘结在一起,也可用熔焊等方法连接成整体。目前,应用最多的有铝蜂窝和 Nomex 芳纶纸蜂窝夹层结构。

夹层板主要依靠内外面板承受载荷,夹芯对它们起着支持作用。与同样质量的普通板蒙皮相比,夹层蒙皮的优势在于:强度、刚度大,能够承受较大的局部气动力,气动外形好;两个面板之间充满着空气或绝热材料,耐热、绝热性好,能较好地保护其内部设备。这种结构形式通常构件少,构造简单,装配工作量小,密封好,但制造工艺较复杂,工艺质量不稳定,特别是接头和分段处加工制造更困难,且夹层结构上不宜开口。图 5 - 20 所示的翼面,蒙皮和腹板均用夹层板,内部空间用作整体油箱。

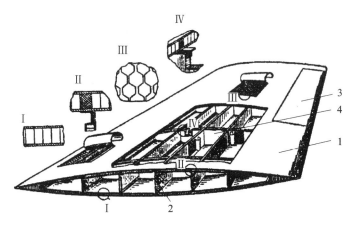

1—蜂窝夹芯蒙皮;2—纵墙;3—副翼;4—翼肋

图 5 - 20 蜂窝夹层翼面

对于相对厚度小的翼面,上下夹层板蒙皮的内面板过于靠近,以至不能充分发挥承弯作用,因此将其做成全厚度夹层或全充填夹层结构,称为夹层盒结构,即上下蒙皮作为面板,内部空间全部填充芯层。如图 5 - 21 所示为采用泡沫填充的夹层盒翼面结构。全高度蜂窝夹层结

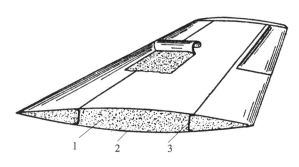

1—泡沫夹芯;2—蒙皮;3—纵墙

图 5 - 21 全高度泡沫夹层盒翼面

构与多墙结构相似,受拉的下蒙皮支持受压的上蒙皮,可以得到很高的屈服应力。夹层盒翼面主要靠纵墙腹板承受垂直剪力。在结构只承受分布载荷,且载荷不大的情况下,全高度蜂窝夹层结构甚至可以不要纵墙,由蜂窝壁直接承剪。

　　翼面有各种不同的平面形状,如平直翼、后掠翼和三角翼等,分别用于不同速度、不同类型的飞行器上。例如,平直翼主要用于低速飞行器上,后掠翼主要用于高亚声速和超声速飞行器上,三角翼和小展弦比直机(弹)翼用于超声速飞行器上。翼面的平面形状类型不同,所采用的结构形式往往也不相同。即使是同一平面形状,翼面结构形式也会因飞行器具体设计要求的不同而各异。从现代飞行器的翼面结构来看,薄蒙皮梁式结构已很少采用,大型高亚声速的现代运输机和有些超声速战斗机采用多梁单块式机翼结构,而马赫数较大的超声速战斗机多采用多墙(或多梁)式机翼结构(见图 5 - 22);有的采用混合结构形式,例如在翼根部(高度及内部空间大)要布置开口和舱门的部位采用梁式,外端较薄处为增大刚度而采用单块式结构。

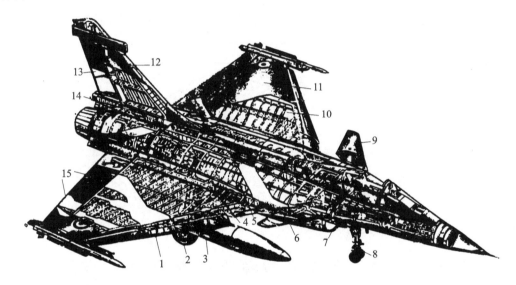

1—前缘缝翼;2—主起落架;3—副油箱;4—铝锂合金翼身连接板;5—翼身连接主骨架;6—机炮;

7—右侧进气口;8—前起落架;9—前翼(复合材料夹层结构);10—机翼多梁结构,整体油箱;

11—机翼碳纤维复合材料蒙皮;12—垂直安定面碳纤维蒙皮;13—方向舵(复合材料结构);

14—垂直安定面铝锂合金附件接头;15—内、外侧升降副翼(全高度蜂窝夹层结构)

图 5 - 22　法国"阵风"单座战斗机

　　复合材料容易设计、制造成整体结构,并在飞行器结构中得到了大量应用,当前复合材料整体壁板和夹层结构翼面在飞机和导弹上得到了越来越广泛的应用。例如,空客的A350XWB 机翼采用了复合材料整体壁板(见图 5 - 23),瑞典的 JAS - 39C 鹰狮战斗/侦察机的垂尾和方向舵都采用了全高度复合材料蜂窝夹层盒式结构。如图 5 - 24 所示为梁式蜂窝夹层盒式弹翼结构。

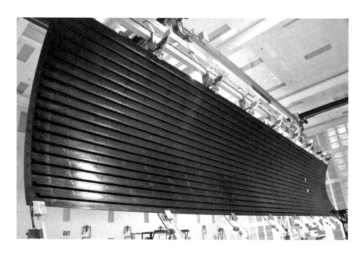

图 5 - 23 A350XWB 机翼复合材料蒙皮整体壁板

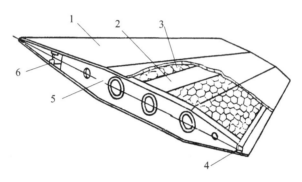

1—面板；2—翼梁；3—蜂窝夹芯；4—后墙；5—根肋；6—前墙

图 5 - 24 梁式蜂窝夹层盒式弹翼结构

5.5 典型翼面结构传力分析

结构传力分析是结构设计人员必须具备的看家本领。利用结构传力分析的原理与方法对飞行器结构进行分析，学习现有结构的经验与特点，才能对新结构传力路线和元件进行合理布置与设计，才有可能设计出高效率的结构，因此这部分内容非常重要。这里所说的典型翼面结构指的是平直翼面，包括梁式、单块式、多墙板式等典型结构形式。

5.5.1 传力分析的基本原理

1. 传力分析的基本概念

气动力、质量力和发动机推力等外载荷分别作用在飞行器的不同部位上，作用在某一部位的载荷会传向另一部位，这样就引起了结构传力问题。传力分析就是对作用在结构上的各种外载荷通过各元件逐步向结构支持基础或位移边界传递的过程进行分析，以了解各主要元件的受力情况及其传力特点。传力分析有助于深入了解结构受力的物理本质，并弄清每个主要受力元件在结构中的作用和地位。

载荷在结构中的传递实际上是作用力和反作用力相互依存、相互转化的过程。这是结构传力分析的基础。

翼面结构一般都是高度静不定的复杂结构,在结构分析、设计计算或强度校核时均需对其进行必要的简化,只是各阶段工作对计算值的精确度要求不同,所取的简化模型和简化程度有所不同。传力分析主要是以工程梁理论为基础,基于力的平衡和按刚度分配原则,将结构分成各单独受力元件,对结构的传力规律进行定性和定量相结合的分析。通过传力分析可以较好地研究翼面结构内的传力规律和参与承受翼面总体力的主要元件的受力特点。这对于建立正确的翼面结构有限元模型,进而得到准确的计算结果至关重要,也是进行结构传力路线设计的基础。

2. 薄壁结构元件的受力特点

飞行器机体结构及其典型构件大多是薄壁结构,即由最基本的板、杆元件连接组合而成。设计中应根据薄壁构件的最佳受力特性进行各元件组合,使其分担最符合自身受力特性的载荷,才能设计出质量轻、刚度大的结构。构件的受力特性是指它在各方向(平面)上的承载与变形情况。显然,在构件最佳受载方向上施加载荷,其内力与变形都会比较小,这样结构效率就比较高。在传力分析时,可按各自的受力特性合理简化各构件与元件,如梁的缘条可简化为杆,而忽略其自身的承弯能力,这样既可使分析工作大大简化,又不致引起太大的误差。

(1) 板

薄板可以承受垂直于板平面(横向)的分布载荷,如气动载荷、增压舱的压力、燃油舱的燃油质量载荷和气压载荷等。如果弯曲变形太大,则应增加板厚或利用筋条对板进行加强。薄板适宜承受板平面内的分布载荷,包括剪流和拉、压正应力,如图 5 - 25(a)和(b)所示。其抗拉能力最强,抗剪能力次之,抗压能力最弱。薄板不适宜承受集中力。由于薄板容易撕裂,要传递板平面内的集中力就必须附加一构件,将集中力扩散成分布剪流,如图 5 - 25(c)所示。对于横向集中载荷,薄板则根本不能承受。纵墙、翼梁和翼肋的腹板常简化为薄板。

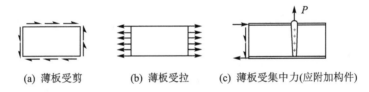

(a) 薄板受剪　　　(b) 薄板受拉　　　(c) 薄板受集中力(应附加构件)

图 5 - 25　薄板受载情况

厚板可以承受横向分布载荷、板平面内的分布载荷(拉、压正应力及剪流)和各方向的集中力。如果仅仅为了承受集中力而采用厚板,那么在减轻质量上是不利的。

(2) 杆

细长的薄壁杆只能承受和传递沿杆轴线方向的集中力和分布力。杆本身受拉能力强,受压易发生局部或总体失稳,承弯能力极低。长桁、翼梁缘条属此类元件。

(3) 平面板杆结构

该结构兼具板和杆的特点,适宜承受横向分布载荷和板杆平面内的载荷。可沿板杆结构中的任意杆件加沿杆轴线方向的力,或在两根不同方向杆的交点上加其平面内任意方向的集中力。由于杆不能承受横向载荷,平面板杆结构中的杆、板之间只能传递剪流,而不能传递拉伸正应力,如图 5 - 26(a)所示。

如图 5 - 26(b)所示的三角形板杆结构,如果周边只承受纯剪流,则对板的任一顶点取力矩均不能满足平衡要求,所以它不能只承受剪力的作用。飞行器结构中最常见的平面板杆结构是长桁加强的蒙皮壁板,如图 5 - 27 所示。这种结构能够承受横向分布载荷和面内拉伸、压缩和剪切载荷的作用。

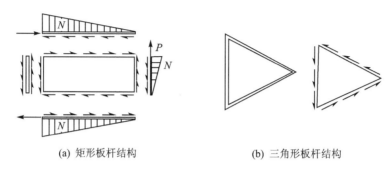

(a) 矩形板杆结构　　　　　　　　(b) 三角形板杆结构

图 5 - 26　平面板杆结构受力分析

(4) 平面梁

平面梁可以是组合梁,也可以是整体梁,适宜承受梁平面内的载荷。图 5 - 28 所示为一由腹板和上、下缘条构成的组合梁,可近似认为其腹板只受剪切力,缘条作为杆元受轴向力。上、下两缘条分别受拉和受压,承受梁平面内的弯矩。

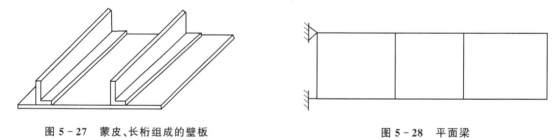

图 5 - 27　蒙皮、长桁组成的壁板　　　　　　　　图 5 - 28　平面梁

(5) 空间薄壁盒式梁

该结构可看成是平面板杆结构在空间上的组合,分为单闭室和多闭室结构形式,如图 5 - 29 所示,通常可承受任意方向的载荷。多闭室为静不定结构。翼面结构都可简化成空间薄壁盒式梁。

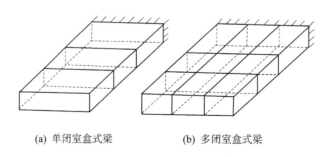

(a) 单闭室盒式梁　　　　　　　(b) 多闭室盒式梁

图 5 - 29　空间薄壁盒式梁结构

3. 传力分析方法

对于一个具体的结构,可按下述步骤和方法对其进行传力分析。

① 弄清结构所受的载荷及最后应传向的支持基础。通常分析翼面时,以机身或弹身为支持基础;分析机身或弹身时,以翼面为支持基础。分析过程中,除需了解结构中各构件能否承受某种载荷外,还要考察各构件的连接能否传递该种载荷,即分析某个力能否传到某构件上(传入),又是否能从该构件传到另外一些构件上(传出),最后能否传到支持该结构的基础上(传至基础)。三个条件缺一不可。

② 分清结构主要和次要的受力部分,以及主要和次要的受力元件。首先着重研究在总体受力中占主导地位的受力部分和元件的受力传力作用,略去次要结构部分和次要元件。如图 5 - 30 所示的双梁式平直机翼,若前、后缘闭室的扭转刚度不足整个盒段的 10%,则可略去,将其简化为两根梁之间的单闭室翼盒结构承受机翼的总体内力。这样,既降低了结构的静不定数,又抓住了结构传力的主要部分。

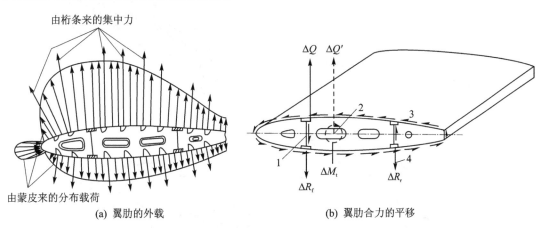

(a) 翼肋的外载　　　　　　(b) 翼肋合力的平移

1—梁腹板;2—肋剖面刚心;3—剪流;4—支反剪力

图 5 - 30　双梁式翼面的翼肋承载

③ 弄清各主要元件的连接关系与连接方式,以便正确地确定支持形式和传力方式。将集中连接简化为铰支或固支,将分散的铆接简化为连续连接,使传力分析在一个理想的结构模型中进行;但在安全寿命、损伤容限等分析时,因为忽略了结构连接的细节,这种简化是不合理的。

④ 从结构的外载荷作用处开始,依次取出各个构件或元件为分离体,按它们各自的受力特性简化成典型的受力构件,如盒式梁、平面梁、板和杆等,并根据与该部分结构相连的其他构件的受力特性及它们之间的连接关系,由静力平衡条件确定出各分离体上的“外载”(作用力)和支承力。这样才能反映出正确的传力路线,同时还可知道各构件的传力功用和大致的内力分布。

⑤ 传力分析必须具备刚度的概念。刚度是指元件或构件在载荷作用下抵抗变形的能力,包括拉伸刚度、剪切刚度、弯曲刚度以及扭转刚度。对静不定系统,除静力平衡方程外,还必须同时根据变形协调条件才能求出各元件的内力,即力的分配与各元件本身的刚度和支承条件有关:

- 刚度大分配到的载荷大;
- 刚性支持分配到的载荷大,弹性支持分配到的载荷小;
- 传力路线短的元件分配到的力大。

下面通过实例来说明刚度分配法则的具体应用。图 5-31(a)中两杆并排在一起受拉,两杆分担的拉力 P_1 和 P_2 可直接按其拉伸刚度比进行分配。

$$P_1 = \frac{K_1}{K_1 + K_2} P \qquad (5-4)$$

$$P_2 = \frac{K_2}{K_1 + K_2} P \qquad (5-5)$$

式中,K_i 为杆 $i(i=1,2)$ 的拉伸刚度,$K_i = E_i S_i / l$,E_i 为杆 i 的材料弹性模量,S_i 为杆 i 的截面积,l 为杆的长度。

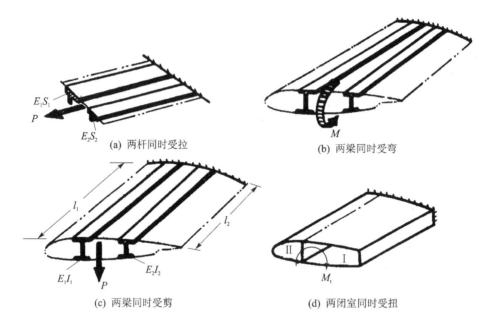

(a) 两杆同时受拉　　(b) 两梁同时受弯
(c) 两梁同时受剪　　(d) 两闭室同时受扭

图 5-31　不同载荷情况下的刚度分配法则示意图

对于中等以上展弦比的翼面,一般可以认为除根部、开口区以及集中力作用处等局部区域外,平剖面假设基本成立。现取 P 为广义力,则在各种受载形式下,静不定结构中各元件分担的载荷 P_i 均可按下式计算:

$$P_i = \left[\frac{K_i}{\sum K_i} \right] P \qquad (5-6)$$

式中,K_i 为与广义力 P 对应的元件 i 的刚度(见图 5-31),其计算公式为

$$K_i = \begin{cases} E_i I_i / l_i, & \text{弯矩分配对应的刚度} \\ 3E_i I_i / l_i^3, & \text{横向剪切力分配对应的刚度} \\ G_i J_{pi} / l_i, & \text{扭转分配对应的刚度} \end{cases} \qquad (5-7)$$

式中,I_i——元件 i 的剖面惯性矩;

J_{pi}——元件 i 的扭转剖面系数，$J_{pi}=\Omega^2 \Big/ \oint \dfrac{\mathrm{d}s}{\delta}$，$\Omega$ 为相应闭室截面积的 2 倍，δ 和 s 分别

为闭室壁厚与周长；

G——材料的剪切弹性模量。

5.5.2 翼面典型结构形式传力分析

1. 梁式翼面传力分析

这里重点以双梁式平直机翼(见图 5-14)为例，详细分析载荷在翼面结构中的传递过程。

(1) 气动载荷的传递

1) 蒙皮把气动载荷分别传给长桁和翼肋

作用在蒙皮上的气动吸力或压力是垂直于蒙皮中面的横向载荷。现取出相邻两长桁和两普通翼肋之间的一小块蒙皮作为分离体来进行分析，如图 5-32(a)所示。蒙皮一般通过铆钉以分散连接的形式与长桁、翼肋相连，因此，可把这块蒙皮看成四边支承在长桁和翼肋上的矩形薄板，常称为屏格。若屏格四边用单排铆钉连接，则可看成四边铰支；若用双排铆钉连接，则可看成四边半固支或固支。

气动力在长桁和翼肋上的分配可近似认为按图 5-32(b)所示的方式进行，即当蒙皮屏格长宽相差不很悬殊的情况下，可按对角线划分出来的区域分配载荷，如长桁 $a-c$ 受相邻两个屏格上传来的阴影面积 $abcd$ 上的气动载荷。

当受到气动吸力时，蒙皮发生局部挠曲而向外鼓起，如图 5-32(c)所示，长桁和翼肋通过铆钉受拉对蒙皮提供支反力，使蒙皮处于平衡状态。若气动力为压力时，蒙皮发生凹陷变形，蒙皮将直接压在长桁和翼肋上，此时铆钉不受力。根据作用力与反作用力相互关系原理，蒙皮把外载传给了长桁和翼肋。

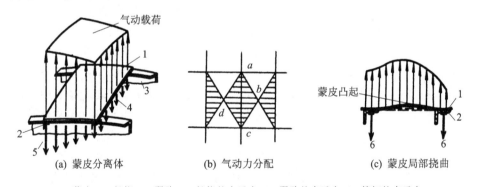

(a) 蒙皮分离体   (b) 气动力分配   (c) 蒙皮局部挠曲

1—蒙皮；2—长桁；3—翼肋；4—长桁的支反力；5—翼肋的支反力；6—铆钉的支反力

图 5-32 机翼蒙皮受载与传力

当蒙皮很薄且曲率较大时(如前缘蒙皮)，蒙皮本身主要以软板形式受力，即蒙皮主要受链应力(沿蒙皮厚度均匀分布的正应力)。但当蒙皮曲度不大(如中段主翼盒区)且较厚时，则蒙皮内主要为横向力引起的弯曲应力。

2) 长桁把所承担的载荷传给翼肋

长桁与翼肋直接用角片(或间接通过蒙皮)相连，如图 5-33 所示。翼肋通过腹板连接到两根梁上，然后通过梁根部的接头与支持基础连接，因此翼肋给长桁提供支持。

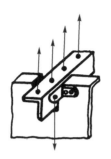
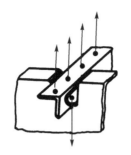
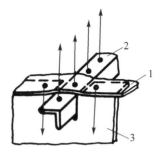

1—蒙皮;2—长桁;3—翼肋

图 5-33 长桁与翼肋的连接形式

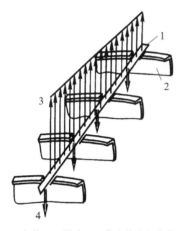

1—长桁;2—翼肋;3—蒙皮传来的载荷;
4—翼肋的支反力

图 5-34 长桁受载与传力

长桁可看作支持在翼肋上的多支点连续梁(见图 5-34),作用在长桁上的分布载荷由翼肋提供支反力平衡,这样长桁上的载荷传给了翼肋。至此,作用在蒙皮上的气动载荷全部传给了翼肋,其中一部分直接传给翼肋,另一部分通过桁条间接传给翼肋。

3)翼肋将载荷传给翼梁腹板和蒙皮

翼肋分普通肋与加强肋。加强肋除与普通肋的作用相同外,更主要用于承受和传递集中载荷。这里只分析气动载荷的传递情况。翼肋的受载特性与梁相同,但梁通常具有集中的刚性支持点(铰接和固接),而翼肋却是分散的弹性支持。

翼肋的外载有蒙皮直接传来的部分初始气动载荷(分布载荷)和由长桁传来的载荷(小的集中力),如图 5-30(a)所示。在对翼肋进行平衡分析时,可把所有的外载合并成一个作用在翼剖面压力中心线上的合力 ΔQ,并近似认为它垂直于翼弦线,如图 5-30(b)所示。作用在翼肋上的支反力需根据翼肋和周围元件的连接情况确定。从实际构造看,双梁式翼面中翼肋与两梁的腹板相连,并且周缘还与蒙皮相连,故可认为翼肋是支持在一个由翼梁和蒙皮组成的空间盒式梁上。

当翼肋受 ΔQ 作用时,一般气动压心(ΔQ 的作用点)不通过结构剖面的刚心。为分析方便,将 ΔQ 平移至肋剖面的刚心上,使原 ΔQ 的作用等效为作用在刚心处大小相等、方向相同的力 $\Delta Q'$ 和一个绕刚心的力矩 ΔM_t。$\Delta Q'$ 有使翼肋发生上下平移的趋势,从而使翼盒产生弯曲变形;力矩 ΔM_t 使翼肋有绕刚心转动的趋势,从而使翼盒产生扭转变形。

翼梁腹板和蒙皮都是薄壁元件,虽然它们在其自身平面的垂直方向刚度很差,但在自身平面内刚度却很大,可以提供足够的支反剪力。因此,当翼肋受到 $\Delta Q'$ 时,两翼梁腹板向它提供平衡支反剪力;而力矩 ΔM_t 则由腹板和蒙皮组成的闭室提供一圈闭合的支反剪流来平衡。至此,翼肋上的外载以 $\Delta Q'$ 和 ΔM_t 的形式传给了翼梁腹板和组成翼盒的各个元件。

从以上分析可知,翼肋和蒙皮之间存在着相互支持、相互传力的关系。当蒙皮受到气动载荷时,因为它在垂直于板平面的方向很容易变形,所以需要依靠翼肋和长桁的支持;而当翼肋

受到肋平面内的 ΔM_t 时,由于蒙皮在其面内刚性很大,所以又对翼肋提供了支持。

翼肋上的外载荷由梁腹板的支反剪力和蒙皮内的支反剪流平衡,而在翼肋自身平面内发生弯曲,并引起剪力和弯矩等内力,因此,翼肋一般都做成适合抗弯的腹板梁形式,腹板用来承剪,上、下缘条用来承弯,并与蒙皮连接。图 5 - 35 给出了双梁式翼盒中普通翼肋的力平衡及内力(剪力和弯矩)图。

作用在刚心上的载荷使机翼只弯不扭,翼肋只是上下平移。据此可以近似确定 $\Delta Q'$ 在前、后梁中的分配,即按梁剖面的弯曲刚度 EI 进行正比分配。设前梁分担的剪力为 ΔQ_1,后梁分担的剪力为 ΔQ_2,则

$$\Delta Q_1 = \frac{E_1 I_1}{E_1 I_1 + E_2 I_2} \Delta Q$$

$$\Delta Q_2 = \frac{E_2 I_2}{E_1 I_1 + E_2 I_2} \Delta Q$$

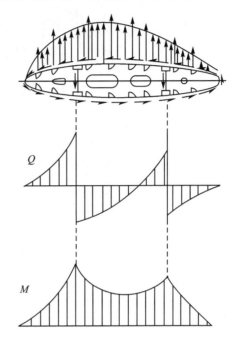

图 5 - 35　双梁式翼盒中普通肋的平衡及内力图

两梁腹板上的剪流分别为

$$\Delta q_1 = \frac{\Delta Q_1}{H_1}, \quad \Delta q_2 = \frac{\Delta Q_2}{H_2}$$

式中,H_1 和 H_2 分别为前、后梁腹板的高度。

以上是将翼肋看作整肋进行分析的。有时实际结构并非如此,如图 5 - 36(a)所示的翼肋是由前、中、后三段(即前缘肋、中肋和后缘肋)组成的,且不在同一平面内。下面分别对其进行传力分析。

前缘肋:如图 5 - 36 所示,前缘肋垂直于前梁平面,与中肋不在同一平面内。它支持在前梁、中肋和蒙皮上,载荷为由蒙皮传来的气动力。该载荷使前缘肋受弯和受剪,如图 5 - 36(b)所示。前梁和蒙皮通过铆钉受剪提供支反力使其平衡。前缘肋传给前梁的弯矩 M 使前梁受扭。由于开剖面梁的抗扭能力很弱,以及有中肋的支持,M 将分两路传递:M_1 传给中肋,M_2 传给前梁(见图 5 - 36(c))。

后缘肋:它垂直于后梁平面,与中肋在同一平面内。外载荷将使后缘肋受弯、受剪。当这些力传到后梁处,因为开剖面的翼梁承扭能力很弱,所以弯矩全部传给中肋,剪力则传给后梁腹板。

中肋:中肋一般比前、后缘肋强一些。它的作用力包括蒙皮和桁条传来的力,以及前、后缘肋传来的弯矩,如图 5 - 36(d)所示。这些外力也可以合成为作用在刚心上的剪力 ΔQ 和弯矩 ΔM。其中,ΔQ 由两梁腹板的支反剪力平衡,ΔM 由周缘蒙皮与两梁腹板铆钉的支反剪流平衡,因此载荷传给了梁和蒙皮。

4) 翼梁将翼肋传入的载荷向根部传递

翼肋将剪力传给翼梁腹板,由于梁腹板与很多翼肋相连,翼肋传入的剪力也就一个一个叠

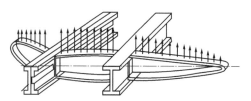

(a) 翼肋的受载(图中未示出蒙皮)

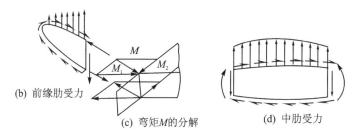

(b) 前缘肋受力

(c) 弯矩M的分解

(d) 中肋受力

图 5－36　分段翼肋受载分析

加上去,所以从翼尖至翼根,梁腹板上的剪力呈阶梯形增加(假设忽略翼梁直接承受的气动载荷)。腹板上的剪力最终由翼梁根部的连接接头提供支反力 R_2 来平衡,如图 5－37 所示。

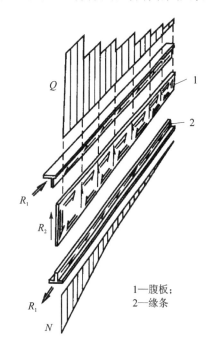

1—腹板;
2—缘条

图 5－37　翼梁的平衡及其内力图

腹板上的这些剪力会引起梁内的弯矩。由于梁腹板的抗弯能力比梁的缘条小很多,故认为腹板只能承受剪力。腹板内的剪力在其上、下边缘处传递给梁的缘条,形成拉、压轴向力,即梁内的弯矩。当气动载荷向上作用时,梁的上缘条受压,下缘条受拉,其大小沿展向按折线规律分布,从翼尖向翼根渐增,最后由根部接头的一对水平支反力 R_1 平衡,如图 5－37 所示。翼梁内的载荷通过翼根接头传递到支持基础(机身或弹身)上。

5) 翼盒闭室将扭矩以剪流形式向根部传递

翼盒受到各个翼肋以剪流 Δq 形式传入的扭矩 ΔM_{t},使翼剖面发生扭转变形。由于该力矩也是通过不同的翼肋不断加上去的,所以扭矩由翼尖向翼根呈阶梯形规律增大,如图 5－38 所示。

扭矩传到翼根时,由于翼面是用梁上的集中接头与支持基础连接的,因此,根部必须设置加强肋,以便将扭矩从分布的剪流形式转变成一对力偶传给前、后梁腹板,再通过加强支柱或加强垫板传给接头。

需要说明的是,在静不定结构受力的定性分析和粗略定量计算中,按各元件刚度的比例分配翼面的载荷(剪力、弯矩和扭矩)不能代替载荷的精确计算,因为它仅满足部分变形一致条件,变形后的结构会存在不完全协调的现象。而结构力学的精确计算则是全面满足变形一致条件。

(2) 集中载荷的传递

翼面是一种薄壁结构,这类结构的特点是适宜承受分布载荷,而承受集中力的能力极差。

翼面上较小的集中力可以直接由普通翼肋承受。普通肋由于工艺刚度的需要,通常比承受局部气动载荷所需腹板的厚度大一些,强度有富裕,因此可以承受较小的集中力。然而,翼面结构还需承受副翼、襟翼、发动机、起落架以及各种外挂和装载通过悬挂支臂或固定接头传来的集中力,这些集中力都相当大。

在受集中力作用时,必须在力的作用点处布置相应的构件来扩散集中力。例如,在传递展向集中力时,可布置辅助梁等纵向构件;而在传递位于翼肋平面内的集中力时(可以是弦向的或垂直于弦线方向的),则可布置加强肋,将之转化成分布剪流传到翼面的主要构件——翼梁和蒙皮上去。图 5-39 所示的副翼支持在两个加强翼肋上。图中 N 为副翼舵机的作用力,P 为副翼上气动载荷的合力,它作用在副翼的压力中心上。当力 N 和 P 绕副翼转轴的力矩相等时,副翼就保持在一定偏转角的位置。这时,支持副翼的两加强翼肋只需提供垂直和水平的支反力,使副翼处于受力平衡状态。将支反力反个方向,就是副翼传给加强翼肋的载荷。

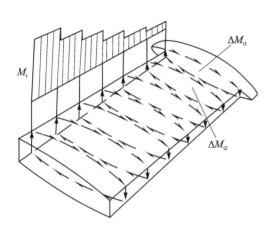

图 5-38　翼面上的扭矩

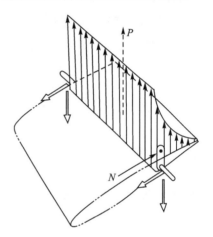

图 5-39　副翼的受载

从图 5-40 所示的加强肋的平衡条件可知,该肋在集中力 P 的作用下,具有垂直向上和绕剖面刚心转动两种运动趋势,因此,加强肋上的载荷传递与前面普通肋的情况完全相同。不同的是,在集中力作用处,加强肋本身的某些内力会出现突变;整个翼面的剪力和扭矩在集中力作用的剖面也会突变,并对翼面总体弯矩产生影响,如图 5-40 所示。加强肋受集中力作用时,肋剖面中有相当大的剪力和弯矩,因此肋腹板和上、下缘条都相当强,与翼梁腹板和蒙皮连接也很强,必要时腹板上还铆上加强支柱。

前面分析的是垂直于弦线的法向载荷的传递过程,弦向载荷的传递可以运用同样的原理和方法自行分析。

单梁式与双梁式翼面的结构和传力基本相同,差别是前者只有一根比较强的梁。该梁一般布置在翼剖面最高处,另外还布置 1～2 根纵墙,以便与梁的腹板和蒙皮构成较大的闭室来承受翼面的扭矩。墙的缘条很弱,根部与机身铰接,只能传递剪力。所以可以假设它不参与承受弯矩,翼面的全部弯矩都由梁承受。梁的根部有可传剪力和弯矩的固接接头与机身或弹身连接。

多梁式翼面的结构和传力也与双梁式基本相同,只是梁的数量比较多,由几根梁共同承担弯矩和剪力,由多闭室承扭。另外,由于各梁的刚度可能不同,它们又通过翼肋和蒙皮连接在

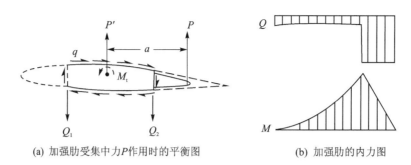

(a) 加强肋受集中力P作用时的平衡图   (b) 加强肋的内力图

图 5 - 40　某加强肋的受载

一起,为使变形协调一致,各梁间还会相互提供支持。当梁间距较小时,传力分析则与多腹板式翼面相似。

2. 单块式翼面和整体壁板翼面传力分析

单块式翼面结构与梁式不同,翼梁的数量少且较弱,甚至只有墙,但长桁比较强,蒙皮也比梁式结构的厚。在单块式翼面中,气动载荷由蒙皮到桁条和翼肋再到梁(墙)腹板的传递过程与梁式翼面基本相同,此后的传力过程区别在于,单块式翼面梁(墙)腹板受到的剪力向根部传递时引起的弯矩不再由梁的缘条单独承受。长桁和蒙皮组成的壁板承受大部分翼面总弯矩,而梁缘条仅承受部分弯矩,其大小由壁板和梁缘条的拉、压刚度比来决定。一般梁仅承受 7%～15%的总弯矩,最多不超过 20%。

在分析单块式翼面受力与力的传递时,一般将蒙皮承受正应力的能力折算到长桁上,简化成只有长桁受正应力;梁腹板上的剪力除一部分作用在梁缘条上以外,大部分通过蒙皮受剪传递给各长桁,其传递过程如图 5 - 41(a)所示,即梁腹板上的剪力传给梁缘条一部分后,剩余部分传给与缘条相连的蒙皮上,蒙皮上的剪力传到第一根长桁附近时,其中小部分剪力通过铆钉传给第一根长桁,大部分则通过蒙皮受剪继续向第二根长桁附近传递,然后又分成两路,如此向后继续传递,使蒙皮中的剪力逐渐减小,直至全部传给长桁为止。缘条和长桁的轴向剪流由其根部提供的轴向支反力平衡。它们的内力沿展向按折线规律分布,由翼尖向翼根斜率渐增,因此壁板越向根部越强。另一腹板中的剪力也以同样方式逐渐向中间蒙皮和长桁传递。上、下壁板中的轴力构成了翼剖面的总体弯矩。

由于剪力是借助蒙皮传递的,因此蒙皮必将同时有附加剪力作用在翼肋上。又由于两根梁腹板在传递由翼肋传入的剪力时,剪力方向通常是一致的,因此,由梁缘条向中间蒙皮传递时,前后梁附近蒙皮内的剪力方向正好相反,蒙皮内的剪力越靠近中间越小,至中间某长桁(可能是一根或两根)处,两侧蒙皮内的剩余剪力绝大部分传给了该长桁(见图 5 - 41(b))。梁缘条向蒙皮传递的剪力,在蒙皮内逐渐扩散,并使长桁参与承受和传递总体弯矩。

将单块式翼面中的组合元件换成整体件,如将长桁和蒙皮组合而成的壁板换成几块或一整块整体壁板,采用整体梁或整体肋,就变成了整体壁板翼面。整体壁板翼面力的传递与单块式翼面相同。整体壁板翼面的筋条、腹板和缘条等不仅对蒙皮提供支持,并且共同参加总体受力,上翼面壁板主要受压缩,下翼面壁板主要受拉伸。一般来说 80%以上的弯矩由壁板承受,其余的则由梁缘条承受;剪力由梁(墙)的腹板承受和传递。整体壁板的蒙皮也与梁或墙腹板组成闭室结构承受扭矩,同时还承受通过梁缘条传入的翼梁腹板上的剪力。

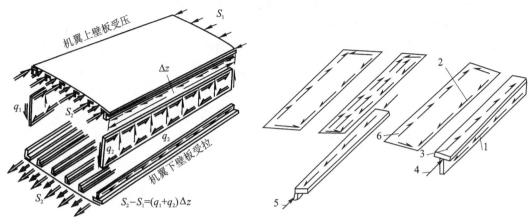

(a) 翼面壁板总体弯矩和载荷在元件中的传递

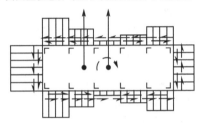

(b) 单块式翼面翼肋的平衡及支反剪流分布规律

1—梁腹板传给缘条的剪流；2—缘条传给蒙皮的剪流；3—蒙皮对梁缘条的支反力；
4—梁缘条的轴向支反力；5—长桁的轴向支反力；6—蒙皮上的剪流

图 5 - 41　翼面壁板受载

整体壁板翼面承受正应力的面积沿翼剖面周边分散分布，一般来说，上、下壁板承受轴力面积的形心间距较大，材料承载效率高，结构质量比较轻。因壁板中的蒙皮厚度比较大，翼面扭转刚度较高，所以对提高颤振临界速度有利，且翼表面局部变形比较小。由于具有这些优点，在中、小展弦比翼面和三角翼上采用整体壁板结构格外有利。

3. 多墙式翼面传力分析

多墙式翼面较多应用于小展弦比高速薄翼飞行器上，在超声速后掠翼的薄翼中也常应用。由于小展弦比翼面相对厚度小，故翼面结构高度很小。若选用梁式结构，一方面薄蒙皮难以满足高速飞行的外形刚度要求，另一方面翼梁的结构效率很低，即承受同样的弯矩，由于结构高度小，梁缘轴力大，势必造成结构质量增大。

多墙式翼面的特点：多墙式翼面的蒙皮很厚，且一般为变厚度蒙皮；翼肋很少，通常仅有根肋和梢肋及集中力（力矩）作用部位的加强翼肋；无长桁，腹板较多，腹板通过弯边直接连接在厚蒙皮上，或与蒙皮上的纵向弱缘条连接，或直接连接在整体壁板的立筋上。以美国歼击机 F - 104 为例，除去其开口附近、翼尖段以及根部过渡段，其翼面共由 13 根墙、5 个加强肋和上、下两块厚蒙皮组成（没有普通肋），翼面外侧蒙皮的厚度为 3.2 mm，内侧为 6.33 mm。最后在翼根处，13 根墙过渡成 5 根梁，通过 5 个集中接头与机身相连，如图 5 - 17 所示。

多墙式翼面的受压面蒙皮通过墙得到受拉面蒙皮的支持，承压能力可达到"短柱"屈曲承载水平,因而承载能力比加筋板结构(单块式和整体壁板翼面)强。

略去翼面的前、后缘结构,保留中间多墙翼盒,如图 5-42(a)所示,由于没有普通翼肋,气动载荷直接由蒙皮传给腹板(见图 5-42(b))。腹板将蒙皮分成若干长条,每条蒙皮上的气动载荷均分到支持它的两腹板上。腹板与上、下厚蒙皮连接,根部与侧肋或根肋连接。腹板通过上、下边缘以沿展向分布的剪流形式传给上下蒙皮,在蒙皮内形成拉、压应力和翼面的弯矩,如图 5-42(c)所示。每个腹板上的剪力 ΔQ_i 则传给侧肋或根肋,然后通过接头传给机身或弹身,如图 5-42(d)所示。

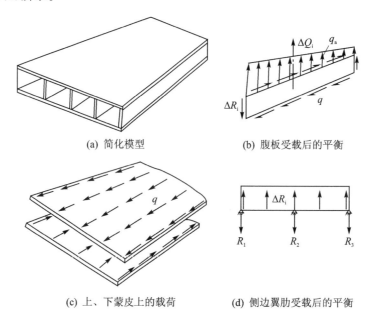

(a) 简化模型   (b) 腹板受载后的平衡

(c) 上、下蒙皮上的载荷   (d) 侧边翼肋受载后的平衡

图 5-42　多墙式翼面受载

弯矩的传递有两种情况,如果翼面左右贯通,则当载荷对称时,蒙皮上的轴力在中央翼盒对称面处自身平衡(见图 5-43)。若翼面分成左右两半,在侧边与机身(弹身)通过腹板接头对接,或像 F-104 那样通过较少的过渡梁与机身(弹身)连接,则蒙皮在翼面根部会出现参与区。

腹板左右两边蒙皮条中心线之间的蒙皮与该腹板所组成单元体的结构刚度(受剖面尺寸、材料及长度等因素影响)和支持刚度不同时,单元体的承载能力也将不同。假设各单元体上的气动载荷相同,由于各单元体的刚度不同,受载后其变形也将不同,有的挠度大,有的挠度小,这样整个翼面将发生翘曲变形,蒙皮将会因此受附加的剪力。

为讨论方便,假设蒙皮厚度不变,且支承情况完全相同,由于靠近翼剖面中间部分的单元体结构高度大,则其结构效率必定也高。现取出靠近前缘或后缘的一个单元体,其受载时除了由内侧(根部)蒙皮和腹板提供支持外,相邻结构高度较大(刚度较大)单元体的蒙皮也会对它提供展向支反剪流。

因而可以认为,单元体除了直接承受其上的气动载荷外,还要承受相邻单元体作用的附加展向剪流 q,如图 5-44 所示。也就是说,蒙皮上的附加剪流将对某些单元体起加载或卸载的作用。

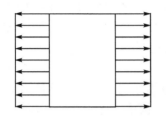

图 5-43　多墙式翼面的中翼在对称
　　　　弯矩作用下的自身平衡

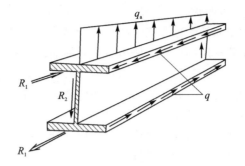

图 5-44　单元体的受力平衡

4. 夹层结构翼面传力分析

夹层结构包括夹层板和夹层盒两种结构形式。

夹层板结构主要由上下夹层板蒙皮、前后梁（墙）和若干翼肋组成，如图 5-20 所示。夹层板结构翼面的传力情况如图 5-45 所示，弯矩 M 一部分由夹层板传递，一部分由前后梁来传递；剪力 Q 由梁腹板传递；扭矩 M_t 由夹层板和前后梁腹板组成的闭室传递。对于这种结构形式，要注意合理安排夹层板厚度、前后梁位置及翼肋间距。由于这种结构不宜承受集中载荷，在翼身对接处一般不采用集中接头，多采用周边分散式连接。但梁要与机身（弹身）接头相连接，以传递翼面的剪力和部分弯矩。

夹层盒结构主要由夹芯与蒙皮组成，除在翼面尖部和根部安排翼肋外，不安排其他翼肋，如图 5-21 所示。上蒙皮通过夹芯得到下蒙皮的支持，有很高的承力水平，且结构质量轻，但结构内部不能装载，一般多用作无装载的外翼结构。该结构的传力情况是：弯矩 M 由蒙皮传递，剪力 Q 由前后墙和夹芯传递，扭矩 M_t 由蒙皮与前后墙组成的闭室传递，如图 5-46 所示。该结构对于要求质量轻的舵面、前翼等也适用，歼-8 飞机的 9 个舵面后缘也都采用了这种结构。夹层盒结构既可通过根部翼肋以分散连接的方式与其他翼段或机身（弹身）连接，也可通过根肋或端肋上的集中接头与其他翼段、主翼盒等连接。

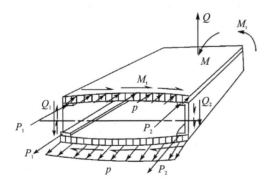

图 5-45　夹层板结构翼面的受力平衡

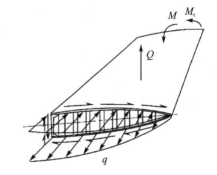

图 5-46　夹层盒结构翼面的受力平衡

5. 典型元件的受力功用

根据以上典型翼面结构的传力分析，可对翼面典型元件的受力功用进行总结。

（1）蒙　皮

蒙皮起承受分布气动载荷和形成翼面外形的作用。薄蒙皮主要用于承受扭矩引起的剪流。厚蒙皮还不同程度地参与承受翼面的弯矩，蒙皮在其自身平面内同时受有较大的正应力和剪应力，处于复杂应力状态。上翼面蒙皮设计要防止压、剪应力联合作用下的失稳破坏，下翼面蒙皮的主要破坏形式是拉伸破坏和铆钉连接处出现疲劳损伤并扩展。

（2）整体壁板

整体壁板可看作加筋厚板，具有厚蒙皮的承力功用。整体壁板中的筋条不仅承受局部气动载荷，同时还对蒙皮提供支持，并且参加总体受力。整体壁板承担绝大部分翼面弯矩，其蒙皮与梁(墙)腹板组成闭室结构承受扭矩，并承受梁腹板传来的部分剪力。整体壁板的设计要合理选用筋条和蒙皮的参数。由于壁板是承受正应力的主要元件，所以在初始设计时可仅考虑正应力，但要留有 10% 的余度。

（3）夹层板

夹层板的作用类似于厚蒙皮，承担一部分翼面弯矩，另一部分弯矩则由前、后梁承担。夹层板和前、后梁组成闭室承担扭矩。夹层板有多种破坏模式，如总体失稳、芯子剪切破坏、面板皱曲、面板断裂、蜂窝壁失稳、芯子局部压损以及面板与夹芯分层等，设计夹层板时，要合理选择面板、芯子和胶粘剂，防止各种破坏形式的发生。

（4）翼　肋

普通肋不参与翼面总体受力，其主要功用是承受局部气动载荷，并维持翼面形状。翼肋对长桁提供支持，需承受长桁传来的载荷。加强肋的腹板和缘条较强，除了具有普通肋的功用外，主要用来承受其他部件传来的集中载荷，将它扩散成分布剪流传到由梁和蒙皮组成的翼盒上，或者将某种形式的分布剪流转换成腹板上的剪力(如大开口处的端肋、梁式机翼的根肋等)。应根据翼肋内力(弯矩和剪力)的大小，对其腹板和缘条作出合理的设计。

在翼面传力结构中，翼肋通常是关键元件，它经常用来改变载荷的形式与方向，使之转换成适合其他元件(蒙皮、梁和墙)受力特性的载荷，然后传向机身或弹身。

（5）翼梁和墙

翼梁的主要外载是由各翼肋传来的剪力。翼梁的主要功用是承受翼面的剪力 Q 和弯矩 M。梁的缘条承受弯矩引起的轴力，腹板承受剪力 Q。翼梁缘条受轴向压力时，由于在蒙皮平面内受蒙皮支持，在翼梁平面内受腹板支持，因此一般不会产生总体失稳，需要考虑其局部失稳问题。翼梁通过固支连接到支持基础上。

纵墙承弯能力较弱，且不能传递翼面的弯矩。在多腹板式翼面中，墙对蒙皮起着主要支撑作用，并要承受由蒙皮直接传来的气动载荷。在其他翼面结构中，墙与梁的腹板作用相同。

（6）长　桁

长桁承受局部气动载荷，并对蒙皮起支持作用。长桁一般都参与总体受力，其主要功用是承受翼面弯矩引起的轴向力。长桁作为杆元，受压后会发生总体失稳和局部屈曲现象。在考虑其总体失稳时，需考虑蒙皮和翼肋的支持或约束。

5.5.3　翼面对接处和翼身连接结构的传力

1. 翼面对接处的传力

翼面结构通常设置有工艺分离面和设计分离面。前者是为工艺和装配方便而设置的分离面,采用不可拆卸连接;后者是根据总体设计要求,为使用、维护、运输等方便而设置的分离面,采用可拆卸连接。有时设计分离面就是工艺分离面。设计分离面连接处的接头一般称为对接接头。

翼面分离面的对接形式大致分为两类:一类是集中式对接,另一类是分散式对接。

梁式翼面由于翼梁缘条是以集中轴力方式传递,因此一般都采用集中式接头对接。耳片垂直(螺栓水平)布置的梁式翼面对接接头的传力方式如图 5 - 47 所示,垂直剪力和垂直弯矩靠螺栓受剪传递,水平剪力靠耳片挤压传递,水平弯矩也靠螺栓剪切传递。为了在根部将蒙皮传来的扭矩由集中式接头传走,必须设置根部加强肋,将扭矩转化成一对垂直力偶传给翼梁腹板,然后连同梁腹板中原来的剪力一起,通过与缘条和接头牢固连接的加强垫板、加强支柱或角盒传到上、下叉耳接头的耳片上,再由螺栓受剪向中翼传递。

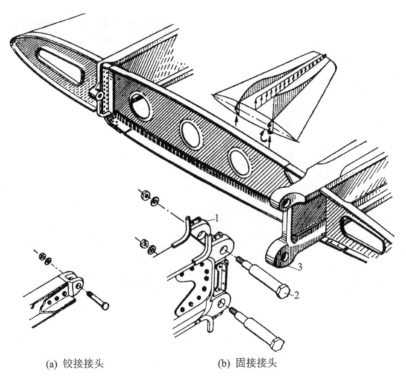

(a) 铰接接头　　　　(b) 固接接头

1—双耳耳片(叉形);2—螺栓;3—单耳片

图 5 - 47　耳片接头

如果对接耳片水平布置,螺栓垂直(见图 5 - 48),则垂直剪力靠耳片挤压传递,这时,需在上、下水平耳片之间配置加强筋来提高耳片在垂直方向的刚度。垂直弯矩、水平剪力和水平弯矩均由螺栓受剪传递。为了传递扭矩,应该用水平布置的加强垫板将上、下蒙皮与对接接头的水平耳片牢固连接,扭矩便通过加强肋上下缘条转化成一对水平力偶传递到接头上。

可见,耳片的传力特性取决于耳片的布置方式。耳片平面内的刚度大,能够传递其平面内的载荷,传力时螺栓受剪。在

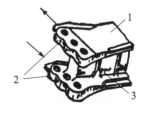

1—梁;2—耳片接头;3—加强筋

图 5 - 48　水平耳片接头

垂直于耳片的方向,耳片刚度差,耳片可直接挤压传力,螺栓可不传载。

单块式翼面是靠上、下壁板中的分散轴力传递弯矩,为适应这种结构形式的传力特点,翼面通常采用分散式对接接头。分散对接形式主要有梳状型材接头围框对接、多个单接头围框对接、土形整体型材接头对接、无型材接头直接对接等。

采用梳状型材接头围框对接形式时,翼面壁板通过多个受剪螺栓连接在梳状型材接头上,对接螺栓沿展向布置。梁缘条也通过受剪螺栓连接在梁缘条接头上,梳状型材接头与梁缘条接头搭接。型材接头和梁缘条接头都开有对接螺栓槽,通过受拉螺栓把两段翼面壁板和梁缘条连为一体。两段翼面的梁腹板端头布置有加强立柱,用螺栓将立柱及腹板连为一体,如图 5-49 所示。

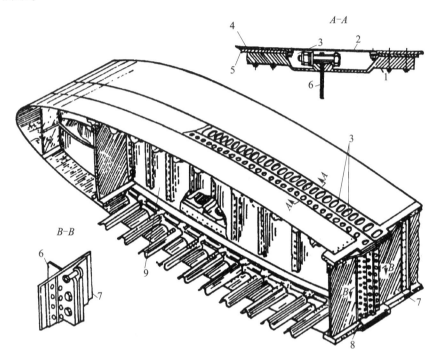

1—对接接头;2—可卸盖板;3—螺栓槽;4—蒙皮;5—垫片;6—翼肋腹板;7—翼梁腹板;8—腹板对接角材;9—加强翼肋

图 5-49 梳状型材接头围框对接形式

传递向上的弯矩时,下翼面对接螺栓受拉,上翼面对接螺栓不受力,轴向压力直接通过接头端面以挤压方式传递。反之,弯矩向下时,上翼面螺栓受拉,下翼面螺栓不受力,靠端面挤压传力。垂直剪力通过两翼段腹板上的螺栓受剪经垂直角材传递。扭矩则通过螺栓受剪经蒙皮弦向加强条和腹板上的垂直角材传递。

采用多个单接头围框对接形式时,沿翼面对接剖面布置许多单个接头。单个接头与蒙皮和长桁通过受剪螺栓连接,两翼段的相应接头通过受拉螺栓对接,如图 5-50 所示。这种对接形式中的轴力和剪力传递与梳状型材接头围框对接形式相同。与后者相比,该对接形式结构简单,工艺性好,接头便于加工和装配,但多个单接头围框连接结构传递扭矩能力差,为此,通常在两翼段对接接头之间设置板状加强肋,使对接螺栓受剪来传递扭矩。此外,该对接形式会加重结构质量。

多腹板式翼面通常在根部转换成多梁式以减少对接点。其内外翼段的对接常采用梳状型

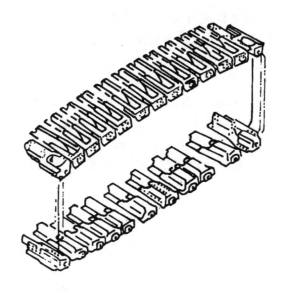

图 5 - 50　多个单接头围框对接形式

材接头围框形式,螺栓沿展向布置。传弯时螺栓传拉,接触面传压。传剪、传扭时螺栓均受剪。

2. 翼身连接结构的传力

(1) 翼身结构的布局形式

翼面与机身(弹身)的连接形式与翼面相对机身(弹身)的位置、翼面受力结构是否穿过机身(弹身)以及翼面的结构形式有关。一般有下列几种布局形式,如图 5 - 51 所示。

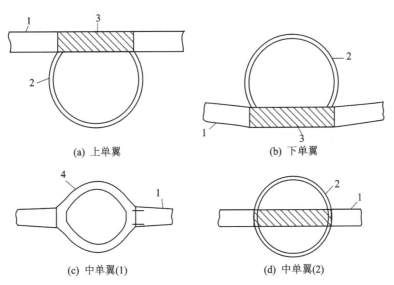

1—翼面;2—加强隔框;3—穿过机身部分;4—锻造框

图 5 - 51　翼面相对机身或弹身的垂向位置

① 上单翼或下单翼布局。一般大型飞机或民用飞机采用此种布局,常将翼面贯通机身,如图 5 - 51(a)和(b)所示。这种布局机身内部空间好利用,结构质量轻,经济性好。

② 中单翼布局。中单翼飞机或导弹以及多翼导弹一般翼面无中央翼贯通机身,如图 5-51(c)所示,翼面直接连在机身或弹身侧面。如果有中央翼,则可将整个中央翼盒或翼梁贯穿机身(弹身),如图 5-51(d)所示。

(2)翼身连接接头处的传力

翼身连接形式大致分为两大类,一类是翼面在机身(弹身)侧边与其对接连接,用于中单翼布局。翼面不穿过机身(弹身)的梁式翼面和多墙式翼面,翼梁接头与机身(弹身)框接头连接,对接处就是翼面的设计分离面。另一类是左右翼面连成一体,通过中央翼与机身(弹身)连接,一般为上单翼、下单翼和允许翼面贯通机身(弹身)的中单翼布局,多用于单块式和多墙式翼面。

1)翼根集中对接接头处的传力

梁式翼面主要靠翼梁承受垂直弯矩,因此,只要机身(弹身)总体布置允许,应尽量将中翼梁保持连续,使弯矩在梁内直接平衡。若翼面只能在机身(弹身)侧边与之相连,则机身(弹身)框起着中翼梁的作用,受力很大,需特别加强,结构质量会增加较多。此时,翼身对接采用集中连接形式,情况与梁式翼面中外段对接形式相同。两种典型的耳片接头连接形式如图 5-47 所示。

图 5-47 所示的单梁式翼面后梁接头的上下两组耳片分别与梁的上下缘条连接,接头可传递梁平面内的弯矩和剪力,属于固接。而前墙腹板与机身(弹身)只有一组耳片连接,该接头在墙平面内可简化为铰接,可传递垂直方向剪力和墙轴线方向的载荷。弯矩由固接接头传递,以缘条轴力的形式直接从耳片接头传给机身(弹身),连接螺栓受剪。因梁腹板与机身(弹身)一般不直接连接,为传递集中腹板根部的翼面剪力,应在腹板根部布置加强构件(如加强垫板、加强支柱或角盒等)与耳片接头相连,以便把全部剪力集中传到耳片上,再传给机身(弹身)。扭矩是由组成翼盒的蒙皮和腹板受剪向根部传递,必须在翼根布置加强翼肋,把沿翼盒周缘作用的闭合剪流转换成前、后腹板上的一对剪力,再由对接接头传给机身(弹身)。

双梁式翼面则可由前、后梁的固接接头共同传递弯矩。图 5-52 所示为翼梁贯通的双梁平直翼与机身(弹身)连接处的传力和平衡。剪力从翼梁腹板通过接头传给机身(弹身)加强框。在对称载荷下,弯矩在翼梁缘条内自身平衡,不传给机身(弹身)。在非对称载荷下,不平衡的弯矩在左右接头上以力偶形式传给机身(弹身)。扭矩则通过机身(弹身)侧边肋在前、后接头上以力偶形式传给机身(弹身)。

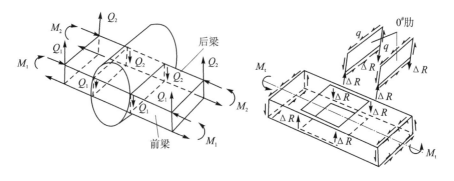

图 5-52 翼身连接处的传力和平衡(双梁平直翼)

2）带中央翼时翼身连接处的传力

单块式翼面上、下壁板和前、后墙腹板组成的翼盒通常完整地贯穿机身，以保证壁板连续传力，翼面一般在中央翼与机身（弹身）侧边交接处通过接头与机身（弹身）对接，翼面上的剪力 Q、扭矩 M_t 和反对称弯矩都由这些接头传给机身（弹身）。图 5-53 所示为 L-1011 飞机下单翼和机身第 4、5 段的结构。图 5-54 所示为 C-141 飞机上单翼与机身的连接形式。

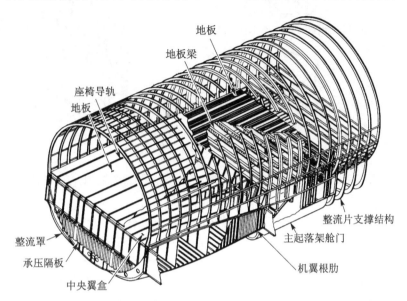

图 5-53　下单翼与机身连接处结构（L-1011 飞机第 4 和第 5 段机身结构）

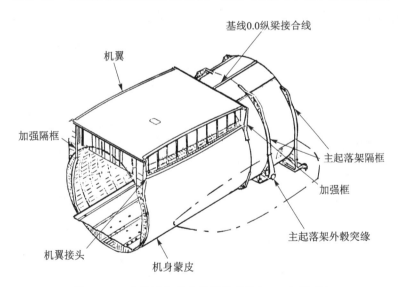

图 5-54　上单翼与机身连接处结构（C-141 飞机）

一般情况下，这类对接主要是通过 4 个甚至更多的铰接接头实现力的传递，但实际上一般还会有其他辅助连接。图 5-55 所示为翼梁与机身加强框过渡连接形式，图 5-56 所示为嵌入式翼身连接形式。这些铰接接头可以采用空心销（例如运-10 飞机，见图 5-57）、对接螺栓或者角盒（见图 5-58）等元件。

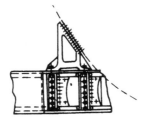

(a) 机身和翼梁连接的盒形件形式

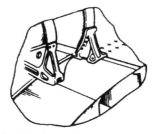

(b) 采用盒形件连接的加强框与中央翼

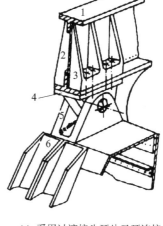

(c) 采用过渡接头耳片叉耳连接

1—梁缘条;2—翼梁前支臂;3—翼梁后支臂;4—单叉耳接头;5—双叉耳接头;6—机身框加强件

图 5-55 过渡接头耳片叉耳连接式

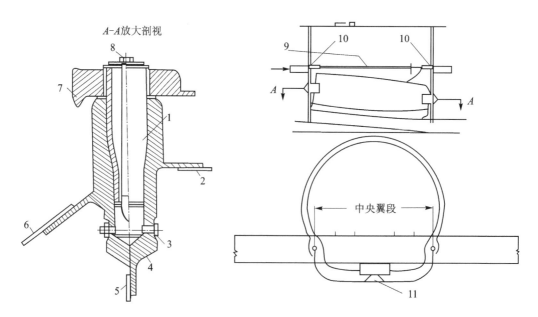

1—空心销;2—中央翼梁腹板;3—定位螺栓;4—前梁大锻件;5—侧肋腹板;6—中外翼梁腹板;
7—机身框大锻件;8—塞子;9—地板;10—地板固定点;11—三角梁

图 5-56 嵌入式连接根部受力图

图 5-59 所示为单块式翼面在翼身连接处的传力和平衡情况。剪力由前、后梁腹板传到对接接头处,通过接头传给机身(弹身)加强框。弯矩由上、下壁板承受,对称弯矩在中央翼段自身平衡;对于反对称弯矩,则弯矩引起的壁板桁条内的正应力先通过蒙皮受剪集中到梁的缘条上,由梁的腹板受剪将展向剪流转换成两个垂直剪力作用在侧边加强肋上,再通过侧肋传给

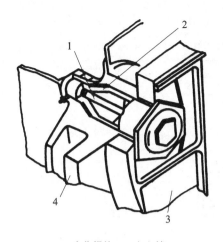
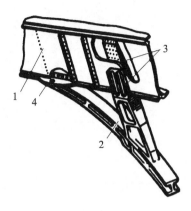

1—定位螺栓;2—空心销;
3—机身对接框;4—机翼后梁接头(模锻件)

图 5-57　翼身对接大空心销(运-10)

1—翼面;2—对接框;
3—角盒接头;4—传 x 向力的接头

图 5-58　翼身对接

对接接头传到机身(弹身),如图 5-60 所示。为了避免中央翼的长桁受压而总体失稳,一般在中央翼内须布置支持翼肋。对称扭矩沿翼盒闭室传到机身(弹身)侧边后,由侧肋将一圈剪流转成一对大小相等、方向相反的剪力传给机身(弹身),对中央翼结构受力无影响。但若为反对称扭矩,则将进入中央翼盒,在中央翼内自身平衡。

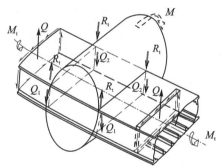
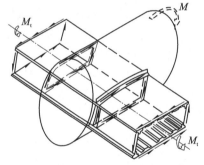

(a) 用4个铰接接头传递机翼的剪力和扭矩　　　(b) 用周边对接角条将扭矩传给机身

图 5-59　单块式平直机翼在机身上的受力平衡

3) 弹翼与弹身的连接

上述翼身连接形式与传力分析主要针对的是机翼与机身的连接。对于有翼导弹而言,弹翼与弹身的连接具有自身的特点。通常,弹翼与弹身各自分开制造,组装时由可拆卸接头连接。根据受力特点,接头分为主接头(固接接头)和辅助接头(铰接接头)。主接头传递来自弹翼的弯矩和剪力,辅助接头只传递剪力。主接头可设计成集中传力形式、分散传力形式或介于二者之间的接头形式。集中传力接头多用于翼梁和根弦较短的弹翼与弹身的连接,分散传力接头多用于翼型较薄、根弦长,或多梁式弹翼与弹身的连接。主接头的位置应靠近弹翼的气动力压力中心,辅助接头应根据具体情况选择适当的位置。这里只介绍弹翼与弹身连接的几种典型接头形式。

① 多榫式接头(见图 5-61)是一种介于集中传力与分散传力之间的接头形式,其特点是

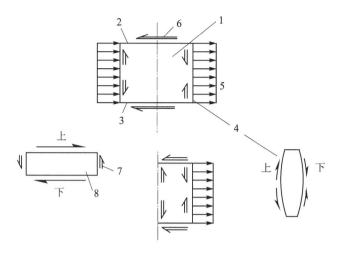

1—中央翼上壁板;2—前梁;3—后梁;4—侧边加强肋;5—外翼作用在中央翼上壁板的轴力;
6—中央翼梁腹板给壁板的支反力;7—翼身接头给中央翼梁腹板的支反力;8—中央翼梁腹板

图 5 - 60　中央翼盒上的反对称弯矩传力分析

弹翼上的榫头插入弹身上对应的矩形孔内,在前、后槽口处通过两个斜孔拧入螺钉压紧两个榫头,实现弹翼的固定。还有两个辅助接头,前辅助接头由弹身上的两耳片卡住弹翼上的双凹部固定,后辅助接头是由弹翼上伸出的销钉插入弹身上的长圆孔内固定。长圆孔用于保证接头间装配协调。前、后辅助接头能够提高翼根前、后缘的刚度,主接头能传递全部弯矩和剪力,而扭矩主要由前、后辅助接头传递。这种接头抗弯能力强,拆装方便,但构造复杂,工艺性较差。

② 轴式接头是集中传力式接头。如图 5 - 62 所示为一梁轴式接头,翼梁兼作连接接头用,梁与弹翼通过锥形螺钉固定,梁与弹身通过侧面螺钉固定;此外,还有前后辅助接头。从图示构造上能明显看出各接头的传力情况。这种接头结构简单,工艺性好,拆装方便,常用在小型导弹上。

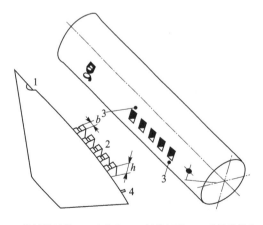
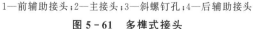

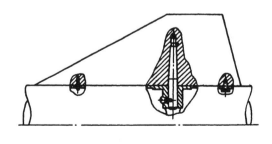

1—前辅助接头;2—主接头;3—斜螺钉孔;4—后辅助接头

图 5 - 61　多榫式接头　　　　　　　　**图 5 - 62　梁轴式接头**

③ 插入式接头是分散传力接头(见图 5 - 63),弹翼翼根几乎全部插入弹身上的两耳片槽内,并用螺钉固定。通过翼根挤压槽口传递弹翼上的气动载荷。该接头结构简单,工艺性好,

但槽口宽度受翼根厚度的限制,故承载能力有限,只用在小型导弹上。

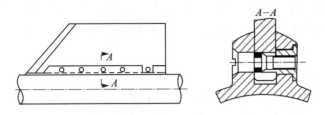

图 5 - 63　插入式接头

④ 盘式接头是一种分散传力接头,图 5 - 64 所示的弹翼与弹身通过 12 对螺桩连接。在 1、2、10、11、12 等接头处,弹身内有供连接用的垫块;在 3~9 等接头处,其中有 6 对是连接在弹体的特殊结构上。弹翼与弹身装配时,从弹翼根部的槽口处把螺帽拧到螺桩上,并涂上甲醇胶以防螺帽松动,槽口外盖有整流蒙皮。这种接头拆装不方便,结构较复杂,工艺性较差。

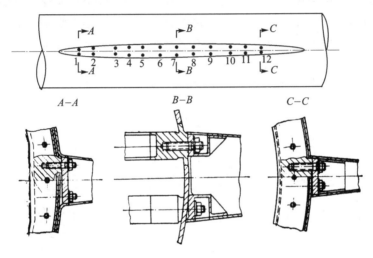

图 5 - 64　盘式接头

⑤ 燕尾槽式接头是一种快速连接的分散传力接头,它通过翼面上的燕尾与弹身上的槽配合连接,如图 5 - 65 所示。装配时,由前向后沿弹身上的槽把翼面推入;拆下时,用螺丝刀按箭

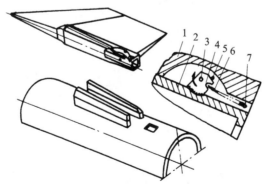

1—翼面;2—弹身;3—定位螺钉;4—卡块;5—限制螺钉;6—弹簧;7—销子
图 5 - 65　燕尾槽式接头

头方向旋转定位螺钉,使卡板退出凹坑,由后向前把翼面退出。翼面上的载荷通过燕尾与槽带锥度配合面的互相挤压传递。这种接头拆装快速、方便,但接头处气动外形较差,承载能力不大。为了保证翼面的位置正确,对槽的公差要求严格。

3. 连接对翼面根部受力的影响

前面所述平直翼的传力分析都是在工程梁理论基础上进行的。但是,由于存在根部限制扭转问题,以及后掠翼的根部后掠效应及翼面根部的参与问题,在翼根部位的真实受力情况与平剖面假定并不相符。对其进行准确的传力分析可采用有限元法,对于后掠翼和三角翼根部的受力分析将在后面介绍。这里仅定性分析限制扭转和参与问题对翼身连接区受力的影响,设计时必须给予重视。

(1)翼根限制扭转

翼盒段在两端扭矩作用下,上、下壁板和左、右翼肋将产生剪切变形,由此引起各自不同的纵向位移,而导致盒段两端发生翘曲,如图 5-66 所示。但实际上在翼身对接处,由于隔框(或中央翼)在翼展方向刚度大,故对翼根剖面由翘曲引起的展向变形有限制作用,此时机身(弹身或中央翼)必然对外翼附加了一组力,使其翘曲变形减小。这组力称为次应力。翼面实际应力应等于自由扭转时的基本应力和限制扭转而附加的次应力之和。对于单块式翼面和双梁式翼面,限制扭转引起的次正应力分布如图 5-67 所示。

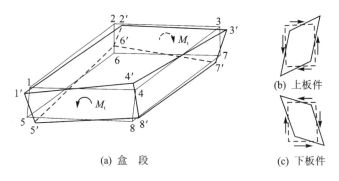

(a) 盒 段   (b) 上板件   (c) 下板件

图 5-66   翼面盒段的自由扭转

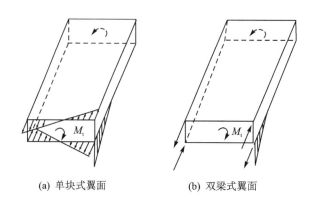

(a) 单块式翼面   (b) 双梁式翼面

图 5-67   限制扭转的次正应力分布

次应力的分布规律可用圣维南原理说明。由于限制扭转时的正应力是一组自身平衡的力系,其影响必定会限制在一定范围内。对根部影响长度为$(1\sim1.5)B$(B 为翼盒宽度),次应力沿展向近似按双曲线规律很快衰减,在一次近似中也可看作直线变化,如图 5-67 所示。

在通常情况下,扭矩传到翼身对接处就会全部传给机身(弹身),一般不会作用到贯通机身(弹身)的中央翼盒段上,但根部固定端限制扭转所产生的附加次应力却会作用到中央翼盒段上。单梁式平直翼设有后墙,翼面与机身(弹身)2 点连接,能提供一组自身平衡力系,所以不存在限制扭转作用,翼盒处于自由扭转状态。

(2)单块式和梁式翼面根部结构参与问题

单块式翼面的结构特点是,弯矩引起的轴力由翼盒壁板承受,若有中央翼,则对称弯矩引起的轴力将在中央壁板内自身平衡。但有些情况下,总体不允许布置中央翼,而只能通过几个集中接头与机身(弹身)连接,此时就存在将壁板内的分布轴力集中到与集中接头相连的纵向构件上的问题。

单块式翼面根部一般通过 4 或 6 点连接在机身(弹身)上,根部剖面处的弯矩由与机身(弹身)连接的承受正应力的构件传递,与机身(弹身)无连接的蒙皮和长桁处的正应力应为零。从该剖面向外,长桁和蒙皮内的正应力将逐渐增大,到距根部剖面为 $l=(1\sim1.5)b$(b 为两传递正应力构件连接点的间距)时,长桁和蒙皮完全参加承受翼面弯矩。

根部只有两连接点的单块式翼面在根部附近实际上是双梁式结构,离开根部一定距离后才是真正的单块式结构。壁板上的正应力沿展向各剖面的分布情况如图 5-68 所示。在 l 段内的蒙皮上有附加剪流,借助该剪流,长桁和缘条才能逐渐参与承受正应力。附加剪流的大小在翼盒梁之间是变化的,离梁越远,附加剪流值越小,越靠近梁缘条的壁板参与程度越大,如图 5-69 所示。

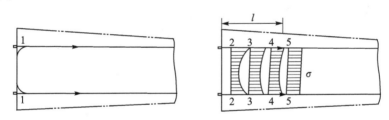

图 5-68　壁板上的正应力在各弦向剖面的分布

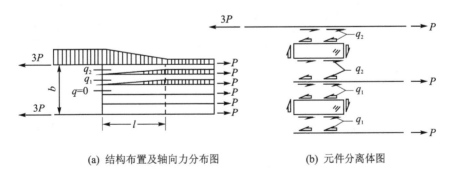

(a) 结构布置及轴向力分布图　　　　(b) 元件分离体图

图 5-69　单块式翼面到根部转为双梁式(图示为下壁板)

单梁式翼面的后墙与机身(弹身)铰接,不能传递弯矩。但后墙能承受弯矩,只是所承受的弯矩较小。后墙上的弯矩通过翼根部上、下蒙皮内的剪力传给前梁。假设前梁与后墙在翼根部的间距为 B,则在翼面根部沿展向长为 B 的翼段内,前梁加载,后墙卸载。在离连接面稍远处,后墙越来越参与受弯,到一定距离后,实际上与双梁式翼面相同。

5.6 后掠翼的结构特点与传力分析

后掠翼可以看作是由平直翼在机身(弹身)两侧向后偏转一定角度(后掠角)而形成的,该偏转角使翼面气动载荷的分布、翼面根部传载路径与结构布置等发生了变化,特别是翼面根部的构造及传力特点与平直翼面有较大差别。

5.6.1 后掠翼的结构和受力特点

飞行速度达到高亚声速和跨声速阶段,翼表面会产生激波,为了延迟激波的发生或减小波阻,出现了后掠翼。后掠翼的受力特点与其根部结构有关,根部区域以外翼面的构造和受力情况与平直翼没有太大区别。

与平直翼相比,后掠翼在结构上出现了一些新问题。

① 直观地看,在翼面积、展弦比、梯形比、顺气流剖面的弦长等参数均保持相同的情况下,后掠翼结构的实际长度比平直翼长,而垂直于其轴线(刚心线)的剖面弦长减小,如图5-70所示。此外,为了减小波阻,高速飞行器往往采取薄翼型,所以后掠翼比相应的平直翼更细、更长、更薄,致使它的弯曲刚度、扭转刚度都比平直翼差,而且后掠角越大这些问题越突出。为了达到与平直翼同样的刚度要求,翼面结构质量一般会增大。

② 后掠翼根部由于纵向元件长度不同,刚度不同,因而前缘纵向元件受力减小,后缘纵向元件受力增大。这种载荷向后缘集中的现象叫作"后掠效应"。

现以图5-71所示的双梁单块式后掠翼为例,对后掠效应进行说明。

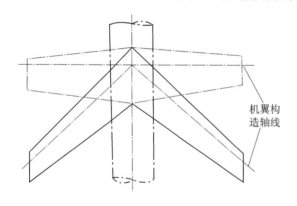

图 5-70 后掠翼与平直翼的平面形状比较

1—侧肋;2—根肋;3—前梁;4—长桁;5—后梁

图 5-71 单块式后掠翼

如图5-72所示,假定根肋1-3外的翼面绝对刚硬,则1-3剖面在弯矩M作用下将绕剖面的中性轴旋转一定的角度。而该剖面是支持在其内侧的纵向元件上,因此内侧各纵向元件应产生相同的位移Δl。然而,由于根部三角区各纵向元件的长度不同,靠近前缘的长,靠近后缘的短,因此它们的轴向拉、压刚度不同。在满足变形(Δl)一致的条件下,各纵向元件所承担的轴力按刚度进行分配。前梁附近的纵向元件刚度小,分配到的载荷小,应力较低;后梁附近的纵向元件刚度大,分配到的载荷较大,应力较高。这就是后掠效应产生的机理,而且后掠角越大,后掠效应越严重。理论研究表明,根肋 1 - 3 处的应力 σ_g 沿剖面的 x 轴呈双曲线分布。

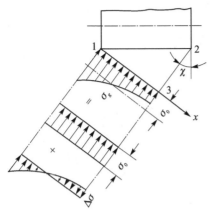

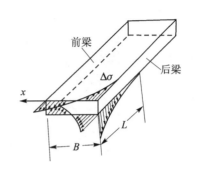

(a) 后掠翼根部的应力分布　　　　　　(b) 作用在根部加强肋外段翼面上的附加应力

图 5 - 72　后掠翼受弯矩作用下的应力

以上现象是在假设翼面外段绝对刚硬、根部剖面变形后仍保持平面的条件下分析得到的。实际上,翼面外段是弹性的,因此外段翼面在附加应力 $\Delta\sigma$ 作用下会发生变形,剖面在变形后也不是一个平面,要产生翘曲(见图 5 - 73),因此,外段翼面弹性的影响会使应力向后缘集中有所缓和,但后掠效应仍存在。

附加应力 $\Delta\sigma$ 是一组自身平衡的次应力。这组次应力的作用使前梁卸载、后梁加载,其数值可达翼面不后掠时该剖面应力的 $30\%\sim$ 40%。该次应力的作用还会延伸到三角区外侧

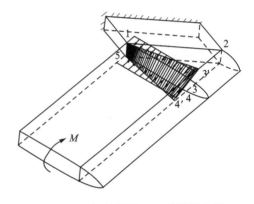

图 5 - 73　根部剖面 1 - 3 的翘屈变形

的直翼段,但沿展向很快衰减,衰减区的长度为翼盒宽度的 $1\sim1.5$ 倍。

5.6.2　后掠翼根部的传力特点

后掠翼大多采用梁式和单块式结构。后掠翼可看作由平直翼向后转动一个角度而得,翼面的纵向构件发生了偏折,因此其主要特点表现在根部三角区内,外段实质上仍然是一个平直翼,有关平直翼的受力分析仍可沿用。

根据根部结构的特点,后掠翼还可进一步分为纵向构件在机身(弹身)侧边有转折和无转折两种形式。此处仅以几种典型情况为例,介绍后掠翼根部结构的受力特点及分析方法。

1. 翼盒转折传力的双梁后掠翼传力分析

后掠翼翼盒的刚心线不再与飞机(导弹)轴线垂直。最简单的结构形式是翼面到机身(弹身)侧边后,通过某种结构措施使翼盒的走向转折到与飞机(导弹)轴线垂直的方向上,并使翼盒的全部或部分构件的内力保持连续,再把力传给中翼或机身(弹身)框等。

图 5 - 74 给出了两种双梁式后掠翼的结构形式。图 5 - 74(a)中的梁轴线在机身(弹身)侧

边转折,图 5-74(b)中的梁轴线在机身(弹身)对称中心线处转折,但它们都在 1、2 两点处支持于机身(弹身)上。假设剪力和弯矩完全由梁承受,蒙皮仅受扭矩引起的剪流,那么,问题就集中在根肋剖面 n-n 的弯矩 M、剪力 Q 和扭矩 M_t 的传递分析上。

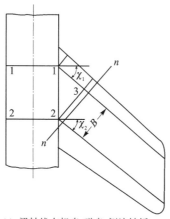 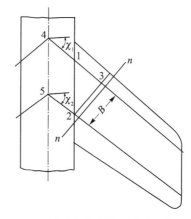

(a) 梁轴线在机身(弹身)侧边转折　　　　(b) 梁轴线在机身(弹身)对称中心线处转折

图 5-74　双梁式后掠翼结构形式

这里仅对图 5-74(b)所示结构形式的受力进行分析。由于传力路线长度不同,应力有向后梁集中的趋势。用下标Ⅰ、Ⅱ分别表示前、后梁,则在 n-n 剖面二者弯矩分配的估算公式为

$$\frac{M_{\mathrm{I}}}{M_{\mathrm{II}}} = \frac{(EI)_{\mathrm{I}}}{(EI)_{\mathrm{II}}} \frac{1}{1 + \Delta l} \tag{5-8}$$

$$\Delta l = \frac{\tan \chi}{1 + D/(2B)}$$

式中,D——机身(弹身)宽度;

　　χ——平均后掠角,$\chi = (\chi_1 + \chi_2)/2$。

剪力分配估算公式为

$$\frac{Q_{\mathrm{I}}}{Q_{\mathrm{II}}} \approx \frac{M_{\mathrm{I}}}{M_{\mathrm{II}}} \tag{5-9}$$

在机身(弹身)侧边,由于梁式翼面蒙皮薄,不能承受正应力,因此根肋剖面上的扭矩无法向根部三角区内传递,只能以一对剪力的形式传给前、后梁的腹板。根部受力情况如图 5-75 所示,图中已移去受扭的根肋 2-3,用力偶 R_H 来代替扭矩的作用。机身(弹身)对翼面的支反力 R_1、R_2 可通过将前后梁作为静定结构求出。

假设结构与载荷均对称,则纵向构件在机身(弹身)对称面 4-5 不能有转角,可认为在该处为固支。实际上,前后梁在 4、5 点,以反力 R_4 和 R_5 支持中央翼肋 4-5,并把分弯矩 M_{H4}、M_{H5} 传给翼肋 4-5,根部后梁 2-5、前梁 3-4 和中央翼肋 4-5 的受力图分别如图 5-75(b)、(c)和(d)所示。

对前梁

$$R_4 = R_1 - Q_{\mathrm{I}} - R_H \tag{5-10}$$

$$M_4 = M_{\mathrm{I}} + (Q_{\mathrm{I}} - R_H)(a + b) + R_1 a \tag{5-11}$$

对后梁

$$R_5 = R_2 - Q_{\mathrm{II}} - R_{\mathrm{H}} \qquad\qquad (5-12)$$

$$M_5 = M_{\mathrm{II}} - (R_2 - Q_{\mathrm{II}} - R_{\mathrm{H}})a \qquad\qquad (5-13)$$

对中央肋

$$M_{\mathrm{H4}} = 2M_4 \sin \chi \qquad\qquad (5-14)$$

$$M_{\mathrm{H5}} = 2M_5 \sin \chi \qquad\qquad (5-15)$$

当 $\chi > 30°$ 时,中央肋的最大弯矩会超过前梁。中央肋还承受很大的剪力,其腹板应比前后梁的腹板都要厚,是个十分强的构件。上述传力分析只考虑了根部剖面 $n-n$ 内力 M、Q 和 M_{t} 的作用。在作根部剖面以内的构件设计力图时,尚需考虑局部气动力等载荷的作用。

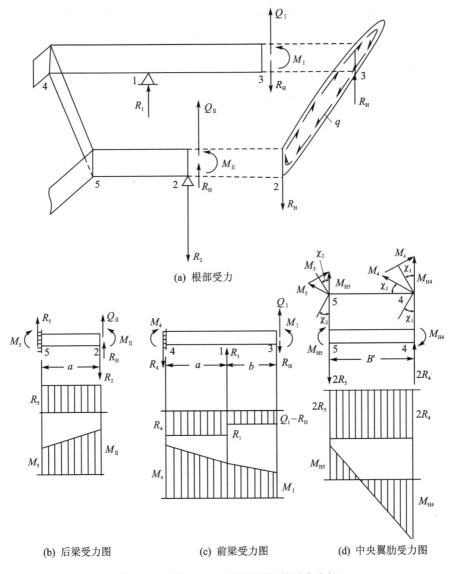

(a) 根部受力

(b) 后梁受力图　　(c) 前梁受力图　　(d) 中央翼肋受力图

图 5-75　图 5-74(b)所示结构的受力分析

2. 纵向构件转折的单块式后掠翼传力分析

图 5-76(b)所示为单块式后掠翼,其外段与单块式平直翼相似。根部由以下主要受力构件组成:上、下壁板 ABC,侧边加强肋 AB,根部加强肋 AC 以及前梁 BC。

为方便分析,将根部三角区以外的翼段切除,在根部剖面上加上剪力 Q、弯矩 M 和扭矩 M_t 以代替外翼的作用。扭矩 M_t 在根部剖面处继续由上、下三角形壁板和前梁腹板向中翼和机身(弹身)传递,后梁上的剪流则直接由对接接头传给机身(弹身)。图 5-76(a)给出了各分离体的受力情况。剪力 Q 分为两部分,其中,后梁与机身(弹身)对接点 A 处的剪力 Q_2 直接传给机身(弹身);前梁与根肋交点 C 上的剪力 Q_1 分两路传递:一路 Q_b 沿前梁传给机身(弹身);另一路 Q_r 沿根肋向 A 点传递给机身(弹身)。此时各分离体的平衡情况如图 5-76(b)和(c)所示。在剪力 Q、扭矩 M_t 的传递过程中,三角形壁板和侧边翼肋均需承载。

弯矩 M 以壁板上的轴向力形式作用到根部剖面 AC 上。以图 5-76(d)中的 A 点为例,由于在机身(弹身)侧边处缘条发生了转折,中央翼缘条只能提供垂直于机身(弹身)轴线的支反力,如要 A 点处于平衡,则因后梁缘条转折产生的另一轴力分量必须由其他构件提供的支反力平衡,为此在翼身接合处需布置侧边加强肋,由其提供这一支反力。

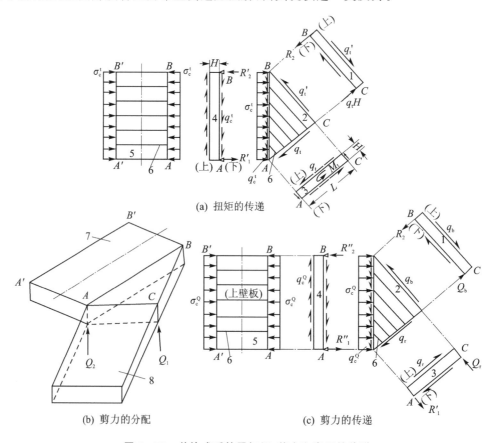

图 5-76 单块式后掠翼扭矩、剪力和弯矩的传递

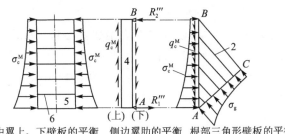

中翼上、下壁板的平衡　侧边翼肋的平衡　根部三角形壁板的平衡

(d) 弯矩的传递

1—前梁；2—上三角形壁板；3—根肋；4—侧肋；5—中翼上壁板；6—长桁；7—中翼盒；8—外翼

图 5-76　单块式后掠翼扭矩、剪力和弯矩的传递(续)

由以上分析可知，对于单块式后掠翼，若纵向构件在机身(弹身)侧边转折，则侧边加强肋在受力上成为必不可少的构件，它在传递弯矩、剪力、扭矩时都起着重要作用。在传力时，侧肋上、下缘条上的剪流方向总是相反，这一对剪流构成一对力偶，由前、后梁的腹板提供一对大小相等、方向相反的垂直剪力平衡。侧肋基本上都是受剪，弯矩很小，因而缘条不需很强，但其腹板要强。为了提高侧肋的剪切稳定性，其腹板上一般铆有较密的加强型材。

3. 梁架式后掠翼传力分析

有些后掠翼为了解决受力和空间布置之间的矛盾，在根部采用梁架式结构。后掠翼梁架式布局具有传力路线短、构造简洁、质量轻、构思巧的特点，为俄罗斯米高扬设计局首创，并成功地应用到米格-15 至米格-19 系列歼击机上，后来发展成米格-21 的三角翼。

某机翼的结构布置如图 5-77 所示，根肋以外为单块式结构，受力情况与一般平直翼相同。为了收置主起落架，在翼根前梁和主梁之间的下翼面布置了大开口(见图 5-77 的 ABC 区)，因此破坏了原单块式结构的传力路线。由于机身无法布置中央翼，又考虑到双梁式后掠翼的后掠效应将使后梁受载严重，为减轻后梁上的载荷，故在 14 肋以内的根部采用了增加一主梁的梁架式结构。主梁(也叫内撑梁)、前梁、后梁以及根部加强肋、侧边加强肋等组成一个受力构架，称之为梁架，由它来承受和传递外翼传来的弯矩、剪力、扭矩，以及作用在根部区域

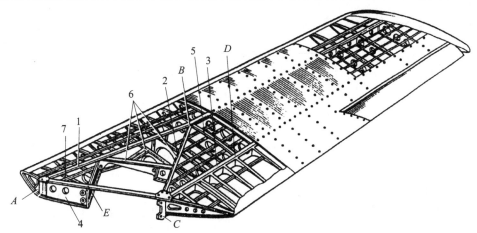

1—前梁；2—主梁；3—后梁；4—侧肋(1 肋)；5—根肋(14 肋)；6—起落架支柱特型开口加强肋；7—2 号前肋

图 5-77　某翼面结构布置图

的其他外载荷。

14 肋以外类同一般单块式平直翼,以内转变成梁架式结构。外翼的弯矩、剪力和扭矩经由梁架结构传给机身。实际上,除了外翼传来的弯矩 M、剪力 Q 和扭矩 M_t 外,根部区域还有气动载荷、质量力以及起落架传来的载荷等。下面只分析外翼传来的 M、Q 和 M_t 在梁架结构内的传递情况,其他载荷的传递分析可自行完成。

根部结构的简化假设:

① 认为全部载荷均由根部梁架来承受。除侧肋(1 肋)和根肋(14 肋)以外的其他翼肋均不参与总体传力。

② 因为前梁与主梁间的下翼面为大开口,且翼身只有两个集中接头连接,因而上翼面壁板不能传弯,自根肋向外蒙皮壁板逐渐参与承受正应力,故近似假设 ABC 区的壁板不受力。

③ 在外翼的载荷作用下,根肋(14 肋)变形近似符合平剖面假设。

④ 各构件的支持情况简化如下:

• 前梁 1:两点铰支梁,分别支持在机身 17 框和主梁端头 B 点上。

• 主梁 3:固支在机身 24 框和侧肋上的悬臂梁。

• 后梁 2:固支在主梁和侧肋上的悬臂梁。

• 根肋 BD:可看作一双支点梁,一端与后梁铰接于 D 点,另一端与前梁和主梁的交点相连于 B 点。因为有加强蒙皮把前梁、主梁和根肋的缘条间接连接在一起,且腹板也相连,所以 B 点可看作弱固支,在传递扭矩时,起固支作用。

• 侧肋 4:接受由前、主、后梁传来的弯矩分量,并认为铰支在前梁和主梁接头处,以双支点梁形式受弯,然后把弯矩转成剪力传给两个接头。

• 2 号前肋:固支在前梁上。

简化后的梁架布置如图 5-78 所示。

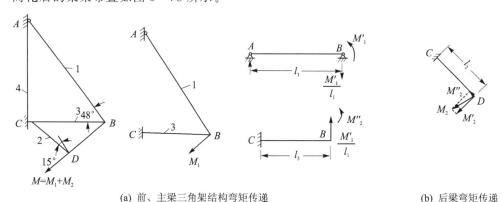

(a) 前、主梁三角架结构弯矩传递   (b) 后梁弯矩传递

1—前梁;2—后梁;3—主梁;4—侧肋;BD—根肋

图 5-78 弯矩 M 的传递

剪力 Q 根据刚度分配分别以 Q_1 与 Q_2 加在前梁 B 点和后梁 D 点上。因前梁与机身铰接,因而近似认为 Q_1 全部由主梁承受,并直接传给机身。Q_2 则由后梁传到主梁 C 点,再由主梁接头传给机身。

弯矩 M 按刚度分配给 B 点的大小为 M_1,D 点的弯矩为 M_2。由于后梁与根肋不垂直,所以 M_2 分成后梁内的弯矩 M_2' 和根肋 BD 内的弯矩 M_2'' 两路向内传递。前梁以双支点梁形式受弯,其中一部分直接传给机身,另一部分加到主梁端点 B 上,由主梁传给机身。M_2' 沿后梁向根部传递,但因后梁与机身不直接相连,且在根部与主梁有一夹角,所以 M_2' 传到 C 点后,一个分量传给主梁再到机身,另一个分量由侧肋承受。由于主梁与机身轴线不垂直,主梁上的所有弯矩在根部接头处都要分成两个分量,分别传给 24 框和侧肋。

扭矩包含了外翼传来的扭矩 M_t 和 D 点的弯矩分量 M_2'',如图 5-79 所示。在根肋处 M_t 按扭转刚度分配给前缘闭室和中闭室,分别为 M_{t1} 和 M_{t2}。M_{t1} 传到根部 2 号前肋处,因与机身无连接,因此在 E 点转化成两个力矩分量,即 M_{t1}^A 传给前梁,M_{t1}' 传给侧肋,再分别传到机身。M_{t2} 由 14 肋转成两种形式的力矩往根部传递。其中 M_{t2}' 以主、后梁腹板上一对剪力形式往根部传递;M_{t2}'' 则由前梁、主梁及侧肋组成的构架承受,然后以前梁和主梁承弯的形式向根部传递。

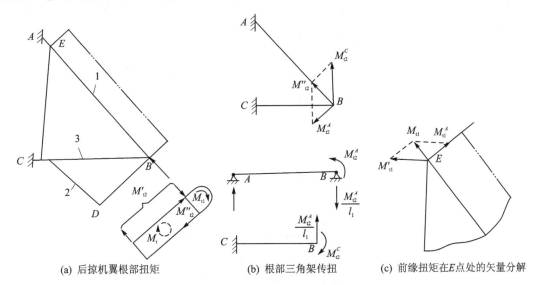

(a) 后掠机翼根部扭矩　　　　(b) 根部三角架传扭　　　　(c) 前缘扭矩在 E 点处的矢量分解

1—前梁;2—后梁;3—主梁;M_{t2}^A—M_{t2}'' 传给前梁的力矩分量;M_{t2}^C—M_{t2}'' 传给主梁的力矩分量

图 5-79　扭矩 M_t 的传递

外翼传来的 M、Q 和 M_t 在根部各构件上的分配求得之后,连同其从根部局部气动载荷、质量载荷等分配到的力,便可绘制出它们的内力图,然后依此进行构件设计。

5.6.3　变后掠翼和前掠翼的结构与传力特点

1. 变后掠翼的结构与受力特点

超声速飞行器广泛采用小展弦比大后掠翼。虽然大后掠翼的超声速阻力较小,但是低速气动效率低,升力特性不好。用低速性能好的大展弦比小后掠翼,又会使超声速性能变坏。变后掠翼可以使飞行器具有良好的高、低速飞行性能。在起飞着陆和低速飞行时用小后掠角,这时展弦比最大,因而有较大的起飞着陆升力和较高的低速巡航效率,机动性好。当它以大后掠角做超声速飞行时,展弦比和相对厚度变小,激波阻力小,对提高速度有利。

变后掠翼(见图 5-80)常用于多用途战斗机、歼击轰炸机和轰炸机,如美国的 F-14、F-111、B-1,俄罗斯的米格-23、图-160 以及欧洲的"狂风"等飞机。图 5-81(a)给出了 F-14 变后掠翼的结构布局。变后掠翼飞机以大后掠角做正常飞行时,由于飞机对突风的响应小,重复性载荷的幅度也小,可以减小结构的疲劳损坏,获得较长的使用寿命,并可改善乘坐品质。

变后掠翼的主要缺点是，活动翼上的载荷传入机身时要经历从分散到集中再到分散的过程，因而结构较重，同时还要增加一些配套设施，使其质量较大。

（1）变后掠翼的设计要求

①合理确定枢轴的位置。变后掠翼面比普通翼面通常多出枢轴及其转动机构。后掠角由小变大时，气动力中心比飞机质心后移量大，因而影响飞机的平衡。适当将枢轴外移，可以减小翼面气动力中心相对于质心的变化。枢轴外移，活动翼缩短，载荷减小，因而活动翼、枢轴及转动机构质量减轻，此时固定翼质量有所增大，但总的来讲，对减轻机翼结构质量是有利的；缺点是变后掠翼的气动优点不能充分发挥。为此，有的飞机（如F-14）在机翼前面装一对可伸缩小翼，活动翼后掠时，小翼伸出，以减少机翼升力后移。

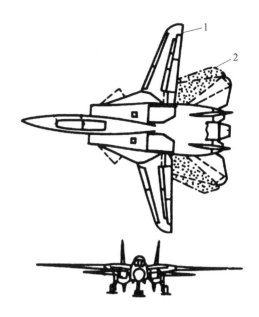

1—机翼前转，后掠角减小；2—机翼后转，后掠角增大

图 5-80　变后掠翼外形

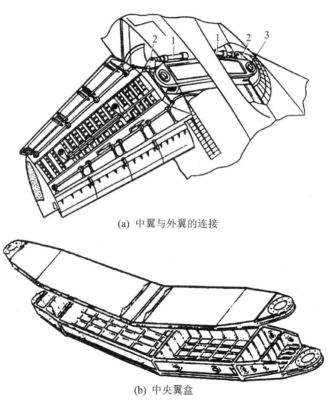

(a) 中翼与外翼的连接

(b) 中央翼盒

1—作动筒；2—连杆；3—枢轴接头

图 5-81　F-14飞机变后掠翼

② 枢轴接头是变后掠翼的关键元件,其强度、刚度、质量、可靠性、破损安全性以及防颤振特性等问题都比普通固定翼更突出、更复杂,设计时需要做大量分析和试验研究工作。枢轴系统承受的载荷大且复杂,尺寸和质量大,常采用高强度合金钢或钛合金制造,并且必须具有破损安全性能。变后掠翼在各种转动位置和不同的装载情况下不得发生颤振。枢轴的间隙不能过大,否则会使机翼的颤振临界速度降低很多。

③ 变后掠翼的转动系统中配有强而有力的助力作动筒,并装设连杆协调机构,以保证左、右活动翼同步转动。为了使活动翼下的外挂在任何后掠角下均保持顺流方向,还需增设一套传动机构。为了容纳活动翼的埋入部分,固定翼内应留有收藏空间,固定翼与活动翼之间的外缘缝隙用弹性封严板密封。

(2)枢轴的形式和受力分析

变后掠翼的外翼展弦比较大,可用薄壁工程梁理论进行分析。中翼一般有与枢轴接头连接的宽度不大的翼盒,因此传力分析集中于外翼上的弯矩、剪力和扭矩是如何传给枢轴接头,再传到中翼的。

枢轴的设计方案很多,一般有导轨槽型、力矩轴承型、滚柱轴承导轨型和垂直销子型等形式。应用最广的是单垂直销子型,目前各国设计的变后掠翼都是采用这种形式,其优点是结构简单,传力路线容易确定;枢轴所占空间小,转动机构简单,活动零件少;结构质量轻。缺点是枢轴受力大,为了便于载荷传递,要求机翼的相对厚度比较大;对传力路线的结构完整性依赖很大。

单垂直销子型枢轴有单剪切和双剪切两种基本形式。单剪切枢轴需用全高度的垂直销来平衡从耳片传来的力矩。双剪切枢轴采用上、下两组叉耳接头和短垂直销,短销受力对称。图 5-82 所示是 B-1 和"狂风"两种变后掠翼的单剪切枢轴。B-1 的每个耳片均由两层板片组成,具有破损安全性能,每一层均能承受规定的破损安全载荷。

单垂直销子型枢轴传力比较简单。垂直弯矩、扭矩和水平剪力均靠上下接头传递。巨大的垂直剪力靠上下耳片挤压传递显然对质量不利,一般都是通过与腹板相连的承剪凸耳及承剪撑杆传递。水平弯矩则由枢轴和转动系统的液压作动筒平衡。

(3)变后掠翼的结构特点

活动翼普遍装有全翼展前缘缝翼、后缘襟翼、副翼和扰流片,还要给操纵系统、管路、电缆等留出铺设的空间,因此用作受力翼盒的空间不是很大,翼盒弦向比较狭窄。为了保证足够的结构刚度,大多采用双梁单块式结构,有的采用多梁厚蒙皮单块式结构,内部为整体油箱。

中翼最常采用的是等厚度盒形结构,如图 5-81(b)所示。其优点是几何形状简单,容易制造;上表面平直,传弯连续;各个翼梁和翼肋尺寸相同,节省制造成本。缺点是翼盒高度小,要用厚加强板承受弯矩;用作整体油箱时体积太小;结构质量较大。F-14 中央翼盒由钛合金加工成形,33 个钛合金机加零件用电子束焊接而成,内部构成两个整体油箱。两端接头上、下各有两组耳片,均按破损安全进行设计。

有的变后掠翼飞机的中央翼采用变厚度组合翼盒,图 5-83 所示的 B-1 轰炸机变后掠翼结构,中央翼盒采用钛合金焊接壁板,本身也是一个油箱。枢轴接头连同加强隔板从两侧焊接到中央翼盒的油箱上。外翼(见图 5-83(b))为整体壁板结构形式,内部是整体油箱。变厚度中央翼盒比等厚度翼盒结构刚度大、质量轻、燃油容量大。这种形式特别适用于翼身融合的气

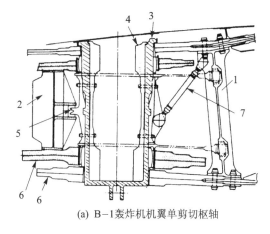

(a) B-1轰炸机机翼单剪切枢轴

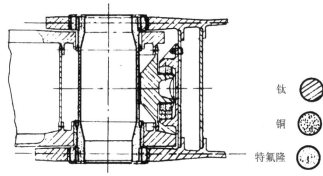

(b) "狂风"多用途战斗机机翼单剪切枢轴

钛

铜

特氟隆

1—中翼（固定）；2—外翼（活动）；3—外销子；4—内销子；

5—垂直抗剪凸耳；6—保证破损安全的双蒙皮；7—垂直抗剪撑杆

图5-82　两种飞机的垂直销子型机翼枢轴

动布局（如B-1轰炸机），不但形状上翼身融为一体，结构也融为一体。整个中翼结构既承受横向的机翼载荷，也承受纵向的机身载荷。

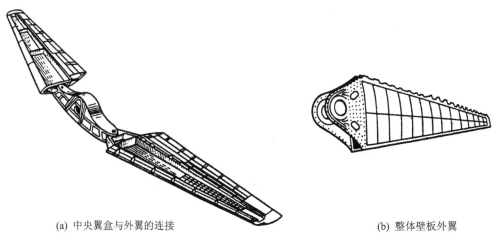

(a) 中央翼盒与外翼的连接

(b) 整体壁板外翼

图5-83　B-1飞机变后掠机翼

2．前掠翼的结构与受力特点

前掠翼可以为飞机的布局设计提供较大的灵活性。前掠翼的翼根区域升力较大，在迎角增大时翼根局部的升力系数最先达到最大值，因此在翼根最先进入失速。这样的失速不会导致飞机失去横向稳定性，因为失速区域未扩展到副翼。前掠翼可以提高飞行安全性，并可以使超声速飞机使用大迎角，提高其机动性。前掠翼飞机能较容易地满足面积律的要求，降低跨声速飞行时的波阻和需用推力。

前掠翼的气动弹性发散临界速度远小于后掠翼。翼面发生弯曲时，前掠翼的迎角会增大，如图 5-84(a)所示，促使翼尖上出现附加升力，从而增大其弯曲，并再次增大迎角，如此进行下去，直到当飞行速度大于气动弹性发散临界速度时翼面破坏为止。对于后掠翼，翼面弯曲的增大会导致迎角减小，因而这种现象出现的可能性降低(见图 5-84(b))。要消除前掠翼上的发散现象，需增大翼面刚度。在使用复合材料以前，增加刚度带来的质量增加很大，以至不能补偿飞机机动性能增加带来的好处。采用经过气动剪裁设计的复合材料，使翼面弯曲时产生减小迎角的变形，从而解决了这一问题。

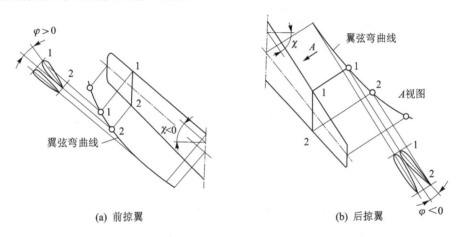

图 5-84　翼面弯曲时翼剖面迎角的变化

前掠翼可以采用与后掠翼相同的承力结构形式，在结构和承载方面与平直翼仅在根部存在差别。除单梁式翼面外，前掠翼的受力形式与后掠翼不同之处在于靠近前梁的壁板在根部承受较大载荷。

图 5-85(a)所示为双梁前掠翼，其翼梁、蒙皮和翼尖肋采用碳纤维复合材料制成。图 5-85(b)所示为带有内撑梁的双梁前掠翼，其翼梁、蒙皮、前缘和后缘都由玻璃纤维复合材料制成。图 5-85(c)所示为带有前掠翼和前置水平翼的 X-29 飞机结构布置图，机翼结构采用了金属翼梁和碳纤维复合材料蒙皮。碳纤维蒙皮的铺层数约为 150 层，这种复合材料结构在机翼弯曲时同时发生减小迎角的扭转，从而使气动弹性发散临界速度增大。图 5-85(d)所示为平面形状为 K 形的前掠翼。由于根部是前掠翼的临界区域，所以将其设计成后掠形。由于速度分量 v_2' 的作用，阻止了附面层从翼面中段向根部流动，使前掠翼的构想得到了实际应用。

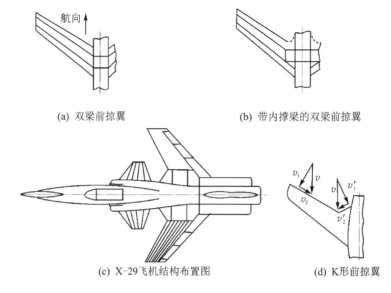

(a) 双梁前掠翼　　　　　　　　(b) 带内撑梁的双梁前掠翼

(c) X-29飞机结构布置图　　　　　　(d) K形前掠翼

图 5-85　前掠翼受力形式

5.7　三角翼的结构特点与受力分析

为了进一步减小波阻,提高飞行速度,高速飞行器需再增加翼面后掠角并减小其相对厚度,这使得翼面的强度、刚度特性更加恶化,结构越来越重。解决这一矛盾的有效措施是采用三角翼。

1. 三角翼的结构特点

三角翼可以看成由后掠翼的后缘填补一块三角形面积演变而来,其后缘或平直或前掠或稍微后掠。三角翼的外形特征是大后掠角(前缘后掠角 χ 在 $55°\sim75°$ 之间)、小展弦比($A=1.5\sim2.5$)、大梯形比(η 可达无限大)以及小相对厚度($\bar{c}=3\%\sim5\%$)。

从空气动力学角度来看,三角翼的优点是超声速阻力小,从亚声速过渡到超声速时翼面压力中心后移量小,这对舵面平衡能力比较差的飞机(如无尾飞机和鸭式飞机)尤为重要。缺点是亚声速飞行时升阻比低、巡航特性不好;只有在大迎角下才有足够的升力系数,所以着陆性能较差。从结构角度看,三角翼的优点明显,首先是因为翼展小,根部面积大,故压力中心内移,使根部弯矩减小;压力中心相对于根部剖面刚心的力臂较小,扭矩也就相应减小;相对厚度虽小,但由于根弦很长,所以根部结构的绝对高度仍然较大,承弯构件的结构效率高,闭室面积大,承扭能力强。所以,三角翼根部的抗弯、抗扭刚度和强度特性都比后掠翼好。另外,由于根部容积大,便于收置主起落架、装载燃料等,因而使用性能提高。

根弦很长和其他一些因素给三角翼的结构设计带来了一些新问题。

① 三角翼根部翼弦长,翼肋容易发生弦向弯曲,翼面垂直于翼弦的刚度较差,影响气流质量,如图 5-86(a)所示。对于中单翼布局,不易做到翼面贯通机身,此时应注意合理设计翼身的连接接头。如果用单纯增加翼肋数量和翼肋刚度的办法,结构质量势必增大,最好的办法是增加翼肋的支点,这就意味着要适当多地安排翼梁或纵墙(见图 5-86(b))。因此,三角翼大

多采用多梁、多墙式结构。

（a）翼肋弦向弯曲　　　　（b）多支点翼肋

图 5 - 86　三角翼翼肋的变形

多梁或多墙式结构可减小翼面纵向承力件的间距，缩小根部壁板参与区面积（见图 5 - 87），对提高承力效率、减轻整体结构质量有利，而且可使结构静不定度增加，安全度和可靠性得到了提高。但连接点增多、梁的质量增大也给机身（弹身）布局和接头的工艺性带来一定困难。

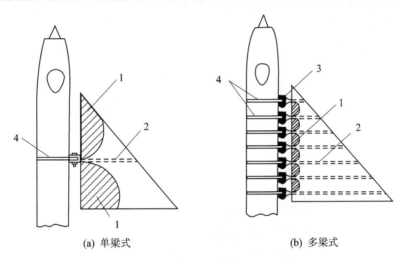

（a）单梁式　　　　　　　　（b）多梁式

1—壁板参与区；2—翼梁；3—与机身连接接头；4—机身框

图 5 - 87　单梁和多梁式三角翼蒙皮受力的比较

② 三角翼梯形比很大，从根部到端部，弦长急剧减小。在相对厚度一定的情况下，翼尖部分结构高度很小，抗弯、抗扭刚度很低。此外，三角翼靠近翼尖的气动力较大，副翼偏转引起的附加气动力也集中在翼尖部分，所以翼尖部分的工作条件对结构非常不利。如果仅仅采用增加蒙皮厚度和纵向元件剖面尺寸的办法来提高刚度，则质量增大较多。通常是在翼尖段采用相对厚度较大的翼型，同时采用单块式结构形式，或与前、后缘一起采用蜂窝夹层结构或其他整体结构等。

三角翼有两种基本结构形式，一种是薄蒙皮多翼肋的多梁式结构（如 F - 15），另一种是带加强筋的整体壁板厚蒙皮少翼肋的多墙式结构（如 F - 16），翼肋顺流放置。按翼梁或纵墙布置方式的不同，又可分为正交（平行）梁（墙）式（如 F - 16、协和号以及 Ty - 114）、聚交梁（墙）式（如 F - 15）和梁架式（如米格 - 21、歼 - 8、"幻影"Ⅲ 和"幼狮"）三种形式，如图 5 - 88 所示。

从受力角度看，正交式比聚交式好，因为梁和隔框在同一平面内，不会有弯矩分量传给侧肋，故传力直接，受力特性好，连接也较简单。从工艺角度看，正交式梁较短，锻制容易；梁和肋正交时直角相连，铆接方便；但翼梁不在等百分线上，缘条外缘是曲面，且有扭转，故加工复杂。

2. 正交梁式三角翼受力分析

多梁式结构是一个多度静不定系统。这里以图 5 - 89 所示的正交梁式结构为例，分析其受力特性。当翼面受载时，假设各梁独立工作，则同一剖面靠后的梁因其外段气动载荷引起的

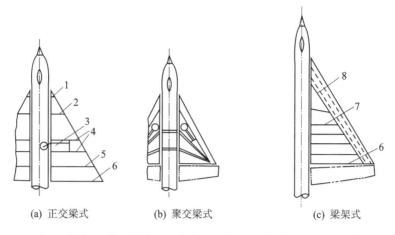

(a) 正交梁式　　　　　　(b) 聚交梁式　　　　　　(c) 梁架式

1—墙；2—前梁；3—起落架开口；4—强梁；5—后梁；6—辅助梁；7—主梁；8—斜梁

图 5-88　多梁式三角翼的布置形式

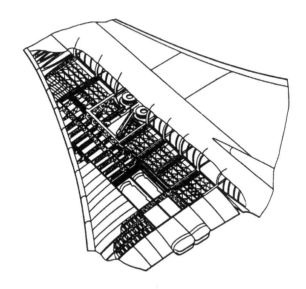

图 5-89　带平行梁的三角翼结构

弯矩会比较大，在其他条件相同的情况下，它们的挠度也会比较大，如图 5-90 所示。然而，实际上翼面是一个整体，且翼面蒙皮有一定的刚度，当梁和梁之间因上述因素产生相对位移时，蒙皮内会产生剪流来协调各梁之间的变形，使其中的长梁卸载，短梁加载。各梁的弯矩近似分布情况如图 5-91 所示。

3. 梁架式三角翼受力分析

当主起落架的支点安装在翼面的受力骨架上时，翼根处常设计成大开口的结构。除开口部分外，根部骨架和蒙皮仍构成翼盒（前盒和后盒）结构。如图 5-92(a)所示为一种梁架式三角翼结构，其后盒处的横梁（内撑梁）给前盒提供支持，而前盒的前梁即是全翼的斜梁，它斜贯整个翼展。横梁与斜梁的连接点为铰接。

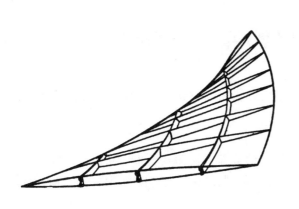

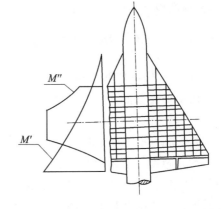

M'—蒙皮无刚度下的弯矩；M''—实际情况下的弯矩

图 5 - 90　略去蒙皮刚度时三角翼各梁的变形　　　　图 5 - 91　正交梁式翼面受力分析

　　图 5 - 92(b)为米格 - 21 翼面结构布置示意图。分析表明，该翼面在空中机动载荷作用下，翼盒正应力最高点位于前盒的前梁与横梁交点处。前梁类似于双支点外伸梁，其剖面弯曲刚度中段强而两端弱。由于对前盒提供支持，横梁一般承受 80% 以上的翼根弯矩，所以又将其称为主梁。前梁等其他梁在根部可以是固支，也可以是铰支。前盒的根部为后掠翼布局，后盒根部是平直翼平行梁布局，结构模型是一个后掠翼盒和一个平直翼盒在连接面处相互约束。这样就可以用一个 3 度静不定(未知力为前、后盒连接处的弯矩、扭矩与剪力)薄壁盒式梁简易模型简单地分析这类翼面的受力系统。

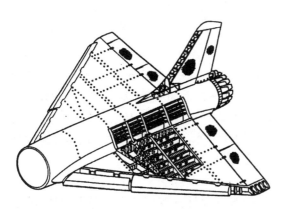

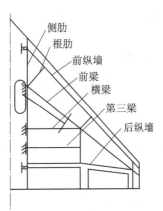

(a) 梁架式三角翼结构俯视图　　　　　　　　(b) 米格-21翼面结构布置示意图

图 5 - 92　梁架式三角翼结构

5.8　翼面结构形式的确定与结构布置

　　此前所述为翼面结构分析的内容。有了这些基础，结构设计人员就可以对翼面结构进行具体的设计。翼面结构设计中，结构形式的确定和结构元件的布置是其中的关键内容，对结构效率、成本以及结构的使用、维护性能有着决定性的影响。翼面结构形式和结构元件布置确定之后,元件的设计工作才能顺利进行。

5.8.1 翼面结构设计的原始依据、工作内容与步骤

1. 翼面结构设计的原始依据

翼面结构设计的原始依据主要包括飞行器气动力布局、总体布局、战术技术指标和使用要求等。

（1）气动力布局外形参数

气动力布局外形参数有：根据总体设计给出的翼面三面图及其平面和剖面参数,主要有翼面积、展弦比、梯形比、后掠角、上或下反角、安装角;翼面翼型及弯度和扭转分布;前、后缘操纵面及增升装置的几何和运动定义。

（2）总体布局参数

影响翼面结构设计的总体布局参数有：翼身相对位置及传力系统布局,中翼是否通过机身(弹身),传弯和传剪的加强框位置及翼身的对接位置;发动机布置和安装位置;翼面内部是否收置起落架,起落架收放形式,收置和放下运动协调数据;翼面外挂物的位置,不同任务剖面的外挂组合,外挂物的惯性数据;翼面是否安置燃油箱,油箱形式、分组和供油顺序等;翼内装置系统、设备的安装,运动协调及维护口盖的设置要求等。

（3）强度、刚度规范及设计参数

其包括由总体设计给出的飞行器主要参数,起飞和着陆质量,强度计算的基本质量;翼载大小,$H-Ma$(高度-马赫数)飞行包线,对称和非对称机动飞行包线,机动过载,飞行质量的限制,安全系数规定,战斗任务剖面及使用计划,强度、刚度及疲劳强度设计规范与检修间隔等要求。翼面使用寿命及遵循的设计原则,$1g$ 应力和工作应力的控制水平等。

2. 翼面结构设计的工作内容与步骤

翼面结构设计分为初步设计(打样设计)和详细设计(工作设计)。初步设计包括对翼面进行构造方案比较、受力系统布局、结构形式选择、主要装载布置、主要结构位置和几何尺寸的综合协调、分离面的布置、主要交点位置的确定以及设计计算等,最后绘出打样图。详细设计的工作内容是在初步设计的基础上完成翼面零、构件设计,画出从零件、构件、组件到部件的全部生产图与装配图,并完成翼面强度、刚度和寿命的全部计算。

翼面结构设计的步骤大致如下：

① 选择结构受力形式和受力系统布局,并布置设计分离面和主要受力构件,确定主要构件材料,初步确定沿展向各剖面纵向元件数量及结构元件的初步尺寸。

② 计算外载荷,绘出控制剖面的受力图,或得到外载分配到结构计算模型中的各节点上的载荷。

③ 对翼面蒙皮分块,确定连接形式和维护检查口盖,协调管道、电缆和附件系统的位置。

④ 布置翼梁、翼肋和桁条,进行结构与系统间的细节协调,确定结构形式,绘制翼面结构理论图。

⑤ 进行翼面强度、刚度、振动、颤振、静气动弹性、噪声疲劳等设计、分析和试验。这些工作在初步和详细设计阶段要进行多次设计迭代。

⑥ 按满足强度、刚度要求的尺寸进行零、组件和部件结构设计,对稳定性和连接结构进行

必要的设计计算,绘制生产图。

⑦ 对关键部位和结构进行疲劳、耐久性、损伤容限设计分析和试验,以确定是否满足战术(使用)技术要求所规定的使用寿命和检修间隔要求。

5.8.2　翼面结构布局设计

实践证明,结构设计是否合理,质量是否轻,很大程度上取决于结构布局设计是否合理。布局确定后,结构的质量水平也就基本确定。结构参数优化设计,只能在小范围内减轻质量。总体设计时就要对翼面结构布局予以考虑,在总体布局完成后进行翼面结构布局设计,并在翼面结构初步设计阶段确定结构布局。

翼面结构布局的工作内容包括:翼面结构形式的选择、结构传力路线的确定、主要受力结构和设计分离面的布置、工艺分离面及主要接合面形式的确定、主要维护方式及口盖布局等。这里重点介绍翼面结构形式的选择及主要受力构件的布置。

1. 翼面结构形式的选择

翼面结构的典型受力形式有梁式、单块式、多墙式等蒙皮骨架式,以及整体壁板和夹层结构,这些典型结构的改进与组合可发展出各种翼面结构。翼面结构形式的选择与多方面因素有关,必须结合飞行器的具体情况综合考虑,然后就几种可行方案进行综合对比分析,选出一种既能满足各项设计要求,又使质量和全寿命周期成本最低的结构形式。

影响翼面结构形式选择的因素有以下几种。

(1) 材料分布

蒙皮骨架式翼面在承受和传递剪力和扭矩时无大差异,但在承受和传递弯矩时则差别较大。梁式翼面主要由梁承受并传递弯矩,承受正应力的缘条面积集中;单块式翼面主要由壁板承受并传递弯矩,承受正应力的面积离散分布;多墙式翼面主要由上、下厚蒙皮承受并传递弯矩,承受正应力的材料沿翼剖面连续分布,分散性比单块式更大;单块-梁式混合翼面承弯材料离散分布,可根据壁板和梁缘条承载的分配比例,确定集中和离散面积。

(2) 翼型厚度和刚度

在翼盒闭室面积相同的情况下,梁式翼面蒙皮薄,扭转刚度小,一般用于相对厚度较大的翼面,低速飞行器较多采用;单块式翼面蒙皮较厚,扭转刚度较高,对提高颤振临界速度有利,可用于大、中、小展弦比翼面,速度较高的飞行器较多采用;多墙式翼面蒙皮很厚,扭转刚度大并以多个闭室承扭,刚度特性最好,一般用于中、小展弦比翼面,通常为相对厚度小的高速飞行器采用。

(3) 提高结构效率

结构效率是指结构的承载能力与其质量之比。结构效率高意味着相同质量结构的承载能力强。根据结构承载情况,选择最适宜的结构形式,才能实现结构效率最高。

从提高结构效率的角度,可根据翼面相对载荷 $M/(H_a B)$ 和有效高度比 $\bar{H}_e$ 这两个参数作粗略定量分析,以帮助确定翼面结构形式。

相对载荷 $M/(H_a B)$ 中,M 为翼剖面所受的弯矩,B 为受力翼盒宽度,H_a 为翼盒的平均高度。近似分析时取 $B=60\%b$,$H_a=80\%H$(其中,b 为翼剖面弦长,H 为剖面最大高度,如图 5-93 所示)。相对载荷 $M/(H_a B)$ 代表壁板以宽盒型梁受力时单位宽度壁板上所受的轴向力。

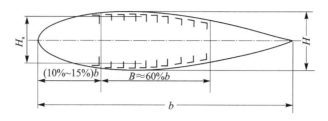

图 5 - 93 典型翼剖面尺寸

假设略去后掠角和梯形比的影响，即认为所比较翼面的后掠角和梯形比的差别不大，估算时把翼面近似简化为平直矩形翼，这样即可得出翼面相对载荷的估算公式。翼面对称剖面上的最大弯矩 M 为

$$M = \frac{1}{2} \frac{G}{S} Sn \frac{l}{4} = \frac{1}{8} \frac{nG}{S} lS \tag{5-16}$$

相对载荷为

$$\frac{M}{H_a B} = \frac{1}{8} \frac{nG}{S} lS \frac{1}{0.8\bar{c}b \cdot 0.6b} \approx 0.26n \frac{G}{S} A \frac{l}{c} \tag{5-17}$$

从式(5-17)可知，翼载 G/S、展弦比 A、翼展 l、过载系数 n 等参数越大，翼面相对厚度 $\bar{c}$ 越小，则相对载荷越大。

有效高度比

$$\bar{H}_e = \frac{H_e}{H} \tag{5-18}$$

式中，H_e——翼面有效高度，为上、下翼面缘条形心间距。

就承压性能看，翼面相对载荷越大，越适合采用分散受力。因分散受力形式，其上、下翼面纵向元件的形心间距大，结构效率比较高；翼面的临界失稳应力与元件剖面面积有关，相对载荷大时，分散受力形式的桁条和蒙皮在各剖面处的面积不致太小，因而不易失稳，也就是 σ_{cr} 不致很小，总体上看是有利的。多墙式相对于单块式结构的材料分散度更大，$\bar{H}_e$ 也更大，因而更为有利。

然而，当相对载荷很小时，若采用分散受力形式，蒙皮与桁条根据 σ_b 确定的面积可能很小，其失稳临界应力 σ_{cr} 可能大大低于 σ_b。如果按 σ_{cr} 确定构件尺寸，从 σ_b 来看，材料利用不充分。这样即使分散受力形式的 $\bar{H}_e$ 较大，但总体上仍是不利的。此时如果采用梁式，由于受正应力的面积集中在梁缘条，其截面积较大，不易失稳；虽然缘条形心离蒙皮内表面的距离较大而使 $\bar{H}_e$ 较小，但总体上还是有利的。特别是当翼面相对厚度较大时，这两种形式 $\bar{H}_e$ 的差值相对于相对厚度较小时的影响小很多。

综上所述，如仅就相对载荷和有效高度比两个参数分析，对于梯形比在1～4之间的平直翼和后掠翼，一般可按下述条件选择结构形式：

① 当 $M/(H_a B)$ 较大、$\bar{H}_e$ 较小时，适宜采用多墙式和夹层盒式结构；

② 当 $M/(H_a B)$ 较大、$\bar{H}_e$ 也较大时，适宜采用单块式和整体壁板结构；

③ 当 $M/(H_a B)$ 较小、$\bar{H}_e$ 较大时，适宜采用梁式和夹层板式结构。

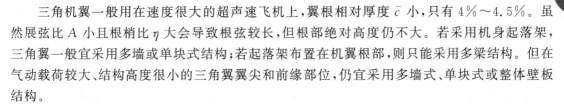

三角机翼一般用在速度很大的超声速飞机上,翼根相对厚度 $\bar{c}$ 小,只有 $4\%\sim4.5\%$。虽然展弦比 A 小且根梢比 η 大会导致根弦较长,但根部绝对高度仍不大。若采用机身起落架,三角翼一般宜采用多墙或单块式结构;若起落架布置在机翼根部,则只能采用多梁结构。但在气动载荷较大、结构高度很小的三角翼翼尖和前缘部位,仍宜采用多墙式、单块式或整体壁板结构。

（4）提高受压破坏平均应力与翼面载荷指数的概念

结构设计的目标是在满足各项设计要求的前提下,使所设计的结构质量最轻。静强度要求是结构设计最基本的要求,一般情况下都是在满足结构静强度要求的前提下进一步去满足其他设计要求。减轻结构质量的一个主要方面是提高结构的效率。

上翼面主要受压,下翼面主要受拉。受拉结构的设计许用值（金属材料）或设计值（复合材料）取决于材料的受拉强度极限及环境因素,受压结构的设计许用值或设计值则取决于结构的压缩破坏强度及环境因素。由于飞行器结构大多是薄壁结构形式,结构压缩以失稳为主,其受压破坏强度一般低于材料的压缩强度许用值,因此结构设计的许用应力/应变也就主要取决于受压面可用设计值（包括设计许用值和设计值）。受拉结构主要通过疲劳、耐久性及损伤容限设计来提高其承载能力,受压结构则通过结构稳定性研究来提高受压可用设计值,从而提高其承载能力。因此,在结构形式选择和主要受力构件的布置中,可先按稳定性要求初步确定最小质量布局,然后用疲劳、耐久性及损伤容限分析检查受拉翼面,进一步用其他约束检查修改整个翼面结构的设计结果。

目前结构设计采用的准则是,限制载荷下的工作应力/应变小于受压可用设计值,极限载荷时的工作应力/应变小于强度极限值 σ_b/设计许用应变,这样不至于使结构设计得太重。

将翼面弯矩的作用和几何特性结合起来可以定义翼面载荷指数 p 的概念。

$$p = \frac{M}{k_h H_a^2 B} \tag{5-19}$$

$$k_h = \frac{h}{H_a}$$

式中,h——翼盒上、下壁板形心间的距离。

基于结构稳定性研究和经验统计,翼面载荷指数 p 和翼面相对厚度 $\bar{c}$ 两个参数的粗略定量分析结果,可以帮助确定翼面的结构形式。

① 当载荷指数 p 在 $1\sim10$ MPa 之间,而翼面相对厚度 $\bar{c}$ 在 $4\%\sim10\%$ 之间时,选择梁式、单块式和整体壁板结构在质量上有利;

② 当载荷指数 $p>10$ MPa,而翼面相对厚度 $\bar{c}<6\%$ 时,选择多墙式和夹层盒结构在质量上有利;

③ 当载荷指数 $p<1$ MPa,而翼面相对厚度 $\bar{c}>10\%$ 时,选择夹层板结构在减轻质量上有利。

（5）翼身相对位置及机身（弹身）空间布置

翼身相对位置及机身（弹身）的内部布置会影响到翼身的对接形式,进而影响翼面的结构形式（主要在翼根部分）。对于中单翼布置,当翼面不允许贯穿机身（弹身）时,选择梁式结构,则与机身（弹身）侧边集中连接既方便又简单。

单块式和多墙式翼面从传力有利看,最好将左、右翼面做成整体贯穿机身（弹身）,将中央

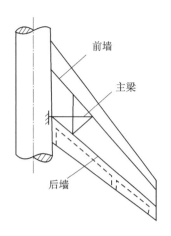

前墙

主梁

后墙

图 5－94 集中传力的

单梁式（根部）翼面结构布局

翼与机身(弹身)固定,一般多用于上单翼或下单翼布局。但大多数战斗机为中单翼布局,由于机身内部布置的限制,机翼往往难以贯通机身;此外,像 F－104 和 F－16 等多墙式结构的外翼有十几根墙,若在机身侧边与机身连接则要布置十几个接头和相应的框对接,这对于全机结构质量不利,对机身内部布置也可能造成困难,因而 F－104 在翼根部由 13 根墙转成多梁式结构（5 根梁）。有的单块式翼面到根部也转成多梁式（如歼－7）或梁架式（如米格－15 和歼－6）结构,如图 5－94 所示,这样只需几个接头与机身相连。

翼身的对接点数也不宜太少,因为对接点多,传力路径就多,容易实现破损安全设计。如图 5－95 所示 F－16 外翼的 11 根墙到根部转成 4 个传弯接头与机身连接。如果某一接头失效,其余 3 个接头还有一定承载能力。反之,如米格－17、歼－6 等机翼根部转成梁架式结构,根部只有主梁接头能传弯,其所用材料为断裂韧性较差的 30CrMnSiNi2A 高强度合金钢,裂纹扩展速率高,主梁一旦断裂就会造成灾难性事故。由于结构形式的转换,上述翼面势必会有过渡区的承弯构件(壁板或厚蒙皮)处于参与区而不能充分利用,使质量可能有所增加。有时这是不可避免的,从全局看,这可能是更合理的结构布局。

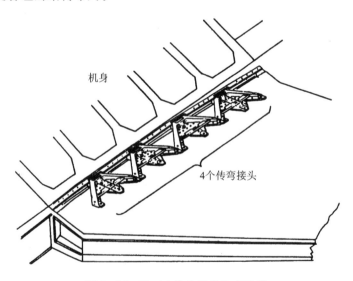

机身

4个传弯接头

图 5－95 F－16 战斗机多交点配置

（6）空间和开口总体布局

梁式翼面梁间距较大,便于利用其中的空间,也便于开口,而不破坏弯矩和剪力的传递路线,仅要为扭矩传递进行补强。而单块式和多墙式翼面开口后,破坏了弯矩的传递路线,开口补强引起的质量增大较多。如果起落架固定于翼面,并需全部或部分收置于翼盒内,则翼面壁板必须开口,此时就应采用梁式结构;有时翼面外段采用单块式,固定和收置起落架区的内段采用梁式,如图 5－94 所示。中、小展弦比翼面根弦很大,开口区以外仍可保留大部分翼盒,故不必采用梁式结构。

（7）变后掠翼的布局特点

美国的 F - 14、F - 111、B - 1 以及俄罗斯的米格- 23 均采用变后掠翼,如图 5 - 80 所示。F - 14 的可动外翼处于平直位置时,$A=7$;高速飞行时,$\chi = 65°$,$A = 2.6$。变后掠翼飞机能在较宽的速度范围内飞行,机翼结构形式应兼顾各种速度和平面形状下的气动载荷和结构受力特点,它们的相对厚度比相同速度的一般超声速飞机的大。翼面可动部分可采用多墙式或单块式结构,中央翼可用钛合金焊成的等截面盒形梁(见图 5 - 81),以承受各种载荷。从结构损伤容限看,变后掠翼有其不足之处,特别是单路传力的转动枢轴,必须采取一系列措施保证飞机的安全性,因此结构设计难度大,质量也较大。

2. 翼面结构布置

翼面结构布置中要具体确定翼梁、墙、加强肋、普通肋、桁条以及蒙皮等主要受力构件的布置方式、数量和位置。结构布置中涉及与翼面连接的其他部件(发动机和主起落架)、附翼(副翼、襟翼、缝翼和扰流片等)及操纵机构、内载和外挂(燃油箱、武器装备)等的安排,还与机身(弹身)的部位安排、翼面设计分离面及对接方式等有关。因为要综合考虑载荷、强度、刚度、使用维护和工艺等方面的问题,因此要不断地与有关部门协调,经多次迭代后才能确定最终的布置方案。

（1）梁与墙的布置

无论是单块式、梁式还是混合式翼面都要设置翼梁。梁是翼面的主要纵向元件,主要承受剪力和弯矩。大展弦比单块式翼面一般设置 2 或 3 根翼梁,如图 5 - 96～图 5 - 98 所示;小展弦比翼面多为多梁式结构,如图 5 - 22 和图 5 - 99 所示。梁式翼面常布置 1 根梁和 1 根纵墙,

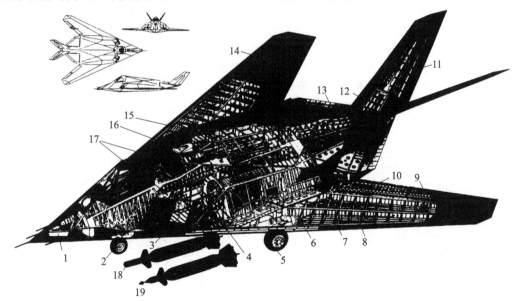

1—机头电子设备舱;2—前起落架;3—武器舱门(打开);4—左侧武器舱;5—主起落架;

6—多螺栓翼根连接点;7—复合材料前缘;8—三梁抗扭翼盒结构,机翼整体油箱;

9—升降副翼;10—复合材料后缘;11—复合材料方向/升降舵;12—V形尾翼;13—扁宽的发动机排气口;

14—涂有吸波材料(RAM)的蒙皮;15—机背油箱;16—上仰的空中加油插孔;17—左、右侧进气道;

18—采用 BLU - 109 穿透弹头的 GBU - 27 炸弹;19—GBU 型激光制导炸弹

图 5 - 96 F - 117A 隐身战斗/攻击机构造

或2根梁或多梁,或从多梁过渡到1根梁,把气动力载荷集中到梁上,并传给机身(弹身)。梁和蒙皮(有时还有墙)构成单闭室或多闭室抗扭翼盒,翼盒密封后常用作整体油箱。

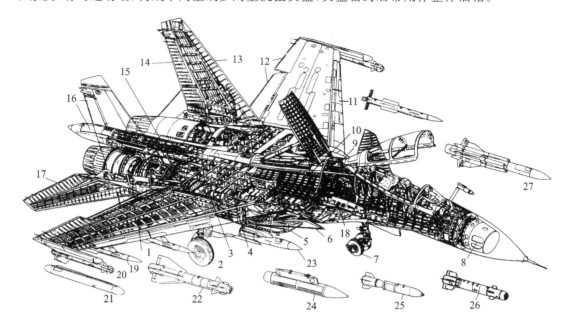

1—机翼整体油箱;2—主起落架;3—外翼与中央翼连接处;4—中央翼结构(油箱);
5—进气道;6—前翼;7—前起落架;8—装有多功能雷达的头锥;9—设备舱;10—前油箱;
11—前缘襟翼;12—后缘襟副翼;13—垂直安定面;14—方向舵;15—尾部油箱;
16—减速伞舱;17—全动平尾;18—机炮;19—PBB-AE空空导弹;20—P-73空空导弹;
21—电子对抗吊舱;22—X-29T空对地导弹;23—X-31Π反雷达导弹;24—ΠK-9吊舱;
25—航空混凝土穿破炸弹;26—KAB-50KP电视制导炸弹;27—X-31A反舰导弹

图 5-97　苏-30MK 战斗/攻击机构造

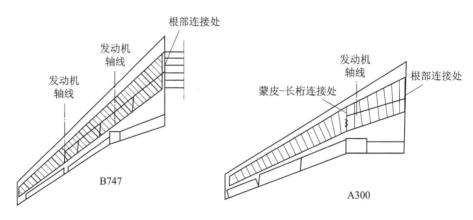

图 5-98　B747 和 A300 的梁、肋布置

有些翼面布置有墙,其根部一般与机身(弹身)铰接,它可与梁、蒙皮一起构成闭室承扭;在多墙式结构中它承受翼面的剪力和扭矩。对于采用薄蒙皮的单梁式小型低速飞机机翼,墙则是构成闭室不可缺少的元件。

在初步设计阶段,根据增升装置及副翼的悬挂设置、各系统的初步布置情况,以及受力和传力的初步分析结果,把梁和墙的布置初步确定下来。梁要尽可能布置在剖面高度较大的部位,这样既有利于减轻质量,也有利于提高翼面的强度和刚度。翼梁最好沿展向等百分比线布置,使梁缘条外表面保持单曲面,否则会有扭曲,加工困难。如果采用垫条,则会影响结构高度的充分利用。

前梁应根据前缘有无增升装置、增升装置的形式以及前缘防除冰要求等进行布置。在保证各种要求的情况下,应尽量把前梁布置在翼弦长 15％左右的位置。后梁应根据后缘襟翼、副翼、扰流片和阻力板面积的大小及其安装空间,以及操纵机构的情况进行布置。后梁一般位于翼弦长的 55％~60％处。

单梁式翼面一般把翼梁布置在翼剖面最大高度附近,而后缘襟翼和副翼都悬挂在后墙上。三梁布局中的中梁一般也设置在翼剖面最大高度附近。在实际设计中,通常很难完全按照上述原则安排梁的位置。如为了收置主起落架,常常不得不让出高度最大的位置;又如为了增大抗扭翼盒的闭室面积,需加大前、后梁的间距,从而使前、后梁结构高度降低。有的翼面为了在前缘安排炮弹舱,而将前梁与前缘平行布置,或者为了扩大起落架舱而将根部一段前梁向前转折。这些情况下还不得不放弃等百分比线布置原则。

以图 5-99 所示的歼-7 翼面为例,其前梁和主梁位置主要取决于起落架转轴的位置,在前、主梁之间为收置起落架还留出一个三角形空间,其下翼面为开口(带不受力舱门)。前梁前面和主梁后面各设置了整体油箱,后墙主要用于与副翼、襟翼连接,而在后墙之前安排了油箱隔板梁,两者之间的空间用于安排襟翼作动筒和液压管道。这种布置有利于减小后盒段因单块式转为多梁式时壁板上的参与区。为了承受三角翼前缘较大的气动载荷,布置了一根纵贯整个前盒的前墙对其进行加强,同时也作为前油箱的隔板。由此例可见,梁和墙的布置与很多

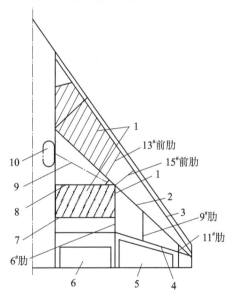

1—整体油箱;2—前梁;3—前墙;4—后梁;5—副翼;6—襟翼;7—隔板梁;
8—主梁;9—主起落架支柱;10—主起落架机轮

图 5-99　歼-7 机翼构造

因素有关,是综合平衡各种因素影响的结果。

(2) 翼肋的布置

翼肋包括普通翼肋和加强翼肋。后掠翼的翼肋有顺气流布置和正交(指垂直于某一梁)布置两种(见图 5 - 100),或两者的混合布置(见图 5 - 101)。

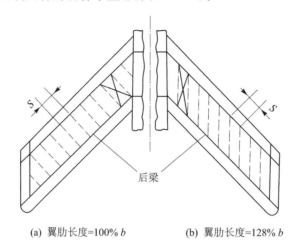

(a) 翼肋长度=100% b   (b) 翼肋长度=128% b

图 5 - 100 翼肋布置比较

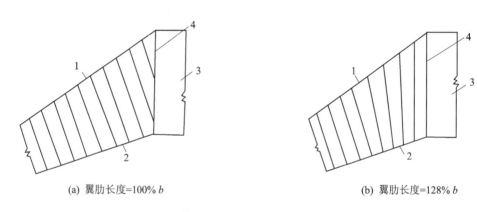

(a) 翼肋长度=100% b   (b) 翼肋长度=128% b

1—前梁;2—后梁;3—中翼;4—侧肋

图 5 - 101 顺流和正交翼肋的混合布置

顺气流翼肋一般用于平直翼、三角翼(见图 5 - 22 所示的"阵风"战斗机)以及蒙皮较厚、翼肋对蒙皮支持作用较小的多墙式翼面,或翼面的局部区域,如 A300 机翼到根部逐渐由正交肋转为顺气流肋(见图 5 - 98)。顺气流翼肋对维持翼剖面形状较好,为传递根部扭矩只需一个加强肋,在肋距相同时,顺气流肋比正交肋数量要少。如图 5 - 100 所示,在 S 相同的情况下,顺气流肋的总长度将增加 28% 左右(具体值与后掠角大小有关),结构质量会有所增大。对于非平直翼,顺流肋的上下缘外表面有扭曲,肋与桁条、梁等纵向元件不垂直相交,制造和装配成本将有所提高;翼肋和桁条划分的蒙皮格子由于其中一条对角线较长,受剪稳定性较差。因此,顺流肋在大后掠翼上用得不多,而主要采用正交肋,如图 5 - 96 所示的 F - 117A、图 5 - 97 所示的苏 - 30MK 和图 5 - 98 所示的 B747 等。

正交肋的优、缺点恰好与顺气流肋相反。翼面前、后缘肋大多采用正交肋,其与主翼盒连接方便,结构制造也方便,还便于前、后缘装置(缝翼、襟翼)和副翼的设计与固定。

翼肋间距可按蒙皮格子的临界应力大小确定,也可按桁条总体和局部失稳临界应力相等的要求确定。初安排时可以参考原准机和统计数据确定。据统计,最佳肋距在 500 mm 左右;对于小型飞机肋距约为 300 mm,中型飞机约为 600 mm,大型飞机约为 800 mm。肋距小可使临界应力提高,壁板质量会有所减小,但肋的总质量将会有所增大。最佳肋距应是翼肋、壁板质量之和最小时的值。当壁板和翼肋的总质量相近时,一般取大肋距,因为大肋距可使下壁板的剖面积适当增大,以减小下表面工作应力,从而降低疲劳的危险性。翼平面尺寸和厚度沿展向逐渐减小,所以,最佳肋距也是沿展向变化的。一般肋间距随翼盒厚度增大而增加,在翼面根部区域肋距最大。

加强翼肋应根据结构安排和连接点集中力的大小进行布置。有集中载荷的部位应考虑设置加强肋,如翼面各段对接处、襟翼和副翼的悬挂和支撑点、发动机架安装点、起落架安装点、外挂悬挂点等。歼–7 机翼的 6、9、11 肋上固定有襟翼或副翼的悬挂接头,13 前肋上连有特设挂架,同时还承受位于 13 和 14 前肋之间主起落架转轴支座传来的载荷。结构不连续处应布置加强肋,包括开口区两端、舱门开口两侧、结构形式改变、受力构件布置变化处(如梁有增减、梁和桁条轴线转折等),歼–7 的 15 前肋和 6 肋就属于因结构变化而布置的加强肋。

普通翼肋的安排要与加强翼肋的布置协调。应尽量考虑翼肋的综合利用,设计成具有双重或多重功用肋。如支撑起落架的翼肋同时又支撑襟翼导轨,在地面时襟翼无载荷,在空中时起落架无载荷。从受力的角度看,多墙结构可不安排普通肋,主要在机翼两端和各集中载荷处布置加强肋。

(3) 翼面壁板结构的布置

现代大多数飞行器的翼面都采用单块式、多墙式厚蒙皮骨架式结构,翼面结构占整个翼面质量的 50%～70%,设计时应尽可能使它具有最大的承载效能。上翼面结构主要受压,设计重点是防止失稳;而下翼面结构主要受拉,设计重点是抗疲劳和提高损伤容限能力。为此,下壁板一般选用静强度较低,而疲劳和断裂性能好的材料,同时要控制应力水平,其容许的拉应力往往低于上翼面的最大压应力,故一般下翼面较重。

壁板有桁条–蒙皮铆接式和整体壁板两种。在整体油箱区大多采用整体蒙皮或整体壁板,以便于密封。

1) 铆接壁板

铆接壁板中的桁条布置方式有两种:聚交式和平行式(见图 5–102)。聚交式按等百分比线布置,此时桁条本身无扭曲,制造方便;平行式沿翼展平行于前梁或后梁布置,会使桁条扭曲,影响装配,但当翼面蒙皮较厚时影响不严重。设计时应遵循沿展向和弦向等强度分布材料的原则,翼面各剖面桁条的面积应从翼根到翼尖逐渐减小;也可沿弦向改变桁条间距,减少桁条数量,甚至改变形状;或改变桁条牌号,使用不同桁条的组合。平行式布置会自动切断某些桁条,但在桁条终止处要精心进行细节设计,以免提前产生疲劳裂纹。

桁条的数量与桁条间距相关,桁条间距根据蒙皮失稳临界应力确定。初步布置时,可根据统计资料或参考原准机确定间距。一般小型飞机桁条间距为 60～100 mm,中型飞机为 100～140 mm,大型飞机为 140～200 mm。上翼面受压载荷情况严重,所以一般上翼面桁条数量比下翼面的多,即上翼面桁条间距比下翼面小。桁条数量还与蒙皮总剖面面积和桁条总剖面面积比有关。翼盒蒙皮总剖面面积与桁条总面积比一般在 11∶9～7∶3 之间,较佳的比例为 3∶2。

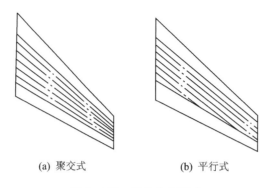

(a) 聚交式　　　　　　　(b) 平行式

图 5-102　桁条布置形式

2) 整体壁板

整体壁板的蒙皮与筋条(相当于桁条)是一个整体,大大减少了紧固件的数量与装配时间,有利于整体油箱密封,且翼表面更光滑。它可以是复合材料整体壁板,也可由金属材料机加成不同厚度,较易实现等强度设计,总体上是一种质量轻、强度高的结构形式。

3) 蒙皮厚度与分块

在不同部位根据应力大小需要不同厚度的蒙皮,或因加工条件限制,只能加工出一定长、宽的蒙皮,所以一般要对蒙皮分块。实际上,每一个蒙皮接缝还相当于一个损伤抑制器,翼面蒙皮内的弦向裂纹在弯矩引起的拉应力作用下扩展时,可利用蒙皮分块的边界与对接缝处的加强桁条阻止损伤进一步扩展,以保证结构的剩余强度。

现代飞行器翼面大多采用复合材料结构,由于复合材料的成形工艺及其损伤特点,蒙皮从翼根到翼尖不分块,如 B787、A350XWB 等的机翼采用整体蒙皮壁板(见图 5-23),绝大多数巡航导弹翼面设计成整体复合材料夹层结构。

(4) 翼身连接形式的确定

翼身连接设计是飞行器结构设计中最重要的环节之一,连接接头是耐久性和损伤容限设计最重要的关键件之一。翼身连接大多为固定连接;变后掠翼则通过枢轴与中央翼相连,为可动连接。当有中央翼穿过机身(弹身)时,翼面一般主要用几个铰接接头(如销子或角盒)与机身(弹身)相连,并配合其他一些辅助连接。

大多数战斗机为中单翼布局,往往因空间限制不能布置中央翼,此时翼面通过几个集中接头与机身相连,其中至少要有一个固接接头和一个铰接接头,但交点数不宜太少,因为单梁单墙连接传弯为单传力途径,对于破损安全不利。但交点数过多,则对结构协调、结构质量和装配不利。

(5) 集中载荷作用处加强构件的布置

当翼面上作用有沿机体总体坐标系各个方向的集中力 P_x、P_y、P_z 和力矩时,应布置加强构件。如图 5-103 所示为"喷气校长"式教练机翼面构造,其为单梁式平直翼,主起落架连接点在前梁之后,沿展向向内收置。为此,在连接处布置了加强肋 AD 用于承受 P_y 和 P_x。后墙因与机身铰接,由 AD 肋传到它上面的垂直载荷所引起的弯矩只能向翼面外侧倒传,通过 ABCD 盒段蒙皮壁板受剪传给主梁,因此该盒段要适当加强,如图 5-103(a)所示。为了承受起落架侧向力 P_z 及其引起的 M_x 作用,在 AD 肋外侧沿展向布置一辅助短梁,将其传给前梁,如图 5-103(b)所示。

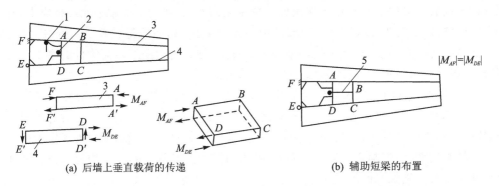

（a）后墙上垂直载荷的传递　　　　　　　（b）辅助短梁的布置

1—起落架侧向杆连接点；2—起落架主接点；3—主梁；4—后墙；5—辅助短梁

图 5-103　"喷气校长"式教练机翼面

B707 飞机翼面为单块式结构，主起落架的转轴支座布置在主翼盒之后。此处受力构件布置的要点是将起落架载荷向前传到主翼盒段上。为此，布置了一个由图 5-104 中的构件 1～5 和 9 组成的抗扭盒，并沿构件 4 向前在壁板上加海狸尾加强板 10，在后梁 1 的腹板上加角形加强支柱 7。当转轴受有起落架 P_y 力时，以 P_{y1}、P_{y2} 分别传给 5 和 3 两个模锻件，前模锻件 5 因与上、下蒙皮不连，故受 P_{y1} 后以双支点外伸梁形式向构件 4 和后梁（构件 7 所在处）传递；后模锻件 3 上的 P_{y2} 向构件 4 传递，其偏心矩由后模锻件传给抗扭盒，再向前传给主翼盒。

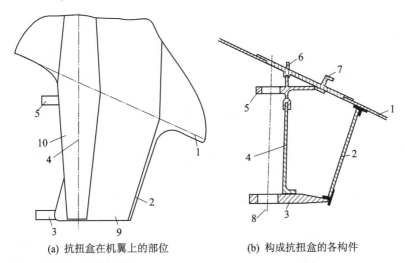

（a）抗扭盒在机翼上的部位　　　　　　　（b）构成抗扭盒的各构件

1—后梁腹板；2—5 号肋延伸段；3—带后轴承的模锻件；4—4 号肋延伸段；5—带前轴承的模锻件；
6—4 号肋；7—后梁腹板加强件；8—起落架支柱转轴轴线；9—壁板；10—海狸尾加强板

图 5-104　B707 飞机主起落架抗扭盒

5.8.3　受力构件的布置原则

为使结构布置得合理，必须遵循以下几条原则：

① 必须确保翼面上的所有各种载荷顺利可靠地传向机身（弹身）。结构能否承载，载荷能否顺利传递，取决于结构安排、受力件布置、构件的构造、构件间的连接等是否合理，是否符合受力、传力的基本原理。要特别注意结构不连续处的构件布置，如开口处、结构形式变化处、梁

和桁条的轴线转折处等。在集中力作用处布置相应构件,必要时增加辅助元件将集中力扩散。

② 受力构件布置要力求简练。一般来说传力越直接,结构质量越轻,设计时应尽可能缩短传力路线,利用静不定结构载荷按刚度分配的特点,增大传力路线较短构件的刚度及支持刚度,使载荷更多地通过该构件传递,以利于减轻质量。

③ 加强构件布置应尽量做到综合利用。有些载荷不是在同一时间作用的。例如一个加强肋同时支撑起落架和襟翼导轨,当飞机接地时襟翼上没有载荷,而空中飞行时起落架没有载荷,这样一个加强肋两种用途,可有效减小结构质量。又如将整体油箱端肋置于发动机短舱支架及襟翼导轨支架处,使加强肋发挥多重功用。即使载荷同时作用,一个构件加强所增加的质量也比几个构件分别加强的增重少。

④ 受力构件布置要有全局观。翼面受力构件布置时,必须通盘考虑整个飞行器结构,使翼面、机身(弹身)的总结构质量或全寿命周期成本最低,即在布置翼面时,要同时考虑由其引起的机身(弹身)结构与质量特性的变化。此外,如桁条间距与蒙皮厚度、壁板承载能力与肋距等应综合考虑。

⑤ 关键受力构件布置时要进行损伤容限设计。受力构件布置可从多方面采取损伤容限设计措施,如多传力途径,蒙皮分块和桁条布置时结合止裂考虑,复合材料结构设计值确定时考虑损伤情况,增加结构的可检查度。为增加结构的可检查度,需在关键构件或其附近布置检查维修口盖,这对改善结构的使用维护性也是必要的。但要注意口盖的布置应力求避开主传力路线。

⑥ 改善结构工艺性和使用维护性。构件布置除尽量有利于其本身的制造外,还应有良好的工艺通路,便于装配。要注意结构的可达性、开敞性,留出人员的维修通道等。

⑦ 构件的布置与设计应兼顾可实现性和先进性,注意采用新结构形式、新材料与新工艺。

5.9 翼面结构元件设计

翼面结构元件设计一般先通过初步设计计算确定出主要翼剖面元件的主要尺寸,如梁、桁条截面尺寸和蒙皮厚度等。根据所确定的结构形式和受力元件布置情况,取较为简单的简化模型,以静强度作为基本要求,通过相应的计算方法得到元件的初步尺寸。

接着将进行元件的详细设计。静强度要求是结构设计最基本的要求,对一些承受拉伸或弯曲作用的关键构件,有时宁肯牺牲一些静强度指标,也要选取裂纹扩展速率低、断裂韧性高的材料,以改善结构的损伤容限特性。元件详细设计包括选择最佳的构造形式和剖面形状,通过设计计算确定全部尺寸,并完成其内部构造的设计,包括构件间的连接设计(如梁的缘条与其腹板,蒙皮间的连接,梁、肋与副翼、襟翼的连接设计等),确定构件制造和零件加工要求等。设计时既要使构件效率高,还要使关键件有良好的损伤容限特性,应从结构细节精心进行设计。

合理选材也是元件设计的一项重要内容,应选择比强度、比模量高的材料。对于金属结构,上翼面主要承受压缩载荷,疲劳问题就不突出。厚蒙皮不易失稳,受压许用应力会比较高,为提高结构的承载能力,可选择 LC-4 等高强度的铝合金。如美国 F-4 的上翼面就选择了7075 铝合金,根部蒙皮厚度达 23 mm,受压应力水平可达 300 MPa。如果上翼面屈曲载荷比较低,可选择 LY-12 等高模量的铝合金。如米格-21 的上翼面就选用了 LY-12 铝合金,蒙皮厚度为 2 mm,应力水平只有 100 MPa。民用飞机翼面疲劳问题比较突出,上、下翼面蒙皮一般都选用抗疲劳性能好的铝合金,如 LY-12。

翼梁缘条多采用钢材,这样可以减少截面积,提高缘条的形心距离。接头部位选用钢材料也可以减少空间占用。钛合金也常被选为翼面主要受力部位的材料,欧洲的"狂风"、苏联的苏-27战斗机主翼盒都采用了钛合金,并取得了很好的减重效果。

复合材料是理想的翼面结构材料,其比强度、比模量高,可设计性强,气动弹性剪裁设计大大优于金属材料,且疲劳性能、隐身性能都比较好,已成为新一代飞行器结构的主要材料。美国的 F-22 和 B-2、欧洲 EFA-2000 飞机的翼面都选用复合材料作为主要结构材料。

5.9.1 翼梁设计

翼梁是翼面的主要承弯承剪构件,在梁式翼面中占整个翼面质量的 20%～50%,在单块式翼面中占 7%～11%。其设计要求是在保证强度、刚度的前提下质量尽可能轻,因此,需要将缘条材料置于远离其中性轴的位置,以增大梁的剖面惯性矩。此外,还要选用合适的结构形式,采用比强度高、抗拉与抗压破坏应力接近的材料,并在设计中尽量减少钉孔对材料的削弱,尽可能提高受压缘条的临界应力,以及沿梁的长度方向进行等强度设计等。

常用的梁剖面形状如图 5-105 所示。

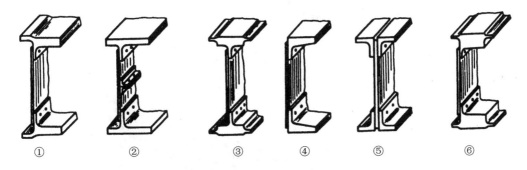

①   ②   ③   ④   ⑤   ⑥

图 5-105 翼梁的典型剖面形状

翼梁有以下几种结构形式。

1. 构架式

相当于平面桁架结构,其缘条、支柱、斜支柱等以轴力方式承受剪力和弯矩,如图 5-106(a)所示。构架式梁零件多、制造复杂,没有或只有很少的超静定度,安全性低,不能用于构成整体油箱,现已很少采用。

2. 腹板式

缘条以承受轴向拉、压方式承弯,腹板承剪。现代飞行器翼面普遍采用腹板式梁,它构造简单,受力特性好,还可作为整体油箱的隔板。

从构形上又可将腹板式翼梁分为组合式梁和整体式梁。

① 组合式梁。由缘条、腹板、支柱等元件装配而成,如图 5-106(b)所示。腹板一般是平板,复合材料翼梁可用波形板。支柱的作用是提高腹板的临界剪应力并连接翼肋。组合式翼梁缘条剖面面积和形状的确定可参考桁条设计。由于梁的大部分质量集中在缘条上,因此应注意增大上、下缘条的形心间距,以减轻质量。例如可把缘条适当做得薄一些但宽一些,如图 5-105②所示;为了减少铆钉孔对缘条的削弱,可在受拉区缘条两侧伸出两个薄翅,在保证

强度的条件下,将与铆钉连接部分的缘条减薄,如图5-105③和⑥所示。

②　整体式梁。用锻铝合金、钛合金或高强度合金钢模锻成毛坯铣制而成,也可以是复合材料整体翼梁,它们已被用在超声速薄翼上,如图5-106(c)所示。整体式翼梁的优点是刚度大,能更好地满足等强度要求,连接件少,质量轻。缺点是腹板最小厚度受模锻工艺限制而使质量轻的优点不能充分发挥,所以受载不大的梁不宜采用这种形式。此外,整体梁的长度因受锻压设备功率和尺寸的限制常需分段制造,也使质量增大。还有一点,整体梁的破损安全特性比组合梁差,当用高强度合金钢制造时,这一缺点更加突出。为了弥补这一缺点,有的梁在腹板靠下约1/3处沿展向胶接一条钛金属带,或者加工出一条止裂筋来阻止裂纹扩展;止裂筋与上缘条构成的传力通道能承受规定的破损安全载荷。A300机翼就是在靠近下表面的翼梁腹板上,胶接一条钛金属带来减缓或阻止裂纹的扩展。

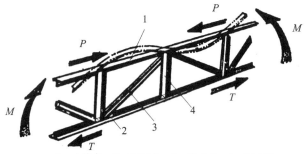

1—上缘条；2—下缘条；3—斜支柱；4—直支柱
(a) 构架式翼梁

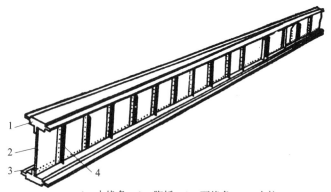

1—上缘条；2—腹板；3—下缘条；4—支柱
(b) 组合式翼梁

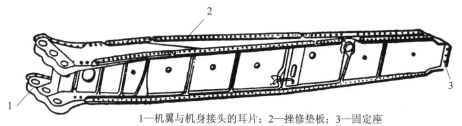

1—机翼与机身接头的耳片；2—挫修垫板；3—固定座
(c) 整体式翼梁

图5-106　梁的构造形式

从受力状态上可将腹板式翼梁分为抗剪梁和张力场梁。

① 抗剪梁。腹板受剪时不允许失稳,否则就意味着翼梁破坏。

② 张力场梁。腹板可以失稳,失稳后腹板产生斜向波纹,并沿斜条带方向承受张力,使腹板承受更大的载荷。张力场梁的承载条件是,由上、下缘条和垂直加强支柱构成的周边框架具有抗弯能力。

初步设计时,缘条的拉、压轴力 N 可按下式计算,即

$$N = \frac{M}{H} \tag{5-20}$$

式中,H——上下缘条剖面形心之间的距离,可通过近似估算获得。

承拉缘条的剖面面积 $F_t = N/\sigma_A$(金属材料的 σ_A 为拉伸强度许用值;复合材料的 σ_A 为拉伸设计应变对应的强度值)。然后按求得的剖面面积,根据构造上的考虑、型材品种、钉孔削弱影响等确定缘条形状及具体尺寸。承压缘条的剖面面积 $F_c = N/\sigma_{cr}$(σ_{cr} 为缘条的局部失稳临界应力)。因为缘条同时有腹板和蒙皮在两个平面内提供支持,一般不会出现总体失稳,只需考虑局部失稳。

对于承剪梁,腹板厚度按金属材料许用剪切强度或复合材料剪切设计值确定。如果腹板不允许出现失稳现象,则板厚应由剪切失稳临界应力 τ_{cr} 确定。一般情况下,缩短腹板上垂直加强支柱的间距、加强腹板与缘条的连接(例如用双排铆钉)可以提高 τ_{cr}。此外,支柱还可以用来连接翼肋,因此支柱的数量一般根据腹板的稳定性和肋距确定。

张力场梁应按张力场原理进行设计。完全张力场梁虽然质量轻,但在缘条和腹板连接处易出现疲劳问题。还应注意,薄腹板屈曲后可能出现永久变形,或在连续受力后,由屈曲引起的损伤会发生扩展,因此完全张力场梁一般不能被采用,而常采用图 5-107 所示的不完全张力场梁。不完全张力场梁的腹板在纯剪与完全张力场之间的状态下工作,此时一部分剪力由腹板受剪承担,另一部分以斜条带受张力的形式承担,设计中大多利用配以试验修正系数的半经验公式进行计算分析。

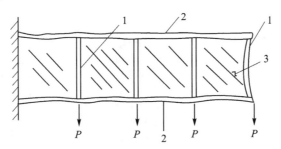

1—垂直加强支柱;2—翼梁缘条;3—腹板

图 5-107　梁腹板以不完全张力场梁形式受载

有些翼梁采取分段制造。各梁分段位置必须沿展向错开,避免因在同一剖面内引起的刚度突变。同一根梁的上、下缘条和腹板的分段位置也要错开。

5.9.2　桁条设计

桁条的主要功用是将蒙皮传来的气动载荷以横向承力方式传给翼肋,以拉、压轴力方式承

受并传递翼面的弯矩,并对蒙皮提供支持,提高蒙皮抗弯、抗扭的临界应力。单块式翼面中桁条是承受翼面总体弯矩的主要元件,其质量占翼面结构质量的 $25\%\sim40\%$。在梁式翼面中则只占 $4\%\sim8\%$。

桁条支承在翼肋上,相当于一根处于纵向拉压和横向弯曲作用下的多支点梁柱。在拉伸区的桁条,桁条截面积由许用应力和拉伸设计值确定,但需除以钉孔削弱影响系数 $K\approx0.9$;在压缩区内,桁条作为压杆处理,有总体失稳(垂直于蒙皮方向)及局部失稳两种形式,任何一种失稳都会使桁条失效,确定截面积时应取总体失稳临界应力 σ_E 和局部失稳临界应力 σ_l 中的较小者作为 σ_{cr}。一般来说,通过合理设计使 σ_E 和 σ_l 接近,有利于减轻质量。

总体失稳临界力 σ_E 为

$$\sigma_E = \frac{P_{cr}}{A_{st}} \tag{5-21}$$

$$P_{cr} = \frac{C\pi^2 EI}{l^2}$$

式中,P_{cr}——桁条总体失稳临界压缩载荷。

A_{st}——桁条截面积。

由此可知,为了提高总体稳定性,桁条在垂直于蒙皮的方向要有足够的弯曲刚度 EI 和支持系数 C,或者减小肋间距 l。有时在两个翼肋之间用垂直支柱将上下桁条连接起来,相当于增加支点,以提高桁条的总体稳定性。

桁条为薄壁杆件,一般由几块薄板组成。每块板的局部失稳临界应力设计为 σ_{li}

$$\sigma_{li} = \left[\frac{0.9KE}{(b/\delta)^2}\right]_i \tag{5-22}$$

可知,为提高 σ_{li} 应减小桁条壁元的宽厚比 b/δ,提高支持系数 K 和材料弹性模量 E。如图 5-108(b)所示的中间板因有两端板的支持,比图 5-108(c)中角型材中的垂直板的支持系数要大得多,约为它的 9.6 倍。为防止桁条发生扭转型的失稳,还要求有一定的扭转刚度。

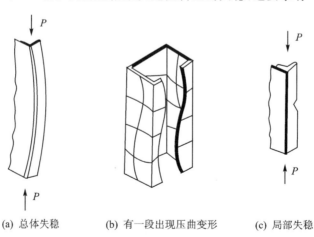

(a) 总体失稳　　　　　(b) 有一段出现压曲变形　　　　(c) 局部失稳

图 5-108　桁条型材失稳形式

桁条失稳临界应力与其剖面形状有很大关系。图 5-9 所示为桁条常用的典型剖面,其中图 5-9(a)所示桁条用薄铝板弯制而成,用于受力不大的结构。现广泛应用的是硬铝挤压型材和复合材料层合板。现代运输机采用 Z 形或 J 形的桁条(金属)加筋板较多,这种桁条的惯

性矩 I 和局部失稳临界应力均较大,且铆接方便。桁条端板带圆头时也对提高桁条的 σ_E 和 σ_1 有利。但要注意,如果桁条剖面高,会使翼盒的有效高度 H_e 有所降低。帽形型材(见图 5 - 9 中的 14、15)和 Y 形剖面与蒙皮铆接或胶接后会形成封闭剖面,扭转刚度好,但使用中易积水且很难排出,则可能会引起腐蚀,所以金属桁条很少采用这种剖面。但在某些特殊情况下,如 B707 整体油箱壁板采用铆接帽形型材兼作通气管路用(见图 5 - 109);复合材料因抗腐蚀能力强,也常采用这种封闭剖面长桁。

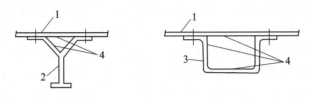

1—蒙皮;2、3—桁条;4—无法检查到的封闭区

图 5 - 109   Y 形和帽形桁条剖面构形

受拉桁条材料应选择疲劳和断裂韧性好的材料。桁条的终止端应斜削使壁板剖面面积和刚度缓慢减小,以防止末端因应力集中导致的蒙皮疲劳问题,如图 5 - 110 和图 5 - 111 所示。

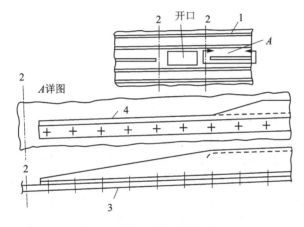

1—桁条;2—肋;3—蒙皮;4—终止桁条

图 5 - 110   桁条在小开口处终止

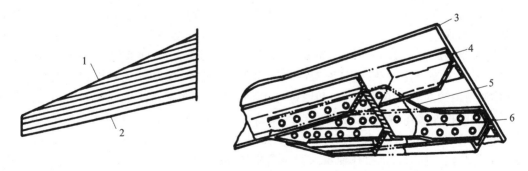

1—前梁;2—后梁;3—蒙皮;4—翼梁缘条;5—槽形接头;6—终止桁条

图 5 - 111   翼盒桁条终止于前梁附近的典型设计

确定桁条高度时,除了增加剖面惯性矩外,还应考虑上、下翼面桁条形心的距离和整个机翼结构的效率。桁条受轴向压力较大时,除应选用临界应力较高的剖面形状外,还应考虑翼肋支持对提高桁条承压稳定性的作用。受拉力大的桁条可以不与翼肋连接。有的翼面用波纹板代替桁条加强蒙皮,这时波纹板还能与蒙皮一起承受剪流,因而翼面扭转刚度也较大。

5.9.3 翼肋设计

翼肋分普通肋和加强肋。普通肋用来形成和保持翼剖面形状,支持桁条和蒙皮,承受蒙皮和桁条传来的载荷,并对它们起加强作用。加强肋主要用来承受集中载荷,将它们转化成分散力或将分散力转变成集中力,也可用来将一种状态的分散力转变成另一种状态的分散力(例如大开口处)。翼面有转折的位置(如后掠角或上、下反角转角处)也要使用加强肋。

翼肋的构造形式有腹板式(见图 5-12 和图 5-13)、构架式(见图 5-112(a))、围框式(见图 5-112(b))、整体式和混合式等几种。

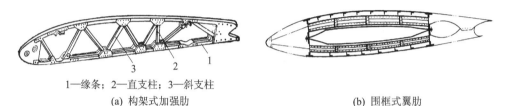

1—缘条;2—直支柱;3—斜支柱
(a) 构架式加强肋　　　　　(b) 围框式翼肋

图 5-112　两种翼肋构造形式

构架式相当于一个平面桁架,用于结构高度较大的位置。腹板式由缘条、腹板和支柱组成,内力为剪力和弯矩。腹板式普通肋一般受力不大,为保证工艺刚度需有一定厚度,因而剩余强度较大。为减轻质量,常在腹板上开减重孔,孔的边缘制成翻边以增加刚性,有些大型飞机的减重孔大得足以让人从一个肋间隔段爬向另一段进行内部维修。翼肋上加筋梗的作用相当于弱支柱,也是用来提高腹板刚度,增加其稳定性。加强肋受力很大,其缘条和腹板均需相应加强,必要时可采用整体肋。加强肋与桁条交叉处应尽量保持缘条完整,而让桁条断开。为了保持桁条传力连续,可用接头与翼肋缘条连接,使断开的桁条间接连接起来。布置在开口端部或梁式翼面根部的加强肋的主要作用是,把翼盒上的扭矩转换成一对力偶,分别传给翼梁或者进行相反的转化,此时翼肋的内力主要是剪力,弯矩则很小,因此其腹板较强,并布置有较多较强的支柱,以提高腹板的剪切稳定性。有些加强肋既有弯矩又有剪力作用,则须同时对腹板和缘条进行加强。

翼肋所受的载荷相当复杂,有气动力、结构和外挂的质量力,其他部件传来的集中力,结构变化及转角处重新分配的载荷,翼面弯曲变形引起的压缩力,蒙皮张力场引起的载荷等。此外,整体油箱两端的翼肋还受到燃油和增压气体的压力及燃油晃动引起的侧向撞击力。翼肋除与梁或墙腹板连接外,周边还与蒙皮连接,梁或墙腹板和蒙皮相当于翼肋的支点。设计时,先计算外载荷作用下的支反力,然后再计算剖面内力(剪力和弯矩)。翼肋缘条和腹板的设计方法与翼梁相同。如果考虑整体油箱的侧向载荷,则应适当加厚腹板,并加强支柱,使其具有较大的侧向弯曲刚度。

翼肋通常沿弦向在翼梁及纵墙处分为几段,总装时构成一个完整的翼肋。为了提高翼面的表面质量,有时采用以表面蒙皮为基准的装配方法,将翼肋分成上、下两半,分别与蒙皮壁板连接,然后装配成完整的翼面,如图 5-12 所示。如果采用如图 5-112(b)所示的围框式翼肋,则上、下框条或框板分别承受气动载荷,每根框条或框板作为独立的梁受力。由于其高度小,剖面内力大,故其总的质量比全高度腹板式翼肋的大。

5.9.4　蒙皮与加筋壁板设计

蒙皮有非承力蒙皮与承力蒙皮之分。非承力蒙皮只承受气动载荷,承力蒙皮除承受气动载荷外,还参与结构总体受力,承受扭矩引起的剪流和弯矩引起的拉、压正应力。所用的材料有硬铝、钛合金、不锈钢和复合材料等。现代飞行器翼面一般采用承力蒙皮,蒙皮较厚,广泛使用复合材料、硬铝或超硬铝。在单块式翼面上蒙皮质量占翼面质量的 $25\%\sim40\%$。钛合金蒙皮用在高速($Ma\approx2.5$)飞行器的高温部分,$Ma\approx3$ 的飞行器上用不锈钢或带热防护的复合材料蒙皮。

蒙皮与桁条连接在一起,称为壁板,翼肋和梁或墙的腹板向壁板提供面外支持。壁板分为组合壁板和整体壁板。此外,还有无桁条的夹层蒙皮。

1. 组合壁板

过去的翼面都用一定规格的等厚度蒙皮,根据受力大小,不同部位每块蒙皮的厚度不同,有时在蒙皮内表面用垫板局部加强。随着制造技术的发展,现代飞行器广泛采用变厚度整体蒙皮,可以沿翼展和翼弦方向逐渐变薄,在开口周围和翼肋缘条处局部加厚,它们比等厚度蒙皮加衬垫的结构更有效。整体蒙皮的平面尺寸也在逐渐增大,如 B747 机翼从翼根到翼梢全长约 32 m,是一整条蒙皮,厚度从根部的 25 mm 减小到翼梢的 2 mm。

蒙皮与桁条组成的加筋壁板,蒙皮与桁条的连接一般为铆接和胶接;此外,还有胶铆、焊接和胶焊等。各块蒙皮之间,薄蒙皮多用搭接,沿弦向前块搭在后块上,厚蒙皮需用对接。对接缝布置在梁和加强肋的缘条等主要受力件上,也可通过 T 形桁条或垫板连接。

因为存在失稳问题,过去翼面设计侧重于上壁板。现在设计不仅侧重上壁板,更侧重下壁板,因为受拉壁板会引起疲劳断裂破坏,为此,需采取各种抗疲劳断裂措施,使壁板具有破损安全特性。现代许多大型客机机翼的上壁板用碳纤维复合材料、超硬铝(7075),下壁板用复合材料或断裂韧性高的硬铝(2024)制成。设计方面采取止裂缝、止裂孔、止裂带、蒙皮分块等措施,可将裂纹限制在一定范围内。B747 机翼下翼面根部有 5 块壁板,翼尖附近减为 3 块。

组合壁板的典型形式如图 5-113 所示。这类壁板有多种破坏形式,如图 5-114 所示,有蒙皮失稳、桁条失稳(局部或总体失稳),也可能是桁条与蒙皮出现总体失稳(即宽柱失稳)等。

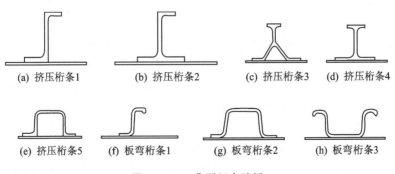

(a) 挤压桁条1　(b) 挤压桁条2　(c) 挤压桁条3　(d) 挤压桁条4

(e) 挤压桁条5　(f) 板弯桁条1　(g) 板弯桁条2　(h) 板弯桁条3

图 5-113　典型组合壁板

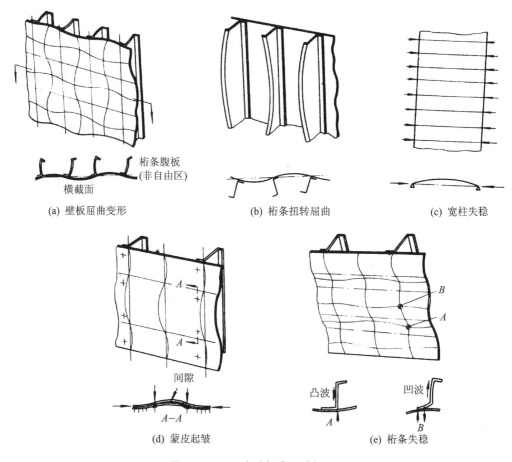

横截面

桁条腹板
(非自由区)

(a) 壁板屈曲变形

(b) 桁条扭转屈曲

(c) 宽柱失稳

间隙

$A-A$

(d) 蒙皮起皱

凸波

凹波

(e) 桁条失稳

图 5-114　组合壁板典型破坏形式

　　因需考虑设计参数和各种不同的失稳形式,故确定组合壁板的最佳尺寸参数比较困难,设计中通常不能只依靠理论计算,经常使用的是试验数据和据此给出的设计图表,或优化结果。这类壁板只有当整个结构破坏时,才认为是临界设计状态,故为减轻结构质量,有时允许在达到极限载荷之前,其中的结构元件可以发生局部失稳。

　　薄蒙皮在受载失稳后会出现较大的波纹,对翼面气流具有扰动作用,引发较大阻力;此外,薄板的反复屈曲还会导致提前疲劳破坏,所以,现代高速飞行器翼面均采用较厚的蒙皮。

2. 整体壁板

　　当飞行速度进一步提高时,翼面载荷增大,翼面厚度更趋变薄。此时若仍采用蒙皮-桁条组合壁板,则应加厚蒙皮或增加桁条密度。但研究表明,若加厚蒙皮则增重多,而增多桁条将增加工艺困难,且因铆接导致的表面质量变差会使阻力增大。因此,整体壁板得到了发展,并在现代高速薄翼飞行器,特别是翼面结构整体油箱区得到广泛应用。

　　整体壁板是用整块材料加工的蒙皮加筋板,它比蒙皮-桁条组合壁板结构效率高。整体壁板普遍采用机械加工制成,也可用化学铣切、精密铸造等方法制造。一般来说,批量生产时用挤压方法将材料制成预定形状的毛坯,然后稍经机械加工制成;化学铣切一般用来加工筋条较浅、面积较小的整体壁板。相对而言,复合材料更容易制成各种整体壁板。整体壁板常见的剖面形状如图 5 - 115 所示。

与蒙皮-桁条组合式壁板相比,整体壁板的优点有:便于按等强度合理分布材料,结构的总体和局部刚度好,蒙皮不易失稳,翼面气动弹性特性好,翼表面更光滑,气动外形更精确,装配工作量小,且疲劳性能高,减少了密封材料的用量,为整体油箱设计提供了有利因素。采用整体壁板一般可使翼面壁板的质量减小 10%～15%,对薄翼面甚至可达 20%。缺点是:装配中可能会导致残余应力,易引起应力腐蚀,壁板外形成形困难,裂纹形成后会扩展到整块壁

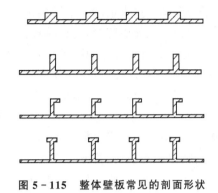

图 5 - 115　整体壁板常见的剖面形状

板,通常需采取壁板分块或其他措施将裂纹限制在一定范围内。

3. 夹层蒙皮

夹层蒙皮是由两层薄面板和中间夹芯层组成的。一般情况下,面板为强度和模量较高材料,如铝合金、钛合金、不锈钢、超级合金和复合材料等;芯层多用密度小的轻质材料,如硬泡沫、蜂窝或者波纹板、型材等。目前,应用最广的是蜂窝夹层结构。对于有些主要按刚度设计、本身结构高度较薄的舵面、调整片等操纵面及翼尖部位,常采用全高度蜂窝夹层结构。复合材料蒙皮(或壁板)具有多种优异性能,被广泛用于第 4 代战斗机和现代飞行器的翼面结构上。

由于得到芯层的连续支撑,夹层蒙皮面板的稳定性大为提高。夹层结构中的胶层必须能在面板与芯层之间传递剪切载荷,使结构成为一个整体。当夹层板像梁一样承受垂直于板平面的分布载荷时,芯层与胶层用来抵抗弯曲所引起的剪切载荷,面板承受拉伸和压缩载荷。当夹层板像柱一样承受板平面内的拉、压载荷时,两块面板分担轴向载荷,芯层则起稳定面板防止屈曲的作用。当夹层板承受板平面内的剪流时,面板分担剪切载荷,芯层同样起着稳定面板防止皱损的作用。

夹层蒙皮的优点:比强度、比刚度大,结构效率高;结构的局部刚度和总体刚度高,不再需要大量桁条和翼肋支持蒙皮,因而总体质量减轻;连接缝少,翼表面的质量高;无钉孔对材料的削弱,结构的疲劳性能和密封性好;芯层可以起到隔热、隔声、抗噪、隔离冲击损伤等作用。缺点是:胶接、钎焊质量不易控制和检测;损坏后难修理,修理增重较明显;在连接、开口以及集中力作用处需局部加强。

5.9.5　对接接头设计

根据制造、使用、运输、维护和修理等要求,翼面上一般都布置有设计分离面。设计分离面处采用可拆卸的对接接头连接。对接接头的形式与翼面结构形式有关,常见形式有交点式和围框式两大类。

1. 交点式接头

交点式(或称集中式)接头多用于梁式和混合式翼面,将翼梁和纵墙(或与机身加强隔框)连接起来。

(1) 叉耳接头

① 垂直叉耳接头。翼梁为了传递弯矩,一般在上、下缘条根部分别连接一个耳片式接头,

上、下两个叉耳接头组成一个固接接头(或称传弯接头),传弯、传剪时螺栓受剪。纵墙多用一个叉耳接头,只能传剪,称为铰接接头,如图 5-47 所示。

叉耳接头有单耳、双耳(叉形)、三耳(梳状)接头之分。采用梳状接头是为了传递大载荷时增加剪切面或挤压面,减小螺栓直径,以便在一定的外形高度下加大连接耳片间距,减小耳片的载荷。垂直叉耳接头大多用于小型低速飞行器或高度较大的翼面。

② 水平叉耳接头。高速飞行器翼面相对厚度小,为提高翼梁的有效高度,缘条剖面做得宽而扁,并将接头做成水平耳片,如图 5-48 所示,垂直螺栓数量由传力大小决定。水平叉耳接头传弯时螺栓受剪,传剪时靠耳片挤压传递,螺栓不受力。

③ 混合叉耳接头。垂直叉耳和水平叉耳混合使用,如图 5-116 所示,耳片传力分工明确,承弯承剪分开。由于水平耳片不承担剪力,可以做得较薄,若把缘条和水平耳片尽量靠外布置,可减小耳片的载荷。混合式叉耳接头的缺点是,垂直耳、水平耳位置公差要求高,加工成本高,因而很少应用。

(2) 集中式对孔接头

有些相对厚度小的翼面,翼身采用可承受大载荷的对孔式接头相连。如美国的 F-104 战斗机机翼为 13 根腹板的多腹板式结构,在根部转变成 5 个梁的梁式结构,用 5 个 Y 形对接接头与机身加强框

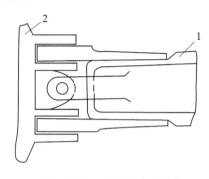

1—翼面接头;2—机身加强框接头

图 5-116　混合叉耳接头

上沿展向布置的水平螺桩相连,如图 5-117 所示。又如美国的 F-16 战斗机为翼身融合体的气动布局,翼身分离面有一定的结构高度,也是采用可承受大载荷的对孔式接头,如图 5-95 所示。在传递向上的弯矩时,下面的螺栓受拉,上面靠接头接触面的挤压传力。传递剪力时,上、下螺栓均受剪。接头制造精度要求不高,装卸方便,但质量较大。

(3) 齿垫式接头

这种接头靠齿的挤压和剪切来传递剪力,可以在垂直方向作微量调整,是一种设计补偿措施。齿垫式接头在多交点式连接中用于传剪不大的连接点,如图 5-118 所示。

1—翼面接头;2—机身上的对接螺桩

图 5-117　螺桩式连接接头

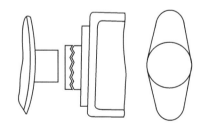

图 5-118　齿垫式接头

2. 围框式接头

围框式(或称周缘式)接头多用于单块式翼面,可分为分散式对孔接头和搭接板式接头。

(1) 分散式对孔接头

沿对接面上、下缘分布有密集的对孔式连接件,螺栓沿展向水平放置,传力情况与集中式

对孔接头相同。图 5 - 119 为安- 124 的中央翼、外翼对接形式。对接处壁板上有梳状件,螺栓置于其槽中。苏- 30MK 的中央翼和外翼的对接与此类似(见图 5 - 97)。

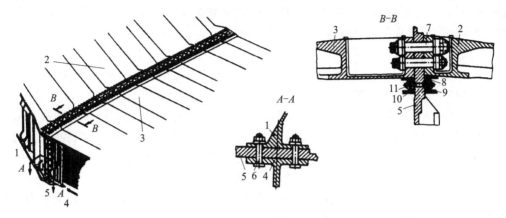

1—外翼梁;2、3—外翼、中央翼的上壁板;4—中央翼梁;5—根肋;6、7—螺栓;
8—密封胶;9—压紧物;10—型材;11—双头螺栓

图 5 - 119　安- 124 翼根部连接——受拉螺栓

(2) 搭接板式接头

搭接板式接头靠拼接板沿对接面周缘用大量螺栓将上、下壁板和腹板进行连接,如图 5 - 120 所示,其构造简单,无论是传剪、传弯、传扭,螺栓均受剪,现代许多大型运输机的机翼采用这种方法连接。其优点是质量轻、可靠性高;缺点是制造精度要求及成本高。

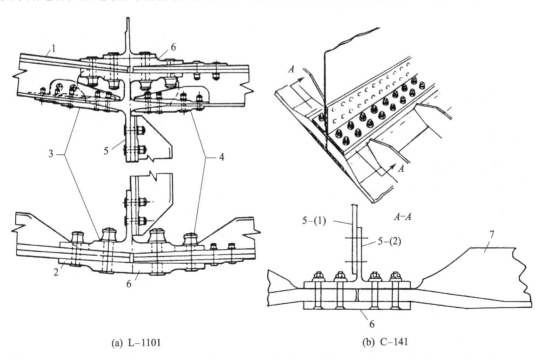

(a) L-1101　　　　　　　　　　　(b) C-141

1—上部连接;2—下部连接;3—外翼;4—中翼;5—根肋,5-(1)—腹板,5-(2)—缘条;6—搭接板;7—整体加筋壁板

图 5 - 120　翼根部连接——搭接板式

连接接头是翼面结构设计的重要环节之一,设计时花费的精力也最多。飞机失事的原因往往就发生在这些重要接头和结合部位。连接增加了结构的复杂性,并且影响到结构强度,特别是疲劳强度,因为连接容易引起应力集中。设计时重要接头应增大安全系数至 1.25 倍。在螺栓连接耳片附近的危险剖面有剪切、拉伸和挤压载荷,为了减轻接头质量,应尽量将这些载荷作用下的耳片设计成等强度结构。由于连接接头及其附近结构上的载荷大小、性质、应力集中程度、材料及工艺因素等难以准确估计,为了保证连接安全可靠,除了进行精确计算分析外,还须做局部构件试验进行验证。

由于连接增大了结构的复杂性,因此现代飞行器(包括大型运输机)已很少像过去那样设置几个翼面设计分离面。但由于翼面的后掠、上反角和制造上的限制,使一些带中央翼的飞机(例如 B747、L‐1011 以及苏‐27、苏‐30MK 等)在机身侧边与外翼连接成为必要。有的大型飞机通过合理设计,减少了设计分离面,使翼面质量减轻几百千克。

连接处必须尽可能避免或减小偏心距。偏心引起的局部弯矩对连接接头及其附近结构会产生不利影响,需对偏心连接结构做周密细致的设计与分析。

对接接头有一定的配合间隙要求,接头孔最后需按统一标准进行精加工。翼面耳片与机身(弹身)耳片间仅两面(如仅有翼面上、下耳片的内侧)有配合要求,这样耳片配合从工艺上较易保证。一般耳片间配合精度为四级,螺栓孔的精度也为四级,螺栓光杆精度要求为二级,受剪螺栓比受拉螺栓要求高。当翼面为多交点连接时,要解决好连接装配协调问题,除工艺上采取措施外,设计时应采用一定的设计补偿。

5.10　翼面开口区结构设计

若整个飞行器结构连续、无开口,则其质量会比较轻;若单纯从质量要求来看,应以无开口的整体连续结构最好。但实际上,为了满足使用和维护的要求,在飞行器部件部位安排时通常布置有各种开口。在与飞行器外形有关的结构上开口后,必须有口盖或舱门。下面先讨论翼面开口对结构传力的影响,再介绍开口区结构设计。

5.10.1　开口对结构传力的影响

1. 双梁参差弯曲传扭

若开口尺寸较大,且开口周围基体结构有加强的受力构件,则可结合这些结构对开口区进行加强设计。

设双梁式翼根部下面有一收置起落架的大开口,翼面的弯矩和剪力传递路径不受影响,但因为下翼面蒙皮变成了非承力口盖,导致扭矩传递路径中断。外翼面扭矩引起的翼盒剪流在开口区端肋处变成作用于前、后梁的力,即前、后梁承受由扭矩所附加在开口端的剪力和由该剪力引起的弯矩,其分布情况如图 5‐121 所示。附加的剪力和弯矩在前、后梁处大小相等,方向相反,这种传递扭矩的方式称为参差弯曲。

翼面扭矩在开口区的传递如图 5‐122 所示。双梁以参差弯曲传扭,即一根梁由于附加剪力向上弯,而另一根向下弯。由于两梁上的附加剪力大小相等,方向相反,所以这两根梁在开口区端头同一截面上的力矩也是大小相等,方向相反,构成自身平衡力矩系。这里的力矩,对梁来说都是弯矩。

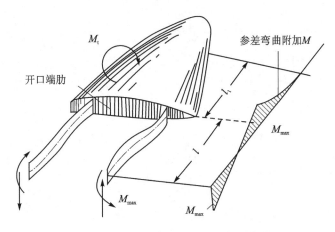

图 5 - 121　扭矩引起开口处的参差弯曲

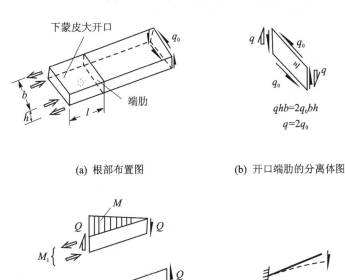

(a) 根部布置图　　　　　　　　(b) 开口端肋的分离体图

$$qhb=2q_0bh$$
$$q=2q_0$$

(c) 开口区的双梁参差受弯分离体图　　(d) 双梁参差弯曲引起的附加变形示意图

$$Q=qh$$
$$M_1=Ql$$

图 5 - 122　双梁翼面根部大开口区的扭矩传递

　　自身平衡力矩在开口两端有一个如何分配的问题,可近似认为与开口两端结构的刚度有关。若开口位于翼面根部,由于翼根处支承刚度大,可近似认为全部的附加力矩(实际上是大部)都位于根部一侧。若开口位于翼面半翼展中间某个位置,则可近似认为附加力矩在开口区两端各占一半,如图 5 - 123 所示。由圣维南原理可知,这些附加力矩在开口两端之外的结构中,都有一影响区,其长度 l_1 为$(1\sim1.5)b$。附加力矩引起的次正应力在影响区内很快衰减到零,如图 5 - 123(c)、(d)所示。

　　双梁翼面根部有大开口时的水平方向剪力传递如图 5 - 124 所示。若下蒙皮开口,则原下蒙皮所传的水平剪力通过端肋传至上蒙皮,同时对梁腹板也产生一对大小相等、方向相反的附

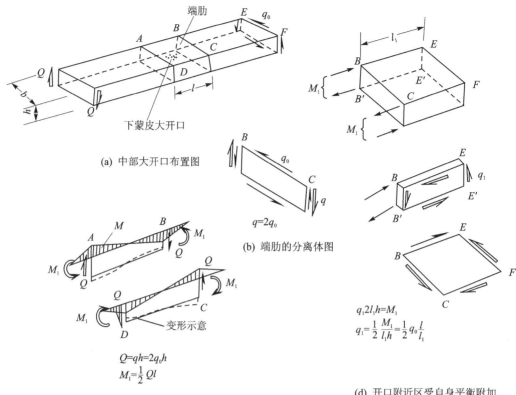

图 5-123 双梁翼面中部大开口的扭矩传递

加剪力,导致双梁参差弯曲。需要提醒的是,由阻力引起的水平剪力通常远小于升力引起的垂直剪力。

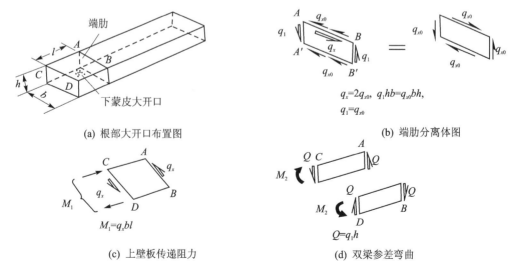

图 5-124 双梁翼面根部大开口的水平剪力传递

2. 翼面不受力口盖对传力的影响

不受力口盖不参与基体（翼面）结构的总体受力，因此在讨论总体受力时，不受力口盖相当于没有口盖。

图 5－125 为一个开口切断传轴向力杆件的板杆结构。它由 3 根杆和板组成，中间杆在左端被开口切断，因此中间杆在开口区边缘的端头处轴向力为零。通常假设过渡区长度 l 为开口宽度 b 的 1～1.5 倍，过渡区内每块板内的剪流为常值。开口区右边结构每根杆内的轴向力为 P，则过渡区内的剪流 $q = \dfrac{P}{2l}$。

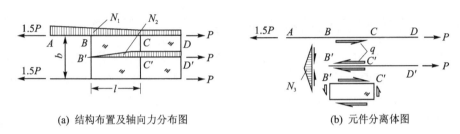

(a) 结构布置及轴向力分布图　　　　　(b) 元件分离体图

图 5－125　3 杆平面板杆结构开口传力分析

图 5－126 为一个带 6 根杆的板杆结构，开口切断了中间 4 根杆。在作传力分析时，仍假设过渡区 $l \approx (1 \sim 1.5)b$。此时过渡区内共有 5 块板，由于对称，中间一块板无剪流；内侧板剪流小，用 q_1 表示；外侧板剪流大，用 q_2 表示。根据分离体图，可得 $q_1 = \dfrac{P}{l}$，$q_2 = \dfrac{2P}{l}$。由于假设各板受常剪流，故过渡区内各杆轴向力呈线性变化，且中间各杆轴向力变化相同。

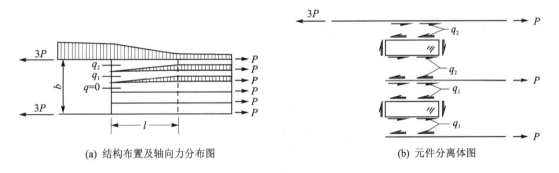

(a) 结构布置及轴向力分布图　　　　　(b) 元件分离体图

图 5－126　6 杆平面板杆结构开口传力分析

上述传力分析中主要采用了两个假设，即参与区内各板元内的剪流为常值，所有参与区的长度相同，因此精确度相当差，只能用于传力分析而不能用作应力分析。传力分析中的假设使参与区内的剪流通常比实际剪流的最大值小，精确解的轴向力分布也是比直线更"丰满"的曲线，即轴向力变化是非线性的。

过渡区的长短与结构刚度特性有关，且各杆参与受力的快慢程度也不一样。上述 6 杆参与受力问题中，外侧杆就较内侧杆后参与受力。因而有的参考书上常附有与图 5－127(a) 类似的图，并指出阴影区内各杆轴向力很小，可近似认为不受力。但必须注意，不要因此引起错误的认知，即认为既然这一区域受力小，那么可将此区域内的杆都取消掉。若取消这一区域内的杆件，则会形成新的过渡区，且仍然有小受力区存在，不过是从有杆的曲线边界开始而已，如

图 5－127(b)所示。

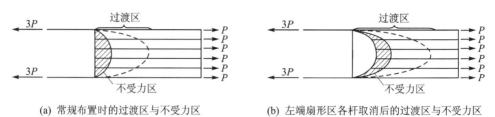

(a) 常规布置时的过渡区与不受力区　　　　(b) 左端扇形区各杆取消后的过渡区与不受力区

图 5－127　参与问题恒需要过渡区

5.10.2　翼面开口区结构设计要求

开口使翼面承力构件的完整性遭到破坏,导致构件强度降低,为此,需要加强开口区周边的结构。前面已经对典型结构开口区进行了传力分析,现在结合翼面结构进一步介绍梁式和单块式翼面大开口区结构设计,以及翼面上存在中、小开口时的开口区结构设计。

1. 梁式翼面开口区设计

双梁式翼面很适合在两梁间布置大开口。假设此大开口位于半翼展中间(如低速飞机上,安装于翼面上主起落架的舱门大开口),由于传扭会引起开口区双梁参差弯曲,故需在开口区两端布置加强肋,如图 5－128 所示,目的是将 M_t 引起的剪流转换为开口区外端肋上的力偶 $R＝M_t/b$;反之,将力偶 R 转换为内端肋上的剪流 q。在开口长度 l 上,翼梁在剪力 Q 引起的弯矩基础上,由力 R 引起的弯矩使之加载或卸载,在加载部位翼梁缘条和腹板要加强。

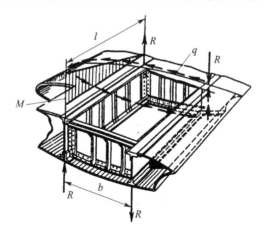

图 5－128　双梁式翼面大开口的结构形式

此时由开口传扭引起的附加弯矩或梁缘条的附加轴向力分布(假设梁高度沿展向不变)如图 5－129(a)所示。这个附加弯矩作用的长度为开口长度 l 与两端两个过渡区长度 $2l_1$ 之和。但缘条截面加强时,不按图 5－129(a)所示的那样附加弯矩分布形状加强,这是因为扭矩随着不同飞行情况可能改变方向,如图 5－129(b)所示,把附加弯矩与翼梁原来所受的弯矩叠加,故加强形状应按图 5－129(c)所示。除了双梁需局部加强外,开口两侧的端肋也应适当加强,这是因为这两个端肋上作用有扭矩转换的剪力,如图 5－129(d)所示。由于端肋主要受剪切,故通常布置一个带腹板及若干支柱的不太强的肋即可。当然,下蒙皮开口后,上蒙皮及其支持结构也得适当加强。

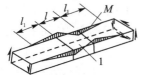

(a) 开口区某一扭矩传递引起的双梁附加弯矩(上缘条)

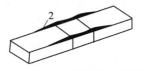

(c) 开口区双梁所需的加强区域(仅上缘条)

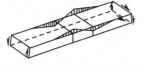

(b) 开口区另一扭矩传递引起的双梁附加弯矩(上缘条)

(d) 端肋的受力

1—下蒙皮大开口;2—缘条加强

图 5-129　双梁翼面开口区设计

单梁式翼面的翼梁通常布置在弦长的 30% 左右,因此,大开口只能布置在单梁的前面或后面,开口所占弦长的比例不可能像双梁翼面那么大。若开口在单梁前面,则可通过端肋把翼面前闭室的扭矩传至后闭室,因此需适当加强后闭室。由于梁的位置比双梁式翼面的前梁靠后,故传扭时需考虑前、后两个闭室。若开口位于梁后面,则原后闭室的扭矩通过端肋,一部分转至前缘闭室,一部分转成单梁单墙参差弯曲,故后墙在开口区应加强成一个不太强的梁,如图 5-130 所示。

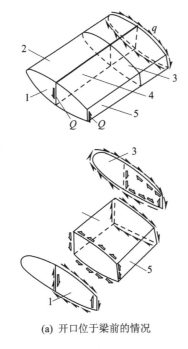

(a) 开口位于梁前的情况

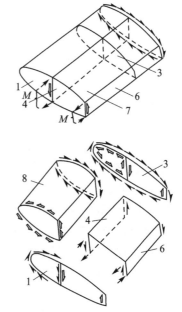

(b) 开口位于梁后的情况

1—根肋;2—前缘下蒙皮开口;3—端肋;4—梁;5—墙;6—加强成梁的墙;7—下蒙皮开口;8—前缘

图 5-130　单梁式翼面开口区设计

多梁式翼面的开口尺寸受到梁间距的限制,其开口对刚度的削弱要比单梁或双梁翼面小。

2. 单块式翼面开口区设计

单块式翼面不适合布置大开口,如果有开口,一般采用能传递载荷的固定口盖。在单块式翼面大开口的情况下,要保证固定口盖不仅能承受由 M_t 引起的剪力,还要承受由弯矩 M 引起的轴向力,故需在开口区边缘用螺栓连接口盖的蒙皮和桁条。这样一来,口盖变成可拆卸的受力壁板,导致结构增重较多。因为中间开口区两侧有两个过渡区,增重更多,所以很少将大开口布置于单块式翼面的中间部位。若需要在结构上布置大开口,且翼身相连处不允许有中央翼通过,则通常将开口布置于单块式翼面的根部,使翼面根部转成以双梁受力为主的结构,如图 5 − 131(a)所示,因为只有一个过渡区,故增重较少。若翼面左右贯通,开口位于翼根部下表面,则可设计成翼根上壁板仍为单块式,而下壁板只有两根强缘条,如图 5 − 131(b)所示,此时开口区传扭情况基本上与双梁式翼面相似。

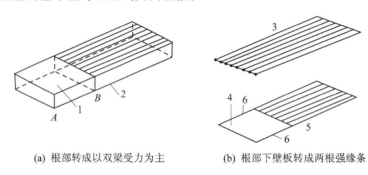

(a) 根部转成以双梁受力为主 (b) 根部下壁板转成两根强缘条

1—下蒙皮大开口;2—梁缘条加强;3—上壁板;4—大开口;5—下壁板;6—强缘条

图 5 − 131 单块式翼面开口区设计

3. 翼面有中、小开口区设计

由于使用、维护的要求,在翼面上需开相当多的小开口,有时还需开一些中开口。现代旅客机的翼面结构一般都兼作整体油箱,需定期检查油箱结构的密封情况,因此在翼面上开一系列检查口。由于上翼面比下翼面对气动力影响大,且从使用、维护方便出发,大飞机一般把开口设置在下翼面。而对于歼击机,同样为了便于检查和密封,开口却布置在油箱的上翼面上。若从疲劳角度看,放在受拉应力较大的下翼面是不利的。

大飞机检查通道开口的大小应便于维修人员进出和工作。一般将这些中开口做成椭圆形,因为下翼面处于经常受拉区,考虑其疲劳特性时,单向受拉开口以椭圆形为好。中开口口盖与基体的连接形式受口盖打开次数的直接影响。这些口盖打开的次数并不太多,一般采用沿周边用一圈螺栓连接的形式,使口盖能传剪,故开口区只需进行轴向力传递补强即可。

翼面上通常有较多的检修小开口,它们中的多数需经常打开,因此应设计成不受力口盖。从对开口区少进行补强的原则出发,开口应布置在翼面不受力区或受力较小区。但要注意,开口位置的要求可能来自需检修的附件与设备本身,也可能来自翼面颤振临界速度的要求。小开口通常为圆形或椭圆形,若疲劳问题不严重,也可结合周围结构设计成长方形或方形。

一般应避免这些小开口切断轴向传力构件将开口布置在只受剪力的蒙皮上。此时一般按等强度原则进行补强设计,即把开口去掉的材料乘以一个大于 1 的系数,合理地布置在开口区周围的结构上。典型的小开口补强设计如图 5 − 132 所示。

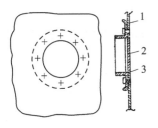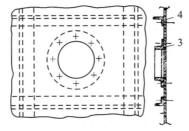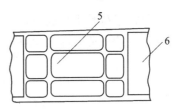

(a) 蒙皮上的圆形小开口	(b) 四周杆件包围区的圆形小开口	(c) 四周杆件包围区的长方形小开口

1—蒙皮;2—口盖;3—开口加强法兰,4—原加强杆件;5—开口;6—梁

图 5-132　翼面小开口区的典型加强形式

5.11　尾翼与操纵面结构分析与设计

尾翼、操纵面等小翼面结构与机翼等大翼面结构特点相似,只不过小翼面的功用、载荷、边界条件,以及结构中的开口、剖面形状及高度等与大翼面有一些差别,因此,前面有关翼面分析与设计的内容大多适用于小翼面,这里只对其特有的结构分析与设计内容进行介绍。

5.11.1　尾翼与操纵面的功用和设计要求

一般常规飞机的尾翼由水平尾翼和垂直尾翼两部分组成。水平尾翼由水平安定面和升降舵组成;垂直尾翼由垂直安定面和方向舵组成。升降舵和方向舵统称为舵面。导弹一般在尾部固定安装有气动力面,称为安定面或尾翼;导弹上还装有可操纵的气动力面,称为舵面。舵面和装在机翼或弹翼上的副翼统称为操纵面。

为了改善跨声速和超声速飞行器在高速飞行中的纵向操纵性,这类飞行器大多采用全动尾翼。在无尾飞机上,没有平尾,但仍有立尾,机翼上的副翼兼起升降舵的作用,称为升降副翼。变后掠翼飞机上,可用全动平尾兼起副翼的作用,称为尾副翼。鸭式飞机采用前置平尾,机身尾部仅有垂直尾翼。前置平尾可以分成安定面和舵面两部分,也可以是全动翼面。不少现代超声速战斗机,如苏-27、米格-25、F-15 和 F-18 等,采用双垂尾布局,以增加垂尾面积,加强方向静安定性。无垂尾飞机,如 B-2,采用方向副翼进行操纵。

尾翼及舵面用于保证飞行器的纵向和航向平衡与安定性,对飞行器实施纵向(俯仰)和航向的操纵。腹鳍和背鳍也起垂直安定面的作用,保证航向稳定性。副翼和扰流片起着保证飞行器横向操纵性和平衡的作用。

尾翼和操纵面的设计除满足结构设计的一般要求外,重点要满足:

① 在飞行器所有允许的飞行状态中均能起到足够的平衡、稳定和操纵作用;

② 有足够的强度、刚度、寿命和损伤容限能力;

③ 在飞行器允许的飞行速度范围内不发生各种形式的振动。

5.11.2　尾翼与操纵面的载荷特点

尾翼(含舵面)和副翼的外载荷主要是气动载荷,结构质量较小。气动载荷的分布和大小取决于飞行状态。根据尾翼和副翼上气动力的作用,可将载荷分为以下三类。

1. 平衡载荷

平衡载荷是指保证飞行器气动力矩平衡情况下尾面上的载荷。此时安定面上的载荷往往与舵面上的载荷方向相反,使尾面受很大扭矩,如图 5 - 133 所示。

(a) 水平尾翼在侧滑和横滚时的不对称载荷

(b) 平衡载荷沿水平尾翼弦向分布的特点

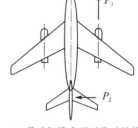

(c) 发动机推力不对称时的载荷

P_1—发动机的推力;P_2—因 P_1 引起的垂尾上的平衡载荷

图 5 - 133 尾翼的外载荷

2. 机动和突风载荷

机动和突风载荷是飞行中机动或遇突风飞行时偏转舵面所产生的附加载荷。

3. 不对称飞行载荷

飞机侧滑或横滚时在平尾上引起不对称载荷,它们一般比机动载荷小,但对机身产生的扭矩却很大。对于垂尾,除横滚外,单侧发动机停车时也会引起不对称载荷,如图 5 - 133(c)所示。

在全动平尾与舵面上作用有分布的气动载荷和自身质量力,此外还有舵面悬挂接头传来的集中力,如图 5 - 134 所示。由于舵面与安定面、全动平尾与机身的连接情况和翼身的连接情况有所不同,安定面或机身各自提供的支持力也不同。

对于副翼,在中立位置作为翼面后缘的载荷以及最大速度飞行时偏转所产生的载荷是其主要受载情况。副翼和舵面是一根支持在翼面或安定面悬挂支臂上的双支点或多支点梁,承扭时相当于固支在悬挂支臂铰链和操纵摇臂铰链上的悬臂梁。

5.11.3 安定面的结构特点

安定面有水平安定面和垂直安定面两种。安定面由前缘、翼尖及盒段组成。前缘、翼尖通常可拆,为蒙皮隔板(前肋)结构,应主要考虑防除冰系统的布置及防鸟撞设计等问题。

安定面的结构和翼面基本相同,受力特性也相同。其不同于翼面结构的是安定面内很少有装载,故安定面完全可以按受力要求进行结构设计。随着尾翼气动布局的不同,安定面的结

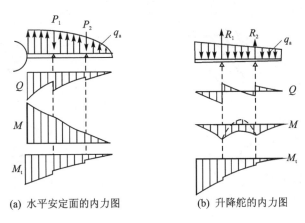

(a) 水平安定面的内力图　　　　(b) 升降舵的内力图

q_a、P_1、P_2—外载；R_1、R_2—支反力

图 5 - 134　水平尾翼的剪力、弯矩、扭矩图

构布局与承力系统安排也有所不同。普通尾翼与 T 形尾翼的典型布局如图 5 - 135 所示。

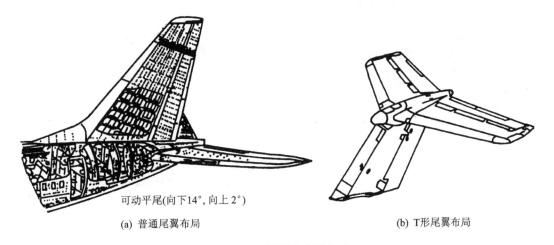

可动平尾(向下14°，向上2°)

(a) 普通尾翼布局　　　　　　　(b) T形尾翼布局

图 5 - 135　尾翼的典型布局

　　安定面常采用的结构形式有梁式、单块式、多墙式、全高度蜂窝夹层盒式或混合式等。轻型飞机的安定面大多采用双梁式或单梁(后)单墙(前)式结构。速度较高的飞机一般采用双梁(或多梁)式、整体壁板式和多肋单块式结构。使用多梁的目的是增大结构刚度,提高防颤振特性,B747 和 B767 的水平安定面和垂直安定面都是双梁加一辅助前梁(前墙)的双闭室结构。现代的高速运输机还有采用由数根梁、密排翼肋和变厚度蒙皮组成的结构,其翼面不用桁条,这种结构形式制造成本低、抗扭刚度大,尤其对防颤振有较好的效果,这种设计已用于 B707和 B727 的水平安定面上。安定面通常将后梁设计成主梁,且在悬挂接头处布置有加强肋,如图 5 - 136 所示,以便于悬挂舵面,因为尾翼的载荷特点是舵面载荷大。

　　水平安定面与机身有两种连接方式：一种是固定式,水平安定面分段,分别固定在机身的侧面,或者整个安定面贯穿机身,前后共用 4 个接头固定在机身上；另一种是可调式,水平安定面的安装角可调,应用在一些高亚声速运输机上,以提高平尾的配平效率。可调式水平安定面中央翼盒贯穿机身,后面用两个铰链接头支撑在机身加强框上,前面用 1 或 2 个接头连到制动

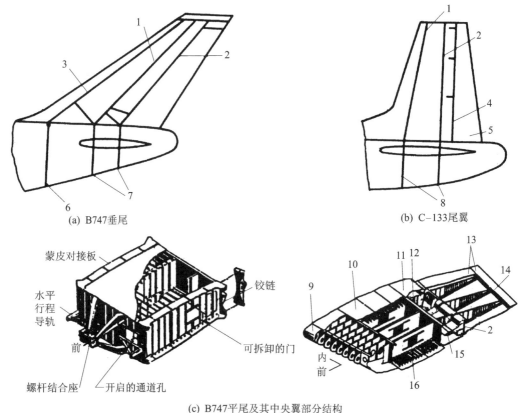

(a) B747垂尾

(b) C-133尾翼

(c) B747平尾及其中央翼部分结构

1—安定面前梁;2—安定面后梁;3—墙;4—舵面梁;5—方向舵;6—次强框;7、8—加强框;9—可拆前缘;

10—壁板;11—铝蜂窝夹层板;12—铰链肋;13—玻璃纤维蜂窝夹层板;14—可更换的后缘;15—配重;16—检查口

图 5-136 安定面结构及后机身对接加强框的布置

器上,飞行中可以通过制动器调节安定面迎角来改变飞机的俯仰角,对飞机起配平作用。其优点是比舵面的配平阻力小。近代许多大型运输机如 L-1011、DC-10(见图 5-137)和波音系列客机都采用这种形式。安装两个制动器可以使安定面的支撑及操纵具有破损安全特性。也有些飞机只在中翼前梁中间布置一个螺旋或其他形式的操纵机构,此时应将连接接头设计成具有损伤容限的结构。可调式水平安定面要求机身开缺口,对机身尾段的受力会产生影响,并且要增设封严板。

除个别飞机的垂尾(如 SR-71 飞机)可动外,绝大多数飞机的垂直安定面是固定安装在后机身上的。安定面根部连接处梁与机身隔框有转折,需要沿机身纵向布置加强构件承受和传递安定面梁的弯矩分量。有些飞机将垂直安定面的梁直接插入机身,与机身内的斜加强框对接,这样可以直接将弯矩传到机身结构上,避免使用转折接头可能带来的机身疲劳问题。由于平尾固定在垂尾上,T 形尾翼垂直安定面还必须能承受水平安定面传来的载荷,它们常采用较厚的对称翼型,多采用双梁式(或多梁式)或双梁单块式结构,翼盒刚度较大,以利于解决 T 形尾翼突出的颤振问题。尤其对于装有可调安装角平尾的 T 形垂直安定面,双梁式或双梁单块式翼盒结构的前梁用来安装操纵平尾的助力器,后梁用来安置支撑平尾翼盒的枢轴。T 形垂尾安定面的翼展比常规垂尾约短 1/3,所需的结构刚度比常规的大,其盒段结构若采用

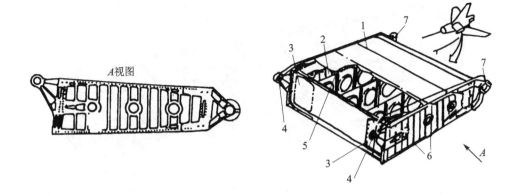

1—蒙皮;2—翼肋;3—检查口盖;4—制动器螺杆连接接头;5—加强板;6—隔板;7—水平安定面枢轴

图 5 - 137　水平安定面中翼盒结构

整体壁板蒙皮较为有利。

5.11.4　操纵面的结构特点和传力分析

1. 操纵面的结构特点

操纵面的厚度一般都比较小,可看作在气动载荷作用下支持在悬挂接头上的多支点梁,其弯矩 M、剪力 Q 通过悬挂接头传给安定面,扭矩由悬挂接头和操纵摇臂的支反力平衡。对于厚度相对较大的操纵面,为了充分利用结构高度,一般都在其前缘高度最大处布置一根梁作为主要的承剪承弯构件,梁与前缘厚蒙皮构成的闭室承受扭矩,由于后缘条铆接质量不易保证,梁后面的三角形闭室承扭能力一般不予考虑。梁布置在前缘附近也有利于将载荷以较短的路线通过悬挂接头传走。这种单梁式结构质心比较靠前,对防颤振也很有利。舵面和副翼的典型构造如图 5 - 138 和图 5 - 139 所示。

(a) 小型飞机　　　　(b) 大型飞机　　　　(c) 薄 翼

图 5 - 138　舵面典型剖面

近代厚度较小的操纵面大多采用双梁或三梁式结构,翼肋布置较密,使用蜂窝夹层板蒙皮;有些则在后部采用全高度蜂窝夹层结构。这些设计都能提高操纵面的弯曲和扭转刚度。有的操纵面在蒙皮内侧用边缘为波纹形的加强片将蒙皮与梁缘条、肋缘条胶接,以提高蒙皮抵抗湍流或噪声的疲劳寿命。

2. 操纵面悬挂支点

操纵面通过悬挂支臂支持在安定面或翼面上,各支臂的铰链轴应保持在同一直线上,以保证其自由转动不被卡死。有些飞机为了防止飞行中结构变形太大导致不同轴的现象,将操纵面沿展向分段,每段只包含 2~3 个支点,段与段之间用柔性接头连接。两个后掠升降舵共用一个摇臂操纵时,应在转轴转折处用万向接头连接。

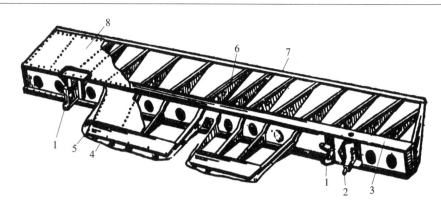

1—悬挂接头;2—操纵摇臂;3—梁;4—内补偿气密薄膜;5—配重;6—肋;7—后缘型材;8—蒙皮

图 5 - 139 副翼的构造

操纵面的悬挂支点大多在两个以上,挂点多则支点间距小,操纵时的变形和最大弯矩值小,结构轻,并且有破损安全性。有的大型飞机,如 B707 的升降舵有 7 个悬挂点。但若支点过多,除了存在同轴问题外,支臂的总质量势必增大,所以对支点数量及位置必须通盘考虑。支点间距大小视结构高度、弦长及载荷而定。高度较小、载荷较大,则间距应小些,反之间距应大些。当然,还应与安定面或翼面的翼肋位置取得协调。

为了保证互换性和装卸方便,悬挂接头应有补偿设计。具体措施是:除一个接头设计成固定式以消除操纵面的展向自由度外,其余接头均做成可调节的形式,通过过渡接头(见图 5 - 140)、偏心衬套以及在接头配合面间留有较大间隙等方法来提供一定的展向和弦向调节量。

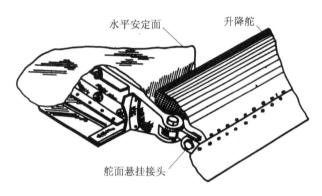

图 5 - 140 操纵面的过渡接头

3. 前缘缺口的传扭补偿设计

操纵面转轴一般都靠近前缘,为了悬挂操纵面,前缘必须开口,这就破坏了前缘闭室。通常前缘闭室都承担一部分扭矩,单梁式操纵面的前缘闭室更起着传扭的主要作用,因此需对开口采取传扭的补偿措施:

① 加一对斜加强肋,与梁构成三角架。扭矩由斜肋和缺口段的梁承受附加弯矩传递,如图 5 - 141(a)所示。

② 加一短墙,与缺口段壁板和端肋构成局部闭室,扭矩在缺口段由该闭室传递,如图 5 - 141(b)所示。

③ 一些小型低速飞机载荷很小时,可直接将梁局部加强,由梁本身承受并传递扭矩,如图 5 – 141(c)所示。

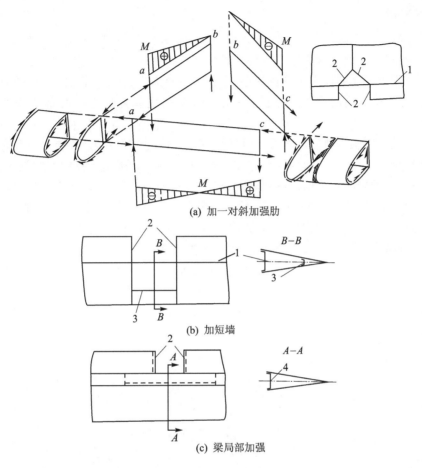

(a) 加一对斜加强肋

(b) 加短墙

(c) 梁局部加强

1—梁;2—加强肋;3—短墙;4—加强梁

图 5 – 141　前缘缺口的补强

④ 在缺口段用剖面为实心或空心的盒式连接件传扭。歼 – 7 副翼的中接头即用此形式,缺口处靠矩形剖面受扭传力,如图 5 – 142 所示。

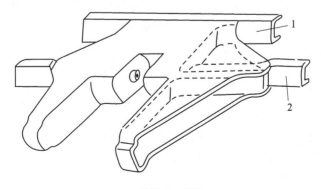

1—前梁;2—后梁

图 5 – 142　歼 – 7 飞机副翼的中接头

5.11.5 操纵面的气动补偿与平衡

1. 气动补偿

操纵面上气动力对转轴的力矩叫作铰链力矩,用 M_h 表示。操纵面上的压力中心线通常都在转轴之后,操纵面在铰链力矩下有从偏转状态回到中立位置的趋势。因此铰链力矩越大,则驾驶杆或脚蹬上所需的操纵力就越大。为了减小操纵力或助力器的功率,操纵面应采取气动补偿措施以减小铰链力矩。目前,飞机上常见的气动补偿办法有轴式补偿和内补偿两种。

轴式补偿是将转轴略微靠后布置,利用转轴前的气动力对转轴产生方向相反的力矩来抵消一部分转轴后的气动力矩,起到补偿作用,如图 5-143(a)所示。补偿不宜过大,否则由于转轴后移量过大,偏转时前缘凸出翼面,将引起阻力和振动。当然,对于有人操纵的飞机更不能使 $M_h \leq 0$,因为 $M_h = 0$(完全补偿),会使驾驶员失去操纵感觉;$M_h < 0$(过补偿)会引起反常感觉,容易造成操纵失误。轴式补偿构造简单,缺点是操纵面偏转时,两面的气流因前缘缝隙相互沟通,压差减小,偏角越大,压差越小,影响补偿效果。

内补偿是在操纵面前缘设置隔板补偿面,补偿面置于安定面或翼面后缘的空腔内,并用气密胶布将两侧气流隔断,利用补偿面两边的压差来减小 M_h,如图 5-143(b)所示。其优点是补偿效率高,不会引起气流扰动。其缺点是操纵面的偏角受限制,翼型很薄时不宜采用,使用中需经常检查胶布的气密性。

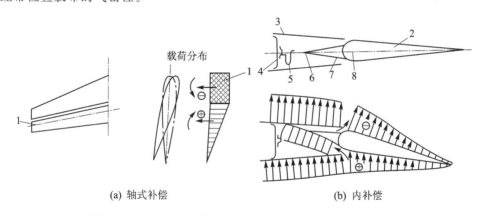

(a) 轴式补偿　　　　　　　　(b) 内补偿

1—气动补偿部分;2—副翼;3—机翼;4—梁;5—气密胶布;6—配重;7—补偿板;8—转轴

图 5-143　气动补偿的几种形式

有些大型客机从安全角度出发采用人工应急操纵舵面。为了减小操纵力,驾驶员直接操纵补偿调整片,通过调整片的偏转产生气动力带动舵面偏转,调整片产生的铰链力矩抵消了一部分舵面偏转引起的铰链力矩。在轴式补偿和内补偿的基础上还发展出了一种浮动式内补偿,它通过一套四连杆机构使补偿板仅做平移运动,不会对舵面偏转有过分的限制,因此舵面有较大的偏转度。补偿板的上、下腔靠前端接触实现密封,且偏度越大密封越严。

超声速飞机由于使用无回力液压助力装置的操纵系统,并且由于机翼和尾翼的高度很小,所以一般很少采用气动补偿。

2. 气动平衡

许多情况下,要求偏转操纵面使全机获得平衡时,操纵面上的操纵力矩为零,以消除驾驶杆和脚蹬上的操纵力。例如飞机长途定态飞行、飞机质心变化、某一发动机停车等情况,为了解除驾驶员长时间握杆或踩蹬的体力消耗和疲劳,需要装设气动平衡装置。

最常见的气动平衡装置是活动调整片,安装在操纵面后缘,如图 5-144(a)所示。通过独立的操纵和传动机构将它偏转到适当角度,调整片上的气动力便带动操纵面偏转,产生平衡全机的气动力矩,而调整片对操纵面转轴的铰链力矩与操纵面对转轴的铰链力矩相互抵消,因而杆力为零。

近代许多大型运输机飞行中由于俯仰力矩变化很大而采用了可调平尾,使水平安定面的迎角可调,如图 5-144(b)所示。例如飞行中质心移动范围大,放下襟翼之后翼面压力中心变化较大等,都会引起俯仰力矩的剧烈变化,单靠升降舵和调整片不能保证飞机的纵向平衡,若采用可调平尾,便可通过水平安定面迎角的少量改变产生足够的平衡力矩。

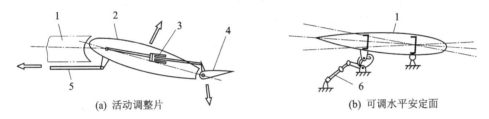

(a) 活动调整片　　　　　　　　　　　　(b) 可调水平安定面

1—水平安定面;2—升降舵;3—操纵调整片的蜗轮蜗杆机构;4—调整片;5—升降舵操纵拉杆;6—液压作动筒

图 5-144　气动配平装置

修正片(固定调整片)也是一种常见的气动平衡装置,它是固定在操纵面后缘或翼面后缘的一小段板片,用以修正飞机由于制造误差或其他原因引起的气动力不对称现象。试飞后由驾驶员根据飞行感觉,在地面将它扳到合适位置,以后就不准随意扳动。

5.11.6　全动平尾

当飞机超声速飞行时,因激波后面的扰动不能前传,舵面偏转时不能像亚声速那样同时改变安定面的压力分布,导致尾翼效能下降;而飞机的纵向稳定性却因翼面压力中心后移而大大增加,二者之间产生了矛盾,为此采用全动平尾来提高尾翼的效能。全动平尾是指整个平尾可绕某一轴线偏转,起着操纵面的作用。

1. 转轴位置及形式的确定

(1) 转轴的位置

在确定全动平尾转轴位置时,需综合考虑的因素有:转轴位置与平尾防颤振品质有很大关系,一般来说,转轴靠前有利于改善防颤振品质;应尽量利用平尾内的结构高度来布置转轴,以减轻转轴的质量,提高其承载能力;应尽量缩短平尾气动合力至转轴的力臂,以减小铰链力矩。

对于后掠平尾,亚声速压心位置在 28%～30% 平均气动弦处,超声速压心位置在 50% 平均气动弦左右。为了减小铰链力矩,应使亚声速铰链力矩的最大值等于超声速铰链力矩的最大值,因而转轴应落在两压心之间,通常布置在平均气动弦的 40% 左右,如图 5-145 所示,此处的结构高度也较大。

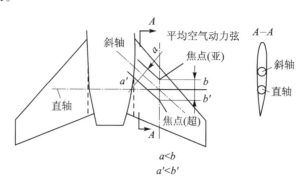

$a < b$
$a' < b'$

图 5-145　全动平尾转轴位置的确定

（2）转轴的形式

全动平尾常采用的转轴形式有直轴式、斜轴式及直斜轴混合式，以及转轴式、定轴式等。直轴式是指转轴垂直于飞机的对称面，如图 5-146(a)所示；斜轴式是指转轴具有一定的后掠角，如图 5-146(b)所示。直轴式在机身内容易布置，操纵机构也较简单，转轴质量比较轻。如果转轴要伸入平尾内，对于大后掠角平尾，转轴的高度将受到平尾高度的限制，在翼根部，轴所在位置靠近后缘，结构高度小，受载不利，轴的质量特性差。当平尾为平直翼或中等后掠或后缘较平直时，宜采用直轴式。与直轴式相反，大后掠角平尾宜采用斜轴式，转轴可以利用翼面最大高度，铰链力矩也比较小。

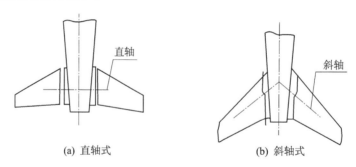

(a) 直轴式　　　　　　　　(b) 斜轴式

图 5-146　直轴式和斜轴式全动平尾示意图

转轴式平尾的轴与尾翼连接为一体，用固定在转轴上的摇臂操纵转轴使平尾发生偏转，如图 5-147(a)所示。定轴式的轴固定在机体上不动，尾翼套在轴上绕其转动，操纵接头布置在尾翼根部的加强肋上，如图 5-147(b)所示。与转轴式相比，定轴式的操纵点和轴之间的力臂

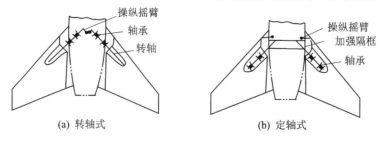

(a) 转轴式　　　　　　　　(b) 定轴式

图 5-147　转轴式和定轴式全动平尾示意图

有时可设计得比较长,因此具有操纵力较小、尾翼受力较好的优点。缺点是在尾翼结构内要安放轴承,限制了轴径,对轴受力不利;此外,需在机体上开弧形槽,对机体有所削弱。转轴式的优、缺点与定轴式的相反。

无论何种形式,转轴在机身内的部分应采用圆形剖面的管梁,伸入平尾内的转轴也应采用管梁,以利于传递载荷;转轴不伸入平尾内的也可采用其他封闭形剖面形状。

2. 全动平尾的结构特点

全动平尾的结构形式与转轴形式有直接关系。常见的结构形式主要有:单梁式、单块式过渡到短梁式、双梁单块式或多梁单块式等。

单梁式全动平尾的主梁沿转轴一直延伸到翼梢,弯矩全由主梁承受,主要用于翼型厚度较大、后掠较小及载荷不大的转轴式全动平尾。单块式过渡到短梁式,外段采用刚度较好、结构效率较高的单块式,在根部转成梁式,以便弯矩、剪力和扭矩向转轴传递,如图 5 - 148 所示,常用于转轴式全动平尾。双梁单块式或多梁单块式结构布置有两根或多根梁(或墙),较适合定轴式全动平尾的受力特点,即转轴仅受剪力和弯矩,但不受扭,平尾上的载荷不必全都集中在转轴上,具有一定的破损安全特性。对于 $Ma \approx 2$ 的飞机,在设计全动平尾时,需特别注意保证它的局部及整体扭转刚度,常采用整体壁板构成的整体式结构。如图 5 - 149 所示,F - 14 全动平尾的蒙皮及其他一些结构均采用了复合材料,此后几乎所有的先进战斗机的全动平尾都采用复合材料结构。

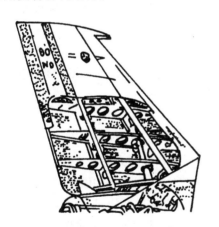

图 5 - 148　单块式过渡到集中
短梁形式的全动平尾

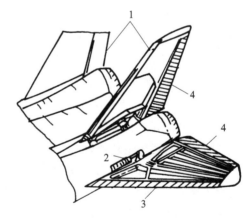

1—垂直尾翼;2—助力器;3—蜂窝结构;4—全高度蜂窝结构
图 5 - 149　F - 14 全动平尾

3. 全动平尾受力分析

下面以两种典型结构布局的全动平尾为例分析它们的受力特点。

(1)转轴式全动平尾受力分析

歼 - 6、歼 - 7 和歼 - 8 系列的歼击机都是采用大后掠角、大展弦比的转轴式全动平尾。它们的外段结构不同,歼 - 6 为普通桁条-蒙皮组合壁板的双墙单块式结构,歼 - 7 为带变厚度整体壁板的双墙单块式结构,歼 - 8 为变厚度厚蒙皮多墙式结构,后缘为全高度铝蜂窝夹层结构。

平尾外段的受力特点与平直翼相同。三种平尾根部结构与转轴形式基本相同。现以歼-7 平尾为例分析其根部的受力特点。

如图 5 - 150 所示,歼-7 平尾根部布置了 3 根加强肋:4 肋(BC 肋)、斜肋(AB 肋)、后段 1 肋(AC 肋),并在蒙皮下面布置了加强带板。蒙皮和带板用 4 个垂直螺栓与转轴相连,AB 和 AC 肋的腹板通过同一水平螺栓与转轴相连,上下缘条与蒙皮及带板铆接。

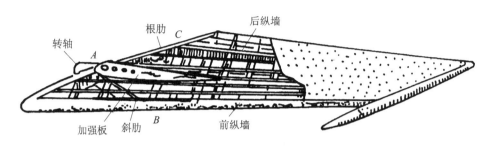

图 5 - 150　斜转轴式全动平尾

剪力由前、后墙传到 B、C 点,再由 AB 和 AC 肋通过水平螺栓传给转轴;剪力 Q_B、Q_C 在 AB 和 AC 肋上引起的弯矩由上、下加强板通过垂直螺栓传给转轴,使转轴受弯、受剪,如图 5 - 151(a)所示。弯矩从外侧壁板以分散轴力的形式通过结构参与逐步向加强板集中,最后由 4 个垂直螺栓传给转轴,如图 5 - 151(c)所示。扭矩以剪流形式从外段闭室传到 BC 肋处,转换成一对力偶 R_B、R_C,从 AB 和 AC 肋向转轴传递。最后都经垂直和水平螺栓传给转轴使其受扭,如图 5 - 151(b)所示。

4 肋以内的局部气动载荷和质量力的传递分析与上面基本相同。

传到转轴上的剪力和弯矩通过两个机身加强框上的支座以集中力的形式传给加强框,扭矩则传给加强框支座和轴上的操纵摇臂。

(2) 定轴式全动平尾传力分析

图 5 - 152 所示为直轴和斜轴两种定轴式全动平尾。它们的受力特点是:轴仅承受和传递平尾的剪力和弯矩,扭矩不传给轴,而由轴的支反力与操纵力构成的力矩平衡。

图 5 - 152(a)所示为超声速战斗机(如 F - 14、F - 15 和 F - 16 等)所采用的小展弦比直定轴式全动平尾,分左、右两部分。其前、后缘通常采用全高度蜂窝夹层结构,受力盒段可以是单块式结构或蜂窝夹层结构,根部需布置两个纵向短梁把弯矩转换成根肋 2 和加强肋 4 上的两个剪切力,然后与前、后墙上传来的总体剪力一起,由肋传到轴上。

图 5 - 152(b)所示为 RF - 101 的定轴式全动平尾。左、右两半由中央翼盒连成整体固定在垂尾上,为厚蒙皮、少肋、多墙式结构(3 根梁、6 根墙)。平尾的操纵点约在根肋弦长 30% 处,而轴相当靠后,约为 60% 弦长处,两者距离与中央翼盒宽度相当,平尾受力特性好。平尾后部采用轻质结构,中梁与后梁间填充泡沫,后梁之后为蜂窝夹层结构,使平尾质心靠前,而轴靠后,因此较成功地解决了尾翼的质量平衡问题,不需另加防颤振的配重。

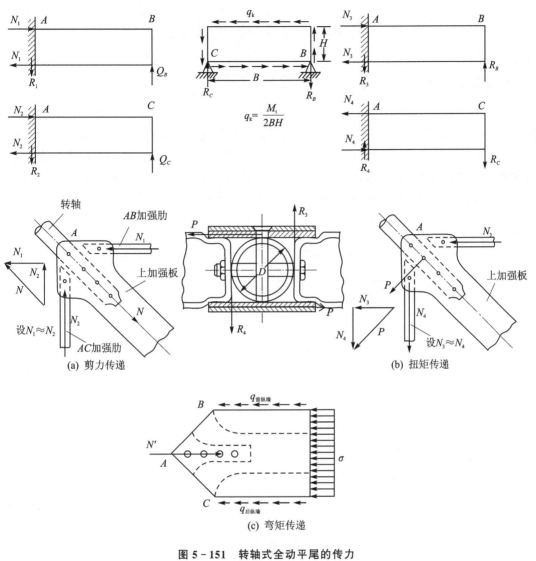

$$q_k = \frac{M_t}{2BH}$$

(a) 剪力传递

(b) 扭矩传递

(c) 弯矩传递

图 5-151　转轴式全动平尾的传力

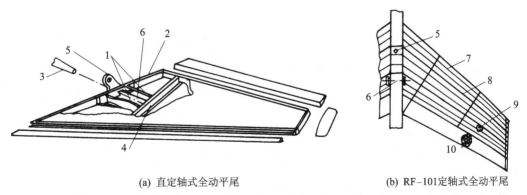

(a) 直定轴式全动平尾

(b) RF-101定轴式全动平尾

1—短纵梁；2—根肋；3—定轴；4—加强肋；5—操纵点；6—枢轴线；7—墙；8—梁；9—泡沫；10—全高度蜂窝夹层结构

图 5-152　定轴式全动平尾

5.12 翼面增升装置

5.12.1 增升装置的功用和设计要求

现代飞机为了增加升力,提高机动性,减小大迎角下失速速度,提高低速飞行时的升力,改善起飞、着陆性能,在翼面前后缘上布置了大量的增升装置。有的旅客机整个前后缘除了布置横向操纵用的副翼和扰流片之外,其余部分几乎全部用来布置各类增升装置。增升装置的形式很多,有各类襟翼和缝翼,如图 5 - 153 所示。前缘增升装置一般布置在翼面弦长的 10%～15%区域内,后缘增升装置一般布置在 65%～75%弦长之后的区域内。

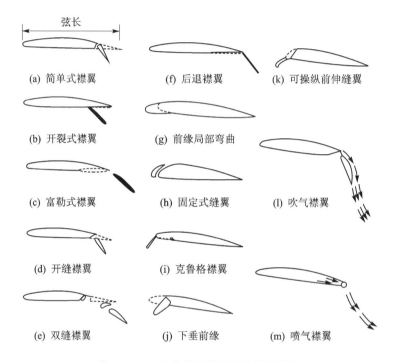

图 5 - 153 各类前后缘增升装置示意图

除了满足飞行器结构设计的一般要求外,翼面增升装置还需满足下列特殊要求:

① 在飞机处于着陆迎角、增升装置偏至着陆位置时,升力系数的增量最大。

② 当增升装置处于收起位置时,阻力系数的增量最小。

③ 当飞机以小推重比起飞滑跑时,升阻比最大;对于推重比大的飞机,当增升装置偏转到起飞位置时,可产生较大的升力系数增量。

④ 增升装置工作时,纵向力矩系数的变化(翼面压力中心的偏移)最小。

⑤ 传力合理,结构刚度足够,保证在正常变形情况下操纵自如,并且具有抗抖动和声疲劳的性能。

⑥ 翼面两个外翼上的增升装置同步作用,结构简单,工作可靠性高。

5.12.2 增升装置的种类和结构特点

1. 前缘增升装置

从使用上前缘增升装置分为用于起降为主的前缘襟翼与大机动飞行的前缘机动襟翼。机动襟翼会在全飞行包线中使用。从形式上前缘增升装置主要有可操纵前伸缝翼、克鲁格襟翼、下垂前缘、固定式缝翼以及局部弯曲等形式,如图 5 - 154 所示。

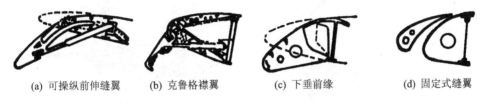

(a) 可操纵前伸缝翼   (b) 克鲁格襟翼   (c) 下垂前缘   (d) 固定式缝翼

图 5 - 154 前缘增升装置构型

大迎角下飞行时,前缘失速的可能性很大,采用前缘缝翼对解决此问题十分有利;但对于轻型飞机和小型螺旋桨飞机较厚的翼剖面,则不必使用前缘缝翼或襟翼。

气动载荷作用在缝翼蒙皮上,通过铆钉将载荷传给缝翼的肋和梁,再通过接头传给主和辅助滑轨的支臂和作动筒,然后通过操纵机构或结构传给前缘舱和翼盒。

由于结构空间的限制,缝翼一般铰接在主滑轨和辅助滑轨支臂上。辅助滑轨支臂与辅助滑轨之间通过单滚轮滑动,属简单支持。为满足缝翼收放时的方位和角度要求,辅助滑轨略呈 S 形,并通过一组摇臂与翼面前梁连接,将力传走。这组摇臂的拉杆使辅助滑轨的方位可调,以便缝翼灵活收入。典型前缘缝翼构造如图 5 - 155 所示。

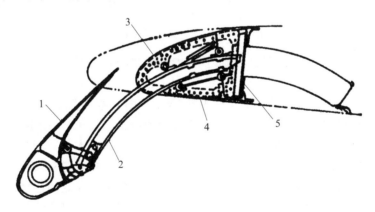

1—蜂窝夹层结构缝翼;2—滑轨;3—内前缘上壁;4—前缘下壁;5—前翼梁

图 5 - 155 典型前缘缝翼构造

固定式前缘缝翼固定在翼面前缘,是延迟前缘失速的最简单装置,但其引起的阻力大,仅在一些低速飞机上使用。可操纵前伸缝翼一般由两根或更多导轨支撑,每根导轨用 4 个滑轮承受载荷,其中下面 2 个滑轮用来调整前缘缝翼与前缘之间的间隙。为了保证所有前缘缝翼在收放时保持一致,在每个前缘缝翼导轨的两端装有特殊的缓冲制动配件。克鲁格前缘襟翼由于操纵系统的特殊性,不太适用于薄翼型,多用在运输机机翼内侧翼型较厚的部位。内侧的克鲁格襟翼与外侧缝翼联合使用,能保证飞机在失速情况下仍具有良好的纵向稳定性。

2. 后缘襟翼

在飞机上常用的后缘襟翼有简单襟翼、单缝襟翼、双缝襟翼、三缝襟翼、富勒式襟翼和吹气襟翼等,如图 5 - 156 所示。

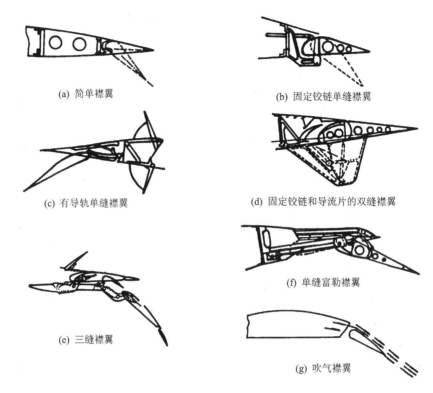

(a) 简单襟翼

(b) 固定铰链单缝襟翼

(c) 有导轨单缝襟翼

(d) 固定铰链和导流片的双缝襟翼

(f) 单缝富勒襟翼

(e) 三缝襟翼

(g) 吹气襟翼

图 5 - 156 后缘襟翼的构型

简单襟翼主要用于中、小型飞机及速度较低的运输机上,结构简单,与襟翼舱之间间隙的密封性好。但当偏角超过 15°时,增升效果变差,阻力也会增大。固定铰链单缝襟翼用于轻型飞机上,襟翼与后缘舱间构成一特殊形状的翼缝,翼下面的气体被吸入后对上翼面附面层起着稳定作用,并流向后缘,其有效偏角可达 40°。有导轨单缝襟翼用于轻、中型运输机上,结构特点与固定铰链单缝襟翼基本相同,但增升效果比固定铰链单缝襟翼好。固定铰链和导流片的双缝襟翼广泛应用于现代中、短程飞机上,它在大偏角时优于单缝襟翼,但起飞时阻力较大。由于襟翼的支持构件需整流罩,故使质量增大。三缝襟翼用于高翼载的运输机上,如 B727 飞机。三缝襟翼增升效果好,阻力小,起飞性能好,可在大、小各种偏角下使用;但结构复杂,质量较重。单缝富勒襟翼为许多飞机采用,如"协和"超声速运输机。该襟翼可大角度偏转,最大限度地增加翼面积,提高升力系数,并减小阻力;但结构复杂,质量较重,设计比较困难。吹气襟翼用于超声速飞机和短距起降飞机,如 PS - 1、YC - 14、YC - 15 飞机。它是一种附面层吹离装置,在翼面前缘或襟翼前的翼面后缘上开有小缝或小孔,利用发动机的喷流或高压气流从小缝或小孔中吹出,以延迟气流分离,增升效果极佳。但吹气系统复杂,结构质量较重。

襟翼结构主要由单梁、双梁或三梁与小间距翼肋组成。襟翼典型构型如图 5 - 157 所示。在襟翼、导轨和制动器连接的位置,必须设置加强肋传递集中载荷。其他翼肋一般为带有减重孔的板弯肋或桁架肋。蒙皮一般都经化学铣切和机械加工,连接部位带加强凸台;也可用等厚蒙皮加锯齿形带板与梁缘条相连。一般设计要求下蒙皮可拆卸。翼梁有两种结构形式,一种是挤压型材加腹板与立柱铆接梁;另一种是板弯槽形梁,根据需要加立柱和开减重孔。襟翼后梁后的尾段常采用蜂窝夹芯结构,为了更换方便,应设计成可以从襟翼后梁拆下的结构。现代襟翼大都用复合材料制造。

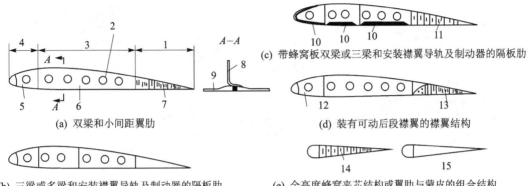

(a) 双梁和小间距翼肋
(b) 三梁或多梁和安装襟翼导轨及制动器的隔板肋
(c) 带蜂窝板双梁或三梁和安装襟翼导轨及制动器的隔板肋
(d) 装有可动后段襟翼的襟翼结构
(e) 全高度蜂窝夹芯结构或翼肋与蒙皮的组合结构

1—后段;2—减重孔;3—中段;4—前段;5—翼肋;6—腹板翼肋或桁架翼肋;7—全高度蜂窝夹层结构;
8—翼肋腹板;9—蒙皮;10—蜂窝夹层板;11—全高度蜂窝夹层结构;12—主襟翼;13—后缘襟翼;
14—全高度蜂窝夹层结构;15—翼肋-蒙皮组合结构

图 5 - 157　几种典型襟翼构型

5.12.3　自适应翼面

现代飞机越来越多地将翼面活动部分综合成了一个几乎在所有飞行状态下均能使用的统一的多功能系统,在该系统中,同一个翼面活动部分用于解决不同的问题。比如,襟副翼在横向控制飞机时用作副翼,而在起飞、着陆时用作襟翼;扰流板用于横向操纵,而当两侧对称打开时又可在刹车时作阻力板用;襟翼-前缘缝翼系统用于提高飞机的机动能力,其中翼尖前缘缝翼还能提高大迎角下飞机的横向稳定性和操纵性等。

使用传统的机翼增升装置,难以满足飞机大范围变化的机动性要求。如第四代战斗机的基本特性之一就是超常规机动性——要求飞机在很宽的速度、高度范围内都具有很好的机动性,还有短距起降性能等。传统的机翼增升装置在偏转时会破坏翼表面的连续性(平滑性),偏转速度(作用速度)较小,每个增升装置的功能有限,因此传统的机翼增升装置所能解决的问题也有限。采用翼型弯度沿其整个翼展快速变化的自适应机翼,原则上可以克服传统增升装置的这些不足。

图 5 - 158 示出了自适应机翼及后缘的构造,用于说明自适应机翼的工作原理。它有很强的翼盒,蒙皮用复合材料制成,有一段可偏转的前缘和一段可偏转的后缘。图 5 - 158(a)示出了机翼剖面的位置,位置 1 用于提高升力,位置 2 用于主动调节气动力的分布。在位置 2 时,翼尖处的机翼后缘可向上偏,以减小升力,而翼根处的机翼后部向下偏,以增大升力,如图 5 - 158(b)所示,结果使机翼压力中心从 a 移向 $a'(a'<a)$ 位置,这样可减小翼根剖面的弯矩 M;换言之,即可以在相同的弯矩 M 下增大机动时的过载。两半机翼后部的非对称偏转,可实现飞机的横向控制。图 5 - 158(c)给出了偏转机翼后部的一个可能的方案,其中的摇臂机构由连杆、拉杆和摇臂组成。驱动摇臂机构使机翼后缘上、下偏转改变机翼的弯度。

苏-27 采用了前期的自适应技术,其机翼由基本机翼和沿翼展布置的前缘机动襟翼、后缘

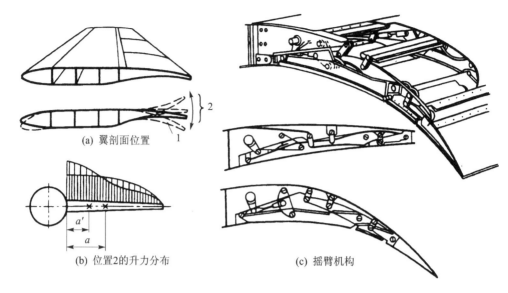

(a) 翼剖面位置

(b) 位置2的升力分布

(c) 摇臂机构

1—用于提高升力;2—用于气动载荷分布的调整

图 5 - 158　自适应机翼和后缘构造

机动襟副翼组成,可随任务自动改变机翼的外形和弯度,使其气动特性最佳,能在很宽的速度和迎角范围内做机动飞行,包括著名的以极小瞬时表速使飞机处于垂直状态的过失速机动——"眼镜蛇"机动。

5.13　折叠翼面结构设计

航空母舰上的舰载飞机,为了在甲板上或舰舱内放置时减小其外形尺寸,需将机翼折叠。很多导弹也采用可折叠翼面,以缩小导弹的横向尺寸,便于贮藏、运输和发射,增加车辆和舰艇的运载能力,减少阵地车辆数量,提高战斗力。

折叠翼的弦向分离面常在翼面中部或根部,通过折叠机构进行连接。折叠机构一般包括展开装置与锁紧装置两部分。对折叠机构的要求是连接可靠,折叠方便,展开迅速,锁紧保险。

按展开力的来源可将折叠翼面分为有弹簧力式、压缩空气力式、燃气压力式、液压作动筒式等。按折叠方向可分为横向折叠式和纵向折叠式等。横向折叠式是在翼面中部或根部,沿气流方向设置一分离面,使外翼绕分离面上的转轴折叠和展开;若可折叠部分的旋转轴垂直于机身(弹身)的纵轴,则为纵向折叠式。

5.13.1　舰载飞机的折叠翼

需要采用折叠翼的通常是舰载飞机,如美国海军的 F - 18 和俄罗斯的苏 - 27K 等。舰载飞机的折叠翼普遍采用横向折叠式,翼面结构采用多梁式或多梁加整体壁板的结构形式。

F - 18 机翼平面形状为梯形,采用多梁式结构。图 5 - 159(a)示出了 F - 18 的前视图,翼梢部借助液压作动筒相对于转轴向上折叠。图 5 - 159(b)示出了 F - 18 的机翼俯视图。图 5 - 159(c)示出了机翼折叠分离面处的构造情况,转轴设置在翼梁上部耳片处,下位锁设置在翼梁下部耳片处。利用液压传动装置实施折叠部分的定位,其传动杆的端部与在导向件内滑动的锁杆相连,当折叠部分的下部耳片和机翼固定部分对准时,锁杆便进入耳片内,将机翼折叠部分刚性固定。机翼的折叠操纵也要借助液压传动装置来完成。

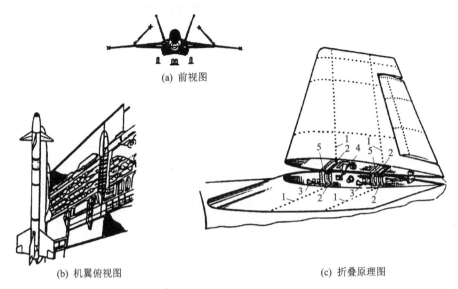

(a) 前视图

(b) 机翼俯视图   (c) 折叠原理图

1—翼梁;2—下部耳片;3—对接液压传动装置;4—折叠液压传动装置;5—上部耳片

图 5 - 159   F - 18 折叠翼

苏-27K 机翼平面形状为梯形,翼面结构为三梁整体壁板式,中央翼与中外翼的对接采用围框式,中央翼与机身为翼身融合体且一体化制造,可折叠部分为外翼,如图 5 - 160 所示。外

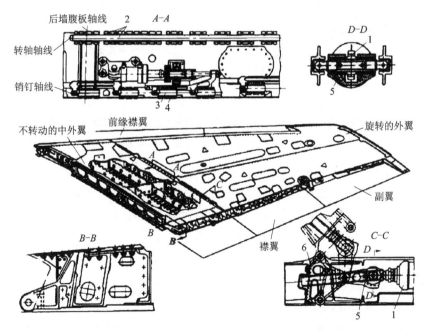

1—折叠操纵液压传动装置;2—通条;3—锁定机构活塞杆;4—下壁板耳片;5—连杆;6—支臂

图 5 - 160   苏 - 27K 折叠翼

翼沿上壁板的转轴进行折叠,转轴是上壁板很多耳片中的通条。锁定机构是位于外翼和中外翼下壁板耳片里的活塞杆,它受液压传动装置操纵。机翼折叠时,锁定机构将活塞杆从下壁板的耳孔中退出,然后,液压传动装置驱动外翼绕转轴转动,实现折叠。由于外翼较长,为了减小折叠后的高度,折叠角约为 120°。

5.13.2 折叠弹翼

大型可折叠弹翼的展开装置与折叠装置合二为一,可自动展开与折叠。但小型导弹大多采用的是人工折叠、自动展开的方式。

1. 横向折叠式弹翼

图 5-161 是某反坦克导弹折叠翼面,采用的是横向折叠式。折叠时,向下压按钮,弹簧被压缩,锁紧件向下移动而退锁,外翼部分绕转轴折叠。展开时,外翼反向偏转直至碰到平面 A,此时弹簧推动锁紧件上升锁住外翼。锁紧件下部为圆筒(侧壁上有一长孔),为锁紧件提供运动空间。这种形式结构简单,气动性较好,主要用在小型导弹上。

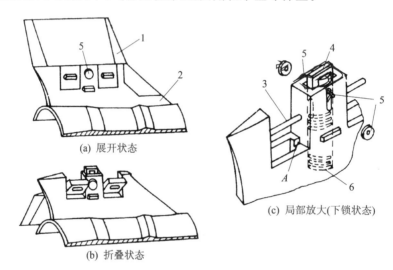

(a) 展开状态

(b) 折叠状态

(c) 局部放大(下锁状态)

1—外翼部分;2—翼根部分;3—转轴;4—锁紧件;5—按钮及其轴;6—弹簧

图 5-161 横向折叠弹翼结构形式

图 5-162 所示是横向折叠式的另一种方案。它由人工折叠、自动展开。折叠时,将锁紧件的手柄向后拉,弹簧则被压缩,此时锁紧件从弹身支座孔中退出,便可转动翼面至折叠状态。解除弹翼折叠状态的约束,翼面在扭簧的作用下自动展开到要求的位置,此时,小弹簧推动锁紧件进入弹身支座孔内,翼面就被固定在展开位置。

2. 纵向折叠式弹翼

翼面纵向折叠方式较多,但折叠的旋转轴都在对称面垂直于导弹的纵轴。有的导弹翼面是绕转轴向导弹头部折叠,有的是向尾部折叠,有的是把翼面潜入弹身内,有的是在翼面纵向折叠同时又横向转动,使翼面较好地贴在弹身上,还有的是把外翼部分潜入翼根部分内部。

图 5-163 所示的是一种纵向潜入式折叠翼配置图。在弹身上开有 4 个纵向槽,折叠时,用专用工具从槽口插入,顶压锁紧件使之离开弹翼接头上的缺口,弹翼就可绕转轴转动而从槽

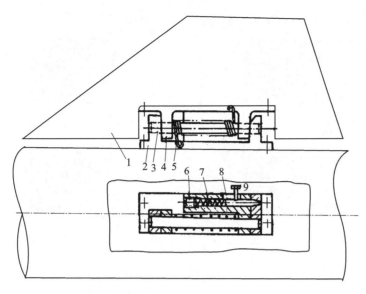

1—翼面；2—弹身上的支座；3—转轴；4—弹翼上的支座；5—扭簧；6—堵塞螺钉；7—小弹簧；8—锁紧件；9—手柄

图 5 - 162　横向折叠式弹翼方案

口潜入弹身内。把导弹装入发射筒后，靠筒壁的约束使弹翼处于折叠状态。当导弹离开发射筒后，大扭簧使弹翼展开，小扭簧使锁紧件转动，直至卡在弹翼接头的缺口内，将弹翼锁紧在展开位置。这种机构的构造简单，气动性好，但在弹身上开槽口会削弱弹身的强度，同时弹翼占用了弹身空间。

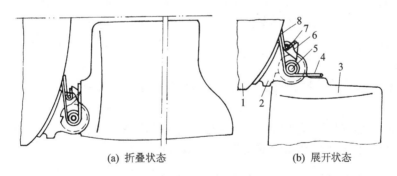

(a) 折叠状态　　　　　　　　　　(b) 展开状态

1—弹身某舱段；2—支座；3—弹翼；4—大扭簧；5—转轴；6—锁紧件；7—小扭簧轴；8—小扭簧

图 5 - 163　纵向潜入式折叠翼

图 5 - 164 是火箭弹尾翼的折叠装置示意图，其展开力是燃气压力。基础环 5 螺接在弹身上，它与喷管通过 4 个螺钉 7 连接，4 个尾翼被安装在基础环的 4 对耳片上，衬套活塞 3 由 1 个释放螺钉 10 固定在喷管上，此时，尾翼被衬套活塞的 A 面限制在折叠状态。密封圈 4 和 8 主要用于形成环形密封室 B。火箭发射后，燃烧室的高压燃气由溢气孔 C 进入环形密封室 B，高压使螺钉 10 拉断，并推动衬套活塞向后移动，直到使翼面展开，定位缺口被弹簧弹出部分锁住。这种构造复杂，但是展开力比扭簧的大。

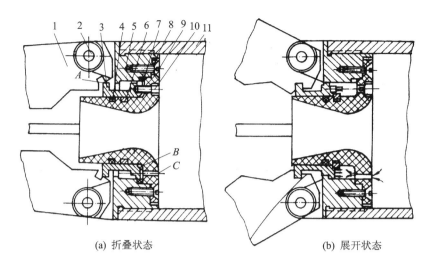

(a) 折叠状态　　　　　　　　　　　(b) 展开状态

1—翼面;2—转轴;3—衬套活塞;4—密封圈;5—基础环;6—弹簧;7—螺钉;
8—密封圈;9—喷管;10—释放螺钉;11—弹身

图 5-164　燃气压力式折叠翼

5.14　旋翼系统结构设计

直升机的结构设计也应满足强度和刚度要求、最小质量要求、气动要求、工艺性要求等飞行器结构设计的一般要求。直升机最显著的标志是旋翼。飞机机翼相对机身是固定的,而直升机旋翼相对机身是以恒定速度转动的,这样就造成旋翼桨叶的工作环境比飞机机翼的工作环境复杂得多,使直升机旋翼的结构比固定翼也更复杂。直升机的工作特性导致其结构设计存在不同于飞机的一些特点:

① 由于在飞行时要承受持续的交变载荷,因而疲劳强度要求高;

② 由于振动环境比较突出,因而结构设计在很大程度上是个结构动力学问题;

③ 对于军用直升机,耐弹伤的生存力及抗坠毁性要求高。

本节主要介绍直升机旋翼系统的功用和结构特点。

5.14.1　旋翼系统的功用与结构特点

1. 旋翼系统的功用

旋翼由数片桨叶(即翼面)及一个桨毂(又称轴套)组成。工作时,桨叶与空气做相对运动产生空气动力,桨毂则用来连接桨叶和旋翼轴,以驱动桨叶转动。桨叶剖面为翼型构型,每个叶片的平面形状细而长,相当于一个大展弦比的直机翼,翼尖有各种不同的形状。桨叶的数量随直升机起飞质量的不同而有所不同。重型直升机起飞质量在 20 t 以上,桨叶的数量为 6 片左右;而轻、小型直升机起飞质量在 1.5 t 以下,桨叶的数量只需 2 片。

旋翼系统的功用:

① 产生向上的升力(占旋翼拉力的主要部分)用于克服直升机的重力,类似于飞机机翼的作用。即使直升机的发动机空中停车,飞行员也可通过操纵旋翼自转,仍可产生一定升力,减

缓直升机的下降趋势。

② 产生向前的水平分力,以克服空气阻力,使直升机前进,类似于飞机上推进器的作用。

③ 产生其他分力及力矩对直升机进行控制或机动飞行,类似于飞机上各种操纵面的作用。

旋翼形式由桨毂形式决定,并随着材料、工艺和旋翼理论的发展而发展。到目前为止,已在实践中应用的旋翼形式有铰接式、跷跷板式、无铰式和无轴承式。

2. 桨毂的结构特点

(1) 铰接式

铰接式(又称全铰接式)旋翼桨毂是通过桨毂上设置挥舞铰、摆振铰和变距铰来实现桨叶的挥舞、摆振和变距运动的。典型的铰接式桨毂铰的布置顺序(从内向外)是挥舞铰、变距铰到摆振铰,如图 5-165(a)所示;也有挥舞铰与摆振铰重合的构型,如图 5-165(b)所示。

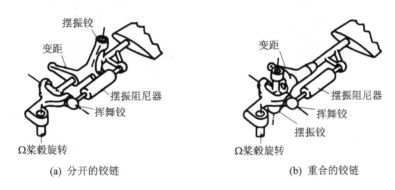

(a) 分开的铰链　　　　　　　　(b) 重合的铰链

图 5-165　铰接式桨毂

(2) 桨毂减摆器

铰接式旋翼在摆振铰上布置有桨毂减摆器,简称减摆器,为桨叶绕摆振铰的摆振运动提供阻尼,用于抑制直升机的地面共振,保证直升机具有足够的动力学稳定性。

减摆器分为液压减摆器、粘弹减摆器等类型。液压减摆器是利用油液流动速度损失引起的压力差而产生阻尼的作用,图 5-166 表示了这种减摆器在桨毂上可能的安装情况。当桨叶绕垂直铰来回摆动时,减摆器壳体与活塞杆之间产生往复运动。这时,壳体内的油液高速流过壳体与活塞之间的缝隙(或者是活塞上的节流孔),使活塞两边产生压力差,从而形成减摆的阻尼。

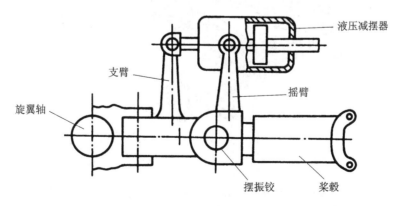

图 5-166　液压减摆器和桨毂的连接

粘弹减摆器是利用粘弹性材料变形时产生的内阻尼提供所要求的减振阻尼,其构造原理如图 5-167 所示。减摆器由金属板胶层粘结构成,内部金属板一端与轴向铰轴颈相连接,外部金属板与中间连接件相连接。当桨叶绕垂直铰摆动时,由硅橡胶层往复剪切变形产生的内摩擦消耗能量而起到阻尼作用。

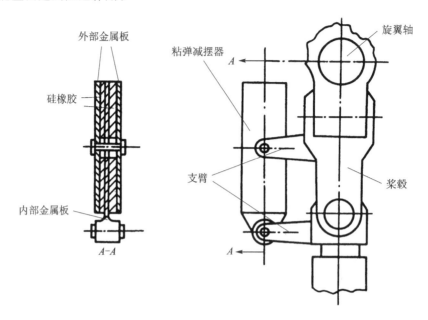

图 5-167 粘弹减摆器原理

(3) 万向接头式及跷跷板式

万向接头式旋翼桨毂上的两片桨叶通过各自的轴向铰与桨毂壳体连接,桨毂壳体又通过万向接头与旋翼轴相连,如图 5-168 所示。挥舞运动通过万向接头 $\beta-\beta$ 铰实现,如图 5-169 所示,改变总距通过轴向铰实现,而周期变距是通过万向接头绕 $\alpha-\alpha$ 铰的转动实现。

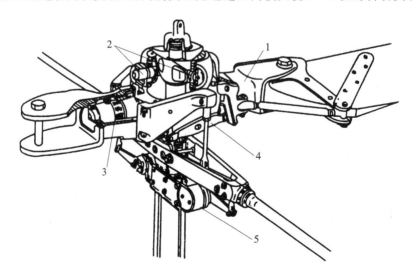

1—桨毂转接套;2—轴承;3—弹性轴承;4—变距拉杆;5—摇臂

图 5-168 Bell-47 万向接头式旋翼桨毂构造

跷跷板式旋翼和万向接头式旋翼的主要区别是，桨毂壳体只通过一个水平铰与旋翼轴相连，这种桨毂构造比万向接头式简单，其周期变距也是通过变距铰来实现。

与铰接式相比，这两种桨毂形式的优点是，桨毂构造简单，去掉了摆振铰和减摆器，两片桨叶共同的挥舞铰不负担离心力而只传递拉力及旋翼力矩，轴承负荷比较小，没有地面共振问题。但是，这种旋翼操纵功效和角速度阻尼比较小，为了加大角速度阻

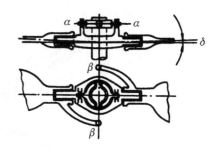

图 5 - 169　万向接头式旋翼桨毂原理

尼，都要配置机械增稳装置——稳定杆，没有办法改善操纵功效。对于机动性要求较高的直升机，这些缺点尤为突显。

（4）无铰式

无铰式旋翼结构的力学特性与直升机飞行力学特性关系密切，这种形式的旋翼会产生一些新的动力学稳定性问题。图 5 - 170 所示为英国"山猫"直升机无铰式桨毂结构，桨叶的挥舞运动由和桨轴相连的柔性件弯曲变形实现，摆振运动由变距铰壳体延伸段的弯曲变形实现。这种旋翼采用了消除耦合的设计，是摆振柔软的旋翼。

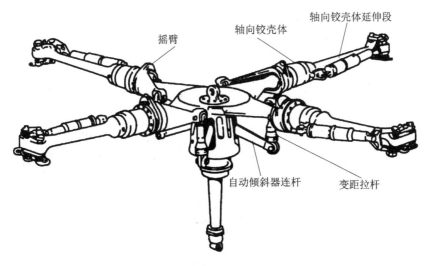

图 5 - 170　"山猫"直升机的桨毂构造

（5）无轴承式旋翼

无铰式旋翼虽然没有挥舞铰和摆振铰，但由于保留了承受很大力矩和离心力的变距铰，结构质量难以减轻。无轴承旋翼是取消了挥舞铰、摆振铰和变距铰的旋翼，桨叶的挥舞、摆振和变距运动都由桨叶根部的柔性元件来完成。图 5 - 171 示出了一种"交叉梁"式的无轴承旋翼方案，桨叶的主承力件是一根单向碳纤维大梁。±45°铺层的玻璃钢蒙皮构成了桨叶的外形，蒙皮与大梁之间充填泡沫，而根部的蒙皮转变成为空心扭管。空心扭管与大梁通过弹性元件连接，其内端连操纵摇臂。作用在操纵摇臂上的操纵力从扭管向外传至大梁，使大梁在扭管中的那部分产生扭转变形而实现变距。桨叶的离心力在大梁中自身平衡。与一般无铰式旋翼相比，其质量可减轻 50%。

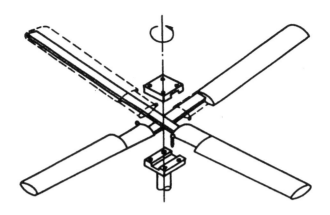

图 5 - 171 "交叉梁"式无轴承旋翼构造原理

3. 桨叶的结构特点

旋翼系统中,桨叶是提供升力的重要部件,桨叶设计除了有气动力方面的要求外,还有动力学和疲劳方面的要求。例如,桨叶的固有频率不与气动激振力频率一致或靠近,桨叶挥舞、摆振基频满足操纵稳定性和地面共振等要求;桨叶承力结构具有高的疲劳性能或采用损伤容限设计等。旋翼桨叶主要有金属桨叶和复合材料桨叶两种形式。

(1) 金属桨叶

金属桨叶是由挤压成形 D 形铝合金大梁和胶接在后缘上的后段件组成。后段件外面包有金属蒙皮,中间填充泡沫或蜂窝夹芯,如图 5 - 172 所示。这种桨叶气动效率高、刚度好,同时加工比较简单,疲劳寿命较长。

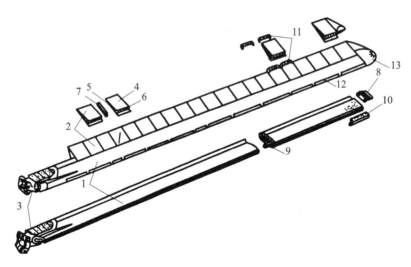

1—大梁;2—分段件;3—桨根接头;4—上蒙皮;5—下蒙皮;6—蜂窝夹芯;7—翼肋;
8—桨尖可调配重;9—防振配重;10—挡块;11—调整片;12—不锈钢包皮;13—桨尖罩

图 5 - 172 金属桨叶构造

(2) 复合材料桨叶

图 5 - 173 所示为"海豚"直升机复合材料桨叶结构。主承力件 C 形大梁主要承受离心力,

并提供大部分挥舞刚度,它由抗拉方面比刚度、比强度较高的 0°单向玻璃纤维预浸带制成。在翼型中部和后部各布置一个 Z 形梁。两个 Z 形梁与蒙皮胶接在一起,使桨叶剖面形成多闭室结构。另外,桨叶蒙皮全部采用与展向呈±45°的碳纤维布,用于提高桨叶的扭转刚度。桨叶采用泡沫作为内部支承件,前缘包有不锈钢片防止磨蚀。

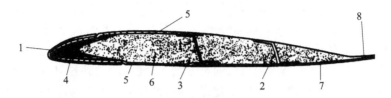

1—前缘包皮;2、3—Z 形梁;4—大梁;5—蒙皮;6—泡沫支持件;7—蒙皮;8—后缘条

图 5 - 173　"海豚"直升机的桨叶构造

5.14.2　尾桨的功用与结构特点

对于单旋翼直升机,为了平衡旋翼产生的反扭矩并进行方向操纵,必须安装尾桨。尾桨像一个旋转平面垂直于旋翼旋转平面的小螺旋桨,工作时产生拉力(或推力)。尾桨的功用如下:

① 尾桨产生的拉力(或推力)通过力臂形成偏转力矩,用于平衡旋翼的反作用力矩(即反扭转)。

② 尾桨相当于一个直升机的垂直安定面,用于改善直升机的方向稳定性;而且,可以通过加大或减小尾桨的拉力(推力),实现直升机的航向操纵。

③ 某些直升机的尾轴向上斜置一个角度,可以提供部分升力,也可以调整直升机的质心范围。

虽然尾桨的功用与旋翼不同,但是它们都是由旋转而产生空气动力,直升机前飞时都处于不对称气流的工作状态,因此尾桨结构与旋翼结构有很多相似之处。尾桨通常包括常规尾桨、涵道尾桨和无尾桨系统等三种类型。

1. 常规尾桨

这种尾桨的构造与旋翼类似,由尾桨叶和尾桨毂组成。常见的有跷跷板式、万向接头式、无轴承式和铰接式,只是铰接式尾桨一般不设置摆振铰。

2. 涵道尾桨

这种尾桨由两部分组成:一部分是置于尾斜梁中的涵道;另一部分是位于涵道中央的转子。其特点是涵道尾桨直径小、叶片数量多。涵道尾桨的推力有两个来源:一是涵道内空气对叶片的反作用推力;二是涵道唇部气流负压产生的推力。

3. 无尾桨系统

无尾桨系统主要是用一个空气系统代替常规尾桨,该系统由进气口、喷气口、压力风扇、带缝尾梁等几部分组成。

以上尾桨都各有特点。常规尾桨技术发展比较成熟,应用广泛,缺点是受旋翼下洗气流影响,流场不稳定,裸露在外的桨叶尖端易发生伤人或撞击地面障碍物等事故。涵道尾桨的优点是安全性好,转子叶片位于涵道内,旋翼下洗流干扰较轻,不易发生伤人撞物的事故;缺点是消耗功率比较大。无尾桨系统的优点是安全可靠,振动和噪声水平低,前飞时可以充分利用垂直

尾翼的作用,减少功率消耗;缺点是悬停时需要很大的功率。

5.15　飞行器结构的刚度设计和气动弹性

在外载荷作用下,弹性结构会发生变形。一般情况下,由于结构变形小,不会影响外力的作用,因此常常忽略结构变形对受力状态的影响。但是,对于飞机和导弹等飞行器来说,当其在气流中运动时,结构变形会产生附加的气动载荷,而附加的气动载荷又会使结构产生进一步的变形。由于空气动力随气流速度的增大而迅速增大,而结构的弹性恢复力则与气流速度无关,故存在一个临界气流速度,当气流速度超过它时,弹性恢复力不再能平衡气动力,使结构变得不稳定。

上述现象中,空气动力与时间无关,称之为气动弹性的静力学问题。如果气动力与弹性恢复力相互作用时,结构变形有很大的加速度,则会出现振动现象,致使结构的惯性力要"参与"结构的平衡中。此时,气动力会随时间变化,这就是气动弹性的动力学问题。这两种现象统称为气动弹性效应。

在气动弹性的静力学问题中,因气动弹性效应而引起的气动载荷重新分布、结构变形迅速扩大而导致的静力发散(如翼面扭转变形扩大、弯曲变形扩大等)等称作第一类静气动弹性问题。而气动弹性效应使得操纵系统效能降低,甚至导致相反的操纵效果,因而严重影响操纵性能的问题是静气动弹性的又一类问题。结构设计中,在确定翼面刚度时,也必须考虑气动弹性静力学问题。

颤振是气动弹性动力学问题。飞行中飞行器受到外部激励作用会产生振动,在气动力、弹性力和惯性力的联合作用下,当飞行速度达到某一特定值时,会出现振幅迅速扩大、结构在几秒钟内破坏的现象。由于振动的扩大来源于附加空气动力的主导作用,又不断从气流中获得能量,所以这种现象属自激振动。飞行器在气流中这种扩散的自激振动称为颤振。颤振现象多种多样,设计过程中必须保证飞行器在使用范围内不发生颤振。结构的气动弹性性质与结构的刚度设计密不可分,因此本节先介绍飞行器结构的刚度设计要求,然后讨论气动弹性问题。

5.15.1　飞行器结构的刚度设计

飞行器结构设计,既需要考虑强度要求,又需要考虑刚度要求。对于不同的结构,其主要要求可以有所不同,有的结构满足强度要求后,恒能满足刚度要求,则可称为据强度设计的结构。有的结构满足刚度要求后,恒能满足强度要求,可称之为据刚度设计的结构。各类舱门,如起落架舱门、旅客出入舱门、货舱门和炸弹舱门等部件一般都应按刚度设计,若变形过大,则可能发生舱门锁死的危险状态。航天飞行器上的天线结构,为保证天线的指向精度,也不允许有大的变形。有不少结构需要同时考虑强度要求与刚度要求。根据刚度进行设计与根据强度进行设计,所设计出的结构是不同的。

飞行器结构的刚度要求,一般用在限制载荷条件下,结构的变形小于或等于许可变形来表示,即

$$\delta_i \leqslant [\delta_i] \tag{5-23}$$

式中,δ_i——结构 i 位置或剖面处的变形位移,也可以是角位移;

$[\delta_i]$——结构在 i 位置的容许位移。

在某些情况下(如为防止翼面发生颤振),还可能对结构的刚度分布以及翼剖面刚心位置提出要求。如对于三角翼,通常强调靠近翼尖处能有足够的结构刚度。

对结构提出刚度要求主要基于以下几方面的原因:

① 为了保证飞行器各部件具有设计所要求的气动特性(如升力特性、阻力特性和力矩特性),要求翼面、机身或弹身等具有足够的总体刚度。例如离翼根一定距离处(约 90% 翼展处)翼剖面的扭转变形不允许超过某个角度,该剖面向上的挠度与半翼展之比也不应超过允许值。其次是对蒙皮壁板的局部刚度要求。例如对于一块四边由长桁与翼肋支持的蒙皮,要求其在气动力作用下鼓起的尺寸与两长桁间距之比不超过允许值。

② 对于某些附件的支持点有时会提出刚度要求。例如,为了保证舵面操纵的精确度,要求固定助力器的结构变形不能超过规定的值;又如炮架的刚度不能太大,否则会造成结构冲击载荷过大的问题。

③ 结构的动强度大多与刚度要求有关。一类动强度是振动问题。操纵系统出现共振,或某些活动面出现抖振等现象与结构的固有频率有关,即与结构的刚度特性有关。另一类动强度是气动弹性问题。在高亚声速飞行时,如果翼面刚度不足或者刚心位置不当,会引起结构出现气动弹性问题;航天飞行器上的操纵机构刚度直接影响操纵系统的自振频率,若刚度不足,操纵面容易发生颤振。

④ 有时结构会因反复变形过大而导致疲劳破坏,此时也对结构刚度提出了要求。例如,对机身气密框通常都有一定的刚度要求。

提出刚度要求并不意味着在任何情况下都是刚度愈大愈好,有时恰恰相反,需要减小结构刚度才能满足某些要求。例如,有些附件需应用柔性支座吸收能量来改善附件的受载情况,B707 飞机机翼结构设计中并不追求很高的刚度,而是选择了适当的刚度参数,使机翼具有良好的可挠性,以降低突风引起的载荷,取得了满意的效果。

结构刚度的具体指标可查阅相关规范、手册以及适航规章等各种技术文件,或参照原准机的指标,在结构设计中将其作为约束条件之一,按多约束优化设计方法设计结构;也可先按强度设计出结构尺寸,然后进行颤振和刚度校核,必要时还应进行试验验证。

5.15.2　翼面变形对气动载荷的影响

翼面变形有两种,一种是局部变形,例如气流流过翼面表面,蒙皮发生局部凹陷或凸起,或者翼肋发生翘曲,都属这类变形;局部变形只引起局部气动载荷变化。另一种是总体变形,包括弯曲变形和扭转变形,总体变形时将引起整个翼面气动载荷的变化,且变形越大,载荷变化越大。对于变形较大的重要部件必须考虑变形对载荷的影响。

平直翼弯曲时,迎角不变。扭转时,则会引起迎角变化。所以平直翼主要是由于扭转变形引起载荷变化。后掠翼的迎角规定按平行于机身(弹身)轴线的剖面计算。翼面的变形通常按刚心线及垂直于刚心线的剖面计算。后掠翼不仅扭转变形会引起顺流迎角的变化,弯曲变形也会引起顺流迎角的变化,如图 5-174 所示。若顺流剖面 2-2' 的迎角总变化量为 $\Delta\alpha$,则

$$\Delta\alpha = \Delta\alpha_\varphi - \Delta\alpha_\theta = \varphi\cos\chi - \theta\sin\chi \qquad (5-24)$$

式中,φ、θ、χ——分别为扭转角、弯曲转角和后掠角。如已知 $\Delta\alpha$,则翼面变形后的气动载荷

$$q_a = C_{La}(\alpha_0 + \Delta\alpha)qS \qquad (5-25)$$

式中,α_0——刚性翼面的迎角。$\Delta\alpha$ 与 q_a 互为条件,故需应用逐次近似法计算。

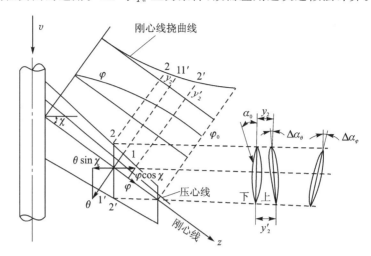

图 5 - 174　后掠翼的变形对迎角的影响

翼面扭转刚度很大,由扭转变形引起的 $\Delta\alpha_\varphi$ 比较小,而与弯曲刚度有关的刚心线的挠度却较大,故 $\Delta\alpha_\theta$ 较大。因此,对大展弦比后掠翼来说,弹性变形对载荷分布的影响比平直翼大得多。

图 3 - 13 中对称飞行包线的 A 点是大迎角飞行情况,$\Delta\alpha$ 相对于 α_{0A} 是小量,而 B 点是小迎角飞行情况,$\Delta\alpha$ 与 $\alpha_{0A'}$ 相比就不是小量。可见,对于后掠翼,高速小迎角的设计情况比低速大迎角的设计情况更需要考虑弹性变形对载荷分布的修正。

后掠翼向上弯曲变形使翼尖顺流剖面迎角减小。在总升力不变的条件下,翼尖载荷降低,翼根载荷增大,使翼剖面弯矩减小,起到了卸载作用,所以,大展弦比后掠翼必须按弹性翼面设计;如按刚性翼面设计,结构质量将会很大。对于小展弦比的歼击机,弹性变形的影响较小,可不予考虑。反之,前掠翼的弯曲变形会使翼尖载荷增大,翼根载荷减小,从而对结构产生不利的影响。弯矩增大还可能引起翼面弯扭变形发散。

5.15.3　翼面的扭转变形扩大

扭转扩大是翼面扭转变形与空气动力交互作用导致结构变形发散的现象。取翼面的一个典型剖面,如图 5 - 175 所示,此剖面上有三个特征点,即气动力焦点、质心与刚心。由于是静

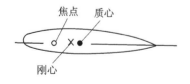

图 5 - 175　翼面三心位置图

气动弹性问题,故只需讨论气动力与弹性力。亚声速飞行时,焦点在弦长的 $25\%\sim28\%$ 处,刚心一般在弦长的 $38\%\sim40\%$ 处,即焦点在刚心之前。

假设翼面以迎角 α_0 处于稳定平飞中,突然遇到一股上升扰动气流导致迎角增加 $\Delta\alpha$,引起附加升力 ΔL。由于 ΔL 作用于焦点,故使该剖面瞬间发生扭转变形,产生一个扭角 $\Delta\theta$,ΔL 对刚心的扭矩 $M_a=\Delta L d_a$。结构因扭转而产生一个反抗的弹性恢复力矩 M_k,使附加扭转变形减小。若 $M_a<M_k$,则在扰动消失后扭转变形减小。若 $M_a>M_k$,即使扰动消失,结构扭转变形也会由于 ΔL 与迎角交互增长而使扭矩与扭角不断扩大,直至结构破坏,如图 5 - 176 所示。由于气动扭矩与飞行速度的二次方成正比,而弹性恢复力矩与飞行速

度无关,故有一个扭转发散临界速度。设计时要求翼面扭转发散临界速度大于飞行器最大飞行速度,并有一定的裕度。

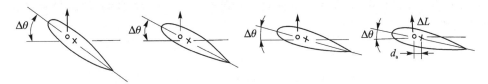

图 5 - 176　翼面扭转扩大示图

超声速飞行一般不会出现扭转扩大,因为此时焦点已显著后移。

从图 5 - 177 可知,后掠翼对防止扭转扩大有利,前掠翼则相反,故后掠翼一般主要考虑防止副翼反效,而不需考虑防止扭转扩大。亚声速大展弦比平直翼则两方面都要考虑。亚声速前掠翼一般不需考虑副翼反效,而着重考虑防止扭转扩大。

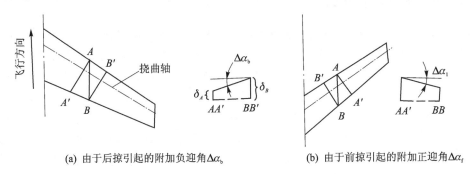

(a) 由于后掠引起的附加负迎角 $\Delta\alpha_b$　　　　(b) 由于前掠引起的附加正迎角 $\Delta\alpha_f$

图 5 - 177　弯曲引起前、后掠翼顺气流剖面向不同方向偏转

防止扭转扩大的结构措施是使刚心前移(将主抗扭翼盒前移),或者提高翼面刚度,由于弹性恢复力矩与翼面扭转刚度成正比,故提高翼面扭转刚度对防止扭转扩大有利。对于平直翼,只需提高扭转刚度;对于前掠翼,增大弯曲刚度对防止扭转扩大也有好处。

5.15.4　超声速飞行中的弯曲变形扩大

随着飞行速度的增大,作用在飞行器上的气动力迅速增大,为了减小阻力,往往采用相对厚度较小的对称翼型。对超声速飞行的小展弦比翼面来说,在气动载荷作用下,顺气流方向(弦向)翼剖面的翘曲引起了弦向弯曲变形。这种变形往往引起前缘迎角进一步增大,如图 5 - 178 所示,从而导致气动力进一步增大。若翼面刚度不够,弹性恢复力不能平衡气动力,

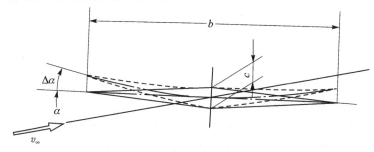

图 5 - 178　翼面弯曲变形扩大

这种弯曲变形将不断扩大，直至结构破坏。这就是超声速飞行时翼面的弯曲变形扩大现象。细长的导弹在超声速飞行时，如果刚度不足，也会发生弹体弯曲变形扩大，如图 5 - 179 所示，因此，超声速飞行器设计中，除了考虑翼面弯曲变形扩大外，对细长体弹身（或机身）也要考虑气动弹性的影响。

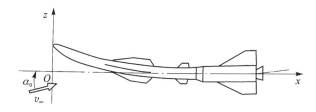

图 5 - 179　细长体弯曲变形扩大

5.15.5　操纵面反效

翼面总体刚度不足，会使副翼、舵面等操纵面的操纵效率下降甚至反效。以副翼为例，当一侧副翼下偏 δ 角时，若翼面为绝对刚硬，则翼面需承受由副翼下偏导致的升力增量 ΔL_a。但实际上翼面的刚度有限，翼面刚心又远在 ΔL_a 合力作用点之前，故由 ΔL_a 引起的力矩 $M_a = \Delta L_a d_a'$ 将使翼面产生前缘向下的扭转变形，减小翼面的迎角，由此引起反向升力增量 ΔL_k。如果翼面的扭转刚度不足，扭转变形达到一定程度，以致 $\Delta L_k = \Delta L_a$，则副翼操纵完全失效。如果翼面的扭转刚度小到使 $\Delta L_k > \Delta L_a$，即操纵副翼下偏时，反而引起向下的负升力，副翼操纵产生反效，如图 5 - 180 所示。对飞机来讲，副翼反效会使飞机违背驾驶员的意愿向相反的方向滚转，容易造成严重事故。

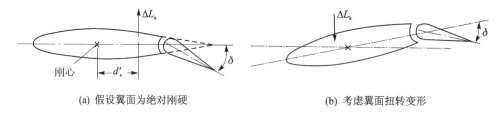

(a) 假设翼面为绝对刚硬　　　　　　　　(b) 考虑翼面扭转变形

图 5 - 180　副翼反效示意图

可近似认为 ΔL_a 不随飞行速度而变，而 ΔL_k 却大致与飞行速度的二次方成正比，因此有一副翼反效的临界飞行速度 v_R。当小于此速度飞行时，$\Delta L_k < \Delta L_a$，副翼操纵效率下降；当等于此速度时，$\Delta L_k = \Delta L_a$，副翼操纵失效；当大于此速度时，副翼反效。设计时必须使 v_R 大于飞行器最大飞行速度并留有一定裕度。

提高 v_R，则可以防止操纵面反效。具体的结构设计措施是，对于平直翼，增大翼面扭转刚度；对于后掠翼，除了增大扭转刚度之外，还要保证一定的弯曲刚度，因为后掠翼弯曲变形也会引起顺流剖面迎角减小，操纵面向下偏转时，会使迎角进一步减小。操纵面反效在大展弦比后掠翼上更严重，这是因为展弦比越大，对刚度越不利。但是仅仅为了防止操纵面反效而增大翼面弯扭刚度会导致翼面质量过分增大，因此许多大展弦比后掠翼将副翼分成内、外两段，高速飞行时使用位于翼面内侧结构刚度较大部位的内副翼（高速副翼）和扰流片，低速飞行和起降时用外副翼（低速副翼）。对于三角翼，由于根部弦长及剖面面积迅速增大，扭转刚度容易保

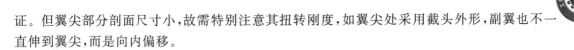

证。但翼尖部分剖面尺寸小,故需特别注意其扭转刚度,如翼尖处采用截头外形,副翼也不一直伸到翼尖,而是向内偏移。

5.15.6 颤 振

颤振是一种振幅迅速增长的自激振动,在飞行器所有振动中,它是最强烈最危险的一种振动,从开始发生到结构破坏只需几秒钟。除了飞机、导弹之外,航天飞机在再入大气层飞行时也存在颤振问题。颤振时的激振力来源于结构变形或操纵面偏转所引起的气动力,不像强迫振动那样,激振力来源于外界周期性的作用力。颤振时除气动力和弹性力外,还伴随有惯性力,因而是气动力、弹性力和惯性力三者相互作用的结果。当飞行速度 $v<v_{cr}$(颤振临界速度)时,振动受阻尼作用而衰减;当 $v=v_{cr}$ 时,振动以等幅形式进行;当 $v>v_{cr}$ 时,大多数为发散振动,并导致结构快速损伤或破坏。由于颤振需考虑振动引起的惯性力(作用在结构质心上),因此结构各剖面的质心位置对颤振有很大影响。

翼面颤振有多种形态,例如弯扭颤振、弯曲副翼颤振、扭转副翼颤振、弯扭副翼颤振等。与副翼类似,舵面等也可发生颤振。下面以弯扭颤振和弯曲副翼颤振两种基本颤振为例,分析颤振的物理本质、振动过程和防止措施。

1. 翼面弯扭颤振

翼面弯曲振动的同时伴随有扭转振动的颤振叫作弯扭颤振。翼面可视为一端固定的弹性悬臂梁。为便于理解,假定副翼固接在翼面上,振动时相对于翼面主体不发生偏转。

取一个典型翼剖面,剖面的焦点(亚声速飞行时)在前,刚心位于中间,质心在后,但离刚心不远,如图 5-175 所示。通常焦点在弦长的 28% 处,刚心在弦长的 38%~40% 处,质心在弦长的 42%~45% 处。下面结合图 5-181 说明弯扭颤振的物理概念。

先看图 5-181(a),翼剖面没有受到扰动前的位置为位 2(但剖面应没有扭转)。假设该剖面受到一个扰动,使其从位 2 移至位 0,然后扰动消失。由于翼面弯曲引起的弹性力始终向着原始平衡位置方向,且偏离距离越大,弹性力越大,所以从位 0 回到位 2 的弹性力是从最大减至零,向上的加速度也由最大到零。在这一段运动中,由于加速度向上,故作用在质心上的惯性力 F_i 向下,因此相对于刚心产生了抬头力矩,使剖面的迎角增大,进而引起附加气动力 ΔL_a,此 ΔL_a 对刚心形成的气动力矩使翼剖面进一步抬头。到位 2 时,由于不断加速的缘故,翼剖面向上速度达到最大,动能也最大,并推动剖面从位 2 向上继续移动,此时弹性力方向改为向下,加速度方向也向下,使向上的速度逐渐减小,至位 4 时速度为零。在从位 2 到位 4 时,惯性力向上,惯性力矩使翼剖面低头,附加的向上气动力则逐渐减小,到位 4 时,翼剖面又无扭转变形,但向下弹性力最大,剖面开始向下运动,如图 5-181(b)所示。图 5-181(c)结合飞行距离给出了翼面的弯扭颤振形态。

颤振的临界状态,即翼面的弯曲扭转振动既不发散也不衰减,而是保持为常幅振动,此时对应的飞行速度为颤振临界速度 v_{cr}。由扭转变形所引起的附加气动力是激振力,它与速度的二次方成正比;而气动阻尼力一般与速度的一次方成正比,结构阻尼力由结构特性决定,与飞行速度无关。根据这些条件可以确定 v_{cr}。

为了防止翼面(或全动尾翼)弯扭颤振,应使其 v_{cr} 大于飞行器最大飞行速度,并有一定裕度。在结构上,提高颤振临界速度防止颤振的措施是,合理配置载重和设备等,使剖面质心移近刚心以减小扭矩。最有效的办法是在翼尖前缘加配重,因该处振幅大,加速度大,惯性力大,

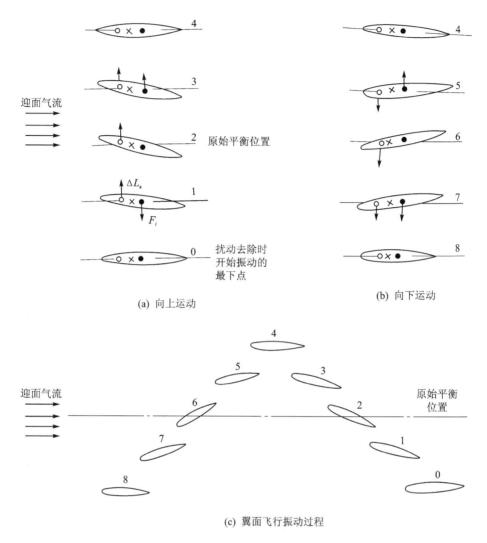

(a) 向上运动   (b) 向下运动

(c) 翼面飞行振动过程

图 5 - 181　翼面弯扭颤振示图

且配重的质心在刚心之前,惯性力产生的扭角变化有利于抑制颤振。另外就是加厚蒙皮和梁(或墙)腹板以提高翼面抗扭刚度,减小扭角。要注意的是,抗扭刚度与抗弯刚度必须有足够大的差别,亦即使扭转与弯曲的自振频率差距较大,以防止激振力频率与翼面弯曲自振频率接近而发生共振。

提高结构刚度和增加配重等传统方法会增大质量,采用复合材料结构气动剪裁设计可有效地抑制颤振,运用主动控制技术也可以控制结构振动,但付出的质量代价很小。主动控制系统由安装在翼面特定部位的加速度计感受振动信息,经过处理后,按一定规律驱动副翼产生阻尼气动力来抑制振动。

2. 弯曲副翼颤振

翼面弯曲振动的同时,因副翼反复偏转而引起的颤振,叫作弯曲副翼颤振。

假设翼面扭转刚度极大,只能弯曲而不能扭转;副翼可以随意偏转,而且只考虑副翼绕转轴偏转的自由度,略去副翼本身的结构变形。图 5 - 182(a)示出了弯曲副翼颤振的临界状态。

副翼剖面有两个特征点,一个是转轴,另一个是质心。一般情况下,副翼剖面质心位置位于转轴之后。当翼面弯曲振动时,副翼的质量惯性力 F_i 作用于副翼质心,方向背离平衡位置,引起副翼偏转。飞行中因副翼偏转,引起附加气动力 ΔL_a。当翼剖面向上时,副翼下偏,ΔL_a 向上;反之,副翼上偏,ΔL_a 向下。ΔL_a 与翼面弯曲方向一致,故是激振力。图 5 - 182(b)表示飞行时翼面的弯曲副翼颤振形态。

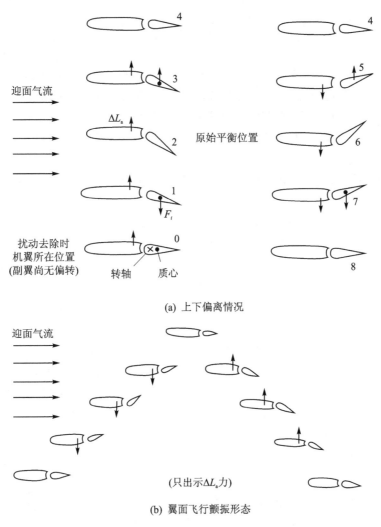

(a) 上下偏离情况

(b) 翼面飞行颤振形态

图 5 - 182　弯曲副翼颤振示意图

与翼面弯扭颤振相同,存在一个弯曲副翼颤振临界速度,当飞行速度超过该临界速度时,翼面立即发生弯曲副翼颤振而破坏。

提高弯曲副翼颤振临界速度的措施有,在副翼前缘加配重,将其质心前移到转轴上甚至转轴前;装设副翼振动阻尼器;增大操纵系统的刚度,减小其中的间隙,防止副翼在惯性力作用下自由偏转等。

以上只讨论的两种两个自由度的颤振是翼面的主要颤振情况。对全动尾翼、安定面和舵面进行颤振分析时,还必须考虑机身(弹身)的自由度——两个方向的弯曲及一个扭转自由度。

必须指出,随着自动控制技术的发展,颤振控制技术也在不断地进步。20 世纪 70 年代出现的一种新设计技术——随控布局技术,充分发挥自动控制的作用和潜力,在总体设计阶段就对空气动力、结构、推进系统以及自动控制等 4 个要素进行协同综合设计,其中包含的颤振主动抑制是随控布局飞机设计中难度最大的技术之一。所谓颤振主动抑制是指飞行器能主动地检测出颤振模态,然后通过自控系统使所检测到的颤振得到衰减和稳定。

习　　题

5-1　作用在翼面上的载荷有哪几种?翼面的剪力、弯矩以及扭矩大致如何分布?

5-2　阐述各种典型翼面结构受力形式的优缺点,对比分析它们的特点。

5-3　什么是传力分析?传力分析的基本方法是什么?

5-4　静不定结构的传力与哪些因素有关?通过具体实例,分析这些因素对构件或元件传力的影响。

5-5　调查研究帆布在机翼蒙皮中的应用情况,然后假拟一个型号背景,对其含帆布蒙皮的翼面进行结构初步布置。

5-6　试对"北京-1 号"梁式机翼结构进行传力分析。

5-7　试对伊尔-28 单块式机翼结构进行传力分析。

5-8　多墙式翼面、夹层板式结构翼面和夹层盒式结构翼面在总体力的传递上有何差别?

5-9　题图 5-1 所示为一双梁翼盒,外翼传到 2$^\#$ 肋剖面处的总体内力为:剪力 $Q=100$ kN(作用在刚心上),弯矩 $M=5\,000$ kN·m,扭矩 $M_t=30$ kN·m。已知前、后梁的平均剖面抗弯刚度为 $EI_前=1\times10^{10}$ kN·mm^2,$EI_后=2\times10^{10}$ kN·mm^2;前、后闭室平均剖面抗扭刚度为 $K_{t前}=5\times10^8$ kN·mm^2,$K_{t后}=1\times10^9$ kN·mm^2。

(1)当 $L_前=L_后=1\,500$ mm 时,Q、M、M_t 在 2$^\#$ 肋剖面如何分配(见题图 5-1(a))?

(2)当 $L_前=3\,000$ mm,$L_后=1\,500$ mm 时,Q、M、M_t 在此剖面又如何分配(见题图 5-1(b))?计算扭矩分配时,假设不考虑前、后闭室之间和 1$^\#$ 肋对前闭室的影响。

(3)从上面计算中能得出什么结论?

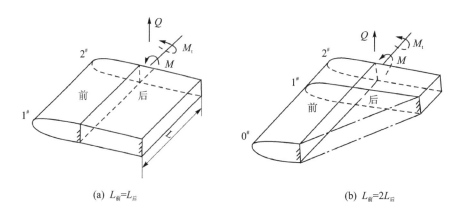

(a) $L_前=L_后$　　　　　　　　　　　(b) $L_前=2L_后$

题图 5-1　双梁式翼盒

5-10　题图 5-2 所示两翼面,(a)为双梁式,且左右双梁贯通,而长桁在机身侧边切断;

(b)为双梁单块式,左右受力翼盒连成一体。请画出两种情况下 $a-a$、$b-b$ 段长桁的内力图,并进行简要分析。

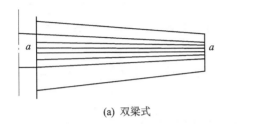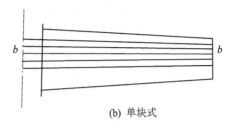

（a）双梁式　　　　　　　　　　　　（b）单块式

题图 5-2　双梁式和双梁单块式翼面

5-11　翼身对接形式有哪几种?各有何优缺点?

5-12　弹翼与弹身连接有哪几种典型接头?

5-13　双梁单块式平直翼面在受到对称和反对称弯矩、扭矩时,中央翼盒各元件受什么载荷?画出它们的内力平衡图。

5-14　翼身连接不同对后掠翼面根部结构的受力会带来哪些影响?

5-15　试比较双梁式、单块式和梁架式后掠翼的受力特点,说明根部三角区的受载情况有何特点。

5-16　题图 5-3 所示为三个根部梁架式后掠翼结构示意图,翼身连接接头的形式、位置均相同,但内部受力构件的布置不同,请对比分析这三个后掠翼根部接头上的载荷及内部各构件的受力情况。

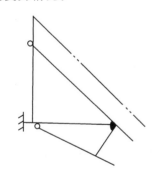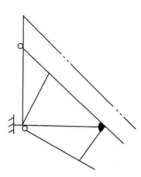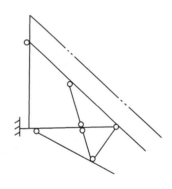

题图 5-3　三个梁架式后掠翼示意图

5-17　对比分析变后掠翼与相应的常规翼面在结构上的差别。变后掠翼结构设计有哪些特殊问题?

5-18　调研分析 F-22 的机翼结构,并对其给出具体的评价。

5-19　请画出题图 5-4 所示各翼面(翼面编号与下面的问题序号对应)结构中所指定肋的力平衡图和内力图。

(1)长桁在机身对称面处对接的双梁单块式后掠翼,Ⅰ肋在传递弯矩 M 中的作用是什么?画出其力平衡图和内力图。

(2)① 画出Ⅱ肋在局部气动载荷下的力平衡图和内力图;② 画出中央翼在作用有反对称总体弯矩时,Ⅲ肋和Ⅳ肋的力平衡图和内力图。设双墙单块式翼面的左、右翼通过中央翼连成整体，并在 A、B、C、D 四点与机身铰接，接头在翼面前、后墙腹板上。

（3）翼面外段为双梁单块式结构，内侧改为双梁式结构，画出结构形式变化处的Ⅴ肋在传递总体力 Q、M、M_t 时的力平衡图和内力图。

（4）多墙式翼面在根部用两个固接接头与机身相连，请画出侧肋Ⅵ在传递剪力 Q 时的力平衡图和内力图。

（5）画出图示三梁式后掠翼侧肋Ⅶ在传递总体弯矩 M 时的力平衡图和内力图。

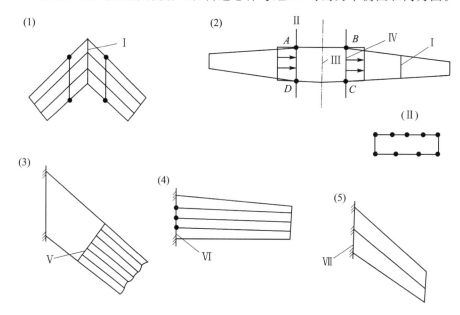

题图 5－4　不同的翼面结构示图

5－20　题图 5－5 所示为后掠翼梁架式根部结构，试计算分析当前梁和后梁根部分别为铰接或固接时，各梁的受力情况。如果改变各梁弯曲刚度的比值时，又有何不同？可得出什么结论？

已知：在 BD 剖面处 $Q＝208\ \text{kN}$，$M＝387\ \text{kN·m}$，$M_t＝105\ \text{kN·m}$（相对于前缘的低头力矩）或 $M_t＝(-105＋208×0.31)\ \text{kN·m}＝-40.5\ \text{kN·m}$（相对于前梁轴线）。

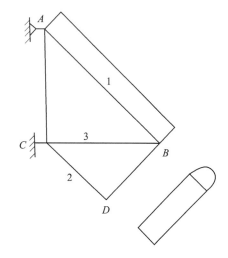

题图 5－5　梁架式后掠翼的结构布置

前梁：$l_1＝3\ 026\ \text{cm}$，$I_1＝5\ 862.9\ \text{cm}^4$；

后梁：$l_2＝1\ 220\ \text{cm}$，$I_2＝4\ 908.4\ \text{cm}^4$；

主梁：$l_3＝1\ 804\ \text{cm}$，$I_3＝7\ 799.4\ \text{cm}^4$；

扭转刚度：$K_t＝G·J_p＝8.9×10^6\ \text{kN·cm}^2$。

材料自选，并设 D 点为铰接，B 点为固接。

5－21　请结合具体实例分析影响翼面结构形式选择的主要因素。

5－22　受力构件的布置应遵循哪些基本原则？翼梁位置的确定主要从哪些方面考虑？

5－23　请结合具体实例分析翼面在什么部位需要布置加强肋，并详细分析其作用。

5-24　举 1~2 个翼面加强件综合利用的例子,并分析由此带来的好处。

5-25　观察歼-6 飞机机翼和机身内部布置情况,分析该机翼受力构件布置与机身内部布置有何关系? 除内部布置因素外,其他还可能考虑了哪些因素?

5-26　假设有一战斗机,其机翼为梯形翼布局(见题图 5-6),其 1/4 弦线后掠角 $\chi = 24°$,展弦比 $\lambda = 3.91$,翼面相对厚度 $\bar{c} = 4.8\%$,机翼面积 $S = 17.3$ m²。飞机总质量 $m = 7\ 141$ kg,使用过载 $n_y = 7.33$,安全系数 $f = 1.5$。机翼内需留出部分空间收置主起落架,此处下表面需开口;同时机翼结构又用作整体油箱。机翼有前、后缘襟翼。外侧副翼展长 b 为外露部分机翼展长的一半,弦长为 $0.25b$。此外,外翼的半翼展处左右各有一副油箱挂架。试为其选择结构的受力形式,给出结构布置图,并进行必要的分析。

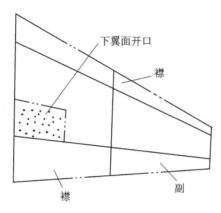

题图 5-6　某战斗机机翼平面图

5-27　观察歼-7 机翼主起落架转轴支座附近的构造,然后对起落架转轴上沿 x、y、z 三个方向的力与力矩在机翼根部的传递进行分析。

5-28　翼梁的结构形式有哪些? 初步设计时缘条面积及腹板厚度应如何确定?

5-29　桁条设计时剖面面积及形状的确定要考虑哪些因素?

5-30　整体壁板、夹层蒙皮与桁条-蒙皮组合壁板相比有哪些优、缺点?

5-31　观察具体翼面结构实物,分析当翼面上受到 x、y、z 方向的集中力或集中力矩时,该结构是如何设计的。

5-32　口盖可分为哪几类? 各有何特点?

5-33　梁式和单块式翼面大开口区结构如何设计? 请作出草图,并说明开口区如何传力。

5-34　题图 5-7 所示各翼面结构蒙皮上均有开口,请画出指定翼肋在传递总体内力时所受的载荷及其力平衡图和内力图。

(1) 单梁单墙式翼面的 I 肋。

(2) 双梁单墙式后掠翼,后梁在 II 肋处有转折,请画出 II 肋的力平衡图和内力图。

(3) 双梁单墙式翼面中 III 肋在传扭时的力平衡图和内力图。

(4) 单梁双墙式翼面中 IV 肋在传扭时的力平衡图和内力图。

5-35　安定面一般采用什么结构形式? 在操纵面悬挂接头固定处,安定面和操纵面的构造一般如何设计? 为什么?

5-36　操纵面气动补偿和气动平衡的目的是什么?

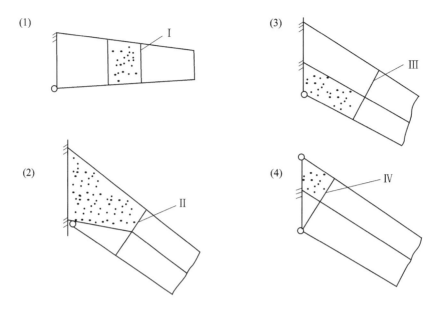

题图 5 - 7　有开口的不同翼面结构示意图

5 - 37　说明超声速飞行器采用全动平尾的必要性。转轴式和定轴式全动平尾各有什么优缺点？受力和设计上各有何特点？

5 - 38　翼面前、后缘一般布置哪些活动翼面？并对其中两个活动翼面的结构特点进行对比分析。

5 - 39　调查研究现代导弹的弹翼折叠方式，并选择其中一种对其结构进行分析。

5 - 40　旋翼系统的组成及功用是什么？桨毂与桨叶有哪几种结构形式？

5 - 41　调查研究直升机旋翼或机体的折叠方式，并选择一个具体的直升机型号，对其折叠结构的设计进行分析。

5 - 42　什么叫静、动气动弹性问题？

5 - 43　试述翼面扭转变形扩大的物理本质和防止措施。

5 - 44　试述操纵面效率降低与反效的物理本质和防止措施。

5 - 45　试述翼面弯扭颤振的机理和防止措施。

5 - 46　调查研究直升机地面共振的产生机制及防止措施。

第6章 机身(机体)结构分析与设计

机身(机体)结构是飞行器各种翼面、起落架和发动机舱以外的结构部分,通常是飞行器的主要部件之一,在直升机结构中通常称为机体。机身与飞机其他部件连接组成一架完整的飞机。机身主要用来装载人员、货物或武器,以及燃油和各种设备,有些战斗机机身内还用来安装发动机。机身和翼面都是薄壁结构,其结构分析的基本原理完全一致,由于使用维护性要求,机身上开口较多,各部件和设备的连接接头较多,故机身的结构变得较复杂。本章在翼面结构分析和设计的基础上,结合机身(机体)的特点和设计要求,对其进行结构分析,并阐述这些结构的设计方法。

6.1 机身的功用和设计要求

6.1.1 机身的功用

机身是飞机的主要结构件,其主要功用如下:

① 将翼面(机翼、尾翼和舵面等)、发动机(或各种发动机舱段)和起落架等部件连接在一起,形成一架完整的飞机,机身结构将承受它们传来的所有载荷,形成一个平衡体。

② 安置空勤组人员和旅客,装载燃油、设备和货物等。根据飞机类型和用途的不同,机身的内部装载和布置也不同。

6.1.2 机身结构的特点与设计要求

① 机身结构是整架飞机的受力基础。由图1-1所示歼击机视图可见,机身将飞机的机翼、尾翼、起落架和发动机等部件连接在一起。各个部件通过与机身的连接接头将载荷传递给机身,同时机身结构还应承受机身内部安置空勤人员、旅客、设备、货物和燃油等的载荷,并且机身上需要有大开口和舱门。在接头等大的集中力处需布置加强件并将集中力以分布力形式传给其他元件。在大开口和舱门处需做局部加强以保证结构的刚度与强度。

② 机身与翼面等组成一个完整的飞机外形,因此,对机身而言,应具有良好的气动外形,在保证足够内部空间的前提下体积最小(机身内部空间利用率应在90%以上),具有阻力最小横截面的细长流线体的气动外形。尤其对翼身融合体机身,能明显地成为产生升力(达40%)的升力机身。机身外形光滑,凸出物少。机身尾段应采用综合设计方法,使干扰阻力最小。最后全机要进行一体化设计,使机身面积符合面积律要求。

③ 机身结构一般采用薄壁结构设计。除满足飞行器结构设计一般要求外,机身结构在设计时,使用要求占有重要地位,因此结构形式、承力结构布置以及舱门和大开口安排等往往由使用要求决定。同时应与各相连接部件的受力构件相协调,并能承受各装载物的质量力,使机身结构布置合理、质量最轻。机身结构应具有足够的强度和刚度,在满足完整性要求下质量尽可能小。机身的总体刚度会影响尾翼(或舵面)的效率和尾翼(或舵面)的振动或颤振特性。

④ 机身应有足够的开敞性以便于检查和维修。开敞性直接影响到结构的可维修性和内

部装载设备、发动机和武器等的检查及维修。而可维修性与安全可靠性、飞机利用率、经济成本等密切相关。现代飞机内部装载设备很多,应合理使用机体有效容积,以满足各种装载要求。可提高内部空间的布局密度,合理布置各舱段,使装载物紧密布置在质量中心附近,降低惯性矩,改善飞机的机动性,并且减少重心变化范围,使飞机具有更理想的操纵稳定性。这一要求对机身结构设计更为突出。

⑤ 气密舱设计首先要满足气密性要求。在高空和太空真空条件下,气密舱内外压差大,飞行时要保证舱内乘员具有必要的生存环境,并具备一定的舒适标准。另外,气密舱结构必须具有足够的强度和刚度,不能因为结构变形影响气密性,气密舱的泄漏率应满足设计要求。对于飞机的驾驶舱应保证乘员特别是驾驶员有良好的视野。对所运输的货物应能方便装载、系留和卸货。

⑥ 结构的固有频率(基本频率)要大于规定值或在某个频率范围之内。应保证机身各部分之间或结构与设备之间不产生踫撞,要求结构在载荷和温度作用下的变形在规定范围内。

以上各项要求往往是相互矛盾的,因此必须采用优化设计方法,抓住主要矛盾,合理处理各项设计要求。

6.2 机身的载荷及其平衡

6.2.1 机身的主要外载荷

1. 各部件传入的集中载荷

它们是与机体结构连接的各部件如翼面、发动机、起落架(或各类助推装置)、副油箱等传递给机体结构的力。各部件设计情况不同,传入力的形式和大小也不同。一般按集中力形式传入。

2. 质量力

质量力是机体结构总体载荷的重要组成部分之一。机体内部各装载和机体结构本身都产生质量力,尤其是各装载的质量力。沿机体轴线上各点的质量力的大小和方向与各点过载的大小和方向有关。对于每个 i 装载物来说,各个装载物质量力 $G_i = m_i g n_i$,其中 m_i 为 i 装载物质量;g 为重力加速度;过载系数 $n_i = n_{y0} \pm \dfrac{\varepsilon_z x_i}{g}$,由式(3-8)得到。机身结构质量的分布载荷 q_j 可近似用下式计算:

$$q_j = m_j g n H_j / S_{jc} \tag{6-1}$$

式中,m_j 为机身的质量;S_{jc} 为机身侧面投影面积;H_j 为机身高度;n 为每种设计情况下质心处过载系数。质量力一般以集中力或分布力的形式作用于机身上。

3. 空气动力

气流在机身上基本为对称流线体分布,对称面内空气动力相对质量力要小得多,一般可以忽略不计。而当急转弯或侧滑等飞行状态时,在机身前段的总体载荷中,侧向载荷要考虑空气动力,后段的总体载荷中不考虑。机身头部或曲度较大部位,局部气动力较大,例如机身的座舱盖上方气动力可达到 $80\sim100\ \text{kN/m}^2$(见图6-1),因此确定这些部位载荷应考虑气动力,但对总体载荷没有影响。如飞机采用翼身融合体机身,机身中段可能是中央翼,则可按机翼设计情况考虑气动载荷。

机身截面上的气动力实际上是可以自行平衡的(见图 6-1),但是对蒙皮和口盖的固定以及口盖与骨架的连接强度应考虑这些气动载荷。例如,对于直径为 250 mm 的口盖,气动载荷为 40 kN/m² 时,口盖可能会产生破坏。

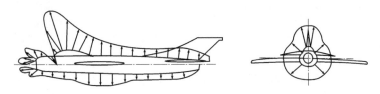

图 6-1 机身表面压力分布(对称情况)

4. 增压载荷

增压载荷在飞机的气密舱部分均自身平衡而不影响机体的总体载荷,它是增压舱段的重要设计载荷。在飞机使用过程中增压载荷的大小(或方向)是反复变化的,因此是一个重要的疲劳载荷。

5. 振动载荷

发动机工作或在大气层内飞行时,有时会产生强烈的随机振动,因此需要调整机体结构固有频率,避免发生耦合振动。

6. 冲击载荷

机身除在正常使用条件下受到上述载荷外,强度规范中规定还应考虑一些特殊情况,比如,机身应考虑飞机不放下起落架而在土路或水上强迫着陆的情况,在发动机部位结构应承受热载荷等。

以上各类载荷的大小取决于飞机的用途和使用条件、各部件的几何形状和飞行情况(飞行状态)。进行机身结构设计时可按不同情况进行计算分析。例如,机身的最大弯曲载荷可能是飞机在垂直面内做曲线机动飞行的情况,而最严重的扭转载荷可能是翼面承受非对称载荷的飞行情况。

6.2.2 总体受力特点与载荷平衡

机身上的外载荷除轴向力以外,按其性质可分为对称载荷与不对称载荷。以图 6-2 的机身为例,图中 Oxy 与 Oxz 平面上作用有对称载荷和不对称载荷。其中 R_1 和 R_2 为机翼和机身固定接头处的支反力;R_1' 和 R_2' 为水平安定面和机身固定接头处的支反力;R_1'' 和 R_2'' 为垂直安定面的固定接头处的支反力。P_i 为机身内部装载物的质量力,$P_i=m_i g n_i$,i 为某 i 装载物,n_i 为 i 处的过载系数,m_i 为 i 物的质量,g 为重力加速度;q_ϕ 为机身结构的分布质量载荷。

在横向载荷作用下,机身上全部载荷在机身与机翼对接处得到平衡。因此,机身总体受力形式,可以看作是支持在机身与翼面连接接头上的外伸梁。各种设计情况的外载荷,使机身上产生在垂直对称面和水平面内的剪力、弯矩和绕机身轴线的扭矩。图 6-2 所示为某机身的剪力 Q_y、Q_z,弯矩 M_z、M_y 和扭矩 M_t 图。由图 6-2 可以看出机身上内力的特点如下:

① 机翼和尾翼与机身固定接头处的支反力可能比机翼的升力 L_W 和尾翼升力 L_H 大。如

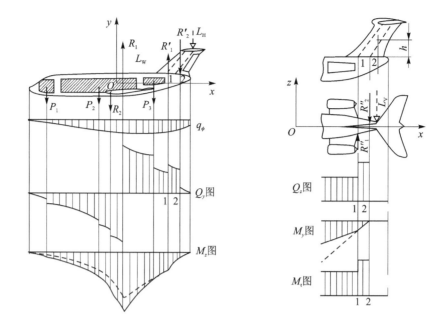

图 6-2　机身上的外载荷和内力图

后掠机翼 $R_1 > L_w$，T形后掠尾翼 $R_2' > L_H$，则要求加强机身结构，从而额外增加结构质量。

② 发动机布置在后机身会使弯矩 M_z 增大（图 6-2 中虚线表示发动机没有布置在后机身）。

③ 增加垂尾高度会使扭矩 M_t 增大。垂尾气动载荷 L_V 将引起机身在 Ozx 平面内的剪力、弯矩和绕 x 轴的扭矩。

④ 沿机身 x 轴向质量分布较分散时，在机身直径 d_ϕ 给定情况下机身长细比 $\lambda_\phi(\lambda_\phi = l_\phi/d_\phi)$ 增大，即机身长度 l_ϕ 加大时，M_z 增大。

6.3　机身典型结构形式及传力分析

6.3.1　典型结构元件及其功用

一般机身结构由纵向元件如长桁、桁梁和垂直于机体纵轴的横向元件（包括隔框）以及蒙皮组合而成。机身结构各元件的功用相应地与翼面结构中各元件的功用相同。

1. 长桁与桁梁

长桁与桁梁均为机身的纵向构件。在桁条式机身结构中，长桁与蒙皮组成加筋壁板承受机身弯曲时产生的轴力以及轴向载荷引起的轴力。另外，长桁对蒙皮起支持作用，以提高蒙皮受压、受剪时的失稳临界应力。在桁梁式机身结构中，布置了横截面积较大的桁梁来承受机身弯曲时产生轴力以及轴向载荷引起的轴力，并且桁梁又可作为开口处加强件，承受集中载荷。其次结构中长桁与翼面的长桁相似，长桁承受部分作用在蒙皮上的气动力并将其传给隔框。

2. 框

框（又称隔框）的功用与翼面中的肋相同。根据其作用，框可分为普通框和加强框。普通框用于维持机身的截面形状并固定蒙皮、桁条,主要承受蒙皮传入机身周边的空气动力和机身弯曲变形引起的分布压力 q_1(见图 6-3), q_1 是框平面内自身平衡载荷。当作用在框上的载荷为非对称时(见图 6-4),为了平衡此载荷,蒙皮沿框周缘通过铆钉受剪提供支反剪流。框在自身平面内应有较高的刚度,借助于蒙皮能很好地承受自身平面内的横向弯曲。普通框的典型结构如图 6-5 所示。框截面有两个缘条和一个腹板,能保证框承受弯曲和剪切。

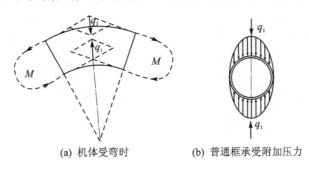

(a) 机体受弯时　　　(b) 普通框承受附加压力

图 6-3　普通框承受分布附加压力

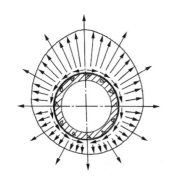

图 6-4　普通框承受非对称载荷情况

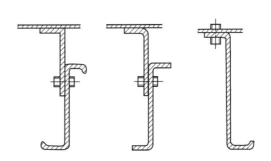

图 6-5　普通框的典型结构和框截面形状

加强框的主要功用是将装载的质量力和各部件传入的集中力加以扩散,然后以剪流形式传给蒙皮。

3. 蒙　皮

机身蒙皮的作用和翼面蒙皮相同,在总体受力中蒙皮承受垂直和水平面内剪力以及扭矩。同时蒙皮与长桁组成加筋板承受两个平面内弯矩引起的轴力和轴向载荷引起的轴力。从该元件的功用来说,蒙皮构成机身的气动外形,并保持表面光滑。同时承受局部空气动力或气密载荷。

6.3.2　典型结构形式和结构布局设计

1. 典型结构受力形式

机身在 Oxy 和 Oxz 平面承受剪力 Q_y、Q_z 和弯矩 M_z,以及沿机身轴线方向的轴力 N 和扭矩 M_x,而内部需要装载货物、乘员和发动机等,故一般采用刚性薄壁空间结构或空间桁架结构。其主要有下列几种典型结构形式。

（1）桁架式结构

桁架式结构的机身是一个空间构架,如图 6-6(b)所示。构架由两个垂直的(侧面的)和两个水平面的(上面和下面)桁架组成,中间有构架式框和斜撑杆。桁架的组成元件(杆)只承受拉力或压力,而蒙皮起维形作用,只承受局部气动载荷。桁架一般是静定结构,故桁架结构生存性差,空间利用困难,目前仅在小型或轻型飞机的机身上采用。

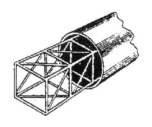

(a) 圆筒构架　　　　　　　　　　　(b) 空间构架

图 6-6　桁架式结构

（2）桁条式结构（单块式结构）

桁条式结构的特点是长桁较密和较强,蒙皮较厚。长桁与蒙皮组成壁板承受弯曲引起的轴向力,剪力和扭矩引起的剪流由蒙皮承受(见图 6-7)。该结构形式的弯曲和扭转刚度大,因此,结构质量轻。但从其受力特点来看,蒙皮不宜大开口,开口处加强困难。

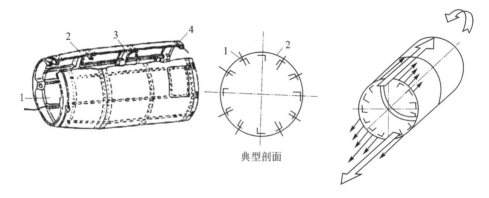

典型剖面

1—桁条;2—蒙皮;3—隔框;4—接头

图 6-7　桁条式结构受力形式

桁条式结构在整体受力时如图 6-8 所示。当在加强框上作用一集中载荷 P_y 时(如尾翼或发动机接头传入的集中力),蒙皮通过沿框缘的连接铆钉给框以支反剪流 q(见图 6-8(a)),q 沿周缘按阶梯形分布(假设蒙皮只受剪力,蒙皮承受正应力的能力按面积折算到桁条上),蒙皮的剪流 q 将由桁条提供轴向支反剪流平衡。蒙皮上的剪流 q 将引起桁条上拉、压轴力,如图 6-8(b)所示。由图 6-8(c)可看出 P_y 力在机身中传递时,某一剖面各长桁上的轴力分布。另外,桁条式结构中桁条剖面相对于桁梁较弱,不宜传递较大的纵向集中力,适用于有均布轴向载荷作用且只有小开口的情况,例如飞机的后机身、直升机的尾梁。

（3）桁梁式结构

桁梁式结构的特点是结构纵向具有较强的桁梁(见图 6-9),桁梁的截面积很大,但桁条

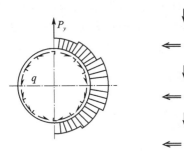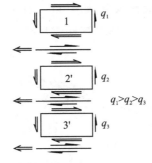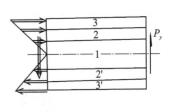

(a) 支反剪流分布图　　(b) 蒙皮和长桁上力的平衡　　(c) P_y力传递时弯矩引起轴向力沿长桁分布

图 6-8　桁条式结构在框平面内受 P_y 力作用分析

很弱,甚至桁条可以不连续,蒙皮较薄。桁梁式结构一般安置 4 根纵梁,纵梁布置除考虑有效承受弯矩载荷外,还应考虑大开口处结构加强和集中载荷传递。从结构总体受力情况看,弯曲引起的轴向力主要由桁梁承受,蒙皮和长桁只承受很小部分的轴力,剪力全部由蒙皮承受,蒙皮上剪流的分布如图 6-10 所示。桁梁式结构中开口如布置在两桁梁之间,则不会显著地降低机身的抗弯强度和刚度,开口处加强所引起的质量增加较小。

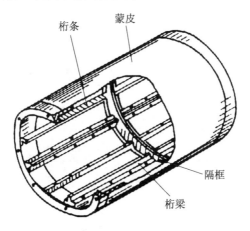

图 6-9　桁梁式结构

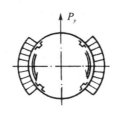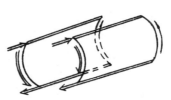

图 6-10　桁梁式结构受力形式

(4) 梁式结构

梁式结构由蒙皮、隔框和纵向大梁组成(见图 6-11)。载荷主要由大梁承受,蒙皮只承受剪力,不参加纵向承力。当梁式结构一端传入弯矩 M_z 和轴力 N 时,大梁将承受轴力,如图 6-12(a)所示。当框平面作用集中力 P_y 时,蒙皮以剪流形式与 P_y 平衡,蒙皮通过受剪来

传递载荷 P_y;集中力 P_y 引起的弯矩由大梁承受,如图 6-12(b)所示。这类结构适用于结构承受轴向集中载荷较大,并且需要大开口的情况。由于蒙皮不参加纵向承力而只承受剪力,材料利用率不高,故相对桁梁式结构较重。

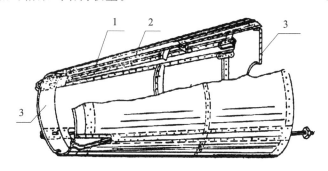

1—蒙皮;2—梁;3—隔框

图 6-11 梁式结构

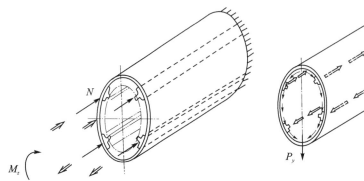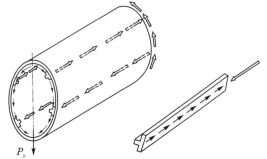

(a) 梁式结构受纵向集中力和弯矩的情况   (b) 梁式结构在框平面受集中力的情况

图 6-12 梁式结构受力形式

(5) 硬壳式结构

硬壳式结构是一个厚壁筒壳,由蒙皮和少数隔框组成(见图 6-13),没有纵向元件,蒙皮

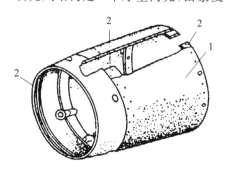

1—蒙皮;2—隔框

图 6-13 硬壳式结构

很厚或采用夹层结构。由蒙皮承受结构总体弯曲、剪切、轴力和扭转载荷。在弯矩作用下蒙皮中轴力如图 6-14(a)所示,蒙皮中产生拉伸或压缩正应力,但蒙皮利用率不高,距剖面惯性轴较远处蒙皮承载较大,而在剖面惯性轴附近蒙皮中的正应力很小。剪力和扭矩由蒙皮中的剪流来平衡。当框平面作用有如图 6-14(d)所示集中力 Q 时,蒙皮中产生支反剪流作用于框上与 Q 平衡,蒙皮中剪流分布如图 6-14(c)所示。在扭矩 M_t 的作用下,蒙皮中产生均布剪流 q,而 $q = M_t/\Omega$,其中 Ω 为蒙皮所围面积的 2 倍。硬壳式结构由于蒙皮较厚,结构具有较大的抗扭刚度,但结构质量重,不易开口,目前飞机上较少采用。

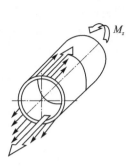 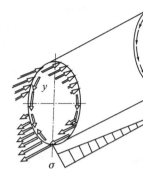 

(a) 弯矩M_z引起蒙皮中轴力   (b) 剪力Q引起蒙皮中正应力σ (c) 剪流分布

(d) 剪力Q引起蒙皮中剪流

图 6 - 14 硬壳式结构受力形式

硬壳式结构又可分为下列几种。

1) 厚蒙皮式整体结构

厚蒙皮式整体结构由较厚蒙皮和隔框组成,没有纵向构件,如图 6 - 15 所示。隔框只起维形和各舱段之间的连接作用,蒙皮承受全部载荷。当结构截面尺寸增大时,蒙皮的临界应力降低,要增加蒙皮厚度才能保证其承载能力。此类结构的优点是结构简单,装配工作量小,气动外形好,容易保证舱段的密封性,有效容积大,一般适用于直径较小的小型强击机防弹舱段。此类结构不宜开舱口,若必须开舱口,则均应采用受力式口盖,口盖需参加整体受力,因此结构质量增加较大。

2) 加筋壳式结构

结构由带筋条的整体壁板和框组成(见图 6 - 16),整体壁板可用锻件、铸件机加或化学腐蚀等方法制成,壁板内有纵向和横向筋条以提高壁板的临界应力,并且参加总体受力。在需要开口的地方和受集中力附近可布置一些较强的纵、横向加筋条。机身的进气道侧壁等常采用这类结构。

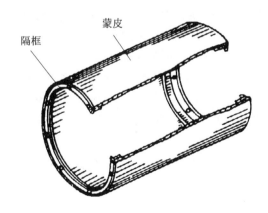

图 6 - 15 厚蒙皮式整体结构

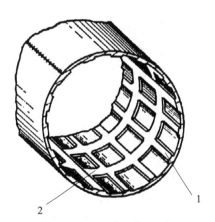

1—纵向加强筋;2—横向加强筋

图 6 - 16 加筋壳式结构

3) 波纹板式结构

图 6-17 为波纹板式结构,外壳可以由一层波纹板与一层或两层光滑蒙皮构成,连接方式可以是焊接、胶接或热扩散成形,材料用铝合金、钛合金或不锈钢。这种结构最大的特点是,当沿波纹截面垂直方向作用压缩载荷,或者蒙皮受径向载荷作用时,其临界应力很高,临界应力 σ_{cr} 与材料的屈服应力 σ_s 的比值可达到 $0.7\sim0.8$。对于主要承受纵向载荷的舱段、气密舱或进气道侧壁可采用此类结构。

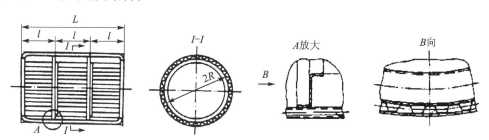

图 6-17 波纹板式结构

4) 蜂窝夹层结构

蜂窝夹层结构一般为两层光滑蒙皮与中间一层蜂窝夹芯组成,材料可选用铝合金、钛合金或复合材料,根据结构承载需要和结构使用温度确定。此类结构刚度大、质量轻,但不宜开口,与其他元件连接复杂,一般用于不需大开口的大型结构。例如苏-27 飞机的机头雷达罩、中央翼舱盖结构和前起落撑杆整流罩均为复合材料蜂窝夹层结构。

2. 结构布局设计

机身的结构设计,尤其是结构布局,受机身功用、内部装载以及机身与其他部件的连接形式等影响很大,因此结构布局必须从全局上综合考虑。

(1)结构布局影响因素

影响结构布局的主要因素有以下几个方面。

1)机身的内部布置

飞机功用和任务确定以后,机身内部的装载便已基本确定。机身的内部布置是指将驾驶员、各种有效载重、设备和燃油等装载物进行合理布置,使其符合使用维护和重心位置要求,并且充分利用结构内部空间,减小机身的尺寸。例如驾驶员座舱均布置在机身前部的上方,保证驾驶员有良好的视界。苏-27 因机头较长,为此将机头下倾 $7°31'$ 以保证驾驶员的视界要求。又如机身内储藏的燃油和炸弹均应尽可能置于重心附近,以免因燃油的消耗和炸弹的投放使重心变化超出规定范围。图 6-18 为某军用飞机机身内部布置的情况。

2)机身的结构布置

机身结构布置应与翼面、起落装置和发动机等的受力构件布置相协调,使全机的受力构件布置合理,传力路线最短。

3)使用维护和可靠性要求

为满足使用、维护和修理等方面的要求,机身上布置有很多开口。在机身上还有空勤人员和旅客的座舱窗口、舱门和应急舱口。如发动机安置在机身内,则需要布置较大的检查口盖或装卸舱盖。机身上所安装的设备需布置内(或外)部检查口盖。如 F-16 战斗机 60% 以上机身表

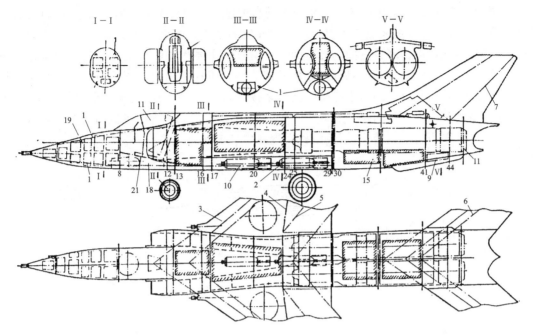

1—前机身桁梁;2—加强框(包括 8、12、13、16、17、20、24、25、29、30、41、44 号加强框);
3—机翼前梁轴线;4—机翼主梁轴线;5—机翼后梁轴线;6—全动平尾转轴轴线;
7—垂直尾翼后梁轴线;9—减速伞舱;10—炸弹舱;11—驾驶员座舱;12—发动机;
15—油箱舱(前后共 4 个);18—前起落架舱;19—设备舱;21—座舱地板

图 6 - 18　某军用飞机的内部布置及受力构件布置图

面都为可打开的检查口盖或舱口。苏-27 飞机上共有 400 多个口盖,快卸口盖率达 80%。

　　机身结构布局与结构形式有关,而结构形式选择时应考虑结构元件的布局。因此,对于开口较多并需承受集中力的机身结构一般采用半硬壳式结构,即桁条式和桁梁式结构。对局部刚度要求较高,开口很少或无开口的舱段采用硬壳式结构较多。本节讨论结构形式选定以后的结构布局。

　　(2) 结构布局设计

　　1) 纵向构件布置

　　纵向构件的布置与内部装载的布置、舱口位置和大小以及相邻部件传来的集中力大小和分布有关。纵向构件主要有桁梁和桁条。

　　① 桁梁。桁梁是桁梁式结构纵向主要受力构件。机身结构在两个平面(垂直和水平)内受弯,并且基本属于同一量级,因此桁梁一般对称布置在结构剖面的 4 个象限的中间(即 ±45°角附近,见图 6 - 12)。若结构有大开口或承受集中力,则桁梁位置必须与大开口和集中力位置以及大小相协调。例如,图 6 - 18 为某军用飞机机身内部布置及主要受力构件布置图,其前机身布置有驾驶舱、设备舱、前起落架舱和机身油箱等,机身结构上、下均有大开口,因而采用桁梁式结构。桁梁安置在大开口处,作为上、下大开口的边框,同时桁梁位置又与进气道的内、外蒙皮交接线相协调,桁梁制成 W 剖面,以便与机身和进气道的蒙皮连接,尽量发挥桁梁的作用。同时桁梁是前机身的主要承弯元件,布置时应尽可能保持连续性并避免急剧转折,以使传力直接,否则将增加结构质量。

② 桁条(长桁)。桁条是桁条式结构中承受和传递结构弯曲所引起轴力的主要纵向元件。桁条与蒙皮组成承力壁板承受弯矩引起的拉伸和压缩轴力。当蒙皮承受剪力、压缩应力和扭矩时,桁条支持蒙皮以提高蒙皮的临界应力。长桁布置主要根据蒙皮受压稳定性要求进行设计。其原则是使用载荷作用下不屈曲,破坏载荷下结构不提前出现过屈曲破坏。一般长桁沿机身周缘基本为均匀对称分布,沿结构纵向尽量按等角度辐射布置,这样长桁为单曲度、无扭曲,便于制造和装配。桁条间距一般取 100~200 mm。图 6-19 所示飞机的后机身只有少量的小型开口,故采用桁条式结构,桁条沿截面周向均匀布置。

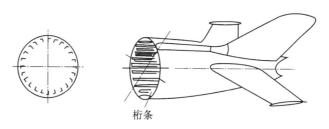

图 6-19 桁条式机身结构

在桁梁和桁条式结构中,如纵向集中载荷作用处无法布置桁梁或长桁,则可在集中力作用处设计局部加强桁条或薄壁短梁,将集中载荷或偏离结构中性轴的集中力扩散到桁条或桁梁上。

2)横向构件布置

纵向构件和蒙皮组成壳体承受机身结构的总载荷,而横向构件不参加总体受力,主要用来使机体的截面保持一定形状,并且作为蒙皮和桁条的横向支持件,提高蒙皮和桁条的临界应力。横向构件一般分普通框和加强框两种。加强框除与普通框一样起着上述作用外,主要承受框平面内的集中载荷,将集中载荷以剪流形式扩散传入壳体。因此,加强框一般布置在各种装载物和各个部件的接头载荷作用处,以及大开口两端和舱段连接处。如图 6-18 所示的某军用飞机机身内共安置 12 个加强框,其中 8、13、16 分别为驾驶员座舱、设备舱及油箱舱的端框;29 和 30 框为前、后机身对接框,29 框上又连接发动机的吊挂接头和推力接头,17 框和 24 框是机翼前梁和主梁对接框;41 框是全动平尾转轴连接框;44 框为垂直安定面连接框。又如图 6-20(a)所示的垂直尾翼上的水平气动力 P 传到框上,形成一个水平剪力 P_z 和一个力矩 M,水平剪力 P_z 由加强框传给机身蒙皮,蒙皮上产生剪流 $q_{剪}$(见图 6-20(c))。目前飞机的垂直尾翼一般均为后掠翼,垂直安定面大梁大多为后掠布置,而框只能承受框平面内 M 的分量 M_x(见图 6-20(b)),M_x 由加强框传给蒙皮,蒙皮上产生剪流 q_{M_x},由图 6-20(d)可知 q_{M_x} 与 $q_{剪}$ 合成后,框上部剪流方向一致,框下部剪流方向相反,故上部蒙皮和加强框应做得较强。另一分量 M_y 可由布置在两个加强框之间的上水平加强板承受。水平加强板是一根水平布置的短梁,两侧各有一加强型材,M_y 由接头以一对 x 向力偶传给加强型材,由其扩散成剪流 q,然后由加强板上一对 z 向力(见图 6-21)传给前、后加强框 q_f。水平加强板两根型材同时承受垂直尾翼上的阻力。

普通框一般在加强框布置好以后再进行布置。普通框间距一般为 300~400 mm,当机身直径较大时,框的间距也较大。

(3)蒙皮

蒙皮是机体结构中的主要受力元件,它承受并传递结构中剪力 Q_x、Q_y 和扭矩 M_x,剪力

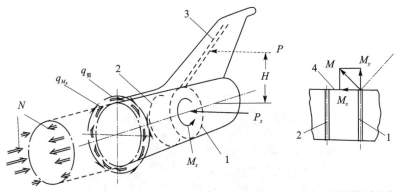

(a) 垂直尾翼载荷作用下后机身的平衡

(b) 垂直尾翼翼梁弯矩的分解

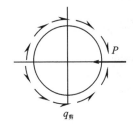

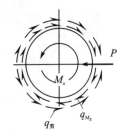

(c) 剪力作用下后机身的平衡

(d) 扭矩和剪力作用下的后机身的平衡

1、2—加强框;3—垂直尾翼翼梁;4—水平加强板

图 6 - 20 垂直尾翼载荷在机身上的传力过程

和扭矩在蒙皮中以剪流形式传递。蒙皮与桁条一起组成壁板承受弯矩引起轴力,硬壳式结构的厚蒙皮以板壳形式承受轴力,气密舱段蒙皮还承受内、外压力差引起的周向和轴向正应力。蒙皮布置主要取决于载荷大小和制造及装配工艺。除了化学铣切变厚度蒙皮,一般对每一块板材均是按等厚度进行设计的,因此蒙皮厚度选择要考虑工艺要求。

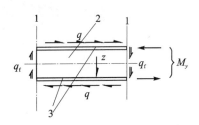

1—加强框轴线;2—机身蒙皮;3—型材

图 6 - 21 水平加强板的载荷传递

6.3.3 典型结构的传力分析

1. 飞机机身典型结构布局和受力分析

以图 6 - 22 所示苏-27 战斗机机身为例,机身由前机身、中机身(翼身融合体中央翼)和后机身三部分组成。

(1) 前机身

前机身由设备舱、驾驶舱和前起落架舱组成。机头锥为玻璃钢蜂窝夹层结构的雷达罩。前锥由两个接头铰接在 1# 框上部,周边用 6 个快卸锁固定。前机身为铝合金半硬壳式结构,由 17 个隔框、2 根上大梁、座舱口框、座舱地板、后舱垂直壁板和水平隔板、蒙皮以及桁条组成,如图 6 - 23 所示。

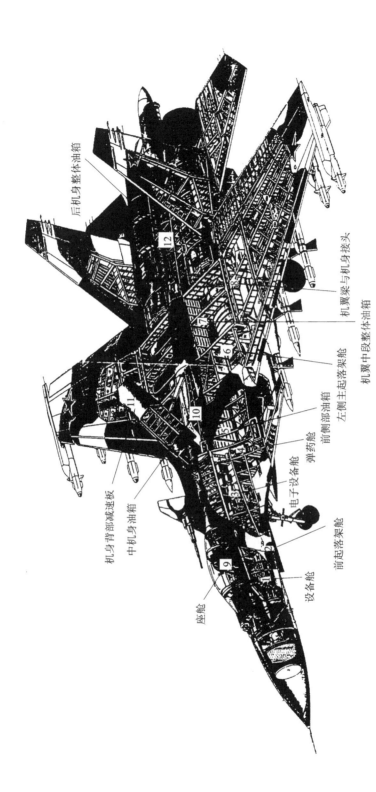

图6-22 苏-27战斗机

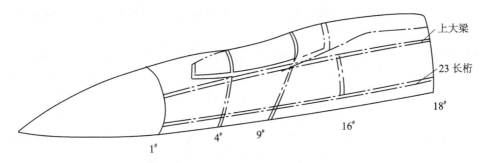

图 6-23　苏-27 战斗机前机身结构示意图

横向构件中有 6 个加强框($1^\#$、$4^\#$、$9^\#$、$10^\#$、$11^\#$、$16^\#$),其余为普通框。$1^\#$ 加强框为前机身与头锥对接框;$4^\#$ 加强框为前气密舱框;$9^\#$ 加强框为座舱和前起落架舱之间的隔框;$10^\#$、$11^\#$ 加强框为前起落架舱侧壁加强框;$16^\#$ 加强框承受和传递前起落架传来的载荷,前起落架轴承座固定在 $16^\#$ 加强框下框板上,$16^\#$ 加强框是 B95пч 模锻件,为前机身最强的加强框。

纵向构件为机身上部,有 2 根上大梁,大梁在 $11^\#$ 框处与座舱口框搭接,在 $18^\#$ 框处与中机身(中央翼)大梁对接,大梁由 B95пчT2 型材制成。在机身下部 23 长桁为加强长桁,$9^\#$ 框到 $18^\#$ 框的长桁由 B95пчT2 型材制成,实际上起下大梁的作用,23 长桁又作前下设备舱和前起落架舱开口的侧边框。前机身蒙皮内侧均布置桁条,桁条和蒙皮组成壁板和上大梁一起承受弯矩,同时用于增强蒙皮的稳定性。在 $12^\#$ 框与 $18^\#$ 框之间有左、右垂直壁板参加前机身整体承力,是前机身的重要纵向构件之一。前机身在 $9^\#$ 框以前结构上部开口,在 $9^\#$ 框到 $18^\#$ 框之间下部开口,故机身的剪力 Q_y 和扭矩 M_t 由前机身两侧壁以剪流形式传递,扭矩 M_t 由两侧壁参差弯矩平衡,如图 6-24 所示。水平剪力 Q_z 由座舱地板和设备舱地板传递,在前机身端部形成水平弯矩。Q_z 剪力传递过程中产生偏心扭矩 M_t,由两侧壁板参差弯矩平衡。

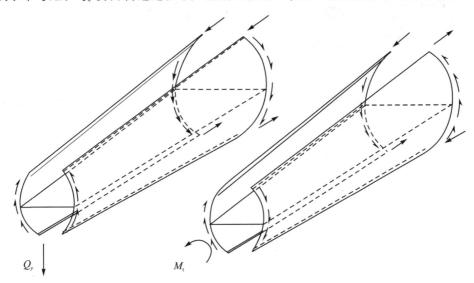

图 6-24　苏-27 前机身受力示意图

(2) 中机身

该机具有翼身融合的气动外形,机身中段从气动布局角度,应属于机翼的一部分,故称为中央翼；而从结构功能角度，则为中机身。中机身主要由 $1^{\#}$、$2^{\#}$ 油箱、主起落架舱和设备附件舱组成。

中机身构造分成两部分介绍（见图 6-25），即 $1^{\#}$ 油箱段和 $2^{\#}$ 油箱段。$1^{\#}$ 油箱段，是从 $18^{\#}$ 框至 $1^{\#}$ 隔板（机身 28 框）之间。其纵向构件由中央大梁，以及上、下壁板和侧板组成。横向构件由 $18^{\#}$~$27a^{\#}$ 共 11 个框组成。$18^{\#}$ 框为加强框，是前机身和中机身对接框，在 $18^{\#}$ 框上部安装减速板支座，下部有前起落架收放作动筒支座和千斤顶支座。$25^{\#}$ 框为整体加强框，$25^{\#}$ 框与 $1^{\#}$ 隔板间为主起落架舱开口段，$25^{\#}$ 框与外翼前大梁连接，下部有 $1^{\#}$ 挂架前接头。其他 9 个框均为普通框。$2^{\#}$ 油箱段，是从 $1^{\#}$ 隔板到 $3^{\#}$ 隔板之间。其纵向构件为中央大梁、第 $1^{\#}$~$8^{\#}$ 肋和上、下壁板；横向构件由 $1^{\#}$~$3^{\#}$ 隔板组成，3 个隔板相应与外翼的 3 个纵墙对接。$8^{\#}$ 肋为中央翼与外翼对接翼肋，为 B95пч 模锻件。

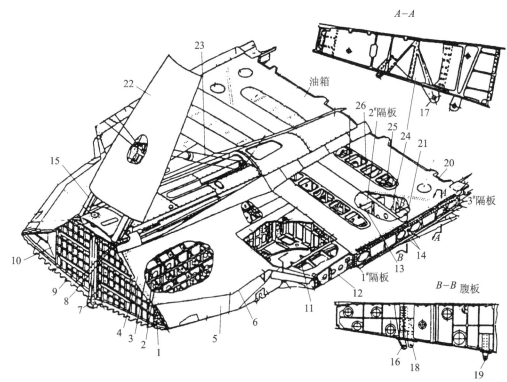

1—$1^{\#}$ 油箱的 $4^{\#}$ 腹板；2—桁条；3—$1^{\#}$ 油箱的 $1^{\#}$ 腹板；4—上壁板；5—中央翼前舱；

6—$1^{\#}$ 油箱的 $3^{\#}$ 腹板；7—中央大梁下方的前起落架收放作动筒固定接头；8—阻力板固定接头；9—下壁板；

10—$18^{\#}$ 框侧壁板；11—机轮舱内 $7^{\#}$ 肋；12—机轮舱内 $8^{\#}$ 肋；13—$2^{\#}$ 油箱的 $6^{\#}$ 肋；

14—中翼与外翼固定钉孔；15—阻力板大梁；16、17—主起落架梁固定接头；

18、19—进气口固定接头；20—$2^{\#}$ 油箱的上壁板；21、25、26—$2^{\#}$ 油箱的 $7^{\#}$、$5^{\#}$、$4^{\#}$ 翼肋；

22—阻力板；23—作动筒；24—起落架梁

图 6-25 苏-27 战斗机的中机身结构图

中机身为厚壁板框架式半硬壳式结构，大开口较少，机身的纵向弯矩由中央大梁和纵向构件与壁板组成的机身盒段承受，剪力由纵向构件腹板和翼肋传递，扭矩由机身中段的封闭盒段承受。外翼传入的弯矩、剪力和扭矩在中央翼平衡。

（3）后机身

后机身由左、右舱和中间舱两大部分组成。中间舱从第 34# 框开始到尾尖的阻力伞舱整流罩末端,左、右舱从第 28# 框到第 34# 框在中央翼下方(见图 6-26),其前部为进气道,后部为发动机舱。

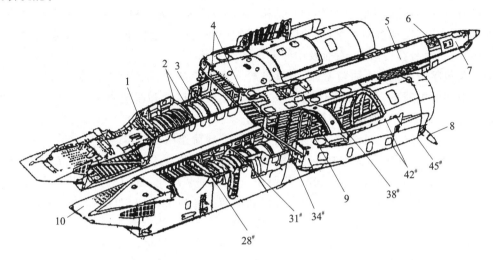

1—28# 框上连接中翼接头;2—31# 框上连接中翼接头;3—进气道;4—上部大梁;
5—尾部中间舱;6—设备舱;7—阻力伞舱;8—平尾轴;9—发动机固定接头;10—进气口前缘

图 6-26 苏-27 战斗机后机身结构

后机身横向构件共有 20 个框,其中第 28#、31#、34#、38#、42#、45# 框为加强框。第 28# 框为后机身端框,其上部有双耳接头与中央翼的 1# 隔板连接,将进气道和左、右舱悬挂在中央翼下。在框的下部安装挂弹架接头的固定座。进气口一端通过第 14# 框接头固定在中央翼上,另一端固定在第 28# 框上。

第 31# 框的上部有 2 个双耳片接头将框和进气道固定在中央翼下部,在框的下部有安装挂弹架接头固定座。第 34# 框为 AK4-1Ч 整体模锻件,是后机身与中央翼对接框,框的下缘安置有千斤顶支点。

第 38#、42#、45# 框是后机身的主要加强框,第 38#、42# 框均为 BT20 钛合金模锻件,用潜弧焊将左、右舱的 6 个框段焊成 3 个整体框。在内外侧框段上与发动机推力梁对接,第 38# 和 42# 框的外侧分别有垂尾前、后梁的固定接头。第 42# 框的中部有固定水平尾翼作动筒的双耳接头。第 45# 框由上、下两个半框组成,下半框可拆卸,以便安装和拆卸发动机。两个半框由 BT20 钛合金模锻件螺接制成 45# 框。在外侧框段上有固定水平尾翼半轴内侧的轴肩。

后机身纵向构件主要由蒙皮、长桁、内外侧大梁、下大梁、发动机推力梁和尾梁组成。在 34# 框以前,左、右舱段主要是由 28# 框与 31# 框之间的下部内、外大梁,31# 框与 34# 框之间的下部内、外侧主起落架锁安装梁,以及两侧蒙皮、下蒙皮和桁条组成的开剖面结构,分别在第 28#、31#、34# 框处固定在中央翼下部。

34# 框与 38# 框之间的左、右舱上部各有 2 根上大梁(内侧上大梁和外侧上大梁),在 34# 框处与中央翼上壁板对接。在 38# 框与 42# 框之间布置上外侧大梁和发动机推力梁。内外侧推力梁上的发动机推力销接头向后延伸至 42# 框并与后面的尾梁连接,承受发动机和尾梁传入的载荷,是此段最强的梁。

34#框与 45#框之间的尾梁分前、后两段。34#框与 42#框之间的尾梁实际上是中央翼外形的延伸段,由上壁板、侧壁板、侧蒙皮、下蒙皮、上大梁和隔板组成。42#框与 45#框之间后段尾梁位于发动机舱外侧,由上、下壁板和侧梁组成,在 42#框处侧梁与上外侧大梁连接,在 45#框处侧梁固定水平尾翼半轴外侧轴肩。尾梁是后机身主要承力构件。

后机身的左、右舱段为桁梁式半硬壳结构,后机身的纵向弯矩和发动机推力引起的轴向力主要由上、下大梁,发动机推力梁,尾梁以及蒙皮和桁条组成的壁板承受;剪力由左、右舱的内、外侧壁传递;后机身扭矩由左、右舱及中间舱段的闭室承受。

中间舱包括仪器舱、4#油箱舱、配电设备舱和减速伞舱。4#油箱为整体油箱结构,分前、后两段。中间舱由蒙皮、桁条和框组成桁条式结构。在开口处和减速伞接头处均有局部加强件,其总体受力状况与桁条式结构受力形式相同。

从苏-27 战斗机的机身结构分析可知,机身在外载荷作用下总体内力可归纳为弯矩、剪力和扭矩,这三类内力在机身结构中传递和平衡。而机身结构主要由蒙皮、桁条、桁梁和隔框组成的空间薄壁结构承受这些内力。由于机身中安置各种装载物,且与机身相连的各部件位置和受力形式不同,在机身承受集中力或大开口处需布置相应的纵向构件(如加强短梁)和加强框。需布置一定构件将集中载荷扩散成剪流传到蒙皮、长桁、隔框等组成的机身盒段结构上。可见实际结构的具体构造比“典型的受力形式”要复杂得多。同时,结构形式选择、结构布局和具体结构设计,不仅仅从受力形式考虑,还应考虑结构疲劳和损伤容限以及可靠性、内部设备的使用维护性、结构的工艺性和维修性、结构质量以及经济性等要求。无论是原有结构的分析还是新结构设计,都应从总体布置、受力形式、使用、维护、材料和工艺等方面综合考虑,使结构质量最轻。

2. 现代战斗机机身结构布局和受力分析

以图 6-27 所示 F-22 战斗机机身为例,机身由前机身、中机身和后机身三部分组成。前机身长 5.2 m,中机身长 5.6 m,后机身长 5.8 m。中、后机身和机翼为翼身融合体,机身投影面积约为机翼面积的 1/3,因此占据很大的升力面积。

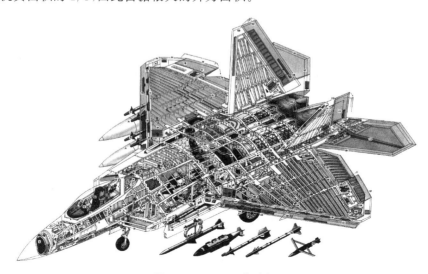

图 6-27 F-22 战斗机

（1）前机身

前机身由设备舱、驾驶舱和前起落架舱组成。座舱前端与雷达天线罩根部连接，前机身后端与中机身对接的工艺分离面，对接蒙皮在分离处均成锯齿形，以减小雷达散射面积。座舱后部的外侧为发动机固定式进气口，并安置进气道边界层吸除装置，在进气道内壁涂覆吸波材料。采用 S 形复合材料进气道。

机身结构中采用较多的是整体制件。结构仍采用传统的半硬壳式结构。前机身分前、后两段，前段的前端与雷达天线罩根部连接，天线罩后为设备舱、座舱、前起落架舱。后段的中部为 1# 机身油箱，两侧为设备舱和 S 形进气道。

前机身结构共有 7050 - T7451 铝合金、2124 - T851 铆接的 8 个加强框和 4 根纵向大梁，上、下大梁分别构成座舱口框和前起落架舱的开口处边梁。铝合金的框和纵向大梁与复合材料的框和壁板构成前机身骨架，蒙皮、口盖等采用复合材料。前机身受力与传力形式与苏-27机身类似，故可参照图 6 - 24 进行分析。

（2）中机身

中机身内布置有 3 个整体油箱和 4 个内埋式弹舱。有一个大型主弹舱（内部左、右隔开）和较小的侧弹舱，分别位于机身腹部和侧部。在侧弹舱后部为主起落架舱。机身有 5 个较强的加强框，其中 4 个加强框与机翼接头相连，均为 Ti - 6AI - V ELI 钛合金框。第 4 个连接点处的框为与后机身相连的工艺分离面。中机身共有 6 根较强的纵向构件，包括尾梁前段的左、右对称外侧梁及内侧梁，左、右发动机舱之间背鳍位置的 2 根纵向加强型材。用于垂尾根部支持机身的龙骨梁由 Ti - 62222 制成。机身蒙皮由复合材料制成，最大的有 4.6 m 长、4.6 m 宽。

（3）后机身

后机身为变截面结构，主要是 2 个发动机舱段，采用钛合金结构，布置有 5 个加强框、3 个与机翼相连的交点框、3 个与垂尾相连的交点框（中间的钛合金框同时与机翼和垂尾相连）。左右两侧分别布置有盒形尾梁，尾梁是后机身的主要纵向承力构件，为机翼后部、垂尾和平尾提供支持。盒形尾梁的横向主承力构件由加强框的左右耳部构成。为了便于发动机维护，在后机身腹部布置了一个超大型口盖，横跨 4 个加强框。

（4）机翼和机身连接

F - 22 机翼和机身的连接接头如图 6 - 28 所示，中机身和后机身的 7 个钛合金加强框上的 7 组单耳接头与机翼 7 组双耳接头连接。机身上前 4 个接头在中机身上，第 1 个接头与机翼前梁接头连接，第 4 个接头位于中、后机身对接框上。后 3 个接头位于后机身上。机身 7 个加强框上的连接接头均与机身侧大梁连接，机翼传入的水平剪力（或扭矩分解的水平剪力）、弯矩和垂直剪力通过这些接头传入机身加强框，在框中平衡。

3. 直升机机身典型结构布局和受力特点

直升机的结构形式、各元件的功用和受力状态与飞机结构类似，尤其是直升机机身结构基本上与飞机的机身结构相同。直升机机身一般可分为机头、中段机身和尾段三部分。图 6 - 29 为 AS332"超美洲豹"结构布置图，机头为雷达罩和设备舱；中段机身的上部安装发动机、减速器和旋翼，由纵向构件、壁板、防火墙等组成密封座舱舱顶结构，可传递纵向载荷；下部为油箱和前起落架，中间为驾驶舱和旅客舱。中机身由于使用维护要求结构开口较多，故采用梁式薄壁结构；中机身的横向构件除普通框外，布置了 8 个加强框，即前气密舱的加强框、驾驶舱密封

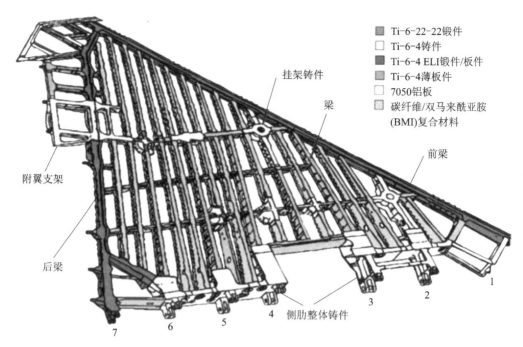

图 6 - 28 机翼和机身对接结构

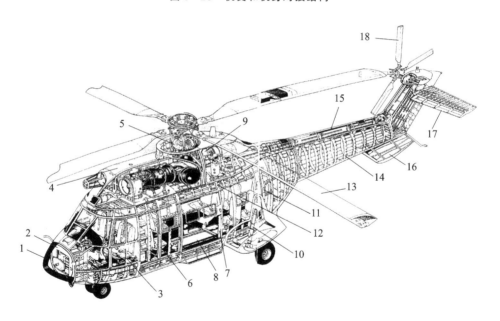

1—雷达罩;2—前气密舱;3—驾驶舱门;4—发动机罩壁板;5—主减速器;6—安装发动机加强框;
7—安装减速器加强框;8—油箱;9—固定减速器支架;10—主起落架支柱;11—机身与尾梁的结合面加强框;
12—座舱顶部结构;13—复合材料主桨叶;14—尾梁框和桁条结构;15—背部整流罩;
16—腹部垂尾;17—固定式平尾;18—复合材料结构尾桨叶

图 6 - 29 AS332"超美洲豹"结构布置图

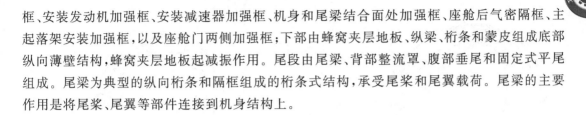

框、安装发动机加强框、安装减速器加强框、机身和尾梁结合面处加强框、座舱后气密隔框、主起落架安装加强框,以及座舱门两侧加强框;下部由蜂窝夹层地板、纵梁、桁条和蒙皮组成底部纵向薄壁结构,蜂窝夹层地板起减振作用。尾段由尾梁、背部整流罩、腹部垂尾和固定式平尾组成。尾梁为典型的纵向桁条和隔框组成的桁条式结构,承受尾桨和尾翼载荷。尾梁的主要作用是将尾桨、尾翼等部件连接到机身结构上。

6.4　加强框的受力分析和设计

6.4.1　加强框的结构形式与受力分析

加强框的作用是承受框平面内的集中载荷,并以分布剪流的形式传给机身蒙皮,故加强框实质上是一个在集中力和分布剪流作用下平衡的平面结构。它的结构形式和参数与机体的外形、内部装载布置、结构受力形式、集中力大小和性质密切相关。加强框结构形式很多,按受力形式可分为以下三类。

1. 环形刚框式加强框

为了充分利用结构内部空间,隔框多数设计成环形框,环形刚框式加强框的构型如图 6 - 30 所示。环形刚框式加强框结构可分为整体式刚框、组合式刚框和混合刚框三种。整体式刚框是用整体锻造或铸造毛坯经机械加工而成,如图 6 - 30(a)、(b)所示,一般战斗机机身与翼面或机身各舱段之间对接常采用此种形式;组合式刚框由挤压型材弯制成刚框的缘条与腹板、支柱铆接而成,一般用于与尾翼等连接的加强框,如图 6 - 30(c)所示;混合式刚框为前两种形式的组合,一般用于大型飞机结构的加强框,如图 6 - 30(d)所示。

环形刚框式加强框相当于一个封闭的环形曲梁,受载后框内有弯矩、剪力和轴力三种内力。刚框为静不定结构,其内力的大小和分布与刚框的截面周向刚度分布有关。下面首先分析等剖面环形刚框在三种集中力作用下的框内弯矩,如图 6 - 31 所示。图 6 - 31(a)为刚框承受集中力矩 M_x 时框内弯矩 M 的分布图,$M = k_{MM} \cdot M_x$,$k_{MM\,max} = 0.5$。当垂直于框缘外形线方向作用法向集中力 P 时(见图 6 - 31(b)),或在集中力矩 M_x 作用处,框截面的弯矩 M 值最大。法向集中力 P 产生的框截面最大弯矩值约 $RP/4$,而切向集中力 T,如图 6 - 31(c)所示,产生的框截面最大弯矩值约为 $RT/16$,故法向集中力引起框截面弯矩值比切向集中力产生的弯矩要大约 3 倍。因此,在加强框设计时,尽可能使框上承受切向集中力。从图 6 - 31 可知,框截面内的弯矩值沿框的周向是变化的。而框截面内的弯矩是框的主要载荷,对框结构强度的影响最大,在进行加强框设计中,假如由于工艺要求需要将框分段锻造时,其分段处应选在框截面弯矩最小处。

图 6 - 31 所示的框截面内弯矩曲线没有考虑框结构弹性的影响,对非圆形或沿圆周抗弯刚度不相等的刚框,弯矩分布将不同,但基本趋势不变。实际机身隔框均为弹性体,机身其他元件对框的支持也是弹性支持,因此,框中内力大小和分布均会发生变化,如图 6 - 32 所示。一般情况下,框截面最大弯矩会略有减小,而集中力作用引起的蒙皮支反剪流会增大。

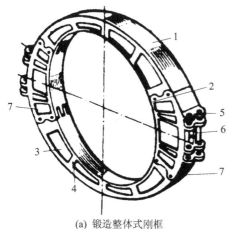

(a) 锻造整体式刚框

(b) 铸造整体式刚框

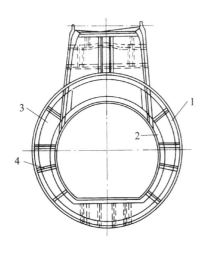

(c) 组合刚框式加强框

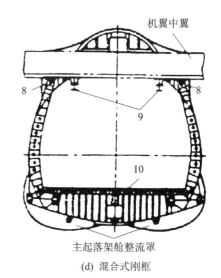

(d) 混合式刚框

1—外缘条；2—内缘条；3—腹板；4—支柱；5—耳片；6—螺栓；

7—接头；8—机翼固定接头；9—滑轨；10—货舱地板横梁

图 6 - 30　环形刚框式加强框

2. 腹板式加强框

腹板式加强框由框缘条、腹板和支柱组成，一般分为两种结构形式。

一种是完整的腹板式加强框，如图 6 - 33 所示，一般用于座舱或油箱舱的端框。图 6 - 33 (a)为某轰炸机的前起落架支承加强框，同时为油箱端框，因此除前起落架转轴部分无腹板外全部有腹板，腹板上有 Z 形和 L 形支柱，在起落架转轴上方布置有 2 根较强立柱。图 6 - 33 (b)为旅客机驾驶舱门的加强框，中间开有舱门，框上可固定设备。

另一种混合型腹板式加强框如图 6 - 34 所示，为刚框和腹板式加强框组合，即腹板只占机身截面的一部分，其他部分为刚框，此种结构与混合式刚框相似。该框主要承受框平面内集中力和垂直于框平面的分布压力(如增压座舱和增压油箱舱的端框)。腹板框实质上是一个平面板杆结构，其受力主要特点是通过腹板上的加强型材承受集中力并将其扩散到蒙皮上。型材

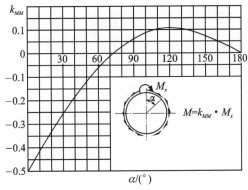

(a) 弯矩M_x作用下框截面上的弯矩

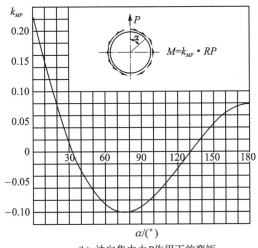

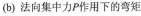

(b) 法向集中力P作用下的弯矩

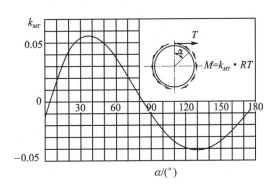

(c) 切向集中力T作用下的弯矩

图 6-31　不同形式集中力作用下刚框截面的弯矩分布图(R=刚框半径)

将集中力扩散到蒙皮的过程中腹板受剪。当外载荷为面外分布压力时,腹板将受拉或受弯。纵、横型材用来提高腹板稳定性。型材和框缘一般情况只受轴力,当框承受面外分布压力时,型材和框缘中还存在弯矩。但框缘中的应力相对刚框要小,因此框缘较弱。

下面以某机机翼和机身连接加强框(见图 6-35)为例进行分析。框的前面是软油箱,进气道通过隔框,所以除进气道部分外都需有腹板。框的两侧各布置有一个框缘接头,进气道上、下布置两根水平横梁,横梁与框缘接头均为很强的 30CrMnSiA 模锻件,并且与腹板等连接成一体。加强框主要承受机翼主梁传入的弯矩 M 及剪力 Q。

在对称弯矩作用下,力矩 M 通过框缘接头以力 R_2 和 R_4、R_1 和 R_3 作用到两根水平横梁上,R_1 和 R_2、R_3 和 R_4 大小相等、方向相反,因此水平横梁的力自身平衡,如图 6-36 所示。两进气道中间的中腹板与上、下腹板均不受力。

在对称剪力 Q_y 作用下,腹板框将集中力 Q_y 以剪流 q_{Q_y} 传给机身蒙皮。在剪力 Q_y 传递过程中,框缘接头和水平横梁连接处产生节点力 R_{1y} 与 R_{2y},以及 R_{3y} 与 R_{4y},它们与机身上、下部分蒙皮上的剪流 q_{Q_y} 的垂直力分量平衡,而剪流水平力分量引起的节点力 R_{1z} 与 R_{2z},以及 R_{3z} 与 R_{4z} 大小相等、方向相反,分别作用于上、下水平横梁上,并自身平衡,如图 6-37 所示。由于是对称剪力,故中间腹板不受力。

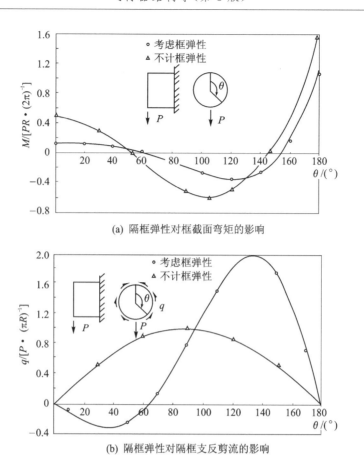

(a) 隔框弹性对框截面弯矩的影响

(b) 隔框弹性对隔框支反剪流的影响

图 6-32　弹性对刚框式隔框截面弯矩及支反剪流的影响(R 为刚框半径)

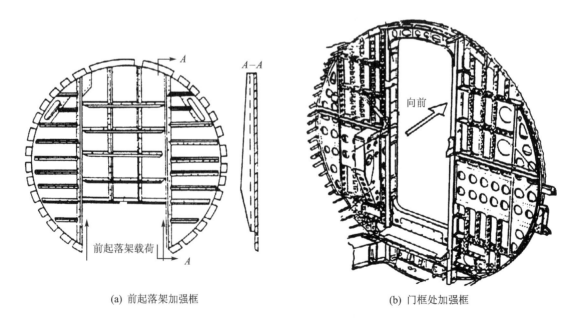

(a) 前起落架加强框

(b) 门框处加强框

图 6-33　完整的腹板式加强板

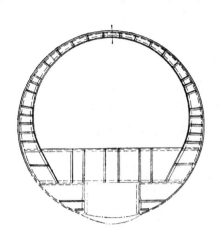

图 6-34　混合型腹板式加强框

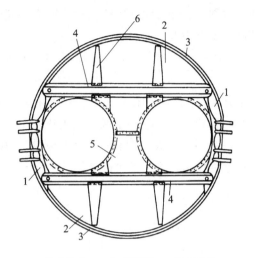

1—缘条接头;2—上、下腹板;3—框外缘条;
4—横梁;5—中腹板;6—集中力扩散件

图 6-35　某机与机翼连接的机身加强框

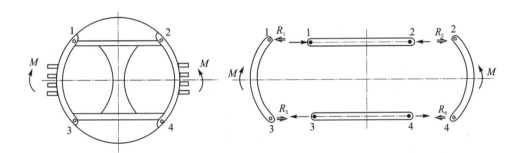

图 6-36　对称弯矩作用下腹板式加强框受力分析

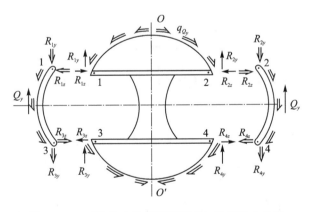

图 6-37　对称剪力作用下腹板式加强框受力分析

当机翼两侧传入不对称力矩时,可将不对称力矩分解成一个对称力矩和一个不对称力矩,如图 6-38(a)所示。其中对称力矩的分析与上面的相同,下面仅分析单侧作用一个不对称力矩 M 时腹板框的受力特点。加强框中总的内力为对称力矩 M_f 和一侧力矩 M 引起的内力之和。由图 6-38(b)可知,M 由机身闭室一圈常剪流 q_M 平衡。在接头和上、下横梁的 4 个节点处产生节点力为

$$R_{1z} = R_{3z} = q_M \Omega_1 / h \qquad (6-2)$$

$$R_{2z} = R_{4z} = (M - q_M \Omega_2)/h \qquad (6-3)$$

式中,Ω_1、Ω_2 分别为图 6-38(b)中左右阴影线面积的 2 倍。$R_{2z} > R_{1z}$,以及 R_{2y} 与 R_{1y},R_{4y} 与 R_{3y} 形成力矩,使上、下两个腹板均不平衡,此时由中腹板提供剪流 q_{5-6} 和 q_{7-8},以及集中力 R_5、R_6 和 R_7、R_8 保持上、下腹板平衡。因此,上、下腹板和中腹板的集中力作用处均安置加强型材作为集中力的扩散件。

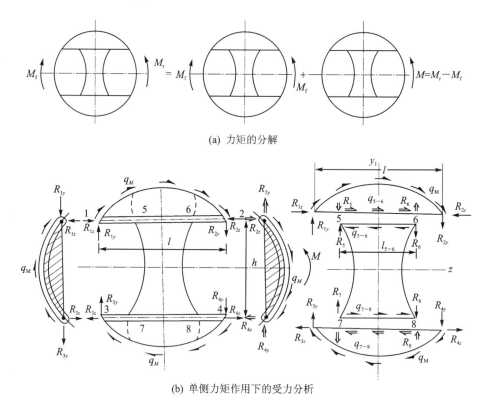

(a) 力矩的分解

(b) 单侧力矩作用下的受力分析

图 6-38　不对称力矩作用下腹板式加强框受力分析

3. 构架式加强框

对于外形要求较低的飞行器,为了减少框缘上的载荷,有时采用构架式加强框,如图 6-39 所示,框的中间有三根支撑杆组成三角形受力框架。由图 6-39 可见,当框上作用集中力 P 时,蒙皮提供对称的支反剪流与外载 P 平衡。从构架式框的受力分析可知,外载荷 P 作用在节点 A,使两根斜杆受压将力传到两侧接头 B 和 C。两侧蒙皮上支反剪流 q_P 与斜杆在 B、C 点的垂直分力平衡。而 B、C 接头处水平分力使横杆受拉,横杆对两侧接头提供水平支反力。由于三根杆的作用,使框缘剖面上的弯曲应力大为减小。

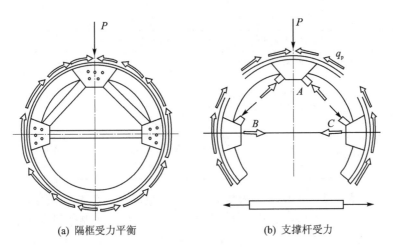

(a) 隔框受力平衡　　　　　　　(b) 支撑杆受力

图 6 - 39　构架式加强框受力分析

6.4.2　加强框的设计

加强框的结构形式选择和设计与机体的外形、内部布置、作用于加强框的载荷大小和性质、有无大开口以及支持加强框的结构特点等因素密切相关,它们都会影响加强框的结构形式。由于设计原始条件的不同,加强框的结构形式也会不同,但其结构的设计原则却是一样的。下面介绍加强框设计中的几个问题。

1. 加强框结构形式的选择

首先根据总体结构布局确定加强框的位置和设计要求。如果加强框中间要安置进气道、发动机等装置与设备,则必须按刚框式加强框设计;如果加强框为座舱、油箱舱等端框,则采用腹板式加强框或混合式加强框。因此,加强框的位置、功用、设计要求和载荷决定了框的结构形式。

刚框的构造形式主要依据刚框弯矩的分布和大小、刚框的截面高度和制造工艺能力确定。如框缘截面弯矩大,而刚框的截面高度受限制,则一般采用整体式刚框;如框的截面高度大,能充分发挥框缘条的承载能力,则采用组合式结构;如受生产条件限制,不能制造大型锻造件,则可采用分段整体式刚框或混合式刚框。

表 6 - 1 比较了 3 种结构形式加强框的特点。加强框的结构形式选择除上述各因素外,结构制造工艺性、经济性、重量等方面也是重要因素。近年来,由于数控机加技术和数字化设计技术的发展,承受载荷较大的加强框常采用模锻机械加工件,这样可提高材料利用率,减小机械加工的工作量。但模锻费用高,在产量少或试造时,可采用预拉伸板毛坯进行机械加工,此时,机械加工的工作量大,材料利用低,有时利用率只能达到 $2\%\sim3\%$。

表 6 - 1　3 种加强框结构形式的特点

结构形式	机加工的环形刚框	钣金加工的腹板式框	构架式框
原材料	铝合金、钛合金或合金钢的模锻件或板材	铝合金钣材和型材	铝合金钣材和管材
制造工艺性	数控加工工作量较大,装配工作量小,装配型架简单	零件加工工作量小,装配型架复杂,装配工作量大	零件加工及装配均简单

结构形式	机加工的环形刚框	钣金加工的腹板式框	构架式框
材料利用率	材料利用率低,模锻件只达到20%	材料利用率高	材料利用率高
强度和疲劳寿命	一般用于高强度加强框,连接接头少,疲劳寿命长	连接接头多,故疲劳寿命短,所能承受载荷较小	疲劳寿命低
重量	结构利用率高,质量轻	零件重叠层次多,连接件多,结构效率低,质量较大	维形件与受力件分开,质量较大

环形刚框式加强框最好采用整体模锻机加件,避免因连接引起的质量增大,"幻影"2000的机翼与机身结合框为铝合金整体模锻件(见图6-40)。如果受制造设备限制或采用不同材料等,则应考虑分段制造,F-15和F-16的机翼和机身结合框均为组合框(见图6-41)。

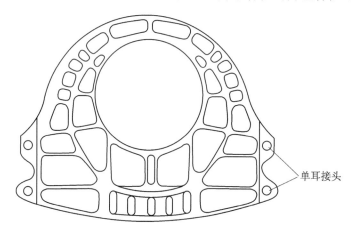

图 6 - 40 "幻影"2000 的机翼与机身结合框

将环形刚框分段制造时,加工后需将各段再连接成一个整体,连接处应将缘条和腹板均牢固连接形成固接接头。如图 6 - 42 所示为苏 - 27 尾翼和后机身连接钛合金加强框,图 6 - 42(a)为与垂尾连接的 38# 焊接整体式框,图 6 - 42(b)为与平尾连接的 45# 螺接式框(见图 6 - 26)。为了减轻连接接头的质量,应将连接节点选在框缘弯矩最小处。

例如 F - 22 钛合金翼身连接主承力框,投影面积为 5.53 m^2,框的质量为 143.8 kg,采用钛合金模锻后机械加工制造,加工后材料利用率只有 4.83%(模锻件质量为 2 976 kg),成本很高。目前北京航空航天大学增材制造研究团队采用激光增材制造技术已完成了飞机钛合金大型整体主承力框构件制造,与 F - 22 飞机主承力框制造技术相比,成本降低一半,材料利用率提高 5 倍,制造周期缩短一半。

2. 加强框的设计

环形刚框式加强框的弯矩和轴力由框缘承受,内、外框缘条以轴力形式受载,由此确定框缘条形状和剖面面积;剪力由腹板承受,由它确定腹板厚度。为了提高框缘承载能力,在结构外形尺寸和机身内部安置允许的情况下应尽量提高框缘高度。由图 6 - 43 可知,框缘内的弯矩沿框的周向是变化的,因此,在设计时可以沿框的周向改变框缘高度、缘条截面积和材料。

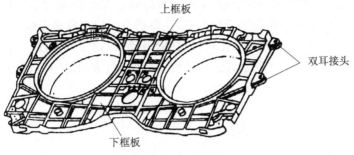

(a) F-15翼身结合框(钛合金模锻件)

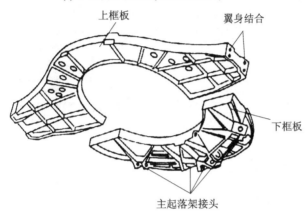

(b) F-16翼身结合框(铝合金预拉伸板)

图 6-41　战斗机的机翼与机身结合框

例如图 6-43 所示加强框,框缘高度和剖面尺寸沿圆周变化,框的上、下两段采用铝合金锻件,两侧弯矩较大处框段采用合金钢模锻件,使框的设计符合等强度设计原则,从而减轻结构的质量。

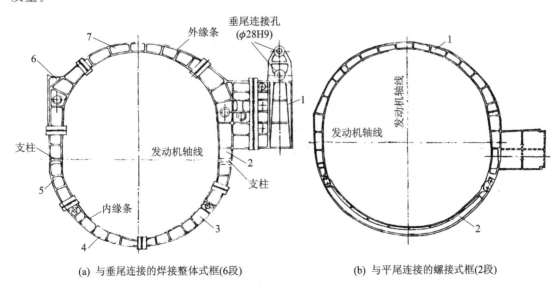

(a) 与垂尾连接的焊接整体式框(6段)　　　(b) 与平尾连接的螺接式框(2段)

图 6-42　苏-27 尾翼和后机身连接的钛合金加强框

当框平面内承受集中力时,在相应处必须安置加强筋或加强型材以便将集中力扩散成腹板上剪流。对于腹板式加强框,当腹板较薄时,在剪切力作用下容易失稳,所以也应对其加强。另一方面,当刚框的曲率较大,框缘受正弯矩(外缘条受拉、内缘条受压)时,内、外缘条对框腹板会产生径向压力,如图 6 - 44 所示,此时,腹板单位周长上的压力 p 和压应力 σ 分别为

$$p = N \mathrm{d}\alpha / R \mathrm{d}\alpha = M/hR \tag{6-4}$$
$$\sigma = p/t = M/hRt \tag{6-5}$$

式中,R——框缘截面中心线处曲率半径;

　　　h——框缘截面高度;

　　　t——框缘腹板厚度;

　　　M——计算部位框缘截面弯矩。

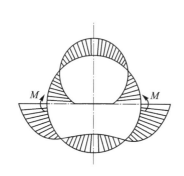

图 6 - 43　圆形刚框在对称弯矩
M 作用下框缘中弯矩分布图

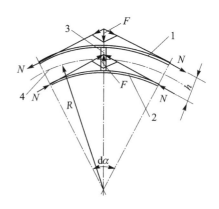

1—外缘条;2—内缘条;3—支柱;4—腹板

图 6 - 44　刚框式隔框弯曲变形引起的
径向压力和支柱的作用

假设框缘内两支柱间距离为 S,则支柱上总压力 F 为

$$F = pS = MS/hR \tag{6-6}$$

为了提高框腹板受剪和受压的失稳临界应力,在框腹板上设置一些支柱,如图 6 - 30(c)所示。提高刚框的疲劳寿命应尽量避免在框缘条受拉处存在应力集中(如尖角或开小孔)和制造引起残余拉应力。机身纵向构件与加强框交错时,一般将纵向构件(长桁)断开,然后用角片将两纵向构件连接。例如,歼 - 8 飞机翼身接合主承力框在初始设计时,在下框缘附近用 3 mm铆钉将腹板与加强桁条连接在一起,全机疲劳试验时铆钉孔处产生裂纹,当疲劳试验进行近一半疲劳寿命时裂纹扩至翼身连接主接头,造成全机疲劳试验中止。

3. 加强框设计实例

(1) 典型翼身结合框设计

1) 外载荷计算

机翼传给机身的载荷主要有剪力(即机翼的升力)、扭矩和弯矩(升力引起机翼根部弯矩),剪力通过接头传给加强框后由机身蒙皮提供支反剪流平衡。弯矩在机身内平衡有两种情况:一种是左右机翼弯矩传给机身加强框,并在框内平衡(如 F - 15、F - 16 等);另一种是传给中央翼,并在中央翼大梁内平衡(如苏 - 27 等)。

作用在加强框上的主要翼载有 A、B、G、D 等对称机动及其他飞行状态的载荷(见图 3-13)。

当机翼与机身结合有几个加强框时,在加强框设计前应进行各框的载荷分配。载荷分配取决于各框的刚度比——框弹比。所谓框弹比是指在各框的翼身结合交点上加一单位载荷时,各框在结合交点处所产生变形量之比。但是,在确定各框载荷和框构型与尺寸之前又不可能计算各框的刚度和交点处的变形。加强框的主要载荷是机翼的弯矩(机翼弯矩引起框的内力约占总内力的 97%),并由框缘的高度决定框的承弯能力,因此可以根据各框的框缘剖面的结构高度估算框弹比。这种近似估算方法对设计计算是合理的。

2)加强框结构方案确定

根据机身的结构布局确定加强框位置、相关各部件的几何尺寸和外形尺寸后,由全机传力路线以及框所承受的外载荷大小和性质确定加强框的结构形式。

3)加强框结构设计和强度分析

结构形式确定后,利用外载荷进行内力分析,并根据内力分布确定结构中各元件的初步位置和剖面尺寸,依据框的初步构型尺寸进行有限元分析,验算结构的剩余强度,再根据分析结果对结构元件布置和剖面尺寸进行修正;也可采用优化设计方法取得最佳剖面尺寸。

采用有限元素法建模分析时数据准备工作量大,因此在初步设计阶段可将元素网格划分得稍微粗些;也可以采用工程计算方法,如力法,确定元件结构的初步尺寸,然后再用有限元法进行强度校核。

对于加强框,一般情况下弯矩是其主要内力,当框的剖面尺寸满足弯曲强度条件时,往往剪切强度也能够得到满足。

(2)机身气密舱端框结构设计

增压气密舱一般为机身结构的一部分,在气密舱的两端安置端框使气密舱与非增压舱隔开。从气密舱受力分析得到的球面形端框受力最好。图 6-45 为 L-1011 旅客机客舱后端框,该隔框是半硬壳式结构。壳体由 12 块三角形铝板搭接胶接组成,在搭接处铆接 12 根加强型材,其中用密封胶进行密封处理。在壳体的周缘端盖处把铝板和桁条连接到机身隔框的缘条上,壳体的顶端安置了固定在壳体上的顶环,顶环上用顶盖密封。圆形端盖与机身连接分两部分,桁条之间用抗拉接头连接,蒙皮之间采取加强垫板连接。

球面框的空间利用率低,并且球面框不宜承受 Oyz 平面内的集中力。如垂直尾翼传入载荷,则 Oyz 平面内载荷会引起球面框曲板弯曲,而采用平面框承受 Oyz 面内载荷则较合理。从综合受力考虑,也可在球面框上布置局部平面框来承受其面内的集中力。如图 6-46 所示,A320 旅客机后压力球面框,其上有局部平面框与垂直尾翼接头连接。

机体的横截面形状不同,增压载荷对机体结构作用也不同,如图 6-47 所示。对于圆形截面机体,增压载荷使蒙皮受到环向拉力,使蒙皮产生如图 6-47(a)所示的变形。当机体截面为椭圆截面时,环向拉力使机体截面趋向圆形(见图 6-47(b)),而隔框将限制其变形,在隔框内将产生弯曲内力。当机体截面由两个圆弧段组成时,上下蒙皮内的环向拉力在外形转折处会产生水平方向力 F_n,F_n 通过机身上下蒙皮结合处的水平纵向桁梁传给隔框,然后传到地板横梁上,左右力 F_n 在横梁上相互平衡。

气密框的一般设计方法与上述典型翼身结合框的设计方法相同。

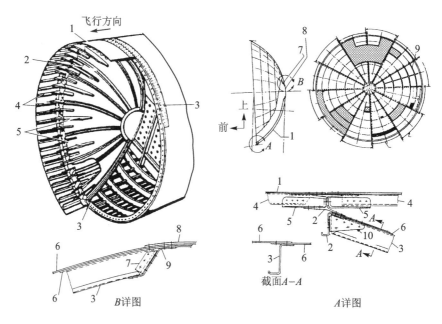

1—蒙皮;2—框;3—加强板;4—桁条;5—拉伸接头;6—三角形板;
7—角撑;8—盖板;9—破损安全带;10—角片

图 6-45　L-1011 飞机球面框构造

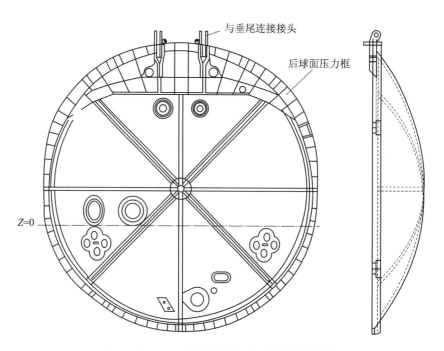

图 6-46　A320 机身后压力框与垂直尾翼连接

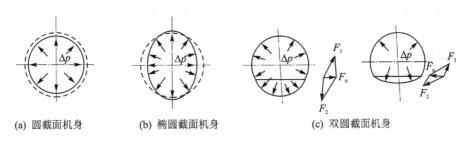

| (a) 圆截面机身 | (b) 椭圆截面机身 | (c) 双圆截面机身 |

图 6-47　在增压载荷作用下,机身截面形状与结构内力的关系

6.5　开口区结构受力分析与设计

由于使用维护的要求,机体结构必须设置各种开口,如座舱舱门(或军用机驾驶舱舱盖)、起落架舱门、油箱舱门、炸弹舱舱门、旅客舱舱门、应急舱门、货舱门、发动机检查舱门以及各种设备检查口盖等。图 6-48 为某旅客机上各种舱门布置,这些开口破坏了原机身受力结构的完整性、连续性。对于气密舱存在密封问题,必须对结构进行补强,以弥补由于开口对结构引起的削弱,从而使结构质量增大;对于纵向和横向元件断开较多的大开口,结构质量会增大为开口区质量的 2 倍之多。开口的布置是为了满足使用维护和飞行器布局等要求,但从机身结构设计出发,则希望开口位置尽量处于结构受力较小、外形比较平直的部位,并尽量使受拉构件切断较少,开口形状以圆形为好;如非圆形,则转角处必须采用圆角。为保持结构的流线外形,在开口处必须装有口盖或舱门。

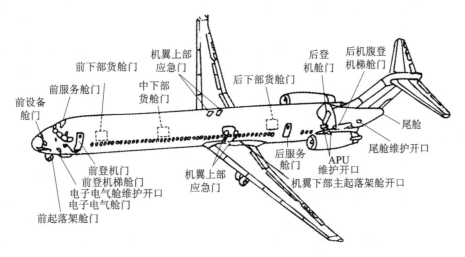

图 6-48　旅客机机身各种舱门的布局

6.5.1　机身开口与口盖的分类

通常按开口尺寸的大小将开口分为大开口、中开口和小开口。开口尺寸的大或小是开口区的特征尺寸相对于开口所在处机体的基准尺寸而言的。开口尺寸大小主要影响结构受力连续性和不连续的程度。因此,在开口处结构上应采取措施,以补偿开口所引起的削弱。在与飞

行器的外形以及密封舱段有关的结构上开口时，为了提供整体外形和舱段的密封，在开口处必须有口盖或舱门。口盖可分为下列几类。

1. 按使用特性分类

口盖按使用特性可分为两类，即快卸口盖与一般口盖。快卸口盖通常只需要简单地按一下或旋转一下锁扣，即能使整个口盖打开或关上（见图 6-49），因此使用维护方便。一般用于尺寸较小（小于 120 mm）和经常检查的口盖。一般口盖与基体结构的连接点较多，连接处需加强。

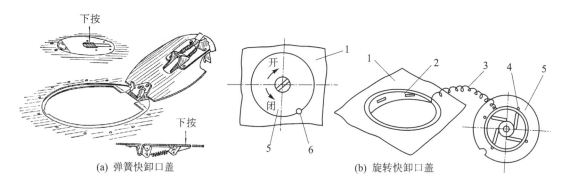

(a) 弹簧快卸口盖　　　　　　　　(b) 旋转快卸口盖

1—舱体；2—口框；3—钢丝索；4—杆子；5—口盖；6—定位铆钉

图 6-49　快卸口盖

2. 按受力特性分类

口盖受力特性与开口周围的加强以及开口处附近基体结构的受力特性有关。口盖按受力特性可分为不受力口盖和受力口盖两类。

不受力口盖不参与结构总体受力而只受口盖上的局部气动载荷，并把此载荷传给基体结构。快卸口盖都是不受力口盖。当不受力口盖布置于不受力基体结构上时，开口附近不需要加强；如布置于受力基体结构上，则开口附近需适当加强，以传递剪流或轴向力，保持结构传力系统的完整性。不受力口盖一般均为小口盖，对结构破坏较小，故基体补强较简单，对结构质量增加较少。

受力口盖能传递原开口处所需传递的剪流或轴力，或者剪流和轴力，故受力口盖又分受剪口盖和受轴向力口盖，以及部分受力口盖和受力式口盖。口盖受力情况取决于开口处原基体受力形式、口盖结构形式和口盖与结构的连接形式。图 6-50 为两种受力口盖形式。口盖本身可以承受剪流或轴力，但受力口盖与基体连接处应保证传递剪流或轴力，图 6-51 表示受力式口盖与基体结构连接形式，口盖上有纵、横向加强筋保证了口盖本身的强度和刚度。口盖和基体结构通过口盖周缘的连接螺栓与销钉进行连接，口盖两端（见图 6-51 中 AB 和 CD 端）的连接接头承受弯矩、轴向力、剪力和扭矩引起的正应力和剪应力，两侧（即 AD 与 BC 边）靠锥形销钉承受剪力和扭矩在该处引起的剪流。

当口盖与基体结构之间螺栓连接不能保持均匀的张紧度时，纵向元件不能全部参加受力。因此，对口盖和连接件的加工制造与装配要求较高。由于这个原因，常将口盖设计成只参与受剪而不参加承受轴向力的口盖，即部分受力式口盖。对于完全受力式口盖，理论上也可以认为口盖能够参加基体结构受力，但实际上由于工艺制造等原因，口盖不可能达到理想的受力状

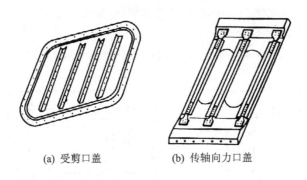

(a) 受剪口盖　　　　　(b) 传轴向力口盖

图 6 - 50　一般受力口盖

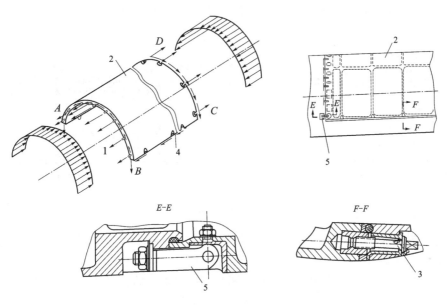

1—舱体;2—口盖;3、4—锥形销钉;5—折返螺栓

图 6 - 51　受力式口盖

态,因此口框的边缘应予加强,一般将开口边缘的纵向元件加强并加长,加强件长度应大于开口区的纵向长度。

6.5.2　开口区受力分析与结构设计

开口区结构的受力特性与开口处的基体结构受力特性以及开口区加强形式有关。基体结构受力情况可分为三种。若开口处的基体结构不参与总体受力,如机体头部蒙皮只承受局部气动载荷,则称为不受力基体结构;若基体结构只承受剪力而不承受轴向力,如图 6 - 12 所示的梁式结构,或者如图 6 - 9 所示梁较强的桁梁式结构,蒙皮和长桁组成壁板可以承受部分正应力,但蒙皮主要承受剪流,此类结构称为受剪基体结构;若基体结构参与总体受力,且同时承受剪力和轴向力,则称为受剪力和轴向力基体结构或称为受力基体结构。

1. 中、小开口区的补强设计

受力基体结构中的小开口一般只破坏基体结构的受剪蒙皮。为传递开口处蒙皮的剪流,需在蒙皮内表面沿开口周缘镶上一个法兰盘式口框,如图 6-52 所示。设计时应尽可能利用开口附近基体结构的框和桁条等元件,如图 6-52(d)中的法兰盘与四周型材共同形成一个刚框,可承受开口处局部弯矩,在四个角上安置斜筋承受弯矩引起的轴向力。

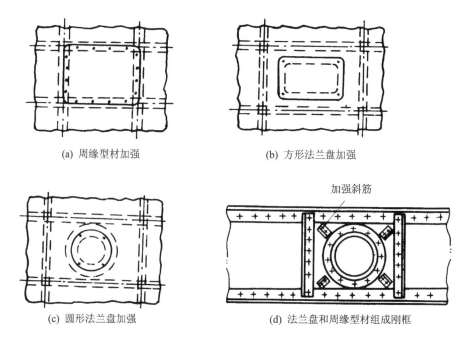

(a) 周缘型材加强   (b) 方形法兰盘加强

(c) 圆形法兰盘加强   (d) 法兰盘和周缘型材组成刚框

图 6-52　小开口处口框的构造

中开口一般不仅切断受剪蒙皮,往往还切断受正应力的构件。一般采用下述三种加强形式。

(1) 刚框式口框

口框式加强是指绕开口周围布置一圈截面具有抗弯能力的加强结构,因其类似刚框,故称刚框式口框。对于受轴向力的基体结构,将口框取出后,在口框周围将承受剪流和轴力,口框外的基体结构受力与未开口前相同,口框本身受有自身平衡的力系。对于受剪基体结构,则口框只承受剪流,图 6-53 为口框传递剪流时的内力图,在口框中存在弯矩 M、剪力 Q 和轴力 N 等内力,将口框沿对称面切开(见图 6-53(b)),则口框的剪力 Q 为

$$Q = \frac{1}{2}q_0 h \qquad (6-7)$$

式中,q_0 为作用于口框的上剪流,即开口处基体结构的剪流。

由图 6-53(d)知口框中最大弯矩 M_1 为

$$M_1 = \frac{1}{4}q_0 bh \qquad (6-8)$$

也可将口框在 4 个角处切开分成 4 段,分别画出各段的平衡图(见图 6-53(c)),由图中得轴力 N 为

$$N = \frac{1}{2}q_0 b \qquad (6-9)$$

弯矩 M_1 和剪力 Q 与式(6-8)和式(6-7)相同。

当开口较大并将纵向构件切断时,纵向构件轴力将加在口框上,此时按刚框上作用集中力

求出弯矩、轴力和剪流,与上述计算的内力叠加得到口框中总的内力。集中力引起口框中的弯矩较大,采用刚框式口框加强方案将使结构质量增大较多,故对于更大开口一般不采用此种形式。

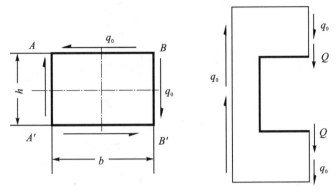

(a) 口框所受剪流的示意图　　(b) 口框沿对称面切开的受力示意图

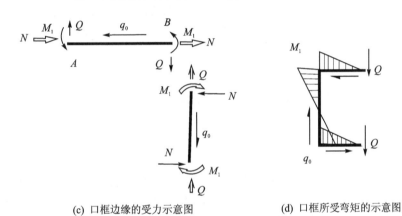

(c) 口框边缘的受力示意图　　(d) 口框所受弯矩的示意图

图 6-53　刚框式口框传力示意图

(2) 围框式加强形式

围框式加强形式是对开口边缘基体结构中的桁条、隔框以及蒙皮进行加强,使其成为"井"字形加强件。围框式加强形式类似于将刚框式口框中的梁式截面改成由内、外侧两根受轴力杆和中间蒙皮组成的薄壁梁式受力截面,如图 6-54(a)所示,由于围框的截面高度比口框的框截面大,在受同样的弯矩时,围框中加强件的应力比口框的小,因此这种开口补强形式在重量上较刚框式口框有利。

图 6-54 给出了围框式结构传力特性。假设围框周边杆(桁条和隔框缘条)的外侧仍近似作用有类似于没有开口时的原剪流 q_0,开口和加强杆为对称布置,现取下部一半结构为分离体(见图 6-54(b)),由平衡条件可得

$$q_2 = \frac{q_0 l}{l - a}$$

同理,取左半部结构为分离体(见图 6-54(c)),由平衡条件得

$$q_1 = \frac{q_0 h}{h - b}$$

取外侧杆为分离体(见图 6-54(d))得

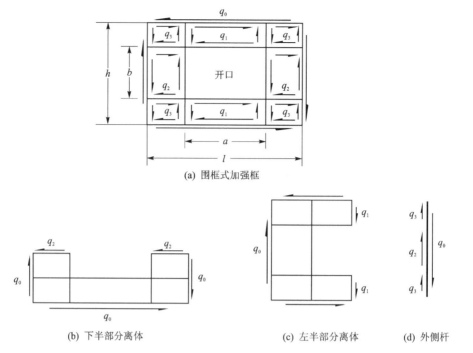

(a) 围框式加强框

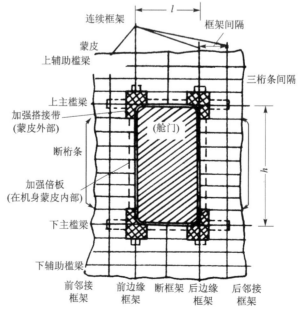

(b) 下半部分离体   (c) 左半部分离体   (d) 外侧杆

图 6-54 围框式加强处受力分析图

$$q_2 b + q_3(h-b) = q_0 h$$

$$q_3 = \frac{q_0 h - q_2 b}{h - b} = q_0 \frac{(l-a)h - bl}{(h-b)(l-a)}$$

求出 q_1、q_2、q_3 后，即可画出全部加强杆的轴力图。开口尺寸与围框尺寸不同,则围框内的剪流分布不同;杆中轴力增大,因此需要加强。开口附近蒙皮受到较大剪流,蒙皮厚度需增大。

图 6-55 机身舱门开口周围的结构布局

图 6-55 为机身开口周围的结构布局,由机身本身桁条、隔框和"井"字形加强件组成。从损伤容限设计考虑,在 4 个角上设置了加强搭接带。L-1011 飞机的垂直滑动开启式舱门采用此种布局形式(见图 6-56),在舱门的上、下分别设有上主槛梁和下主槛梁,舱门两侧有边缘框架,被切断的纵向桁条均用加强肋与边缘框连接。

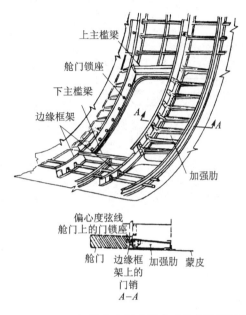

图 6-56　L-1011 飞机的垂直滑动开启式舱门的开口补强结构

(3) 加强垫板式补强形式

在开口区周围布置一加强垫板(见图 6-57),将切断的桁条和隔框与垫板连接共同形成围框。开口两侧布置加强型材,通过蒙皮和垫板剪切,把切断桁条上的轴力集中到开口两侧的加强型材上去。加强型材必须伸长一个框距或桁条间距,逐渐"参与受力",这样将轴力传递到开口区两侧的加强件上。开口周缘需局部加强,使加强型材、加强隔框和加强垫板构成一围框承受剪力和轴力。加强垫板往往采用厚板经化学铣切而成。某战斗机减速伞舱开口区采用此种形式。

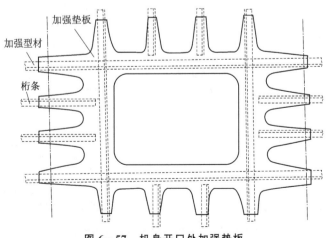

图 6-57　机身开口处加强垫板

飞行器结构学(第3版)

2. 大开口区的补强设计

机体结构上有时需要布置一些大开口,如轰炸机的炸弹舱门、战斗机的设备舱门和座舱的舱门等。这类开口长度和宽度都较大。对于这类大开口一般采取在开口两端设置加强框、两侧安置桁梁或加强桁条的加强形式。图6-58所示为某轰炸机机身炸弹舱开口区加强方案,

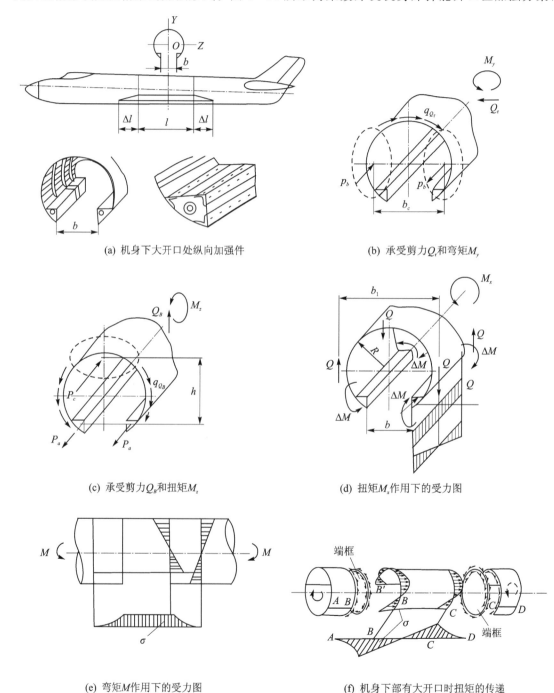

(a) 机身下大开口处纵向加强件

(b) 承受剪力Q_r和弯矩M_y

(c) 承受剪力Q_B和扭矩M_z

(d) 扭矩M_x作用下的受力图

(e) 弯矩M作用下的受力图

(f) 机身下部有大开口时扭矩的传递

图6-58 机身大开口区结构受力分析

开口两端有腹板式加强框,两侧安置封闭剖面式薄壁梁的桁梁(见图 6 - 58(b))。采用这种小闭室剖面薄壁梁可增加机身整体刚度和桁梁的局部刚度。开口处的轴向力主要由桁梁传递,被切断桁条内的轴力通过蒙皮受剪逐步传到桁梁上,桁条必须有一定参与段 Δl,因此加强桁梁的长度应超出开口端一直延伸到参与段内。

在一般情况下,由后机身向开口部位传递载荷为:垂直剪力 Q_B、水平剪力 Q_r、垂直弯矩 M_z、水平弯矩 M_y 和扭矩 M_x。首先分析剪力传递。剪力 Q_B 由两侧蒙皮的剪流 $q_{Q_B}=Q_B/2h$ 平衡(见图 6 - 58(c)),剪力 Q_r 由上半圆的剪流 $q_{Q_r}=Q_r/b_c$ 平衡,如图 6 - 58(b)所示。为了在切口边界将剪力 $Q_r/2$ 从下半圆移到上半圆,就需要两端加强框是能传递剪力的腹板框。$Q_r/2$ 从下半圆移到上半圆将引起附加的扭矩,此附加扭矩与 M_x 的传递方式相同。

由图 6 - 58(b)和(c)可知,弯矩在开口段也相应得到平衡,弯矩 M_z 由上半圆壁板内正应力(合力 P_c)与加强桁梁轴力 P_a 形成力矩 $M_z=P_ch=2P_ah$ 平衡。弯矩 M_y 由力臂力 b_c 的力偶 P_b 平衡,即 $M_y=P_bb_c$。开剖面段承受弯矩时,开口两侧加强桁梁是逐渐参与受力,因此需延长至参与段,如图 6 - 58(e)所示。在弯矩 M 作用下,加强桁梁受压,这就要求增加加强桁梁的横截面积,采用闭合的横截面形状,而且横向尺寸加大,以提高桁梁的刚度,保证受压时桁梁的稳定性。

扭矩 M_x 由开口段以参差弯曲的形式来承受,扭矩作用在加强框上(见图 6 - 58(d)),加强框以臂长 b_1 的力矩 $b_1Q=M_x$ 传至开口段两侧壁,两侧壁受剪力 Q 和弯矩,侧壁上剪流 $q_Q=Q/h$,附加弯矩 $\Delta M=Ql_x/2$,其中 l_x 为大开口沿机身纵向的长度,h 为开剖面承弯时的当量高度,b_1 可近似取 $b_1=2R$,R 为机身半径。实际上 b_1 为两侧壁板剪流合力作用点之间的距离,即两侧壁弯心之间的距离。在两侧加强桁梁上将受到附加弯矩 ΔM 引起的正应力 $\sigma=\Delta M/(hf)$,f 为加强桁梁的剖面面积。若开口两端机身刚度相等,则开口对称处无对称内力,只有反对称内力,对称面上弯矩等于零,因此最大附加弯矩 $\Delta M=Ql/2$,l 为大开口段的长度,即在开口端处弯矩最大,应力沿桁梁长度呈线性变化。附加弯矩作用下参差弯曲应力的分布情况见图 6 - 58(f)。两端参与段长度 $\Delta l=b$,一般两端纵向元件延长 1 倍开口段宽度,则可将附加弯矩降到零,即图 6 - 58(f)中的 AB、CD 段长度为 b。

6.6 机身的连接设计

机身结构把翼面、起落装置和发动机等连成一个整体。这些连接设计,尤其是翼面和机身的连接是结构设计中的重要环节之一。连接设计内容较多,包括接头位置布置、接头构造形式、连接结构强度和刚度分析、接头工艺及加工要求等。连接与机体结构形式、被连接部件结构有关。机身与翼面连接在第 5 章介绍,本节主要介绍机身与其他部件的连接设计要求,以及结构形式和受力分析。

6.6.1 起落架与机身连接

一般情况飞机的前起落架固定在前机身起落架舱内。图 6 - 59(a)为某民机前起落架在机身上的固定形式。大多数战斗机和其他小型飞机,主起落架都固定在机翼翼梁上。但对于一些大型运输机,由于装卸货物的需要而必须降低主起落架的高度,因而将主起落架固定在机身上,如图 6-59(b)所示。主起落架缓冲支柱直接与机身加强框侧边上的接头相连,其他主要受力构件与机身框或桁梁相连,传力路线短,受力直接,结构质量轻。

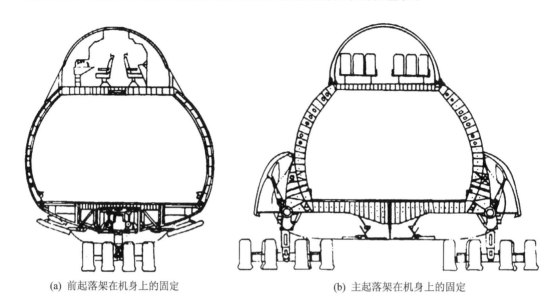

(a) 前起落架在机身上的固定   (b) 主起落架在机身上的固定

图 6-59 起落架在机身上的固定

图 6-60 所示为某民机前起落架与机身固定形式,两个纵梁 1 的两端与两个加强端框连接,上缘条与水平加强板 2 连接,由这些元件组成前起落架舱。纵梁 1 由上、下缘条 3、腹板 4、

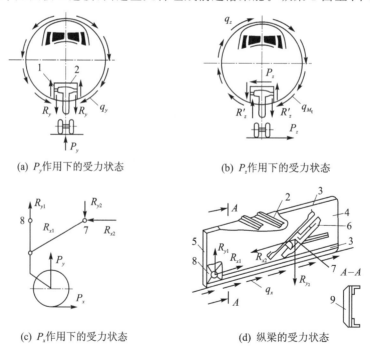

(a) P_y 作用下的受力状态   (b) P_z 作用下的受力状态

(c) P_x 作用下的受力状态   (d) 纵梁的受力状态

图 6-60 前起落架固定接头结构方案及其受力分析

垂直支柱 9 和 5 以及斜支柱 6 组成,起落架支柱固定接头 8 和斜撑杆固定接头 7 安装在纵梁上。起落架 x、y 方向载荷如图 6-60(c)所示,由固定接头传给纵梁,然后 P_y 载荷通过加强框传给机身蒙皮,蒙皮上产生剪流 q_y,如图 6-60(a)所示,P_x 载荷由纵梁直接传给机身蒙皮,蒙皮上产生剪流 q_x。起落架上的侧向力 P_z 传递如图 6-60(b)所示,P_z 由水平加强板 2 承受,P_z 引起力矩由纵梁上接头支反力矩 $R'_z d$(d 为两纵梁间距)平衡,然后由加强框传给蒙皮,在蒙皮内形成剪流 q_{M_K};水平加强板上的侧向力 P_z 由加强框腹板传到框缘上,再传给机身蒙皮,形成剪流 q_z,q_z 方向与 P_z 相反。

图 6-61 所示为某型歼击机前起落架与机身连接结构的受力分析图。前机身上部有设备舱和驾驶舱开口,下部为前起落舱开口,该加强框及其前后的加强框只与进气道侧壁和座舱地板相连,与机身蒙皮的连接面很小。座舱与前起落架舱之间有加强地板,4 根桁梁沿进气道内、外蒙皮的 4 根交线布置,这样形成较强的 H 形承力结构,如图 6-62 所示。

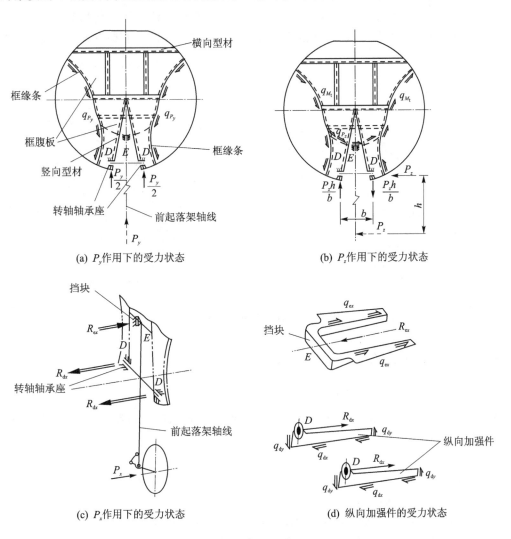

(a) P_y 作用下的受力状态　　(b) P_z 作用下的受力状态

(c) P_x 作用下的受力状态　　(d) 纵向加强件的受力状态

图 6-61　某战斗机前起落架固定接头处载荷和平衡

起落架转轴固定在加强框支座 D 轴承座上。在起落架上载荷 P_y 作用下,如图 6 - 61(a) 所示,轴承座上产生支反力 $P_y/2$ 并与进气道内蒙皮对框的支反剪流 q_{P_y} 平衡。当起落架上作用 P_z 时,起落架挡块 E 将载荷传给座舱地板并与支反剪流 q_{P_z} 平衡。P_z 传递过程中产生力矩,则由接头 D 处支反力偶 $P_z h$(接头支反力 $P_z h/b$)平衡。D 接头将载荷传给加强框,由内蒙皮剪流 q_{M_t} 平衡,如图 6 - 61(b)所示。起落架上载荷 P_x 由挡块 E 和接头 D 处的力偶平衡,如图 6 - 61(c)所示。支反力 R_{dx} 和 R_{ex} 传给纵向加强件,如图 6 - 61(d)所示,然后传给机身纵向构件。

图 6 - 62 所示为起落架 P_y 和 P_z 载荷在 H 形承力构件内的传递。图 6 - 62(a)所示为 P_y 载荷传递,H 形构件按梁形式传递 P_y,在内蒙皮中形成剪流 q_{P_y},并在桁梁中形成轴力 N_{P_y}。图 6 - 62(b)所示为 P_z 载荷传递,P_z 由地板传递,在上下桁梁内引起轴力 N_{P_z}。H 形承力构件以参差弯曲的形式承受 P_z 引起的扭矩 $P_z h$,在后端部产生剪力 q_{M_t} 和轴力 N_{M_t}。从以上分析可以看出,前起落架上 P_x、P_y、P_z 通过加强框以剪流的形式作用到与加强框相连的 H 形开剖面薄壁结构上,而这个开剖面薄壁结构与中机身相连,于是将开剖面薄壁结构上载荷传给中机身。

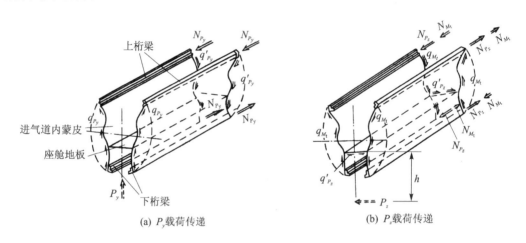

(a) P_y 载荷传递   (b) P_z 载荷传递

图 6 - 62   H 形薄壁结构传力分析

6.6.2   发动机在机身上的安装

1. 发动机固定接头上的载荷

作用到发动机固定接头上的载荷与发动机的型号、发动机在飞行器上的位置、飞行器的机动特性等有关,可归纳为以下几类:

① 推力 F:由发动机的功率或推力决定;

② 质量力:包括发动机的质量、惯性力和飞行器机动时产生的陀螺力矩,陀螺力矩取决于发动机的型号、数量、固定接头的位置和间距;

③ 反向扭矩:由活塞式发动机或涡轮螺桨发动机产生的反向扭矩;

④ 气动载荷:发动机短舱上气动载荷或飞行器侧滑时产生的侧向力,或者粗暴着陆时产生的发动机短舱上的侧向力。

2. 活塞式发动机在飞机上的固定

活塞式发动机一般采用发动机架来实现固定,发动机架固定在机身加强框或机翼加强肋和翼梁对接处。图 6-63 所示为空气冷却活塞式发动机架结构,发动机架与机体固定接头带有橡胶减振器。

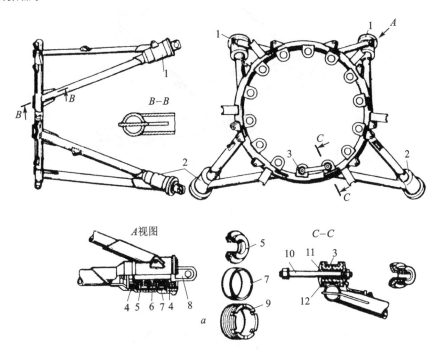

1,2—带减振器的上、下固定接头;3—外套;4—支持碗;5—橡胶垫片;6,7,11—衬套;
8—叉形螺栓;9—紧固螺母;10—发动机固定螺栓;12—橡胶衬套

图 6-63　活塞式发动机固定结构

3. 涡轮螺旋桨发动机的固定

图 6-64 所示为伊尔-18 飞机的涡轮螺旋桨发动机在短舱中的固定结构,发动机通过立体桁架固定在短舱上,主轴颈与发动机压气机匣连接,后轴颈与支撑缓冲器连接。在接头处均装有橡胶减振器,以减小发动机加到固定接头上的振动载荷,降低结构中的疲劳应力,并可提高机组成员和乘客的舒适度。

4. 涡轮喷气发动机在机身内的固定

发动机在机身内固定的特点是,采用机身中的加强框和纵梁直接固定发动机主悬挂接头的支架,如图 6-65 所示。在Ⅰ、Ⅱ剖面上发动机主固定接头与加强框之间用杆件固定,上接头与机身纵梁连接传递推力,并与杆件 3 一起承受侧力。上接头与发动机连接处有球形接头,在热膨胀或水平测量发动机时可使发动机在垂直方向上自由位移和相对球形表面转动。在发动机尾部两侧安装滑轨,发动机尾部在滑轨上可移动,当尾喷管受热时可以在横向和纵向自由移动。

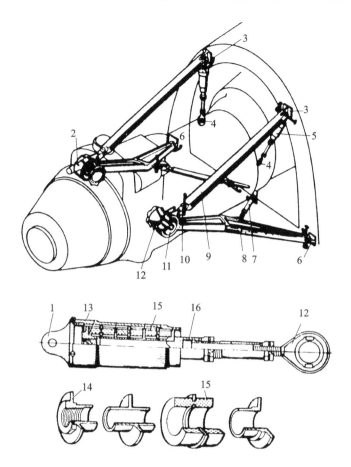

1—耳片；2—前轴颈；3—对接接头；4—右轴颈；5—后撑杆；6—接头；7—内撑杆；
8—梁；9—上撑杆；10—撑杆的固定接头；11—前缓冲器；12—固定耳；13—壳体；
14—螺母；15—缓冲盘；16—缓冲器杆

图 6 - 64　涡轮螺旋桨发动机固定结构

5. 发动机在短舱中的安装

在短舱中固定发动机时最好能利用短舱的加强框和纵向构件。图 6 - 66 所示为 L - 1011 飞机发动机在短舱中的安装，发动机前支架上面的安装点与短舱的加强框连接，下面的安装点与发动机连接，由发动机前支架传递前后方向（x 方向）载荷、横向（z 方向）载荷和垂直（y 方向）的载荷，但发动机前支架不能传递扭矩。发动机后架的上面接头与短舱连接，下面的安装点与发动机连接，发动机后架传递横向载荷、垂直载荷和扭矩，但不传递 x 方向载荷。

6. 涡轴式发动机在直升机上的安装

一般主旋翼均在直升机的上部。在直升机上安装涡轴式发动机时，往往将发动机布置在机身顶棚内，这种发动机的布置方式可提高机身内空间的利用率，并且发动机的进、排气性能较好。如图 6 - 67 所示，T70 - GE - 701 发动机安装在 AH - 64 阿帕奇直升机机身舱顶。如果两台发动机合用一个发动机舱，需要在中间使用防火墙，则发动机的维护性较差。AH - 64 设计了左、右两个发动机短舱，它们布置在机身的两侧（见图 6 - 67），因此发动机的维护性较

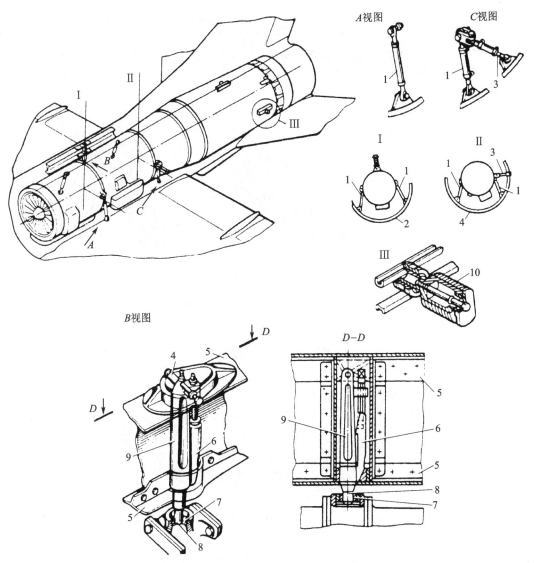

1,3—固定拉杆;2,4—加强隔框;5—机身纵梁;6—钢楔;7—球形接头;

8—环形件;9—冲压销钉;10—发动机后接头

图 6-65　涡轮喷气发动机在机身内的固定

好。这种布置对于军用直升机可提高发动机的弹伤容限。

　　左、右发动机需分别用前、后发动机安装座和支撑架与机身隔框或纵向构件连接,将发动机固定在机身上。发动机主轴的柔性联轴节与主减速器的输入机匣花键连接,以克服高速旋转下的轴向同心度的微小误差。输入斜齿轮在锥形滚棒轴承的支撑下连接自由轮组件,将功率传至主减速器的其他齿轮。

　　主减速器通过管状元件与机身连接。主旋叶的振动可通过不同方式减振,如超美洲豹的主减振器的底部与一块钛合金柔性板连接,柔性板的右前端和左后端用螺栓与机身连接,主桨的扭矩和横向载荷由柔性板传递给机身,并且同时起减振作用。

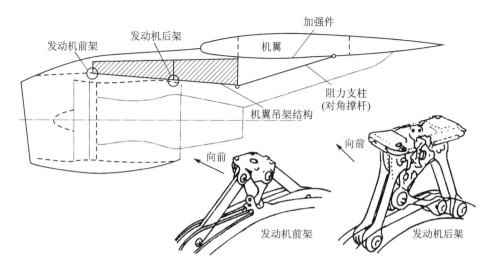

图 6-66　L-1011 飞机发动机短舱与发动机

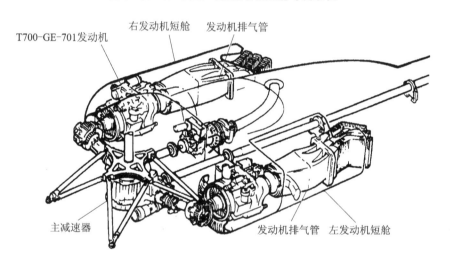

图 6-67　发动机安装在主减速器两侧(AH-64 直升机)

6.6.3　机身设计分离面的对接和分离机构设计

一般为了减轻机身结构质量不设置设计分离面,而有些飞机需在机身中安装发动机,为了使用维护方便,则在机身上设置可拆卸的设计分离面把机身分成前后两段,将后机身拆卸后拉开,便可对发动机及其附件进行检查、维修。设计分离面要求装卸方便、工作可靠、前后机身轴线对准、保证足够的连接强度和刚度。

图 6-68 所示为某军用飞机前、后机身的对接接头。沿对接框四周均匀布置一定数量的对接螺栓,对接螺栓固定在前机身加强框上,并与前面的对接桁条连接,后机身在螺栓附近蒙皮上开有小口盖,可装卸螺帽;为了前、后机身对接方便,在前机身上装有导销。当后机身的剪流传到分离面的加强框时,靠框缘和螺栓挤压,将剪流传到前机身加强框。后机身一般为桁条式机身,桁条和蒙皮中的正应力,通过参与区中蒙皮剪切将正应力集中到与对接螺栓直接连接

的长桁上(见图 6 - 69),然后通过螺栓传到前机身。在前机身再将载荷分散到桁条和蒙皮上。正应力的传递是一个力的分散到集中再到分散的过程,是一个参与传载问题。图 6 - 69 中阴影区为不受正应力的参与区。因此,分离面除对接框需加强外,蒙皮和桁条也均需加强。

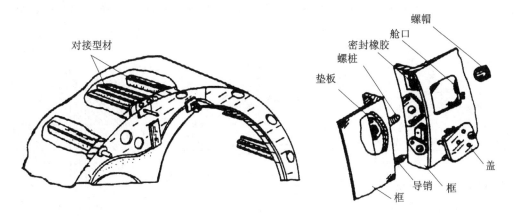

图 6 - 68　前、后机身对接接头

直升机的机身结构与飞机机身结构类似,分离面的结构形式和连接均无特殊要求,并且主要是尾梁和机身的设计分离面,结构比较简单,故不再重复。

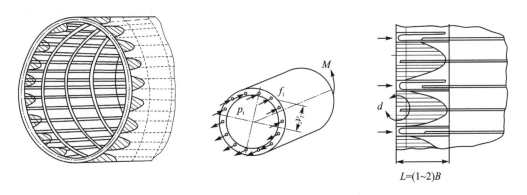

图 6 - 69　机身设计分离面处正应力的传递

习　　题

6 - 1　以图 1 - 1 所示飞机为例,试述机身和弹身的用途、结构设计特点和要求。

6 - 2　机身上有哪些外载荷? 试比较机身和弹身的外载荷相似处及其差异,这些外载荷在机身或弹身中引起哪种形式的内力?

6 - 3　试画出图 6 - 22 所示苏 - 27 战斗机机身的内力图。

6 - 4　机身有哪些结构形式? 各种结构形式均有哪些特点? 确定结构形式的主要因素是什么?

6 - 5　试比较图 6 - 18 中某强击机和图 6 - 22 中苏 - 27 的结构布局,对比分析它们的特点。

6-6 试分析"阵风 A"战斗机和 B-2 飞机机身结构布局。重点分析由于飞机类型、气动外形、机翼结构形式、结构材料等不同引起机身结构布局和结构形式的差别。

6-7 试比较题图 6-1 所示三种形式的加强框。框的外径均为 800 mm,框上受集中载荷 $Q = 850$ N,框的材料均为 LY12,淬火后材料破坏应力为 411 MPa,试确定一种质量最轻的结构形式。

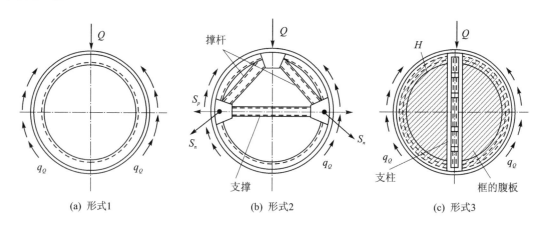

(a) 形式1   (b) 形式2   (c) 形式3

题图 6-1　三种形式的加强框

6-8 连接 3 个尾翼加强框的外载荷作用形式、框的剖面尺寸如题图 6-2 所示,框的剖面为 Z 形,由厚 1.8 mm 的板材弯制而成,考虑与框铆接的蒙皮作用,取有效宽度为 20 mm,蒙皮厚度为 2 mm。框与蒙皮材料均为 LY-12,经淬火后材料的极限强度 $\sigma_b = 411.8$ MPa。

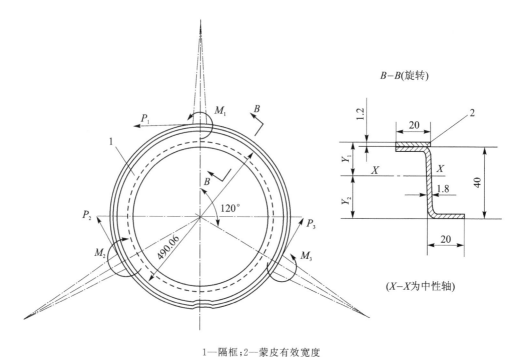

1—隔框;2—蒙皮有效宽度

题图 6-2　连接尾翼的加强框

外载荷数据为

$$P_1 = 2\ 804.7\ \text{N}, \quad M_1 = 714.9\ \text{N} \cdot \text{m}$$
$$P_2 = 4\ 305.1\ \text{N}, \quad M_2 = 1\ 096.4\ \text{N} \cdot \text{m}$$
$$P_3 = 1213.1\ \text{N}, \quad M_3 = 308.9\ \text{N} \cdot \text{m}$$

(1) 画出加强框的计算简图。

(2) 列表计算框的内力,选择危险剖面。

(3) 校核加强框的强度。

6-9　试比较歼-6、歼-8、苏-27、"阵风"战斗机和 F-16 等机翼和机身连接形式。

6-10　试比较轰-5、轰-6、麦道-82、B747 飞机机翼与机身连接形式。

6-11　题图 6-3 所示为某旅客机机身结构布置,请分析该结构属于几种类型结构,并分析图中窗口和行李舱开口属于哪种开口加强形式。

题图 6-3　某旅客机机身结构布置

第 7 章　起落装置设计

起落装置是飞行器重要的具有承力兼操纵特性的部件,在飞行器安全起降过程中担负着极其重要的使命。起落装置有固定式和收放式两类,通常低速飞行器采用固定式起落装置,中、高速飞行器则采用可收放式起落装置。根据使用要求的不同,飞行器有在陆地上起飞降落的,有在水上起飞降落的,还有在航空母舰上起飞降落的。当飞行器在陆地上起飞降落时,通常使用带机轮的起落架。如果要求飞行器在雪地上起降或在轻型直升机上使用,通常采用滑撬式起落装置。水上飞行器通常有船身式或浮筒式两种。舰载飞行器起飞时通常采用弹射装置,降落时一般需使用拦阻网或拦阻索等拦阻装置。有些无人驾驶飞机由滑轨弹射或载机吊挂带飞实现起飞,降落时采用降落伞减速着陆或采用拦阻网回收。航天飞机和其他航天器通常采用垂直发射,也可采用水平起飞方式;其回收方式可采用水平滑翔着陆或采用降落伞及其他辅助方式实现软着陆。与航空器和航天器不同,导弹和火箭一般采用滑轨弹射发射,没有起降装置。

本章主要以飞机起落架为例介绍起落装置的设计要求、载荷、结构形式及减振系统的工作原理及其设计方法。

7.1　起落架的组成及设计要求

7.1.1　起落架的功用和组成

起落架是飞机起飞、着陆、滑跑、地面移动和停放所必需的支持系统,是飞机的主要部件之一,其性能的优劣直接关系到飞机的使用与安全。通常起落架的质量占飞机正常起飞总重的 $4\%\sim6\%$,占飞机结构质量的 $10\%\sim15\%$。

现代飞机的起落架是飞机结构的一部分,是一个包含了众多机构和系统的复杂综合装置。图 7-1 所示的是某旅客机的前起落架结构,它包括减振系统、承力支柱、撑杆、机轮、刹车装置、防滑控制系统以及收放机构、电气系统、液压系统、收放运动锁定及位置指示装置、操纵转弯机构、起落架舱门及其收放机构等。

7.1.2　起落架布置形式

合适的起落架布置形式不仅能保证飞机在地面上运行时必需的操纵性和稳定性,而且也决定了起落架的受载、质量特性以及起落架与机身连接结构的质量特性。

飞机起落架有多种布局方案,它们可以归结为下列几种形式:后三点式、前三点式、自行车式和多轮多支柱式。

20 世纪 40 年代以前广泛采用后三点式起落架,这种形式目前只在体育运动飞机和农用飞机中采用。现代飞机广泛采用的是前三点式起落架,它具有着陆滑跑距离短、滑跑稳定和驾驶员操纵视野好等优点。自行车式(翼面下带辅助轮的双支点式)起落架使用得不多,它主要在垂直起降的单发动机飞机和机身装载舱有大开口的飞机上使用。随着飞机质量和飞行速度

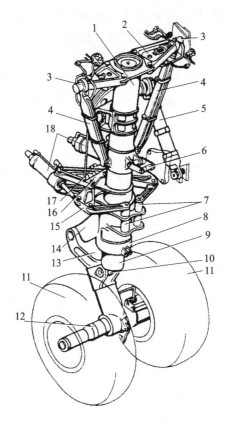

1—支柱;2—横梁;3—接头;4—斜撑杆;5—收放作动筒;6—下位锁;7—减摆器;8—回转卡箍;9—活塞杆;

10—支柱下接头;11—机轮;12—轮轴;13—摇臂;14—支臂;15—下曲柄;16—上曲柄;17—上位锁;18—转弯作动筒

图 7 - 1 某旅客机前起落架结构图

的不断提高,为进一步分散接地载荷和提高飞机的漂浮性,现代大型的运输机和旅客机广泛采用多轮多支柱式起落架。

1. 后三点式

图 7 - 2 所示是后三点式起落架的布置,即将两个主轮(主起落架)布置在飞机的质心之前并靠近质心,尾轮(尾支撑)远离质心布置在飞机的尾部。在停机状态时,飞机 90% 的质量落在主起落架上,其余的 10% 由尾支撑来分担。

后三点式起落架安装处的空间容易保证,尾支撑受载小,可以设计得既短又小,且轻便,易收放。由于迎角大,便于在简易机场起降,目前多用于农业飞机。但后三点式起落架有以下无法克服的缺点:

① 地面滑跑时方向稳定性差,当机身方向偏离运动方向时,两个主轮上摩擦力的合力对质心的力矩使这种偏向增大。通常滑跑时把尾轮转向锁定来增加稳定性。

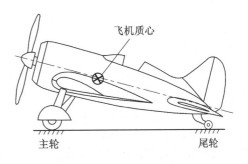

图 7 - 2 后三点式起落架

② 后三点式起落架对于驾驶员控制飞机着陆速度要求较高,着陆速度过大,主轮接地的冲击力使飞机抬头迎角增大,会引起飞机升力增大而重新离地的"跳跃"现象,甚至会跳起后失速,发生事故。

③ 由于质心距前轮较近,防倒立角小,强力刹车会引起飞机"翻倒",因此着陆滑跑距离相对较长。由于机身轴线上仰,起飞滑跑阻力大,加速慢,滑跑距离也较长,着陆时前视视界差,也增加了着陆难度。

2. 前三点式

前三点式起落架的两个主轮布置在飞机质心稍后处,前轮布置在飞机头部的下方,如图 7-3 所示。

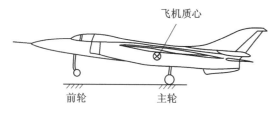

图 7-3 前三点式起落架

前三点式起落架具有滑跑方向稳定性。当机身轴线偏离滑跑方向时,主轮摩擦力的合力将产生恢复力矩,使飞机回到原来的运动方向。由于前起落架远离质心,着陆时可以大力刹车而不致引起飞机"翻倒",从而大大缩短着陆滑跑的距离。当飞机以较大速度小迎角着陆时,主轮着陆撞击力对飞机质心产生低头力矩,减小迎角,使飞机继续沿地面滑行而不致产生"跳跃"现象,因此着陆操纵比较容易。由于飞机轴线接近水平,因此起飞滑跑阻力小,加速快,起飞距离短,而且驾驶员前视界好,乘坐舒适;同时,喷气发动机的喷流对跑道影响也较小。

前三点式起落架也有一些缺点,如前起落架较长,受力大,在高速滑跑会出现摆振现象。另外,虽然没有倒立的危险,但高速转弯时如果主轮距不够大则可能出现侧翻。飞机的侧翻角与主轮距、前主轮距以及质心的高度有关,如图 7-4 所示。

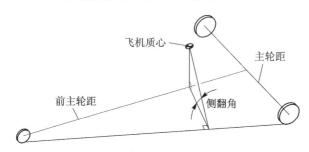

图 7-4 飞机的侧翻角

3. 自行车式

某些类型的飞机,如垂直起降飞机,由于采用上单翼,机身两侧有发动机喷口而无法像前三点起落架那样布置主起落架。再如上单翼轰炸机,因其机身下方质心前后开有大的炸弹舱舱门,所以不能将主起落架布置在质心后接近质心的地方,为此将两个主起落架布置在机身轴线下离质心较远的地方,前后各一个,因为这种起落架布置样式像自行车而称为自行车式。为了防止飞机在滑行和停放时倾斜,自行车式起落架通常在翼尖处各安装一个辅助轮,如图 7-5 所示。

自行车式起落架的性能类似于前三点式,但由于质心距前轮的相对距离较小,前轮载荷较

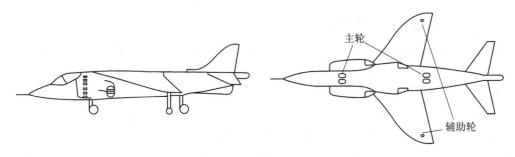

图 7-5　自行车式起落架

大,起飞抬头离地困难(垂直起落飞机除外),有时需要配有伸长前起落架支柱或缩短后起落架支柱的装置,帮助飞机增大迎角,以改善起飞性能。由于无法利用左右机轮刹车来转弯,所以前起落架装有转弯操纵机构,这增加了前起落架的复杂性。刹车时前轮刹车力对质心会形成不稳定力矩,因此前轮刹车力一般限制在后轮刹车力的 70%左右,这样降低了整个飞机的刹车效率,延长了着陆滑跑距离。由于翼尖的翼型较薄,使辅助机轮收起时可能突出机翼表面,故增大了飞机的飞行阻力。总的来说,自行车式起落架构造复杂,质量大,是不得已而采用的一种形式。

4. 多轮多支柱式

现代重型飞机质量较大,大多采用多轮多支柱式起落架,以减小对跑道的压力和分散过大的结构集中载荷,如图 7-6 所示。多轮多支柱式起落架通常在质心后面附近布置 4 个甚至更多支柱,同时每个支柱上采用小车式轮架,安装 4～8 个机轮,以分散接地载荷,减小每个支柱的受力。从性能上看,多点式起落架与前三点式相近。采用多轮多支柱式起落架可以使局部载荷减小,有利于受力结构布置;还能够减小机轮体积,从而减小起落架的收放空间。

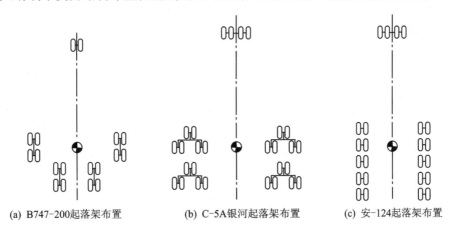

(a) B747-200起落架布置　　(b) C-5A银河起落架布置　　(c) 安-124起落架布置

图 7-6　多轮多支柱式起落架

美国空军和海军还将起落架的布置形式与机轮数综合对起落架进行分类。以 S 表示单轮,T 表示双轮,TT 表示双轮串列,ST 表示单双轮串列等。例如,T-50 表示质量为 50 000 lb(≈22.7 t)的双轮起落架;TT-100 则表示质量为 100 000 lb(≈45.4 t)的双轮串列式起落架。

7.1.3　起落架设计要求

起落架作为飞机机体的一部分,首先应该满足飞机结构设计的一般要求,即在保证起落架结构的强度、刚度和一定寿命的前提下质量最轻;使用维护方便,易于检查、修理和更换;以及满足空气动力和工艺性和经济性等要求。由于起落架处于复杂的疲劳载荷作用下,因此,就其设计准则而言与飞机的其他结构有所不同,目前一般按安全寿命(即疲劳寿命)原理设计,而不按损伤容限原理设计。其主要原因是起落架构件因载荷大而多采用高强或超高强材料,其临界裂纹长度小,裂纹从可检出到断裂之间的扩展寿命短,而且在有些部位裂纹的检查还比较困难。在过去,起落架寿命一般比飞机机体结构的寿命短很多,因此需定期更换。但现在国外都要求并已实现了起落架与机体结构同寿,国内也已基本达到这一要求。除了这些一般要求之外,起落架还应满足以下各项与其自身功能相关的要求。

1. 地面运动要求

起落架应保证飞机在地面运动时有良好的稳定性、可操纵性和适应性。稳定性是指飞机高速滑跑时不易偏向、滚翻、侧翻或"在地面打转",不产生不稳定的前轮摆振;可操纵性是指飞机在地面滑行转弯灵活,转弯半径要小;适应性是指在不同质量的跑道上或侧风等情况下着陆时,飞机仍有良好的稳定性和操纵性。可以通过对起落架参数、布局、减振和刹车系统性能的选择,来满足飞机地面运动的要求。

2. 减振要求

起落架应能很好地吸收飞机着陆时的垂直与水平动能和正常的撞击载荷,以减小着陆及高速滑跑时所产生的撞击过载,并且能够很快耗散撞击动能,使飞机在撞击后的跳跃很快衰减,趋于平稳,起到减振作用。这样既减小了撞击对飞机机体的作用载荷,又提高了乘员的舒适感。

3. 机轮与刹车要求

为了满足起落架在地面上的运动要求,需要用机轮作为支撑和滚动部件。机轮要满足各种使用和运动状态,需要考虑地面摩擦系数和对地面压力的影响。摩擦系数的值在很宽的范围内变化,例如,机轮沿水泥跑道运动时摩擦系数在 0.05～0.1 之间,而在机轮刹车时可达 0.8,当地面较为柔软时摩擦系数会更大。不同的跑道对机轮的软硬要求也不相同:较宽的机轮与地面接触面较大,局部压强小,相对较软,摩擦阻力较大,适合于质量较大、速度较低的飞机;较窄的机轮适合于轻型和高速飞机。某些飞机为了适应起降地点不同的跑道条件,还在机轮上装有充气放气装置,以调节着陆时轮胎的压力。

起落架应有良好的刹车性能,以减小着陆滑跑距离,缩短所需跑道的长度。同时应有足够的刹车力保证飞机在起飞滑跑前加大推力时能刹住飞机。刹车装置必须有效可靠,最大允许刹车力与跑道表面粗糙度有关,两者应相匹配。

4. 漂浮性要求

起落架应具有良好的漂浮性。轮胎的充气压力和起落架的构型应当与预定使用跑道的承载能力相适应,保证飞机在预定的跑道上顺利起降。

随着飞机质量的不断增大,道面压力和机场承载也逐渐加大。飞机质量的增大必然引起单轮载荷和轮胎压力的相应增大,而轮胎载荷和轮胎压力又是影响道面压力的两个主要因素。

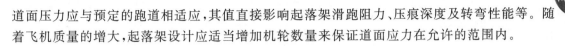

道面压力应与预定的跑道相适应,其值直接影响起落架滑跑阻力、压痕深度及转弯性能等。随着飞机质量的增大,起落架设计应适当增加机轮数量来保证道面应力在允许的范围内。

5. 收放要求

起落架与飞机机体结构的连接应合理可靠,又便于在飞行时能紧凑地收入机体内,以减小飞行阻力,提高飞机的飞行性能。因而起落架应有较小的体积和可靠的收放机构、联锁机构、定向机构、信号指示装置和前轮纠偏机构。起落架的收放时间应尽可能短(一般小型飞机不超过 $10\sim12$ s,大型飞机不超过 $15\sim20$ s)。

起落架作为着陆承力部件,在放下位置时要满足受力要求,在收起过程中要满足运动要求,因此对收放机构的基本要求如下:

① 起落架在放下状态时,应有可靠的锁定装置,保证受力的几何不变性。

② 起落架在收起状态时,也应有可靠的锁定装置,保证不会因飞行过载或自身质量而自行放下。

③ 收放机构应使起落架的收放空间尽可能地小。

④ 在收放过程中,收放机构受力要均匀,避免增大作动筒载荷和增大结构质量。

起落架的收放机构设计非常复杂,要考虑飞机的布局、起落架本身的结构、起落架和机体结构的承力构件的布置、收放空间的大小和形状以及起落架的收放对飞机质心的影响等诸多因素;同时还要考虑收放过程中质量、过载和空气动力对收放机构及其动力系统的影响。

起落架收起后在收上位置应有上位锁,以确保起落架不会因自重或过载而自行放下;起落架在放下位置时,应该是一个受力结构,不能因着陆冲击而使起落架收回。因此,在收放机构中包含有下位锁。放下起落架时必须用开锁作动筒打开锁键,或在应急状态用手动打开锁键。

6. 防护要求

起落架常常在某些特定温度、湿度、振动、尘土和盐雾等环境中使用,设计时要注意密封,以防止污物进入缓冲器或轮轴的内腔,还应合理布置起落架的附件,避免轮胎抛起的外物损坏外露的机构、电缆和液压导管等,以保护起落架舱的安全。

可见,起落架设计除了起落架本身的结构设计外,还包括了飞机结构、机构和多种系统的设计,同时应该对制造技术、动态测试技术、信息化处理技术、材料品种与特性(起落架涉及的材料非常广泛,包括:气体、液体和固体,金属、非金属和复合材料,高强度合金钢和弹性元件等)以及机场跑道的设计等有较深入的掌握和了解,因此与飞机其他部件设计相比,起落架的设计涉及更多的工程专业,是一门跨学科的综合技术。还须注意到,起落架的设计要求、设计技术和材料均在发展变化之中,起落架的设计将变得日益复杂,但同时也促进了与起落架有关的科学技术的迅速发展。

起落架设计绝不只是结构设计问题,而是一个包含了结构、机构和系统的复杂综合设计,因此,只有按系统工程进行综合设计,各种要求才能得以协调与平衡。为了说明起落架设计的复杂性,下面简要介绍 C-5A“银河”飞机起落架,看其如何协调各种设计要求。

C-5A 飞机是美国空军和洛克希德公司联合研制的巨型远程军用运输机,其最大起飞质量达 330 t。洛克希德公司宣称,曾研究过 700 种不同的设计方案,并对 2 600 种不同的着陆载荷情况进行分析,从中确定出最佳设计方案,使它具有最高的地面承压能力、最轻的结构质量,从而使飞机能在土质跑道或简易机场上起降,达到军事部署的最大适用性。C-5A 飞机装有

1 个前起落架和 4 个主起落架,总共 28 个机轮。前起落架有 4 个机轮并列;每个主起落架各有 6 个机轮,分成 3 对装在小车式轮架上,排列成三角形,顶点指向前方,如图 7-7 所示。这种布置能减小机轮的压力,同时尽可能避免轮胎重履前辙,从而增大飞机的漂浮性。它有一个轮胎空中放气系统,可使轮胎压力在着陆前达到预定值,以便在纯土质地面上着陆时将漂浮性增至最大。滑行时因轮子太多不易转弯,所以后面两个主起落架能够自动旋转,防止轮胎与地面摩擦,并使飞机能在 45.7 m 宽的跑道上做 180°转弯。当进行侧风着陆时,所有的小车式轮架都能向两边旋转,最大角度可达 20°。为了便于货物装卸,可调节起落架减振支柱内的液压实现"下蹲",使货舱的地板下降至离地面约 1.8 m 的高度。前起落架下蹲,可使地板向上倾斜 1.5°或向下倾斜 0.9°。起落架收起时,小车式轮架绕支柱的中心线旋转 90°,同时支柱向内向上收起;前起落架可向后和向上收起。

图 7-7　C-5A 飞机的起落架

7.2　起落架的外载荷

起落架所承受的载荷主要是地面的反作用力,这些反作用力发生在飞机起飞、着陆、滑行和地面停放等过程中,它们在各类强度规范和设计手册中都有详细的规定。

7.2.1　着陆过载

飞机着陆时,由于垂直速度分量在很短时间内变为零,出现很大的减速度,因此在飞机的质心处会产生很大的惯性力 $n_y G$,如图 7-8 所示。此时飞机上的升力为 L,那么起落架所受的地面反作用力,即着陆载荷 $P = P_n + P_m = n_y G - L$。飞机停放地面时起落架所受的地面反作用力称为停机载荷,其大小等于飞机的停机重力。起落架所受的着陆载荷与

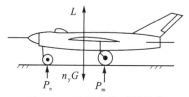

图 7-8　飞机着陆时的载荷

停机载荷之比称为着陆过载。现代飞机着陆时的最大使用过载系数可达 3～5。起落架及其连接部分结构的载荷是用着陆过载来确定的。

7.2.2　着陆时减振系统吸收的功量

飞机强度规范中规定,起落架减振系统在着陆时轮胎和缓冲器应当吸收的动能 A 为

$$A = \frac{1}{2}mv_y^2 \qquad\qquad (7-1)$$

式中, m——着陆时飞机的质量,kg;

v_y——规范中规定的机轮垂直接地速度,m/s。

7.2.3　起落架的外载荷

各类强度规范和设计手册中对起落架的载荷有具体的规定,大致有以下几种载荷情况。

1. 着陆撞击载荷

飞机降落时可能是三点着陆、两点着陆,甚至是一点侧滑着陆,如图 7-9 所示。这样,着陆时起落架会受到不同的撞击载荷,有垂直撞击载荷、前方撞击载荷、侧向撞击载荷以及与旋转有关的惯性力矩等。战斗机垂直方向的过载系数为 3～5,小型多用途飞机为 2～3,运输机为 0.7～1.5;在不光滑的跑道上粗暴着陆时,水平方向的过载系数为 1～2;带侧滑接地或在地面急转弯时,侧向过载系数为 0.3～1.0。

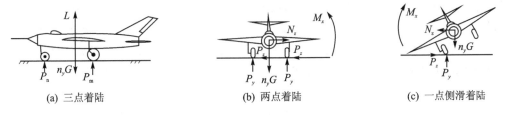

(a) 三点着陆　　　　(b) 两点着陆　　　　(c) 一点侧滑着陆

图 7-9　着陆撞击情况

2. 滑跑冲击载荷

飞机在起飞和着陆滑跑过程中,由于跑道地面不平或地面上有杂物,起落架将受到反复作用的冲击载荷,如图 7-10 所示。另外,在着陆滑跑中还会有由于未被缓冲装置消散掉的着陆能量所引起的振动(逐渐衰减)载荷。这类载荷比着陆撞击载荷小,但其反复作用的次数多。

3. 刹车载荷

为了缩短着陆滑跑距离,在滑跑过程中需要刹车。这时会引起轮胎与地面间的摩擦阻力 P_f,其方向与飞机的运动方向相反。此外,由于刹车力矩的存在,会引起起落架垂直方向载荷的变化,如图 7-11 所示。

4. 地面静态载荷

地面静态载荷包括静态操纵载荷和地面停放载荷。飞机在地面进行移动、定位时,通常用牵引架对起落架进行各方向的推、拉、扭、摆等操作,造成较大的侧向载荷和扭转力矩,如图 7-12 所示。如果操作不谨慎或比较粗暴,则会对起落架造成较大损伤。飞机在地面停放

并固定时,可能会受到来自各方向的大风引起的系留载荷。

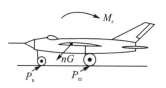

图 7-10 滑跑冲击载荷情况

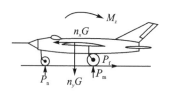

图 7-11 刹车载荷情况

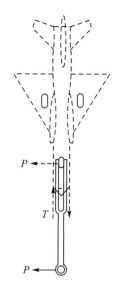

图 7-12 静态操纵载荷情况

除此之外,起落架还有其他一些载荷,如收放过程中收放机构传来的载荷,多轮起落架各轮受载不均引起的偏心载荷等。起落架的载荷多种多样,而且大多是动载荷。在这些载荷作用过程中,伴随有缓冲器的伸缩、机轮的旋转和刹车等现象和操作,起落架可能会出现各种振动,加之多次重复承受起落以及地面操纵等的载荷过程(现代运输机一般要求完成 60 000~70 000 个起落),因此在设计时对起落架疲劳损伤与破坏应作为重点加以考虑。表 7-1 给出了某歼击机前起落架的疲劳载荷谱,以供参考。

表 7-1 某歼击机前起落架载荷谱

计算情况	载荷/N			次数(每 1 000 次起落)	谱 形	缓冲器压缩量	载荷作用情况
	P_x	P_y	P_z				
对称着陆撞击	±1 600	2 000	0	180		规定为缓冲器总压缩量的 30%	
	±3 190	3 990	0	290			
	±4 790	5 990	0	260			
	±6 380	7 980	0	155			
	±7 980	9 980	0	78			
	±9 580	11 980	0	26			
	±11 180	13 970	0	8			
	±12 780	15 970	0	1.5			
	±14 370	17 960	0	1.0			
	±15 970	19 960	0	0.5			

$P_x = \pm 0.18 P_y$

计算情况	载荷/N			次数(每1 000 次起落)	谱 形	缓冲器压缩量	载荷作用情况
	P_x	P_y	P_z				
滑跑冲击	0	9 380　10 360	0	300 000	9 380 N，P_y 谱形	规定为停机压缩量	P_y
	0	8 390　11 350	0	165 000			
	0	7 400　12 340	0	27 000			
	0	6 420　13 320	0	2 000			
	0	5 430　14 310	0	90			
	0	4 440　15 300	0	4			
	0	3 450　16 290	0	0.15			
	0	2 470　17 270	0	0.05			
最大刹车	5 073	9 870 〜 16 910	0	3 000	9 870 N，16 910 N，P_y；$P_x=0.3P_y$	规定为停机压缩量	P_x，P_y
中等刹车	2 540	9 870 〜 13 380	0	5 000	9 870 N，13 380 N，P_y；$P_x=0.19P_y$，2 540 N	规定为停机压缩量	P_x，P_y
转弯静态操纵	0	9 870	±3 950	7 000	9 870 N，P_y；$P_z=±0.4P_y$，3 950 N，−3 950 N	规定为停机压缩量	P_z，P_y
单刹、偏摆	0	9 870 〜 10 140	±4 490	1 000	9 870 N，10 140 N，P_y；P_z，4 490 N，−4 490 N	规定为停机压缩量	P_z，P_y

7.3 起落架的结构形式和受力分析

根据承受和传递载荷的方式,即结构受力形式,可将起落架分为桁架式、梁式和混合式三种形式。

7.3.1 桁架式起落架

如图 7 - 13 所示,桁架式起落架由空间杆系组成的桁架结构和机轮组成。图 7 - 13(a)所示的是角锥形桁架式起落架,这种起落架的杆件构成角锥形,固定在翼面和机身上。图 7 - 13(b)是另一种结构方案,该起落架的轮轴、两个缓冲器和两根斜撑杆形成平面桁架,再通过两根后斜撑杆固定住,连接到飞机机体结构上。在任何形式的载荷作用下,桁架中的杆只受拉伸或压缩载荷,所以这种形式的起落架结构质量最轻。但这种起落架在飞行中不能收藏,限制了它的使用,通常只用在速度不大的轻型飞机或直升机上。

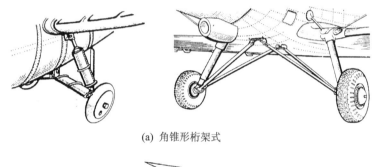

(a) 角锥形桁架式

(b) 平面桁架式

图 7 - 13 桁架式起落架

7.3.2 梁式起落架

梁式和混合式起落架通常由承力支柱、缓冲器(当缓冲器与支柱合成一体时则称为减振支柱)、扭力臂、支撑杆系、机轮和刹车系统等组成。梁式起落架中的主要承力构件是梁,即起落架的支柱或减振支柱。在载荷作用下支柱切面内会产生轴向力、剪力和弯矩。根据支柱梁的支持形式不同,这种结构形式又可分为简单支柱式、撑杆支柱式、摇臂式和外伸式等多种形式。

1. 简单支柱式

简单支柱式起落架的主要构件为减振支柱,而且支柱可以简化成悬臂梁。支柱与机体结构的连接形式有两种:一种是支柱上端与飞机机体结构(翼面或机身)刚性连接,在其下端固定机轮。起落架没有斜撑杆,结构和布局比较简单,但是支柱不可收放。因为作用在支柱上的弯矩与其高度成正比,所以当起落架高度增大时,会导致起落架本身质量的增大及其连接结构质量的增大。因此这种形式的起落架采用得非常少。

另外一种是在支柱上端收放转轴附近装有第二个支点,下端装有机轮,这种起落架可以近似认为是上端固定的外伸悬臂梁,如图 7-14 所示。

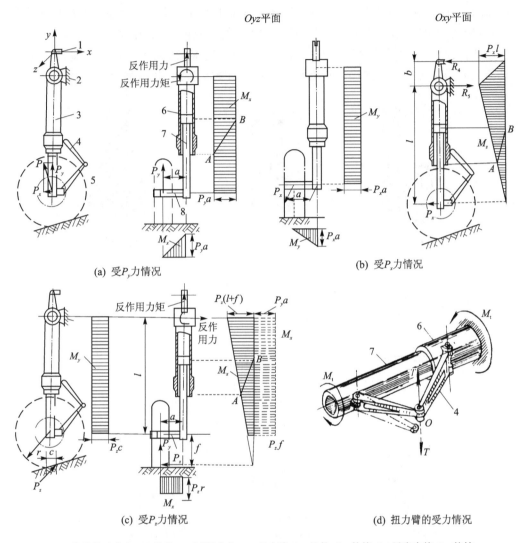

(a) 受P_y力情况 (b) 受P_x力情况

(c) 受P_z力情况 (d) 扭力臂的受力情况

1—收放作动支点;2—转轴;3—减振支柱;4—扭力臂;5—机轮;6—外筒;7—活塞内筒;8—轮轴

图 7-14 简单支柱式起落架

这种结构形式的特点如下:

① 结构简单紧凑,传力直接,圆筒形支柱具有较好的抗压、弯、扭的综合性能,因而质量较轻,容易收藏。

② 可以用不同的轮轴、轮叉形式来调整机轮接地点与机体连接点之间的相互位置和整个起落架的高度。如图 7-15 所示,在安装机轮时可借助轮叉构件,使整个起落架增高。它适用于上单翼飞机,但轮叉像曲梁一样受有复合应力,结构复杂。若采用半轴式,则起落架高度可以降低,适用于中、下单翼飞机,但起落架支柱又将受到偏心载荷。

③ 由于悬臂式受力,因而支柱根部弯矩较大,如图 7 - 14 所示。

④ 机轮通过轮轴与减振支柱直接连接,缓冲器不能很好地吸收前方来的撞击。如将支柱向前倾斜一个角度,如图 7 - 14(c)所示,缓冲器可吸收前方来的撞击能量,但这会使支柱在受垂直撞击时受到附加的弯矩。

⑤ 减振支柱本身是一个承受弯矩构件,因此密封性较差,缓冲器内灌充的气体压力受到限制,使缓冲器行程增大,整个支柱较长,质量增大,并且在伸缩过程中容易出现卡滞。

⑥ 由于减振支柱的活动内杆与外筒(它直接与机体连接)之间不能直接传递扭矩,因此内杆与外筒之间必须用扭力臂连接。扭力臂以弯矩的方式来传递扭矩,如图 7 - 16 所示。

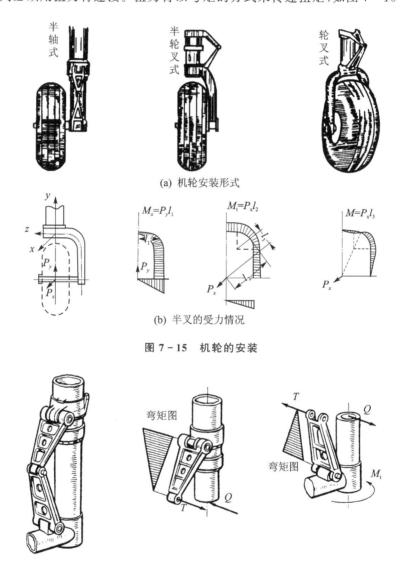

(a) 机轮安装形式

(b) 半叉的受力情况

图 7 - 15　机轮的安装

图 7 - 16　扭力臂的受力情况

2. 撑杆支柱式

在收放转轴以下较远处,支柱还有一个支持,这个支持或是下位锁的限动器,或是收放平面内的斜撑杆,如图 7-17 所示。这种形式的减振支柱是双支点梁,因此其根部的弯矩大大减小。撑杆只承受拉压载荷,通常还兼作收放折叠连杆,使起落架的结构简化。

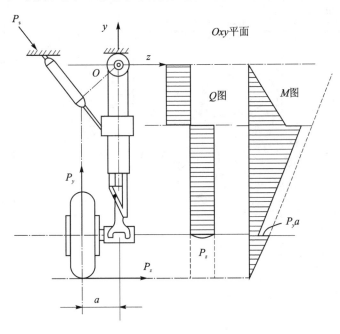

图 7-17　撑杆支柱式的构造及受力

3. 摇臂式

摇臂式起落架的特点主要是在支柱下端装有一个摇臂,如图 7-18 所示,摇臂一端与支柱和缓冲器相连,另一端与机轮相连。摇臂改善了起落架的受力状态和承受迎面撞击的性能,提高了其在不同跑道上的适应性,降低了起落架的高度。缓冲器可以设计成只承受轴向力,而不受弯矩,因而密封工作条件较好,充气压力较高,缓冲器的长度可大大缩短,减轻了缓冲器的质量。与支柱式起落架相比,该起落架缓冲效果好,高度小;但是,由于它的连接关系较多,构造和工艺比较复杂,质量也大,而且机轮离支柱轴线较远,附加弯矩较大,起落架前后尺寸较大,收藏空间大。

为了减小附加弯矩,提高结构利用率,将缓冲器放入支柱中,摇臂转轴点移到支柱外,成为半摇臂式起落架,如图 7-19 所示。半摇臂式起落架由于缓冲器轴线不动,而摇臂要转动,使缓冲器仍然受到一些横向力,对高压密封不利。这种形式通常用于起落架高度较小、着陆速度较大或使用跑道较差的飞机上,尤其是载荷和压缩行程都较小的前起落架上。

4. 外伸式

外伸式起落架一般安装在机身上,为了增加轮距,将起落架向外伸出,收起时则收藏于机身内。这种起落架由受力很大的斜撑杆式的外伸支柱、缓冲器和收放机构等组成,如图 7-20 所示。由于斜撑杆式的支柱受有很大弯矩,收放机构比较复杂,因此支柱和收放机构质量大。当缓冲器压缩时,机轮除上下移动外,还有水平方向的移动,造成轮胎侧向磨损较大。这种形式多用于具有中、上单翼的小型歼击机或歼击轰炸机上。

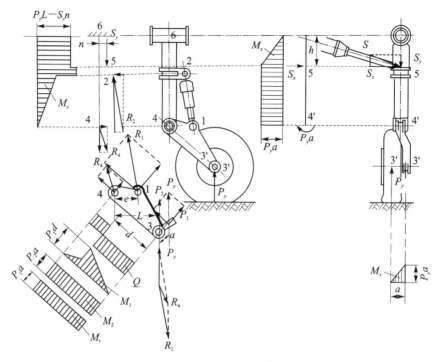

(a) 受 P_y 力情况

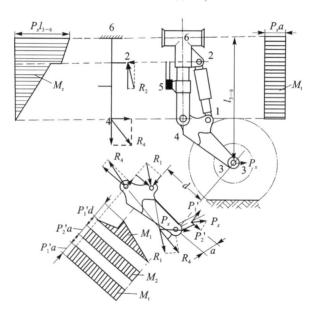

(b) 受 P_x 力情况

图 7-18 摇臂式起落架

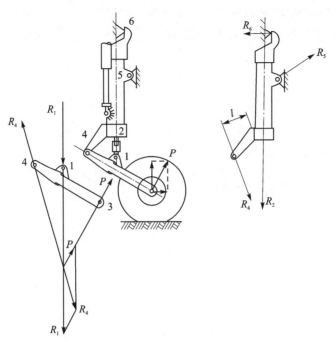

图 7 - 19　半摇臂式起落架

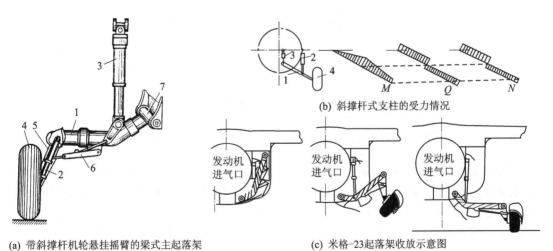

(a) 带斜撑杆机轮悬挂摇臂的梁式主起落架

(b) 斜撑杆式支柱的受力情况

(c) 米格-23起落架收放示意图

1—斜撑杆式支柱;2—缓冲器;3—收放作动筒;4—机轮;5—垂直支柱;6—折叠连杆;7—转轴

图 7 - 20　外伸式起落架

7.3.3　混合式起落架

如图 7 - 21(a)所示,混合式起落架由支柱和多根斜撑杆等构件组成,撑杆铰接在机体结构上,是桁架式和梁式的混合结构。支柱承受剪切、压缩、弯矩和扭矩等多种形式的载荷,撑杆只承受轴向载荷,这样作用在支柱上的弯矩大大降低,如图 7 - 21(b)所示。图 7 - 21 所示的结构中,在 Oyz 平面内的两根撑杆两端固定在支柱和横梁上,既能承受轴向力,也能承受弯矩,因而大大提高了支柱的刚度,从而可以避免摆振现象的发生。这种起落架在现代飞机上也得到广泛采用,这是由于在外形尺寸比梁式起落架大不太多的情况下,其质量相对较小的缘故。

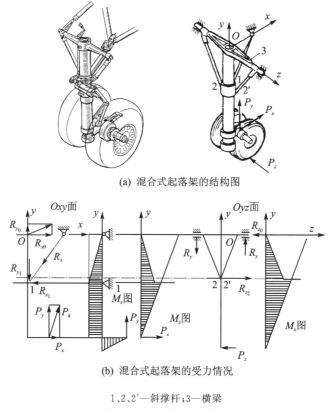

(a) 混合式起落架的结构图

(b) 混合式起落架的受力情况

1、2、2′—斜撑杆;3—横梁

图 7-21　混合式起落架

7.3.4　多轮小车式起落架

多轮式起落架一般用在质量大的飞机上。采用多个尺寸小的机轮取代单个大机轮能够提高飞机的漂浮性,减小起落架的收藏空间,并且在一个轮胎损坏的情况下保证飞机的安全性,在某种程度上也提高了刹车效能。就整个结构而言,多轮式起落架有撑杆支柱式,也有摇臂支柱式。多轮式起落架有多种形式(见图 7-6)。下面着重介绍现代重型飞机上最常采用的多轮小车式起落架。

图 7-22 所示的是多轮小车式起落架,即在支柱下面的车轮架上前后左右装有 4 个或 6 个机轮。车架与支柱之间的连接有两种形式:一种为固接,如图 7-23(a)所示,当起落架在跑道上遇到不平的凸起时,前面机轮受撞击会使整个起落架抬起,前面机轮受载增加,而后面机轮可能不受力。这时支柱上会受有附加的弯矩。另一种为车架与支柱铰接,如图 7-23(b)所示。这种铰接形式的车架在着陆时,刹车引起的地面摩擦力矩将使车架绕铰接接头逆时针旋转,使后轮组卸载、前轮组加载。为解决这一问题需加装"刹车平衡机构"来传递这一平衡载荷,如图 7-24 所示。

刹车平衡机构由平行于轮架 2-7-3 的拉杆 4-5(它与前、后轮组的刹车盘连接)、摇臂 4-6、受拉杆 6-8(它与支柱及前轮刹车盘相连)等组成。减振支柱下铰接点 1 与前轮轴 2 的

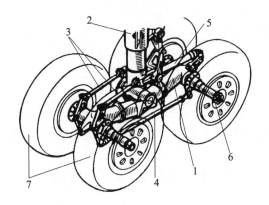

1—车驾；2—减振支柱；3、4—拉杆；5—阻尼器；6—轮架；7—机轮组

图 7 - 22　多轮小车式起落架

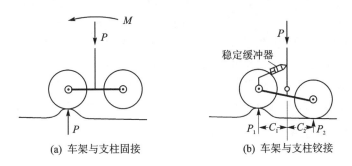

(a) 车架与支柱固接　　　　(b) 车架与支柱铰接

图 7 - 23　通过不平道面时各轮组受力的情况

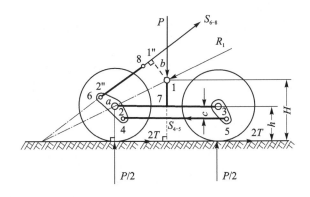

图 7 - 24　刹车平衡机构工作原理

连线与 6 - 8 杆的轴线交点应刚好落在地面上。刹车盘与轮轴通过花键刚性连接，轮轴穿过轮架接头（见图 7 - 24 上的 2、3 点），相互间铰接。当刹车时，地面刹车摩擦力 $4T$（每个机轮在地面上形成的摩擦力为 T），相对于支柱铰接点 1 所形成的力矩，应与拉杆 6 - 8 上所形成的张力相平衡。对铰接点 1 取矩有

$$S_{7-8}b = 4TH \tag{7-2}$$

相对于转轴点 2 取矩有

$$S_{7-8}a = 4Th \tag{7-3}$$

式中,S_{7-8}——杆 7 - 8 的内力;

  T——每个机轮上的地面摩擦力。

由式(7 - 2)与式(7 - 3)得

$$\frac{b}{a}=\frac{H}{h} \qquad\qquad (7-4)$$

如果刹车平衡机构满足上述几何关系,那么刹车时车架就不旋转,轮载均匀分配。不刹车时,杆 4 - 5 无内力作用,它与车架及前、后摇臂组成四连杆机构,不妨碍车架转动。

7.4 前起落架构造

7.4.1 稳定距

前三点式起落架的飞机在地面运动时要求灵活稳定,当飞机受到侧向力而使机头偏向时,前轮应能自动转回原运动方向,以实现滑跑方向的稳定性。地面滑行刹车转弯时,也需要前轮能自由转向。实现这一功能是通过前轮接地点与前起落架支柱转轴有一偏距来实现的,如图 7 - 25 所示,这个偏距称为稳定距。增大稳定距可防止摆振,但对于高速飞机会产生抖振;同时,稳定距的增加增大了附加弯矩,加大了转弯操纵力。低速飞机稳定距一般为 20%～40%的前轮直径;而对于高速飞机,稳定距一般取 15%～30%的前轮直径较为合适。

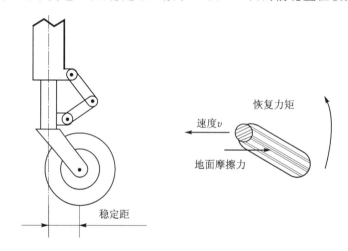

图 7 - 25 前轮稳定距

7.4.2 摆振与减摆器

由于前轮可以自由回转,当飞机滑跑速度超过某一临界速度时会出现前轮左右剧烈偏摆的自激振荡——摆振。摆振会引起轮胎撕裂、支柱折断,酿成严重事故。

引起摆振的内在原因除前轮可以回转外,还有支柱以及机身前段的各种变形,如图 7 - 26(a)所示;机轮受侧向力时产生的轮胎变形,如图 7 - 26(b)所示。当前轮受到某种扰动而偏转一个角度后,机轮就离开滑行方向产生侧向偏转,支柱变形,轮轴随之倾斜。支柱的弹性恢复力使机轮逐渐转向原来的运动方向,同时机轮向反方向偏转。此后机轮的运动路线是一条 S

形的轨迹,形成周期性的摆振,如图 7 - 26(c)所示。当滑行速度超过临界值,激振力大于阻尼力时,振荡发散,最终造成结构破坏。提高轮胎刚度和增大稳定距,可以提高摆振临界速度。但过大的稳定距会造成支柱附加弯矩加大,转弯操纵困难。而机轮刚度受轮胎材料的限制和减振的要求不可能过大,因此现代高速飞机上一般都装有减摆器。

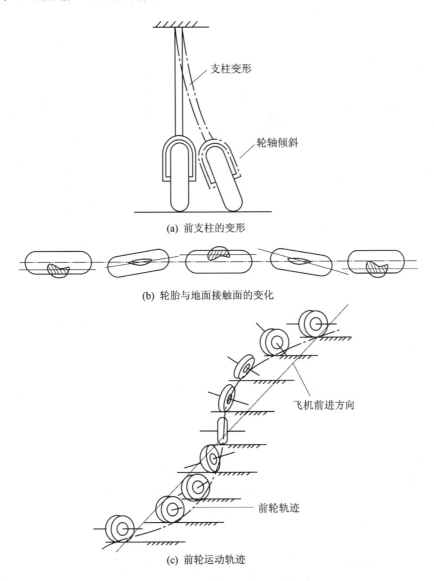

(a) 前支柱的变形

(b) 轮胎与地面接触面的变化

(c) 前轮运动轨迹

图 7 - 26　前支柱和轮胎变形及前轮运动轨迹

　　减摆器是为了防止前轮摆振而设置的阻尼机构,它并不限制前轮的转动,只是减小摆动速度,吸收摆动产生的冲击能量,阻止摆振的出现。

　　常见的减摆器有活塞式和旋板式两种形式。它们的工作原理都是利用油液高速流过小孔产生阻尼,把摆振能量转变成热能耗散掉来防止摆振。

　　活塞式减摆器由油缸和活塞组成,活塞的两侧充满油液,将前起落架的转动经传动机构传至拨叉,拨叉推动活塞移动,活塞在油缸内移动迫使油液经过活塞上的小孔高速流动产生摩擦,把摆振能量变为热能耗散掉,如图7-27(a)所示。

旋板式减摆器中包括两组旋板和固定板,把油室分成四部分。前起落架的转动经传动机构转变为旋板的转动,油室间油液通过旋板上的小孔来回摩擦耗散摆振能量,如图7-27(b)所示。

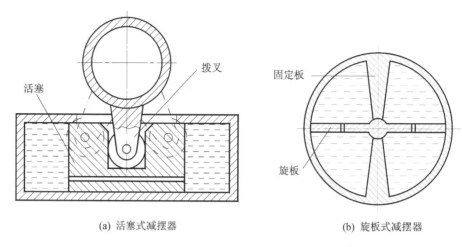

(a) 活塞式减摆器　　　　　　　　　　　(b) 旋板式减摆器

图7-27　减摆器

7.4.3　转向机构和纠偏机构

采用双轮的前起落架相对转弯力矩较大,前轮需要进行转弯操纵,质量较大的飞机上为了

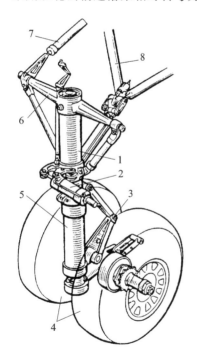

1—减振支柱外筒;2—减摆器;3—扭力臂;
4—机轮;5—减振支柱内筒;
6—横梁;7—转弯操纵作动筒;8—撑杆

图7-28　转弯操纵机构

提高在地面转弯的灵活性也要进行转弯操纵。自行车式起落架由于不能采用左右主轮分别刹车来进行转弯,因此必须采用转弯操纵。有些飞机将转弯操纵机构与减摆器结合起来,使减摆器既能减摆又能进行转弯操纵,如图7-28所示。

由于前轮可以自由转向,当飞机离地后,为减小收藏空间,前起落架上必须装有纠偏机构,以保证起落架在收起时机轮自动回到中立位置。在地面运动时纠偏机构又不能妨碍机轮的自由回转。常用的纠偏机构有外纠偏和内纠偏两种形式,如图7-29所示。

外纠偏机构是在机身上装有可随前起落架一起收放的楔形锥杆1,起落架旋转臂上连接有导向槽2,当起落架收起时楔形锥杆逐渐插入导向槽,把轮叉和机轮固定在中立位置,如图7-29(a)所示。

内纠偏机构是在缓冲器活塞杆上固定有锥形轴套1,缓冲器外筒内壁固定另一个锥形轴套2。当起落架离地后,缓冲器内部压力使活塞杆伸出,轴套1插入轴套2中,使机轮处于中立位置。在地面运动时,缓冲器受到压缩,活塞向上移动,轴套1脱离轴套

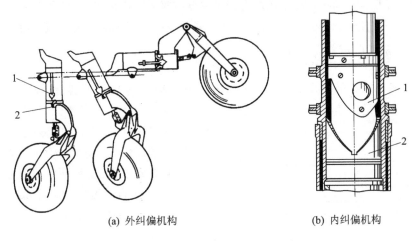

(a) 外纠偏机构　　　　　　　(b) 内纠偏机构

图 7 - 29　纠偏机构

2 并保持一定距离,不会影响机轮的转向。这种装置能保证在前起落架着陆瞬间机轮处于中立位置,如图 7 - 29(b)所示。

7.5　起落架缓冲装置

飞机在着陆时,地面要对飞机产生很大的冲击力。飞机在起飞和着陆滑跑的过程中,也会由于地面的不平而与地面发生碰撞进而使飞机颠簸振动,这对飞机的结构和飞行安全都非常不利。为了减小地面对飞机的冲击力,抑制飞机在滑跑过程中的颠簸振动,飞机上常采用缓冲装置来减小冲击和振动载荷,并吸收飞机着陆和滑跑时的撞击能量。

飞机起落架的缓冲装置由缓冲器和轮胎组成,除个别超轻型飞机没有缓冲器外,缓冲器已成为所有起落架所必备的构件。某些起落架可能没有机轮或其他部件,但都具备缓冲器。缓冲器的主要作用是在飞机着陆撞击地面时吸收冲击能量,使传到机体结构上的冲击载荷不超过允许值。在吸能过程中,缓冲器通过来回振荡,把吸收的能量变成热能耗散掉。

7.5.1　起落架缓冲器的要求

缓冲器除了应满足飞机结构设计的一般要求外,还应满足以下功能要求:

① 在压缩行程(正行程)中,缓冲装置所承受的载荷,应随压缩量的增大而增大;否则,如果在压缩量较小的情况下缓冲器就承受较大的力,那么,缓冲装置在吸收较小的撞击能量时也会受到较大载荷的作用,飞机在地面滑行的过程中,就会受到较大的连续冲击,这样会大大降低飞机的疲劳寿命。缓冲装置在达到最大压缩量时,应完全吸收规定的最大能量,否则会对飞机产生刚性冲击,使飞机的各部分受力增大。

② 缓冲装置在吸能的过程中,应尽量产生较大的变形来吸收撞击能量,以减小机体所受到的撞击力;同时,缓冲装置应有较好的热耗作用,尽快地消散能量,使机体受到碰撞后的颠簸跳动迅速停止,使飞机尽快平稳下来。

③ 在伸展行程(反行程)中缓冲器应能把吸收的能量大部分转化为热能耗散掉,而不应出现伸展过快的回跳现象。

④ 缓冲装置要有连续接受撞击的能力。缓冲器在吸收一次撞击后,应马上恢复到原来的状态,以便接受下一次撞击。因此,它完成一次压缩或伸张的时间不能太长,一般不能超过 0.8 s。

7.5.2　缓冲器的类型

飞机缓冲器一般有两种类型。第一类是固体缓冲器,如橡胶缓冲器、弹簧缓冲器和摩擦块缓冲器等。第二类是气体、液体或气液混合缓冲器。图 7 - 30 给出了不同类型的缓冲器的效率比较。从图中可以看出,固体缓冲器的效率较低,并且能量耗散能力较小;但由于构造简单、工作可靠、维护要求低、价格便宜等优点,在一些低速、轻小型飞机的不可收放起落架上仍有使用。油气式缓冲器因其效率较高,因此在高速、大中型飞机上广泛采用。

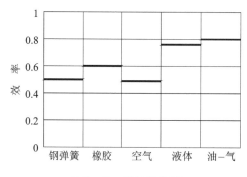

图 7 - 30　缓冲器效率

全油液式缓冲器结构紧凑,尺寸小,效率可高达 0.75～0.9。但因其压力过大、密封困难、温度变化对缓冲器性能影响较大,限制了它的使用,目前只在少数飞机上应用。

下面按缓冲器的发展过程对几种典型的缓冲器的特点加以简单介绍。

(1) 弹簧式缓冲器

图 7 - 31 是一种弹簧式缓冲器,它利用弹簧的弹性变形吸收能量。弹簧本身的热耗作用很小,为了增大摩擦力,在缓冲器内筒上加装了摩擦垫圈,以增大热耗作用。

(2) 橡皮缓冲器

图 7 - 32 是一种典型的橡皮缓冲器,它利用橡皮的弹性变形吸收撞击能量,并利用橡皮伸缩过程中的分子摩擦消耗能量。但这种摩擦的热耗作用也较小,因此,飞机会产生较强的颠簸跳动。

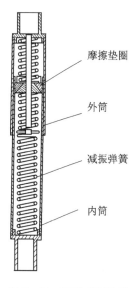

图 7 - 31　弹簧式缓冲器

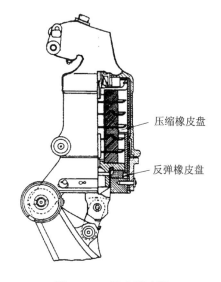

图 7 - 32　橡皮缓冲器

　　弹簧式缓冲器和橡皮缓冲器结构简单,维护方便,但热耗作用都较小,因此,只用在一些对缓冲性能要求不高的飞机上。

　　(3) 油液弹簧式缓冲器

　　图 7-33 为一油液弹簧式缓冲器,在起落架压缩和伸展的过程中,油液被迫高速流过小孔产生剧烈摩擦,因此其热耗作用较好。在压缩过程中,弹簧通过变形吸收能量,并在伸展过程中将积蓄的能量释放出来。这种缓冲器目前还用在飞机尾部的保护座上。

　　(4) 油气式缓冲器

　　随着飞机质量的增大和飞机速度的提高,飞机的着陆冲击能量也越来越大,对缓冲器的要求也越来越高。以上各类缓冲器已满足不了飞机的需要,因此出现了质量较轻且体积较小,而吸能效率较高的油气式缓冲器。

　　图 7-34 为一油气式缓冲器,其主要特点是利用气体的压缩变形来吸收能量,并利用液体高速流过小孔时的摩擦来消耗能量。油气式缓冲器在工作过程中,气体压力和液体压力都较高,可达几百个大气压(1 个大气压=101 kPa),因此对密封的要求比较高。由于油气式缓冲器的缓冲性能较好,到目前为止,它仍然是现代飞机上应用最广的缓冲器形式。

　　(5) 全油液式缓冲器

　　由于油气式缓冲器气腔容积大、缓冲行程长,因而总的体积也较大。而气体主要起到一个由压缩而引起缓冲减振的作用。因此,如果液体也能起到缓冲减振作用,即可省去气腔所占的空间,这将大大缩小缓冲器的体积,减轻缓冲器的质量,这种缓冲器由于腔体内全部填充了油液,因此称为全油液式缓冲器。

　　图 7-35 为全油液式缓冲器,它主要是利用液体在高压作用下产生压缩变形来吸收能量,

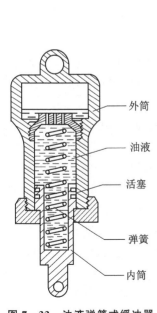

图 7-33　油液弹簧式缓冲器

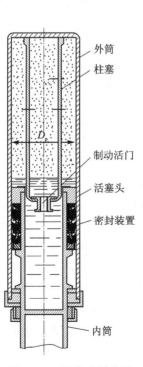

图 7-34　油气式缓冲器

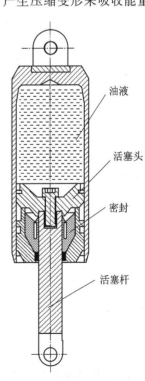

图 7-35　全油液式缓冲器

利用液体高速流过小孔时的摩擦来消耗能量。这种缓冲器液体的工作压力高达几千个大气压（常达 3 500 个大气压以上，即 $3.5×10^8$ Pa），因此，密封非常关键。由于全油液式缓冲器体积较小，因此对一些军用飞机和高速重型飞机起落架的收藏较为有利。

7.5.3 油气式缓冲器的构造和工作原理

1. 油气式缓冲器工作原理

油气式缓冲器的工作原理可以用图 7-34 所示的构造来说明。这种缓冲器由外筒（上接飞机）、活塞杆（或称内筒，下接机轮）、反向活门和密封装置等组成，内充空气（或氮气）及油液。当飞机着陆接地后，撞击载荷压缩缓冲器，活塞杆向上运动，使气体的体积缩小，气压随之增大，并吸收撞击动能；与此同时，活塞杆迫使下室油液冲开活门，如图 7-36(a) 所示，由活门座上的小孔流到上腔，油与小孔发生强烈摩擦，使部分撞击能量转变为热能消耗掉。当活塞杆上升到一定位置时，飞机便停止下沉，接着压缩气体开始膨胀，并将飞机顶起。活塞下行，上室油液迫使反行程的制动活门关闭，如图 7-36(b) 所示，油液以更高的速度经过活门上更小的孔流向下腔，这样可以消耗掉更多的能量。如此一正一反两个行程，完成了一个工作循环。这样经过若干个循环后，就可将全部撞击动能转化为热能而消耗掉，使飞机平稳下来。

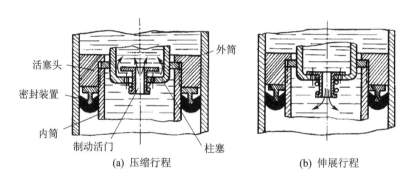

图 7-36 油气式缓冲器正反行程制动活门

图 7-36 所示是油气式缓冲器的典型构造之一。这种缓冲器的构造简单紧凑，其密封装置固定在内筒，活塞的有效面积较大，行程较短，尺寸也较小，但缓冲特性较硬，通常多用在摇臂式起落架上。

图 7-37 为另一种典型的油气式缓冲器的构造形式。其构造特点是密封装置固定在外筒的下端，而制动活门则装在活塞内筒上。压缩时油面上升，同时向内、外筒间的油室反流，如图 7-37(a) 所示，冲开制动活门，使油液通过流油孔而消耗能量。伸展时内、外筒间的油液被挤压而向上流动，如图 7-37(b) 所示，冲压制动活门盖住原来的流油孔，此时，油液只能从制动活门盖环上的小孔回流。这种形式，由于流油孔环布于活塞头上，油孔较多，遮盖后可大大提高制动效果，因此伸展行程消耗能量的调节能力较大。又由于活塞的有效面积是内筒外径所决定的面积，因而较小。缓冲过程中气体体积的变化缓和，缓冲特性柔软，但在吸收同样撞击能时行程较大，故尺寸也较大。它通常与支柱式起落架配合使用。

2. 油气式缓冲器工作特性

油气式缓冲器的工作特性，是指缓冲器在工作过程中的载荷变化情况和吸能、耗能情况。

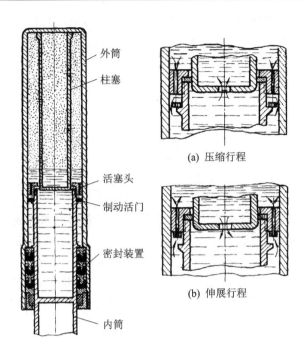

(a) 压缩行程

(b) 伸展行程

图 7 - 37　油气式缓冲器另一构造形式

外筒

柱塞

活塞头

制动活门

密封装置

内筒

油气式缓冲器载荷的大小由气体作用力、油液作用力和密封装置等的机械摩擦力所决定;而吸能和耗能的多少也是由气体、油液和机械摩擦所吸收和消耗的能量来决定。下面分别研究气体、油液和摩擦力对缓冲器工作特性的影响。

(1) 气体工作特性

气体的作用力是气体压力与活塞有效面积的乘积。在缓冲器压缩过程中,活塞的有效面积不变,而气体的压力是随着压缩量的变化而变化的,因此,气体的作用力也是随着压缩量的变化而变化的。当气体受到压缩时,气体把起落架压缩的机械能转换为气体的压力能储存起来。

根据流体力学的知识,可得

$$\frac{p}{p_0} = \left(\frac{V_0}{V}\right)^n \tag{7-5}$$

$$P_a = pF \tag{7-6}$$

式中,p_0、V_0—— 气体的初始压力和初始体积;

p、V—— 任意压缩位置的气体压力和体积;

F、P_a—— 活塞承受气压的有效面积和气体作用在活塞杆上的力;

n——气体的多变指数,它随气体在压缩过程中的热交换情况而定,等温过程时为 1,绝热过程时为 1.4。一般情况下,油气式缓冲器都有一定程度的热交换,其值通常为1.2。

由式(7-5)和式(7-6)可得出活塞杆上的作用力为

$$P_a = p_0 F \left(\frac{V_0}{V}\right)^n \tag{7-7}$$

因此,缓冲器内气体所吸收的功量为

$$A_\text{a} = \int_0^S P_\text{a} \mathrm{d}S = \int_0^S pF \mathrm{d}S \qquad (7-8)$$

式中,S——活塞的压缩行程。

因为

$$F \mathrm{d}S = -\mathrm{d}V$$

$$\frac{\mathrm{d}V}{V_0} = -\frac{1}{n} \cdot \frac{p_0^{1/n}}{p^{(1/n)+1}} \mathrm{d}p$$

所以

$$A_\text{a} = -\int_0^S p \mathrm{d}V = \frac{p_0 V_0}{n-1}\left[\left(\frac{p}{p_0}\right)^{\frac{n-1}{n}} - 1\right] \qquad (7-9)$$

将气体压力随行程的变化画成曲线,则曲线下面所包含的面积就是气体所做的功,即气体吸收的功量为 $P_\text{a} - S$ 图曲线下所包含的面积,因此,$P_\text{a} - S$ 图也叫作功量图。

由图 7-38 可见,当气体吸收的功量 A_a 一定时,若 p_0 不变,则 V_0 越大,P_a 越小,S 越大,缓冲器越软,如图 7-38(a)所示;若 V_0 不变,则 p_0 越小,P_a 越大,S 越大,缓冲器也越软,如图 7-38(b)所示。因此可以通过调节 p_0 或 V_0 来调节缓冲器的行程和软硬程度。

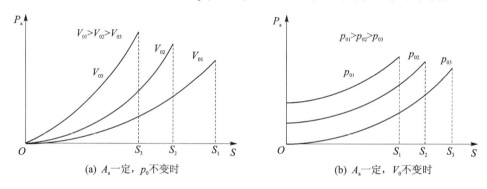

(a) A_a 一定, p_0 不变时   (b) A_a 一定, V_0 不变时

图 7-38 气体参数对其功量图的影响

从图 7-38 还可以看出,气体的功量图中间不够丰满,因此吸能效率较低,且气体只能吸收能量,不能消耗能量。当气体压力达到一定值时,吸收的能量还会释放出来,从而使飞机产生来回的振荡。这对人员、装载和设备等都很不利。因此需加入油液和限流孔装置来达到增加阻尼和耗散能量的目的。

(2) 油液工作特性

缓冲器在压缩和伸展过程中,油液要产生一个阻止缓冲器压缩和伸展的作用力 P_1,这个力也是随压缩量的变化而变化的。

根据流体力学的知识可知

$$F v_\text{p} = \mu f v_1$$

$$p_1 = \frac{1}{2}\rho v_1^2$$

故油液流过阻尼孔时产生的阻尼力 P_1 为

$$P_1 = p_1 F = \frac{1}{2} \cdot \frac{\rho F^3}{\mu^2 f^2} v_\text{p}^2 \qquad (7-10)$$

式中,v_p——活塞的运动速度;

v_1——油液流经阻尼孔的速度;

ρ——油液的密度;

f——阻尼孔的面积;

μ——流量系数,$\mu=0.6\sim0.7$,其值与阻尼孔的形状、长度和油液粘性有关,一般由试验
　　获得。

图 7-39 为加入油液以后,油气式缓冲器工作过程中,气体和油液共同对缓冲器的作用力
$P_{油气}$随行程 S 变化的功量图。

在压缩过程中,由于气体和液体的作用力都是反抗压缩的,因此,$P_{油气}$是气体作用力和液
体作用力之和,即图 7-39 中的曲线 adb(图中 acb 为气体作用力随行程的变化曲线);在伸展
过程中,气体作用力是推动缓冲器伸张的,而液体作用力是阻止缓冲器伸张的,因此,$P_{油气}$是
气体作用力和液体作用力之差,即图中的曲线 bea。曲线 adb 和 acb 之间力的差值,就是压缩
过程中油液的作用力;曲线 bea 和 bca 之间力的差值,就是伸展过程中油液的作用力。

缓冲器在压缩过程中,气体和油液共同吸收的能量可用面积 $OadbfO$ 表示,其中曲线 ad-bca 所包含的面积为油液所消耗的能量。在伸展过程中,气体放出的能量可用面积 $OacbfO$
表示,其中曲线 $acbea$ 所包含的面积为油液所消耗的能量,而面积 $OaebfO$ 为飞机获得的势
能。因此,缓冲器在一个工作循环中(即缓冲器的一个压缩和一个伸展行程)油液所消耗的能
量,即为曲线 $adbea$ 所包含的面积。

如果缓冲器在伸展行程结束时,其压缩量小于停机时的压缩量,缓冲器中的气体会因压强
太小支持不住飞机而受到第二次压缩。由于在每次压缩和伸展行程中都会消耗一定的能量,
缓冲器的压缩量和伸展量一次比一次小,且气体吸收和放出的能量也一次比一次少,直到缓冲
器最后稳定在停机压缩量的位置。图 7-40 为缓冲器在整个缓冲过程中气体和液体的作用力
随行程变化的曲线和功量图。

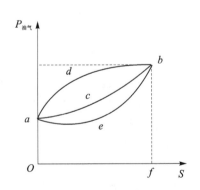

图 7-39　油气共同作用的特性曲线

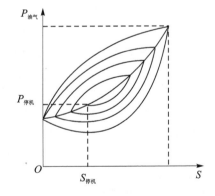

图 7-40　缓冲器缓冲过程工作特性

(3) 摩擦力工作特性

在缓冲器的压缩和伸展过程中,密封装置与活塞杆之间、承弯缓冲器活塞杆上下支点处都
会产生摩擦力。在压缩过程中,摩擦力是反抗压缩的,而在伸展过程中,摩擦力是阻碍伸展的,
因此,缓冲器在一个工作循环所消耗的能量应为曲线 $iahjbki$ 所包含的面积,其中曲线 $ahjbda$
和 $aebkia$ 所包含的面积分别为压缩和伸展行程因摩擦而消耗的能量,如图 7-41 所示。

对于设计较好的缓冲器,密封装置在活塞杆上所产生的摩擦力一般占缓冲器总载荷的

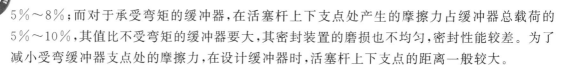

5%～8%;而对于承受弯矩的缓冲器,在活塞杆上下支点处产生的摩擦力占缓冲器总载荷的5%～10%,其值比不受弯矩的缓冲器要大,其密封装置的磨损也不均匀,密封性能较差。为了减小受弯缓冲器支点处的摩擦力,在设计缓冲器时,活塞杆上下支点的距离一般较大。

(4)缓冲器工作特性调整

缓冲器工作性能的好坏,主要表现在其吸收和消耗能量能力的大小,以及在吸能过程中缓冲器所受载荷的大小两个方面,这些性能可以通过调整缓冲器的气体工作特性、油液工作特性和摩擦力工作特性加以改善,其中改变阻尼孔(限流孔)面积是非常重要的措施之一。

飞机在刚开始着陆时撞击猛烈,缓冲器的压缩速度增加得很快,如果此时阻尼孔的面积较小,油液的作用力就会突然增大,缓冲器所受的载荷也会突然增大,功量曲线猛增,形成很大的过载,从而出现一个载荷高峰,缓冲器所受的载荷可能超过规定的最大值。紧接着由于撞击能量被大量吸收,活塞运动遇到很大阻力,缓冲器压缩速度迅速减小,缓冲器所受的力也随之降下来。随后活塞运动的阻力又有所减小,在剩余能量的推动下,活塞运动速度又逐渐增大,缓冲器所受的力也逐渐大了起来,直到达到行程终点,如图7-42所示。这样,就形成了缓冲器在压缩过程中载荷不均,未到最大行程就出现了最大过载的现象,使缓冲器的功量图不够丰满,影响了缓冲器的效率。

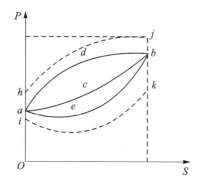
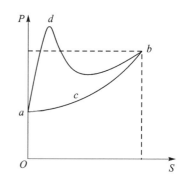

图7-41 考虑摩擦后缓冲器工作特性 　　图7-42 缓冲器载荷不均现象

另外,当飞机以较大的速度在地面滑跑时,如果遇到道面上的凸起,当油孔面积较小时,由于飞机来不及向上运动,缓冲器的压缩速度很大,同样也可能会出现载荷高峰。如果油孔面积较大,虽然能避免峰值载荷,但由于油液的作用力较小,缓冲器的热耗系数会大大降低。因此,为了取得较好的缓冲效果,目前大多数缓冲器油孔的面积在工作过程中是可以改变的。

(1)变油孔装置

最常用的变油孔装置就是在活塞上加装一个变截面的油针,如图7-43所示。油针的面积下大上小,在缓冲器压缩过程中,油针逐渐穿进限流孔,使限流孔的实际面积最初较大,后来逐渐变小。这样,在压缩的初始阶段,油液流过阻尼孔时基本没有流动阻力,而只有气体做功,这段行程称为自由行程。随着压缩量的增大,阻尼孔面积逐渐减小,液体的流动阻力也就会平稳地增大。这种缓冲器不仅能消除峰值载荷,取得较大的热耗系数,还能减小飞机在滑跑过程中所受到的载荷,因此,被现代缓冲器广泛采用。

(2)单向节流活门

为了增大伸展行程的热耗系数,减小飞机的回弹,通常在缓冲器中安装一个单向节流活门

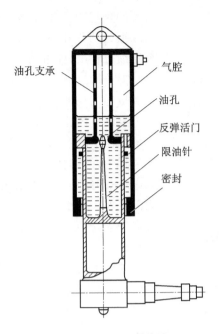

图 7-43　变油孔装置

（或反行程制动活门），使其在伸展行程中堵住一部分油孔，增大在伸展行程中油液的作用力，减小缓冲器的伸展速度，如图 7-44 所示。

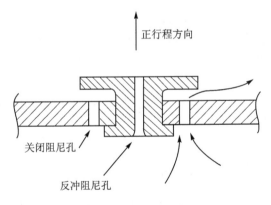

图 7-44　单向制动活门

7.5.4　全油液式缓冲器的构造和工作原理

全油液式缓冲器由外筒、活塞、活塞杆和密封装置等组成，图 7-45 所示为一种带有定压活门的全油液式缓冲器。缓冲器内腔充满液体，并被活塞隔成上下两室，活塞上有阻尼孔使上下两腔室相通。

飞机着陆后，缓冲器受到压缩，这时，缓冲器上腔液体经过阻尼孔流入下腔，但随着活塞杆的插入，缓冲器内装液体的总容积变小了，使液体受到压缩，压力升高。由于活塞上下受到液体压力作用的面积不相等，上面面积大，下面面积小，因此，液体对活塞产生了一个向下的作用力，此作用力称为液体弹性力。当液体高速流过小孔时由于剧烈摩擦，也会产生一个阻止活塞

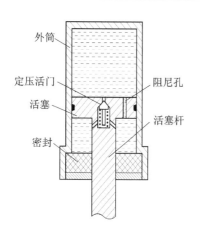

图 7-45 带有定压活门的
全油液式缓冲器

运动的阻尼力。在液体弹性力、阻尼力和密封装置等的摩擦力的作用下,飞机的下沉速度逐渐减小。在整个压缩过程中,撞击动能一部分转变成液体的压力能,另一部分通过液体高速流过阻尼孔和密封装置摩擦产生的热能消耗掉。

当飞机停止下沉时,液体弹性力已大大超过作用在缓冲器上的停机载荷,因此,缓冲器开始伸展。在这个过程中,液体释放出的压力能,一部分变为飞机的位能,另一部分变为阻尼孔和密封装置摩擦所产生的热能消耗掉。由于缓冲器在压缩和伸展过程中都消耗了很多的能量,因此,经过若干次循环后,飞机就能平稳下来。

结构中定压活门的作用是当压力达到某一定值时,定压活门被冲开,流油孔面积增大,减小了流油阻力,从而使过载减小,改善了起落架的受力状态。另外,采用一些压缩性较大的液体,也可以避免缓冲器工作时引起较大的过载。

7.5.5 双气室油气缓冲器的构造和工作原理

图 7-46 所示是一种适用于在地面起伏较大的跑道上滑行的双气室缓冲器。这类缓冲器有两个独立的气室。主气室与一般油气缓冲器的相同;副气室内填充压力超过起落架所承受的最大静载荷。当载荷使主气室的压力超过副气室的压力时将开始压缩副气室,此时相当于增加了气室的体积,使压缩曲线更加平缓,即缓冲器较软。图 7-47 所示是双气室缓冲器工作特性曲线,从图中可以看出,双气室缓冲器比具有相同行程和初始压力的单气室缓冲器可以吸收更多的能量。

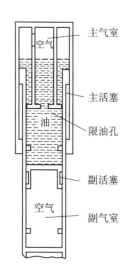

图 7-46 双气室缓冲器构造示意图

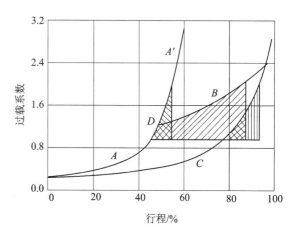

ADB—双气室缓冲器过载系数-行程曲线;

C—单气室缓冲器过载系数-行程曲线

图 7-47 双气室缓冲器工作特性

7.5.6　主动控制起落架

目前,飞机上应用较多的是传统的被动式起落架。被动式起落架的缓冲系统一般由弹性元件(主要是气体)和阻尼元件(主要是液体)组成,各元件在工作时不消耗动力,且在飞机滑行过程中不能进行调节。由于这种起落架设计的主要依据是满足吸收着陆冲击能量的要求,所以就存在这样一个问题,即由于来自着陆冲击和跑道不平度的振动差异,着陆冲击能量要比滑跑振动能量大得多,因此,按着陆冲击设计的阻尼孔,对于有效地吸收滑跑振动能量就会显得"太硬",系统不能很好地隔离来自地面的振动;但如果按地面滑行设计缓冲器的阻尼孔,则着陆冲击时又会显得"太软"。因此,在冲击和滑跑这两个不同阶段的矛盾就显得非常突出,按被动式设计的起落架很难得到良好的滑行性能。

随着飞机飞行速度和飞机质量的不断提高,飞机的着陆撞击能量也越来越大。尤其是对于超声速巡航飞机,一般采用细长机身和薄机翼结构,柔性大,着陆和滑跑时会产生更大的动载荷及振动。由着陆冲击和跑道不平度引起的振动载荷,会造成飞机机体疲劳损伤,使飞机结构的使用寿命大大下降。为了解决以上矛盾,近年来研究人员提出了根据减振需要随时改变其阻尼特性的方法,即主动控制方法。

主动控制系统采用有源或无源的可控元件组成一个闭环控制系统,它可以根据飞机的运动状态和当前激励的大小主动做出反应,然后根据输出参数的信息反馈,不断调整系统的刚度和阻尼,从而抑制飞机的振动,使起落架系统始终处于最佳的运动状态。与传统的被动式起落架相比,主动控制起落架的最大优点是具有高度的自适应性,缓冲系统的参数在飞机滑行过程中不断进行调整,以获得最好的滑行性能。

主动控制系统通常可分为有源主动控制系统和无源主动控制系统两大类。

有源主动控制系统又称全主动控制系统(简称主动控制系统),通常包括能产生力或力矩的作动器(如油缸、汽缸和伺服电机等)、测量元件(如加速度计、位移和力的传感器等)、反馈控制器和一个为缓冲系统提供连续能量供应的动力源。其工作原理是通过传感器测出飞机滑行时的振动状态,并将测量结果送入计算机,经数据处理后,由计算机发出指令,控制执行机构的输出,从而改变飞机的运动状态,达到减振和隔振的目的,其结构原理如图 7-48 所示。

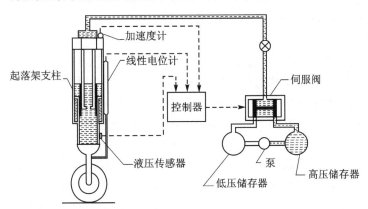

图 7-48　主动控制起落架结构原理

主动控制起落架具有如下特点:

① 主动控制系统可以持续供给和调节能量,因而在控制中产生的力不必依赖缓冲器中能量的储存。

② 主动控制系统可以通过改变上下腔的液体压力,得到所需要的阻尼力。

③ 在着陆过程中,起落架传给机体结构的载荷可大大减小,冲击载荷峰值明显降低。

④ 在滑跑过程中,可使由地面冲击引起的振动载荷始终保持在飞机静态载荷的一定范围之内,提高乘坐质量,减小疲劳载荷。

主动控制起落架可使系统有更好的瞬态响应、更出色的控制与稳定性。它对任何形式的外部激励都能做出快速反应,并能根据外部激励的变化而使缓冲系统变"硬"或变"软",使其既能对飞机起伏的不规则变化显得柔软,又能对飞机的运动控制变得刚硬。由于需要特殊的外部供能单元,主动控制系统有它固有的缺点,如它的结构复杂,安装和维修费用较高,以及带来的耐久性和可靠性下降等问题。

无源主动控制系统又称半主动控制系统,它由无源但可控的阻尼和弹性元件组成,其结构原理如图 7-49 所示。半主动控制起落架与被动起落架相比相当于增加了一个连续的变油孔,可根据需要随时改变油孔面积,因此其作用要优于被动起落架的变油孔设计。

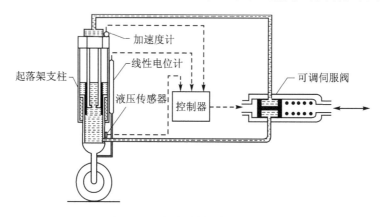

图 7-49 半主动控制起落架系统

半主动控制起落架具有如下特点:

① 具有类似于被动起落架的结构和原理,却有接近于全主动控制起落架的性能。

② 结构简单,操纵方便,实用性强。

半主动控制起落架与全主动控制起落架相比,其最大的优点是工作时几乎不消耗动力,结构简单,经济可靠,因此半主动控制起落架越来越受到人们的重视。

无论是全主动控制还是半主动控制,由于系统的弹性元件(主要是指空气弹簧)既要吸收撞击能量,又要承受机体载荷,因此,调节系统刚度要比调节系统阻尼困难得多。就目前而言,大多数主动控制系统仍是以改变系统阻尼为主,图 7-48 和图 7-49 即为这种调节方式。

图 7-50 为一个可连续调节系统刚度和阻尼的起落架减振系统示意图。系统由缓冲器缸体、蓄能器、换向阀和液压伺服阀等元件组成,其中缓冲器缸体分成两部分,分别用于刚度和阻尼的调节。系统的刚度通过控制换向阀的输入信号脉宽来调节,阻尼则由伺服阀来控制。当换向阀受脉冲信号交替作用时,便可得到不同的刚度值,连续改变控制信号的脉宽,就可以连续地调节系统的等效刚度。系统的阻尼调节,通过改变伺服阀的开度很容易实现。

由于这种结构既要对阻尼进行控制,又要附加一套刚度调节系统,因此,结构比较复杂。

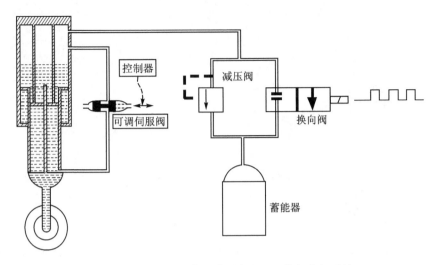

图 7 - 50　可连续调节系统刚度和阻尼的起落架系统

　　主动控制起落架可以大大减小起落架的着陆载荷,改善飞机的滑行性能,因此,有很好的发展前途。

7.6　滑橇式起落架设计

7.6.1　滑橇式起落架的应用、类型及设计要求

1. 滑橇式起落架的应用

　　滑橇式起落架质量轻,结构简单可靠,成本低,制造维护方便,不易损坏,地形适应性好,便于捆绑外载荷(如侦察设备等任务载荷),一般用于 4 t 以下的轻型直升机和超轻型直升机的起落装置;中型以上的直升机应用较少。

　　滑橇式起落架的主要缺点如下:

　　① 起落装置不能收放,飞行阻力较大。

　　② 起降缓冲效果差,仅凭其自身变形能够吸收的能量有限。

　　③ 有可能会向机身传递低频振动,导致机体部件处于不利环境,并使乘坐人员感到不适。

　　④ 不能进行滑跑起飞或着陆,也很难在地面滑行移动,因此为了地面运动方便,滑橇上一般装有地面辅助机轮或供地面拖拽用的拖环,如图 7 - 51 所示。大型直升机可以安装两套辅助轮,两套辅助轮分别装在滑橇的前后部。通常采用手摇液压泵来升起和放下辅助机轮。直升机可以带着这些辅助机轮飞行,也可以拆下轮子以减轻质量。

2. 滑橇式起落架的类型

　　滑橇式起落架可分为低滑橇式和高滑橇式两种形式。大多数直升机都采用低滑橇式起落架,如果直升机在没有坚实路基的区域起降,则需要采用高滑橇式起落架。高滑橇式起落架在滑橇底部可安装附加板,附加板可以防止滑橇陷入松软的地面。高滑橇式起落架还可以使机身保持较高的高度,降低尾桨打地的危险,如图 7 - 52 所示。

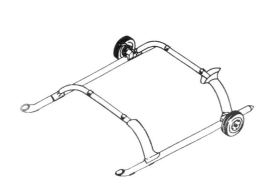

图 7-51　滑橇上安装的辅助轮

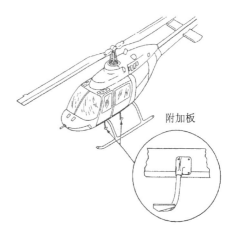

附加板

图 7-52　高滑橇式起落架

3. 滑橇式起落架的设计要求

滑橇式起落架结构简单,不需要收放,也不需要像轮式起落架那样滑跑起飞或着陆,着陆接地速度也相对较低,因此设计要求相对简单,主要需要针对滑橇结构加以考虑。

滑橇既是直升机停放时的支撑部件,又起到直升机着陆时吸收撞击地面能量的缓冲作用;同时,为了防止发生地面共振,滑橇还必须有足够的刚度和阻尼。因此,滑橇选材需要多方面考虑。对于主要元件前、后横梁(也称弓形梁),一般选用强度高且弹塑性好的铝合金管材或焊接性能好、强度较高的薄壁合金钢管。橇管是直接与地面接触的元件,要求抗弯、抗压性能,以及耐磨、耐腐蚀性能高,常采用高强度铝合金管,以减轻结构质量。近年来,复合材料作为滑橇的结构材料应用也越来越广泛。

滑橇主要靠前、后横梁的弹塑性大变形来吸收能量。在长期使用过程中,前、后横梁的塑性变形逐步积累,使前、后横梁的高度和横向跨距会发生较大的残余变形。一般来说当残余变形达到 5%～8% 时就必须更换前、后横梁,或者更换整个滑橇。

滑橇式起落架设计时,除了对结构有以上要求外,还需要考虑滑橇式起落架的总体布局。滑橇式起落架总体布局的要求如下:

① 为避免起落架最大变形量时机体结构与地面凸出物相碰,机身最低点(含外部天线)离地最小距离不小于 150 mm。

② 为防止直升机大俯角或者斜坡着陆时造成直升机前倾,滑橇前着地点应布置在重心之前一定范围内,通常前罩角 α 取值为 30°～40°,如图 7-53 所示。

③ 当直升机着陆过程中有后翻倾向时,滑橇后着地点应能使直升机有自行恢复到停机状态的能力,此时滑橇后着地点应布置在重心之后一定范围内,通常后罩角 β 取值为 30°～40°,如图 7-53 所示。

④ 大风天气直升机着陆时,因强气流影响可能会导致直升机易向一侧倾倒、侧滑。为避免直升机发生侧翻事故,直升机侧罩角 γ(见图 7-53)不能过小,一般需满足下式的要求。但由于直升机机身废阻和质量限制,左右橇管间横向跨距不易过大,应在满足防侧翻要求范围内选择尽可能小的横向跨距。

$$\gamma = \arctan \mu \tag{7-11}$$

式中, μ 为地面摩擦系数。

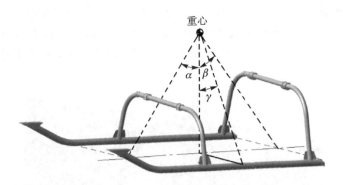

图 7-53　前罩角、后罩角及侧罩角

7.6.2　滑橇式起落架的结构与受力分析

1. 滑橇式起落架的结构

典型的滑橇式起落架装置一般由两个橇管和两个弯曲的弓形梁构成。在前后弓形梁上可选择安装翼形整流罩,用以减小直升机前进时的阻力,如图 7-54 所示。滑橇式起落架的弓形梁是直升机的主要缓冲和支撑结构,直升机着陆时主要通过弓形梁的变形来吸收地面冲击载荷。

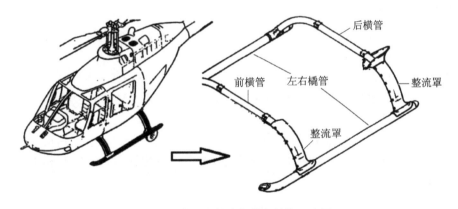

图 7-54　典型滑橇式起落架结构示意图

橇管上可安装一个可更换的不锈钢橇靴,直升机着陆时由橇管或者橇靴接触地面,承受正常接地时的载荷和磨损。因此,弓形梁和橇管是滑橇式起落架的主要承力构件。除橇靴外还可以在橇管后部安装长柔性钢条,在着陆过程中这些钢条先接触地面,可以把振动传到地面。

滑橇通常用 4 个固定组件与机身结构相连,以便拆卸和安装。滑橇与机身底部之间一般采用带有橡胶缓冲垫的卡箍连接,橡胶衬套可以装在卡箍内用以降低振动振幅,如图 7-55 所示。

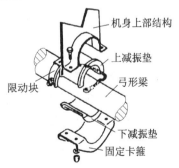

图 7-55　滑橇与直升机底部连接

有些滑橇式起落架的滑橇上还安装有阻尼减振装置,用来进一步增强直升机降落和坠落时的缓冲,减小冲击载荷,如图 7-56 所示。因为滑橇式起落架主要依靠弓形梁的弹塑性变形吸收能量,结构阻尼很小,因此阻尼装置还可以用来增大系统阻尼,缓解直升机"地面共振"的发生。此外,也可以通过改变滑橇式起落架的结构参数,合理分配其刚度和阻尼,减少"地面共振"的发生。

图 7-56　装有阻尼减振装置的滑橇式起落架

2. 滑橇式起落架的载荷工况及受力分析

直升机着陆时滑橇式起落架主要包括双橇水平着陆、单橇水平着陆和滑橇特殊着陆 3 种情况,如图 7-57 所示。

(1)双橇水平着陆

双橇水平着陆又包括垂直着陆、前飞速度着陆和侧移着陆 3 种着陆工况。

1)垂直着陆工况

图 7-57(a)所示为垂直着陆工况,图中 P_1、P_2 分别为作用在橇管前、后两端的地面最大垂直载荷。垂直载荷 P_1 和 P_2 可采用类似于轮式起落架的方法,根据前、后橇的过载系数和停机载荷求得,即

$$P_1 = \frac{1}{2} n_1 P_{10} \tag{7-12}$$

$$P_2 = \frac{1}{2} n_2 P_{20} \tag{7-13}$$

式中,p_{10} 和 p_{20} 分别为前、后橇的停机载荷,N;n_1 和 n_2 分别为前、后橇的过载系数。

2)前飞速度着陆工况

图 7-57(b)所示为有前飞速度的着陆工况,图中的 P_{1q} 和 P_{2q} 分别为作用在橇管前、后两端的垂直载荷;P_{1h} 和 P_{2h} 分别为作用在橇管前、后两端的航向阻力载荷,其值一般取垂向载荷 P_{1q} 和 P_{2q} 的 0.5 倍。

$$P_{1q} = \frac{2}{5} \sqrt{5} P_1 \tag{7-14}$$

$$P_{1h} = 0.5 P_{1q} \tag{7-15}$$

$$P_{2q} = \frac{2}{5}\sqrt{5}\,P_2 \tag{7-16}$$

$$P_{2h} = 0.5P_{2q} \tag{7-17}$$

3) 侧移着陆工况

图 7-57(c) 所示为侧移着陆工况,作用在每一侧滑橇上的垂直载荷与垂直着陆工况相同;侧向载荷沿橇管长度均匀分布,其方向向内或向外作用,其合力 P_{1c} 和 P_{2c} 一般取垂直载荷的 0.25 倍,即

$$P_{1c} = 0.25P_1 \tag{7-18}$$

$$P_{2c} = 0.25P_2 \tag{7-19}$$

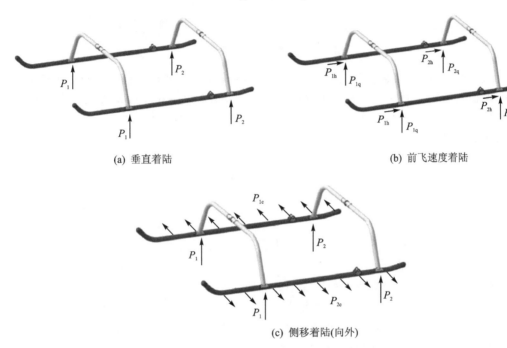

(a) 垂直着陆　　　　　　　　　　　(b) 前飞速度着陆

(c) 侧移着陆(向外)

图 7-57　不同着陆工况滑橇所受地面载荷

(2) 单橇水平着陆

单橇着陆时机身处于水平姿态,其力作用在一侧滑橇上,其垂直载荷约为双橇垂直着陆的 2 倍。

(3) 滑橇特殊着陆

滑橇撞击在对称障碍物上,载荷将沿与直升机纵轴向上、向后成 45° 方向作用(受阻情况)或垂直向上作用(无阻力情况),其力将作用于橇管直线段前端(见图 7-58(a))和橇管的中部。

在受阻情况下,集中作用在滑橇左、右橇管直线段前端的载荷 P 为

$$P = \frac{1}{2} \times 1.33G_{max} \tag{7-20}$$

式中,G_{max} 为直升机最大设计重量。

在无阻力的情况下,作用在左、右侧滑橇上的垂直载荷 P_y 分别为双橇水平着陆情况下

左、右侧滑橇的最大垂直载荷,力的作用点如图 7 - 58(b)所示。

以上 3 种着陆的 6 种载荷工况,以起落架单橇水平着陆滑橇上作用的载荷最大,是最危险的载荷工况。

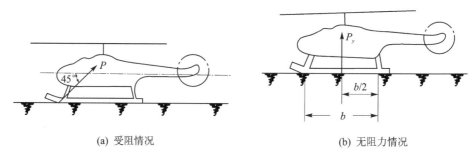

(a) 受阻情况   (b) 无阻力情况

图 7 - 58 滑橇特殊着陆情况

直升机着陆时滑橇式起落架主要承受地面作用在滑橇上的各向载荷及机身作用在滑橇上的载荷,滑橇受力之后的变形一般处在线弹性范围内。由于滑橇式起落架的主要承力元件前、后弓形梁和左、右橇管结构简单,在得到不同工况下滑橇上的各向载荷后,其受力情况相对比较简单,在此不再赘述。

习　　题

7-1　飞机前三点式起落架为什么能以高于着陆速度的小迎角着陆?

7-2　影响前轮摆振的因素有哪些?阻止摆振的方法是什么?

7-3　油气式缓冲器的工作原理是什么?

7-4　常用的变油孔装置有哪些?它们是如何工作的?

7-5　双气室油气缓冲器的优点有哪些?

7-6　分析比较支柱式和摇臂式起落架的受力特点,并画出主要受力元件的弯矩图。

7-7　分析滑橇式起落架的受力特点,并画出主要受力元件的受力图。

第8章　特殊环境下的结构设计

随着现代科学技术的发展和人类航空航天活动任务的增加,现代飞行器的飞行环境也越来越特殊,如航天飞机表面的热防护要求,现代飞行器隐身要求等。考虑特殊环境下结构设计的目的是在保证飞行器性能要求的基础上,综合考虑飞行器气动加热、表面结冰、雷击损伤、弹击损伤、隐身需求等多方面因素,针对不同部位的防护要求而采取特殊设计方案。特殊环境下的结构设计对提高飞行器的可靠性以及安全性,甚至对提高军用飞行器的作战性能,都有着巨大的潜力。

特殊环境下的结构设计必须综合考虑质量的增加,以及设计的复杂性和对飞行器飞行性能影响。本章将分别从飞行器气动加热、表面结冰、雷击损伤、弹击损伤、隐身需求这五个因素,从特殊环境的起因、结构的设计要求、防护结构的设计和组成形式三个方面对结构的设计方法加以介绍。

8.1　飞行器气动加热问题

飞行器在高超声速飞行时,由于自身飞行速度很快,将与空气做高速相对运动时受到的气动阻力产生摩擦,因此飞行器本身的能量绝大部分都转化为热能,这就是飞行器气动加热问题。飞行器气动加热是限制高超声速飞行技术发展的一个重要问题,通常被称为"热障",也就是当高速气流流过飞行器时,由于气流与飞行器表面的强烈摩擦,在边界层内,气流损失的动能将会转化为热能,使边界层内气流温度上升,从而对飞行器加热。图 8-1 展示了 $Ma=2$ 的条件下,"协和"超声速客机由于气动加热产生的表面温度分布。

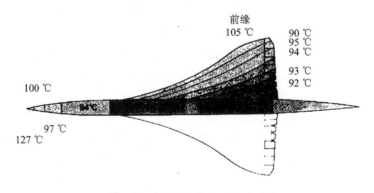

图 8-1　"协和"超声速客机的表面温度分布($Ma=2$)

如果将飞行器在高速飞行中所拥有的能量全部转化为热量,这些热量又完全传导到飞行器结构中,那么整个飞行器结构会化为灰烬。不过在真实情况下,这些热量只有少量会传导给飞行器,大部分则会通过微波和辐射作用扩散至周围环境。产生这种现象的主要原因是激波的散热作用,也就是飞行器周围的空气分子相互碰撞作用的结果。在高超声速飞行中,飞行器会对周围的空气不断产生猛烈的压缩作用,使其密度增加十几倍,同时产生高温,于是在飞行器的前方形成强激波。空气分子撞击飞行器表面后又反弹回去,与其他空气分子相碰撞,从而阻止了更多的空气分子把能量传送给飞行器,于是大部分热量传递在激波与飞行器之间的空间中。激波从飞行器的四周向周围延伸,形成一个由加热的空气分子组成的巨大尾流,这个尾流包含了飞行器在高超声速飞行过程中所产生的绝大部分热量,随后尾流中的热量又逐渐在周围更广阔的大气空间中扩散掉。

虽然存在激波的散热作用,只有部分热量传导到飞行器结构中,但这也足以对飞行器结构产生巨大的影响。气动加热产生的长期被动升温会使飞行器结构的刚度下降,强度减弱,可靠性降低,同时引起飞行器内部温度升高,影响通信,并使舱内工作环境恶化。因此,作为高超声速飞行器设计的关键结构之一,热防护结构的研究对高超声速飞行器的发展和应用具有重大意义。下面从飞行器热防护系统设计、飞行器热防护结构设计、热防护结构的设计要求和热防护结构形式四个方面进行讨论。

8.1.1 热防护系统设计

根据防热的方式进行分类,热防护系统可以分为主动式热防护系统、被动式热防护系统和半主动式热防护系统三类。主动式热防护系统是大部分热量由工质或者冷却流带走的一种防热方式,主要方式为薄膜冷却、发汗冷却以及对流冷却。被动式热防护系统中,不需要通过工作流体带走热量,结构热量主要通过热结构的高温表面以热辐射的方式把热量发散到周围环境或者通过热沉结构吸收热量;被动式热防护结构中一般还会包含隔热结构来减缓热量向内的传递。半主动式的热防护系统是介于被动式和主动式热防护方案之间的防热系统,包括热管结构和烧蚀结构两种结构形式。由于被动式热防护系统不需要工作流体来排除热量,其结构形式相对简单,技术可靠,故相比于主动热防护系统更易于实现。

8.1.2 热防护结构设计

飞行器热防护结构设计的主要目的,是在高超声速气动热力的环境下保证飞行器的内部结构温度维持在安全的范围内,确保结构的可靠性,其中一类典型的就是空天飞行器的热防护结构设计。空天飞行器是指能够飞行在临近空间或空间执行特定任务并能长时间驻留的飞行器,是实现快速远程输送、精确打击、远程实时侦查、持久高空监视、情报搜集和通信中继等任务最为有效的手段。典型的空天飞行器可以分为三类:可重复使用轨道机动式、高超声速助推滑翔式和高超声速巡航式。这些飞行器的飞行速度一般均达到 5 倍声速以上,被称为超高声速飞行器。可重复使用轨道机动式航天器作为空天飞机的一种类型,是可重复使用天地往返运输的新型高超声速飞行器,是未来航天领域技术的发展趋势。其中,热防护结构是可重复使用航天器最重要的结构,热防护技术目前都是制约航天器最终服役能力的瓶颈技术。

下面以 X-37B 轨道飞行器为例,说明飞行器热防护结构在不同结构部位的设计方案。X-37B 在轨试验轨道飞行器是美国波音公司制造的第一架可重返大气层并能水平着陆的无人驾驶飞行器,属于高可靠、快速响应的可重复使用的空天飞机。X-37B 充分吸取了之前航天飞机的结构防护设计经验,它的热防护设计始终把握适度技术挑战,全部采用先进的成熟技术,如图 8-2 所示。

X-37B 的机身采用一体化的石墨/聚酰胺构架,在减轻结构整体质量的同时提高了整体的防热能力。飞行器机翼前缘采用两层轻质材料构成的增韧单体纤维抗氧化陶瓷瓦。在高动压、高温迎风面上采用可重复使用绝热毡,并且在表面铺覆增韧单体纤维陶瓷瓦。体舵面防热

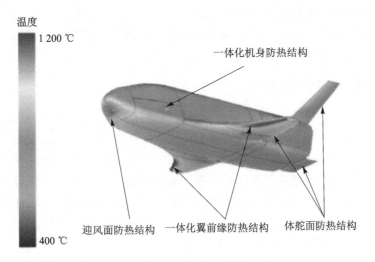

图 8 - 2　X - 37B 轨道飞行器的气动加热环境和结构防护

结构的设计在不同控制面采用的形式不同,体襟翼结构采用的是碳/碳化硅陶瓷基结构,而襟副翼则采用碳/碳化硅和碳/碳陶瓷基结构,方向舵则采用碳/碳陶瓷基结构。X - 37B 的热防护结构设计提出了防热与隔热一体化的新理念,通过外层与内层之间的梯度化设计,实现了外层防热内层隔热的功能,显著增强了热防护系统的可重复使用能力。因此,对飞行器热防护结构进行设计,需要综合考虑飞行器的飞行状态、热环境、使用寿命、结构质量、制造工艺、生产成本等多方面因素,并且不同部位也会由于表面位置的气动及载荷环境不同,而采用不同的热防护结构设计方案。

8.1.3　热防护结构的设计要求

热防护结构的设计要求必须建立在保证飞行器性能要求的基础上,充分考虑不同部位的防护要求而采取特殊设计方案。如针对不同部位结构所采用的设计需求(如损伤容限和安全寿命)、飞行任务包线(速度、载荷因子、质量条件)、设计载荷限制(限制、极限及离散源)及安全系数和破坏模式(雷击、碎片冲击及发动机转子脉冲等)、结构健康监测(如间隔和水平)等都必须包含在内。以上述 X - 37B 轨道飞行器为例,它的核心要求为"可重复使用性"、"超强机动性"和"快速响应性"。对热防护系统的具体要求为:可重复使用性,要求在高温下保持稳定的气动外形,烧蚀热防护则不适用;超强机动性,要求具有良好的气动特性和可靠的气动舵面的控制特性,即尖锐前缘(鼻锥、机翼等部位)、高升阻比气动外形和方向舵,这要求实现高热流部位的热防护;快速响应性,也就是长期在轨巡航、高速再入和水平着陆,这要求实现轻质的耐高温非烧蚀防护。概括起来,通常热防护结构设计要求包含以下几点:

① 热防护结构的尺寸大小必须保证内部环境温度在允许的范围内,使飞行器重要结构和内部设施不会因为气动加热产生损坏和干扰。

② 热防护结构的设计要维护整体结构的完整性,并且在飞行器的所有飞行过程中,保证飞行器可靠的气动外形。

③ 通常热防护结构会遍布整个飞行器表面,因此必须满足飞行器飞行过程中所有的环境条件要求。

④ 热防护结构的设计要以最小质量为要求。

⑤ 热防护结构的设计必须考虑降低飞行器的整体费用,包括制造工艺费用、隔热材料费用、飞行器维护和维修费用以及转场花费等。

8.1.4　热防护结构形式

飞行器在高超声速飞行中产生的热量一部分会通过激波的散热作用扩散掉,另一部分则会传导至飞行器结构中。因为,一方面可以利用散热特性增加散热,减少传导至飞行器结构中的总热量。通常认为扩散的热量与激波的强度成正比,因此最早采用的一种热防护技术是基于钝头的激波防热技术,通过将飞行器前端设计制造成钝头能使其在飞行过程中产生强大的激波,从而明显增强其热扩散效果。这也是卫星和飞船的返回舱通常选用钝头朝前的气动力外形的原因。另一方面则可以利用特殊的结构设计来阻止在高超声速飞行过程中气动加热对飞行器的破坏。目前采用的防热方法有以下几种:

① 烧蚀法。通过结构设计使飞行器表面部分材料烧蚀,从而将热量带走,以保护重要结构。通常采用玻璃钢为烧蚀材料。在热流作用下,飞行器结构表面温度上升,当温度达到玻璃钢的热解温度时,其内部的聚合物开始分解为气体和残存的固态碳,这个过程中会带走大量热量。随着加热的继续,分解区逐渐向里扩张,分解出的气体逸出结构表面,扩散到气流中去,排出的气体同时形成一层气保护层,也就是空气隔热层,在有效阻止热流流向结构的同时,外表面也向外辐射散发热量。

② 辐射法。利用耐高温的合金,如镍、铌等合金材料作为飞行器的结构材料,以提高飞行器结构耐受温度。在高超声速气动加热的作用下,表面温度不断上升,从飞行器表面向外辐射的热量是以飞行器表面温度的 4 次方增加的。当由气流传给飞行器表面的热流与由飞行器表面向外辐射的热流相等时,也就是达到平衡温度时,即气动加热进入表面的热量完全靠表面的辐射散射出去,飞行器结构温度就不会再上升。

③ 表面隔热防热法。表面隔热防热是辐射防热的一种改进形式,利用各种不同的多孔材料结构覆盖在飞行器表面,取代辐射防热中的金属蒙皮结构,提高工作温度。这种多孔材料结构与内部结构中间使用具有良好弹性性能和粘结强度性能的胶层粘结,多孔材料结构之间留有适量的缝隙以保证热胀冷缩。

④ 热沉法。主要是将气动加热传递的热量为飞行器结构所吸收并储存在结构内。热沉式防热是选用热容大的材料制成防热层,能吸收大部分气动加热,使传入结构内部的热量低于允许值。热沉式防热结构的蒙皮比较厚,采用比热容高、导热性能好、熔点高的金属材料,例如铍、铜等。但是考虑到一些特殊飞行器气动加热量很大,防热结构质量必须很重,因此,这种方法的防热能力有限,仅适用于加热量很小的位置。

⑤ 发汗冷却防热法。主要是利用气体或液体发汗剂在压力作用下,从多孔中排出后通过其分解和液化在表面形成隔热的连续气膜(附面层),来吸收大量的热量,从而降低结构的表面温度。如把低熔点金属掺入难熔材料等多孔骨架中,当结构受气动加热时,靠低熔点金属的熔化和蒸发来防热。

表 8-1 给出了世界航天大国空天飞行器热防护方案。

表 8-1　世界航天大国空天飞行器的热防护方案

空天飞行器	年份/年	高温区防护方案	热防护类型
美国 X-37B	2010	增韧单体纤维抗氧化陶瓷瓦	非烧蚀
美国"发现者"号	2006	RCC 防热结构	烧蚀
美国 X-33	2004	C/C 防热结构	烧蚀
美国"奋进"号	1994	RCC 防热结构	烧蚀
美国 X-30A	2000	ACC 发热冷却	烧蚀
美国"哥伦比亚"号	1981	RCC 防热结构	烧蚀
苏联"暴风雪"号	1988	C/C 防热结构	烧蚀
法国"赫尔墨斯"号	1988	ACC 防热结构	烧蚀
英国"霍托尔"号	1988	ACC 防热结构	烧蚀
日本 HOPE	2000	RCC 防热结构	烧蚀

8.2　飞行器结构防除冰系统设计

在自然界中,结冰现象很常见。对于飞行器来说,当表面出现水同时周围温度达到冰点以下时,就会出现结冰现象。当飞行器未起飞时,由于空气中的水分子聚集在结构表面或者遇到降雨降雪,当气温降低时就可能在飞行器表面产生冻结。当飞行器在飞行过程中穿越云层,云层中的冷水滴撞击后也会产生冻结。

由于飞行器在空中飞行主要依靠空气动力提供升力,良好的气动外形才能保证飞行器在飞行过程中获得足够的气动升力、操纵性和稳定性。结冰的最大危害是破坏飞行器原有的气动设计外形,尤其是升力面和操纵面,对飞行器的性能产生极大的影响,甚至导致飞行器失事。因此对飞行器结构进行防除冰设计直接关系到飞行器的安全性。下面针对飞行器结构防除冰系统的不同方式和设计方案进行讨论,并简单介绍几种常见的防除冰系统。

8.2.1　防除冰系统的组成与设计

飞行器结构结冰保护系统主要分为防冰和除冰两种方式。防冰系统的工作目的为不允许受保护的结构结冰,主要通过周期性或者持续性的工作确保防护结构表面不出现结冰现象。除冰系统的工作目的为允许受保护的结构结冰,但是可通过周期性的工作消除结构上的积冰。

目前常见的防除冰系统设计可分为机械除冰、液体防冰和热防除冰。机械除冰技术可分为气动带除冰和电脉冲除冰,其原理就是通过机械的方法使冰层破碎,然后由气流吹除;热防除冰技术可分为电加热防冰和气热防冰,其原理就是提高结构表面温度;液体防冰主要是起飞前在飞行器易结冰部位涂抹防冰液,其原理是将冰点很低的液体喷洒在结冰部位,使其混合后低于表面温度而防止结冰。表 8-2 为防除冰系统的分类及其主要应用部位。

表 8 - 2　防除冰系统的分类及其主要应用部位

防除冰系统的分类	主要应用部位
液体防冰	风挡、窗、雷达罩、螺旋桨桨叶、汽化器
气动除冰	翼面前缘
气热防冰	翼面前缘、直升机旋翼、发动机进气口
电热防冰	风挡、失速传感器、皮托管、排水管

　　下面以空客 A320 飞机防除冰系统为例,说明防除冰系统在不同结构部位的防护方案。空客 A320 飞机的机翼防冰系统主要采用从发动机高压级或者低压级引气的方法使热气进入前缘缝翼内来防除冰,如图 8 - 3 所示。由发动机压气机引出的热气经过防冰阀,并通过温度和压力调节后,通过笛形管进入机翼前缘以保证该部位不结冰;随后,热气进入机翼前缘的防冰腔,沿通道流动逐渐把热量传递给蒙皮。

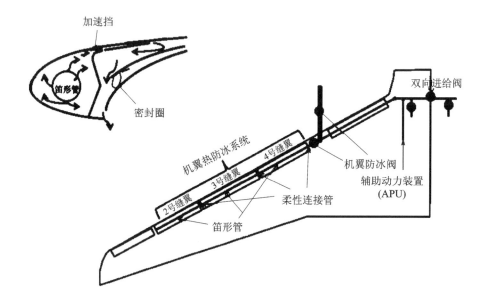

图 8 - 3　空客 A320 机翼热防冰系统

　　空客 A320 飞机的发动机短舱防冰系统也主要是气热防冰,采用与机翼热气防冰相同的方式,热空气从发动机引出之后,通过管路和阀门,最终在加热短舱内表面实现防冰的目的,如图 8 - 4 所示。不同类型的发动机在不同推力的条件下,引入气体的温度差异很大,因此短舱防冰系统通常设计预冷装置,防止引气温度过高。

　　空客 A320 飞机的风挡加热系统现采用电加热技术,主要是通过向预埋在风挡玻璃内部的加热膜供电,使其温度升高来加热玻璃表面,从而防止发生结冰现象。民航飞机的风挡一般为多层结构,如图 8 - 5 所示,在实际工程中,通常允许风挡表面有液态水存在,但是不能出现结冰现象。

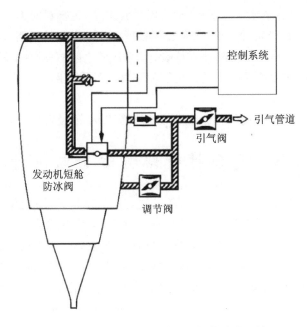

图 8-4　空客 A320 发动机短舱热防冰系统

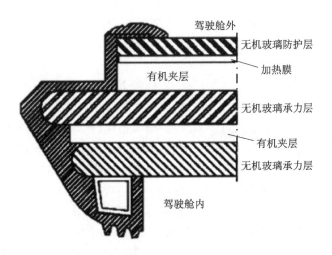

图 8-5　空客 A320 风挡加热系统

8.2.2　飞行器结构的防除冰设计要求

飞行器结构的防除冰设计主要考虑结冰气象包线,以及飞行器的飞行包线、性能要求、结构几何尺寸等因素,针对不同部位的防除冰要求采取针对性的设计方案。如热气防冰系统设计会降低发动机的有效推力、机翼热防冰系统需要考虑优化线路长度,减少由于加热元件引起的系统质量增大;风挡加热系统则需要考虑加热膜对风挡玻璃力学性能的影响等。通常飞行器结构的防除冰设计要求包含以下几点:

① 飞行器防除冰系统作为机载系统之一,要满足机载系统所必须满足的一些通用性适航性要求,从而保证系统能够安全可靠地工作。

② 在适航规章规定的结冰条件下,发动机能正常工作,飞行器能无限制飞行,飞行器结构结冰后需满足的气动弹性稳定性要求、驾驶舱风挡所需满足的结冰后视界要求等。

③ 质量要求,即合理地进行防除冰系统设计,使其尺寸最小、质量最轻。

④ 可靠性要求,即防除冰系统应具有足够的刚度、强度,线路管道接口正确。

⑤ 使用维护方便。

⑥ 对直升机防除冰设计要求,主要包括部件防除冰、结冰吸入损伤等方面。

8.3　复合材料结构防雷电设计

复合材料具有质量轻和强度高等优点,随着复合材料结构设计和制造水平的提高,复合材料已经大量应用于飞机主承力结构和表面结构中。但是与传统铝合金、钛合金等机体结构材料相比,复合材料的导电性很差,所以很容易受到雷击的破坏。当遭受雷击时,高电压会击穿复合材料结构,使导电不连续的部位起火,同时材料被烧蚀造成结构的性能大幅下降,严重危及到复合材料飞机的结构安全。因此,雷电防护设计是现代飞行器结构设计的重要组成部分,是保证飞行安全的重要设计措施之一。下面将介绍复合材料结构雷电防护措施以及设计要求。

8.3.1　复合材料结构雷电防护措施与设计

通常情况下,复合材料结构雷电防护措施主要是在构件的外表面铺覆金属网或者喷涂防护涂层构成电流通路来防止雷击损伤,其设计方案可以分为三种类型:外铺金属箔层、喷涂金属粉末层和配置金属箔。

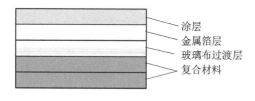

图 8-6　导电金属箔雷电防护

外铺金属箔层如图 8-6 所示,是指在复合材料构件的外层铺一层玻璃布过渡层,过渡层外铺一层金属箔层(铝丝网或铜丝网),这两层构成导电金属箔层。导电金属箔层外铺一层额外涂层,主要用于防止水分和环境物质的进入,以免引起腐蚀,因为腐蚀性损坏会降低导电金属箔层的电导率,进而影响雷击损害防护的能力。喷涂金属粉末层,就是将前一种方案中导电金属箔层换成金属粉末,也就是在具有玻璃布过渡层上,用火焰或等离子喷涂一层金属粉末(铝粉),在外层喷一层封孔剂,用于阻止金属涂层氧化和腐蚀。配置金属箔,就是在复合材料构件表面直接配置间距 50 mm、宽 25 mm 的金属箔(铝箔)。

三种设计方案中外铺金属箔层的优先级别最高,喷涂金属粉末层和配置金属箔在雷电防护层与复合材料结构表面的结合强度上较差。此外,由于喷涂金属粉末层和配置金属箔两种方案在雷击附着点处的防护层均会产生烧熔、蒸发和裂纹等问题,因此维护成本也较高。

下面以 B787 为例,说明复合材料结构雷电防护设计方法。B787 是第一架大规模应用复合材料制造的商用飞机,约占飞机结构质量的 50%,所以对于雷电防护的设计就尤为重要。图 8-7 展示了其机翼雷电防护设计。B787 的机翼蒙皮由复合材料构成,其导电性很差,因此在外铺一层金属铜箔层。在一些紧固件周围安装压缩套圈,保证机械连接的配合紧密度,避免空隙的产生,确保雷击产生的火花不会进入油箱。在连接结构的边缘也填充上密封胶,阻止燃油沿连接空隙往外挥发。

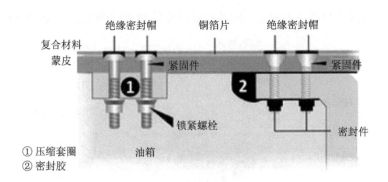

图 8 - 7　B787 机翼雷电防护设计

8.3.2　复合材料结构雷电防护设计要求

雷电防护设计必须建立在飞行器性能要求的基础上,并应满足下列要求:

① 选用的雷电防护设计方案及其使用方法不得影响飞行器先进复合材料的性能和功能。

② 在驱散高脉冲、短时间、大电流的雷击时,该防护设计应能防止电弧放电。

③ 必须设计从复合材料表面传导到金属结构的连接件,以保证将电安全接地。

④ 结构表面防护设计必须能承受由于驱散雷击而产生的载荷。

⑤ 必须考虑表面防护设计方案能将静电可靠有效地传导到静电放电器(尾刷)上。

⑥ 雷电防护导体表面必须提供充分的防电磁干扰屏蔽设计。

⑦ 表面防护结构必须是可修理的,并且所需的维护限度最低。

⑧ 电流接地连接件的导电性需要保持一致性,不得随工作时间和工作环境的变化而出现很大的降低。

8.4　结构防/抗弹击设计

防/抗弹击设计是装甲防护系统的基础,是现代化军事武器设计的关键技术。现代战争中,现代军用飞行器(歼击机和武装直升机)肩负着夺取战场制空权以及大量对地攻击的任务。但是现代军用飞行器在飞行及战斗中面临来自新型导弹、火炮等对空武器的巨大威胁,飞行器结构不可避免地受到导弹碎片及地面火炮的高速冲击,对机体结构造成高速冲击损伤,严重影响乘员的安全及飞行器的寿命。下面将重点从结构防弹击设计、抗弹击设计两方面,介绍几类飞行器的结构防护设计和要求。

8.4.1　结构防弹击设计方法

结构防弹击设计原理是当弹体打到防弹材料上时,将弹体或弹片碎裂后形成的破片予以弹开,同时在受到冲击时会吸收大部分的冲击能量。飞行器所有关键部件通过应用结构防弹设计,可以应对降低弹击和飞行碎片的威胁,充分提高机组人员的生存能力。

下面以军用运输机 C130 驾驶舱装甲布局为例,说明结构防弹击设计方法。图 8 - 8 展示了 C130 驾驶舱装甲布局,其中在驾驶舱安装模块化防弹地板和防碎片内衬,驾驶舱其余的结构周围安装防弹装甲,用于保护乘员生命安全和飞行器系统的可靠性,在驾驶舱双侧安装可拆卸装甲板。装甲系统不负责支撑载荷,仅需简单地用螺栓固定现有的地板和壁板上。

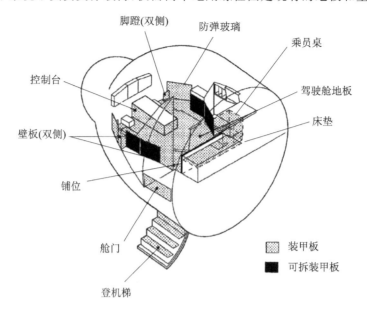

脚蹬(双侧)　防弹玻璃

乘员桌

控制台

驾驶舱地板

床垫

壁板(双侧)

铺位

舱门

登机梯

☒ 装甲板

■ 可拆装甲板

图 8－8　C130 装甲布局

武装直升机结构防弹击设计也重点强调战场生存力。以美国的 AH－64"阿帕奇"专用武装直升机为例,其作为当今世界上技术最先进、火力最强,具有高生存力的武装直升机,通常在座舱周围及弹射座椅上采用大量的碳化硼陶瓷/芳纶、氧化铝陶瓷/高性能纤维复合材料轻质装甲,发动机短舱外侧也会设计披挂防弹击装甲,用于增强其抵御地面武器袭扰的能力,如图 8－9 所示。

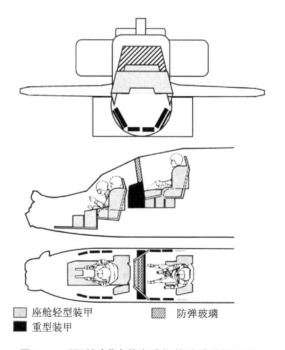

☐ 座舱轻型装甲　　☒ 防弹玻璃

■ 重型装甲

图 8－9　"阿帕奇"武装直升机的防弹结构设计

8.4.2 结构抗弹击设计方法

在飞行器某些关键部件无法采用防弹结构设计的情况下,应采用结构抗弹设计以应对弹击和飞行碎片的威胁,提高飞行器的生存能力。下面介绍几种典型的结构抗弹设计方法。

自密封油箱是一种常见的抗弹设计,其采用橡胶柔软层叠结构,在夹层中设计以胶粘剂制成的密封层。当弹片穿透油箱后,密封层出现膨胀,自动闭合弹孔,防止油箱泄漏。

军用飞机座舱玻璃一般也采用特殊抗弹设计,主要采用通过夹胶工艺生产定制而成的多层复合玻璃。

现代直升机旋翼大多设计为玻璃纤维复合材料多梁和蜂窝夹层的后段结构。这种设计方法利用复合材料的损伤止裂性,规避传统的金属旋翼受弹击后会变形的问题,能够有效保持旋翼结构的完整性,继续执行任务。

直升机传动系统的关键位置可采用碳化钨轴承套来提高抗弹损伤性能,尾传动轴可采用大直径设计,从而确保结构具有较强的抗弹击能力。

8.4.3 结构防/抗弹击设计要求

结构防/抗弹击设计必须建立在不影响飞行器性能要求的基础上。在综合考虑质量增大和对飞行/作战性能影响的情况下,通过选择合适的防护等级、先进的防弹材料、恰当的防护部位和合理的防护结构等对飞行器防护能力进行相关设计。具体设计应满足下列要求:

① 根据飞行器的类型不同和保护区域不同,选择合适的保护装置。

② 选用的防/抗弹击设计方案在其使用时不得影响飞行器相关的飞行约束(飞行器内部良好的载荷分布等)。

③ 根据威胁类型选择合适的防护材料和方案。

④ 具有多种抗冲击能力。

⑤ 结构表面防护设计必须能承受由于驱散雷击而产生的载荷。

⑥ 特殊环境抵抗性能 (如湿度、热冲击、振动、防火等)。

⑦ 优化质量/保护比。

⑧ 防护结构尽可能模块化,便于维修,降低后期维护限度。

8.5 结构隐身设计

雷达探测是当前最常用的探测手段,对于飞行器构成很大的威胁,因此,隐身飞行器需要通过精心设计来降低自身的雷达散射截面积(RCS),有效提高飞行器的生存能力。雷达隐身技术现阶段主要分为等离子体隐身技术、外形隐身技术和材料隐身技术三大类。等离子体隐身技术,是指产生并利用在结构表面形成的等离子云来实现规避电磁波探测的一种隐身技术,涉及到的结构设计较少,本节主要从结构设计的角度来简述如何实现飞行器外形隐身设计。

外形隐身技术主要依据电磁波散射理论,通过对飞机总体及其主要部件进行合理优化布局,避免雷达探测在威胁方向上因机体结构产生的强反射点,实现隐身效果。相较于传统飞行器的气动设计准则(高升阻比、高机动性),隐身外形设计要求的引入,给飞行器气动外形设计带来了额外的约束。在传统的设计中,为了降低气动阻力,要求尽量减小飞行器的浸润面积,因此飞行器的机身截面通常设计成浸润面积最小的圆形。但圆形截面却是雷达隐身最不理想的形状。因为其在任何方向都有很强的雷达散射。因此,为了达到理想的雷达隐身效果,圆形截面被改造成菱形截面,将雷达散射集中在对隐身威胁较小的方向上,如图 8-10 所示。但这同时也带来了新的力学和结构设计问题,相较于曲面结构更有利于承受飞行器表面的气动力,平面结构则承载能力较差,易失稳。所以为保证结构的强度和刚度,需要付出更多的质量代价。

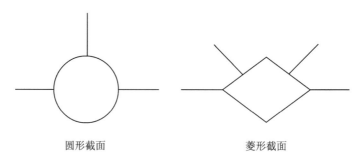

圆形截面　　　　　　　　　　　菱形截面

图 8-10　不同机身截面设计

为了拥有更好的隐身性能,隐身飞行器通常采用斜置的双垂尾设计并取消垂尾设计(如 B-2 轰炸机),这也导致其飞行性能大幅度降低。此外,为了满足隐身要求,所携带的武器必须内置在武器舱内,这些特殊要求都会增加飞行器结构并导致相应的质量增大。同样的问题也出现在其他飞机部件结构设计上。例如在座舱透明件设计中,为了同时保证强度/刚度和隐身外形,座舱玻璃厚度和质量会成倍增大,在导致成本增加的同时也给救生系统的设计带来挑战。在飞机表面的蒙皮结构设计中,也摒弃了传统的蒙皮分块直对缝设计,而采用锯齿对缝,同时要求锯齿必须是全部朝向且与飞机机翼后掠角平行的方向,锯齿尽可能大,数量尽可能少。此外。大量的铆钉和紧固件也是飞机上不可忽视的散射源,可以通过提高新型铆钉和紧固件设计及工艺水平来提升飞行器整体的隐身性能。

材料隐身技术主要是利用微波吸收材料或微波吸收结构吸收空间中的电磁波辐射,实现不同频段下的电磁波能量损耗吸收。其中微波吸收材料主要是涂层材料,使用比较方便,可以像普通涂料一样涂覆在表面,但是其界面强度和涂层强度较低,在实际应用中容易受到复杂环境的影响,造成磨损、剥离甚至破坏,没有力学承载性能。近年来结构型吸波材料开始受到广泛关注,结构型吸波材料实际上是一种结构,主要是通过亚波长结构来实现对电磁波场的调控,其属于超材料结构设计,主要分为两种类型。一种是通过损耗电磁波能量实现隐身效果的微波吸收结构;另一种是通过对电磁波的相位和能量调控的微波绕射结构,如图 8-11 所示。传统的微波吸收结构有 Salisbury 隐身结构、Jaumann 隐身结构、格栅泡沫隐身结构、阻抗梯度型材料、三维损耗超材料等。其主要是通过在铝板或铁板上方一定距离铺设一层电阻膜,从而使电磁波通过产生共振效应,使电磁波在电阻膜上产生共振峰,利用电阻膜消耗电磁波能量,实现吸波效果。这类超材料结构是指通过一类特殊结构设计呈现出天然材料所不具备的超常物理性质的复合材料,可以实现例如负折射率、负泊松比和负热膨胀率等突破传统材料参数取值的限制,是未来结构发展的一个重要方向。

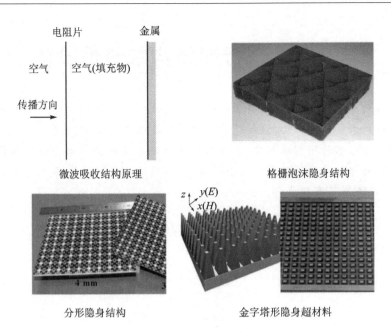

图 8-11　新型微波吸收结构

习　　题

8-1　飞行器气动加热产生的原因是什么？

8-2　热防护结构的设计要求有哪些？

8-3　防除冰系统有哪些分类及应用？

8-4　复合材料的结构有哪几种雷电防护措施？

8-5　结构防/抗弹击设计的要求是什么？

8-6　防弹装甲板主要采用哪些材料？

8-7　飞行器结构隐身技术有哪些形式？

第9章 飞行器结构维修性设计

维修包括维护和修理,是指使装备保持和恢复规定状态所采取的全部措施和活动。维修性是飞行器的一种设计属性,即由设计赋予飞行器产品维修简便、迅速和经济的固有属性。维修性设计是指在飞行器的研制过程中,设计人员将维修方便的特性结合到飞行器设计措施中一一实现。良好的维修性是飞行器使用中快速、经济维修的基础和前提,对于提高飞行器的安全性、可靠性和经济性具有重要意义。

9.1 飞行器结构维护分级

9.1.1 结构的分类

飞行器结构的检查和维护周期与其可检查度密切相关。不同部位的结构,其损伤的发生和发展情况的检查与该结构的可检查度密切相关。根据结构可检查度和检查间隔(见表9-1),可将结构分类如下:

① **飞行明显可检结构** 在飞行中,一旦该结构出现损伤,空勤人员能立即发现,并准确无误地意识到结构已经产生重要损伤,并中止飞行任务。

② **地面明显可检结构** 结构损伤的性质和程度使地勤人员不需对结构进行专门检查即可迅速无误地查出。

③ **巡回可检结构** 结构损伤的性质和程度使检查人员不必开启舱盖和使用特殊工具,从地面对结构表面进行目视检查即可查出。

④ **特殊目测可检结构** 结构损伤的性质和程度使检查人员必须拆下舱盖等,使用助视工具对结构进行详细目视检测才可查出。

⑤ **场地或基地可检结构** 结构损伤的性质和程度要求检测人员采取一种或多种选定的无损检测技术对结构进行检测,并允许卸下设备和可拆卸部分。

⑥ **使用中不可检结构** 受损伤尺寸或者可达性限制,检查人员无法用上述方法查出结构中的损伤。

表9-1 可检查度与检查间隔

可检查度	典型检查间隔
飞行明显可检	1次飞行
地面明显可检	2次飞行(1天)
巡回目视可检	10次飞行
特殊目视可检	1年
场地或基地可检	1/4寿命
使用中不可检	一个寿命期

9.1.2　结构维护的分级

根据国军标 GJB 450 的有关要求,我国军用飞机修理按三级维修体制设计。按照维修程度和维修时所处的场所划分为外场级(小修)、野战级(中修)和后方级(大修)。

① **一级维修(外场级,小修)**　直接由使用者(基层级修理机构)负责进行的维修。该级维修的主要特点是飞行器经过少量的修理即可快速地再次投入运行。该级维修只需专业化程度较低的技术、设备和设施,有限地拆开有关部位,排除故障,更换或修复个别零件。

② **二级维修(野战级,中修)**　由指定的直接向使用者提供维修保障的机构(中继级)进行。该级维修是飞行器每使用一定飞行小时或日历时间后进行的局部分解检查、换件等预防性维修,或者结构件中度损伤的修理。野战级维修的设施一般都靠近使用现场,或者居于几个使用现场的中间位置。

③ **三级维修(后方级,大修)**　通常由基地级维修机构(大修场)完成。该级维修在飞行器规定的大修间隔时限,或外场发生无法排除的故障、结构件有严重损伤时修理。维修基地需要配备大量的专业化车间设施和设备、较多的库存器材和零备件,并且具有高技术水平的维修人员,可为外场级和野战级维修提供技术保障。

民航飞机一般按飞行小时或起落架次分为 A、B、C、D 检等级别。一般来说 4A＝B,4B＝C,(6~8)C＝D。如某飞机 250 FH(FH,飞行小时)是一个 A 检,4 000 FH 是一个 C 检(16 个 A 检),24 000 FH 是一个 D 检(6 个 C 检)。

A 检是在日常维护工作的基础上增加检查的深度和广度的一种初步阶段检查,包括对选定的项目进行功能测试或操作检查;扩大飞机内外部目视检查和清洁的范围;对发动机、起落架操纵系统等关键部位进行缺损性检查、润滑和油滤保养等工作,并需要打开某些接近盖板进行检查。通过这些工作,可以保证飞机的持续运营能力和适航能力。

B 检可理解为深度 A 检,在实际执行中,航空公司一般会取消 B 检,而把 B 检的项目挪到 A 检或者 C 检中来完成。这样可以减少不必要的停场维修时间,节约航空公司的飞行成本。

C 检是一种为了保持飞机的持续适航性而做的遍及整个飞机的更深层次的阶段性检查。在 C 检中,增加了更多的操作检查、功能检查及润滑、防腐等工作,以满足各系统工作可靠性、安全性的需要,这些工作的完成要求打开更多的检查口盖和飞机地板。

D 检又叫大修、翻修,是飞机长期运行后的全面检修,必须在维修基地的车间内进行。D 检是最高级别的检修,对飞机的各个系统进行全面检查和维修。由于 D 检间隔一般超过 10 000 FH,很多飞机会在 D 检中进行改装或更换结构和大部件。

9.2　结构修理要求和方法

9.2.1　结构修理准则

飞机结构修理主要取决于飞机结构的设计思想和设计准则,因此,应采用这些设计思想和准则来指导制定飞机结构修理方案和具体的修理操作。飞机结构损伤修理的基本原则是:在确保修理后的强度、刚度和空气动力性能的基础上,尽可能控制飞机结构质量的增大,并力争快速。

1. 等强度修理准则

等强度修理准则分为局部等强度修理准则和总体等强度修理准则。在飞机结构修理中，通常采用局部等强度修理准则制定修理方案。

局部等强度修理准则：构件损伤部位经修理以后，该部位的静强度基本上等于原构件在该部位的静强度。按照这一准则修理时，首先要知道构件损伤处横截面积上的最大承载能力，然后才能确定补强件的几何尺寸和连接铆钉的数目。

总体等强度修理准则：根据总体结构的构造特点和受力情况，找出最严重的受力部位；然后根据受力最严重部位的极限受力状态，确定该总体结构能够承受的最大载荷；最后，以受力最严重部位的承载能力所能确定的最大载荷，考核修理部分的强度储备。当被修理部位不是该总体结构的受力最严重部位时，损伤部位修理以后的强度可以适当低于其原设计的强度，但其强度储备仍应比最严重受力部位强度储备大。

2. 刚度协调修理准则

飞机结构在使用载荷作用下，除了要有足够的强度外，还要有足够的刚度。也就是说，飞机结构不但不应有明显的永久变形，而且弹性变形也应有一定限度。飞机结构的刚度不足，飞行中就不能保持良好的气动力性能，而且还能引起强烈的振动，甚至使结构破坏。因此，制定结构修理方案时，在考虑等强度修理准则的同时，还要考虑刚度方面的修理要求。

刚度协调修理准则要求构件损伤部位经修理后，构件所在部位的刚心位置和平衡状态应保持不变，同时构件之间(或部件各部位之间)的刚度和变形要求要协调一致。

3. 抗疲劳修理准则

损伤构件经修理后，应尽可能使其恢复到未损伤前的疲劳强度。为此，在修理过程中应注意以下两点：

① 当需要更换或加强损伤构件时，新的替换件或加强件一般应与原结构件的材料相同。切忌单从静强度上考虑而采用刚性大、强度高的材料，过分地加强损伤部位，则会致使结构上产生"硬点"，改变原结构载荷分配和传力路径，降低疲劳强度。

② 应力集中是影响金属构建疲劳强度的最重要因素。因此修理中应尽可能避免应力集中现象的出现，在无法避免时，应尽量减小应力集中系数。

飞机结构修理的一般准则除以上三个外，还包括抗腐蚀修理准则、保持飞机气动外形修理准则等。在对飞机结构进行损伤修理时，应以这些修理准则为依据，正确地制定修理方案。

9.2.2　结构修理容限

修理容限的概念可以表述为结构缺陷或损伤要修与不要修、能修与不能修的界限；换言之，是结构件何时修理与何时更换的修理决策依据。结构修理容限的概念示意图如图 9-1 所示，显然它是损伤容限的一个子集。损伤容限是产品结构的设计要求之一，而修理容限则是对结构可修复性的一种度量。研究修理容限的意义在于，航空公司能够以此判断飞机结构怎么进行修理更经济且能控制结构的安全性和可靠性水平。

其中，修理容限的大小由修理上限和修理下限决定。修理下限决定损伤是否应该修理，如果超过修理下限，则应采取修理措施；反之，则处于允许范围。而修理上限决定损伤是需要修

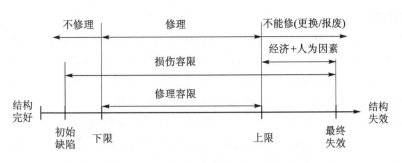

图 9 - 1　结构修理容限的概念示意图

理还是更换。如果修理下限设置得太低,即便是极小的损伤也会启动修理程序,影响经济性;而如果设置得太高,结构将会带损伤负载运行太长时间,对飞行安全造成威胁。虽然修理下限同时影响经济性和安全性,但考虑到最小可检尺寸的限制,一般修理下限不会太低,对经济性的影响较小,因此对修理下限,应主要考虑安全性。

如果修理上限设置得过低,那些可修理的损伤件也要执行更换程序,直接影响经济性;反之,损伤较严重时才执行修理操作,可能无法恢复其原来的性能,影响安全性。由于损伤结构必须要经过修理或者更换,需要在保证安全性的前提下着重考虑经济性,因此对于修理上限,应同时考虑经济性和安全性。所以,如何确定修理容限的 2 个阈值将对飞行安全和经济性产生巨大影响。

9.2.3　金属结构修理方法

1. 铆接修理

铆接修理技术是指用铆钉将损伤件和加强件连接在一起,使损伤结构的传力得以恢复的修理工艺方法。在飞机修理中常用的是普通铆接、单面拉铆和电磁铆接技术。

（1）普通铆接

用普通铆钉进行的铆接称为普通铆接。普通铆接由铆钉头和实心的铆钉杆组成,铆钉杆在冲击力或静压力的作用下,其尾部膨胀变形形成墩头,如图 9 - 2 所示,从而将构件紧密地连接在一起。铆接构件受力情况如图 9 - 3 所示,铆钉承受剪力和挤压力,构件在铆钉孔处承受挤压力,为了保证构件和铆钉任何一方不首先发生破坏,铆钉的材料强度应与构件材料强度相等。但在飞机结构修理中,更换铆钉比较容易,而更换构件很困难,因此,通常设计成铆钉材料的强度略低于构件材料强度。

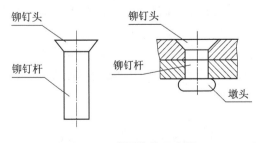

图 9 - 2　普通铆接示意图

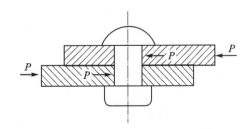

图 9 - 3　铆接构件受力情况

（2）单面拉铆

飞机上所使用的特种铆钉主要有抽芯铆钉、螺纹空心铆钉、环槽铆钉和双面埋头铆钉等。目前，铝制拉丝铆钉和抽芯铆钉的剪切强度一般是普通铆钉强度的20%～30%，其强度较低，不适合于现代飞机承力壁板的修理。在现代飞机紧固件工业生产中，美国CHERRY公司生产的CHERRYMAX型抽芯铆钉是一种较为可靠的具有很高结构强度的抽芯铆钉；同时，它还具有良好的可检性、简单的操作性。该铆钉结构和铆接过程如图9-4所示。CHERRY-MAX型抽芯铆钉在芯杆末端制作一个直径大于钉套内径的大头（见图9-4(a)）；当拉铆时，大头胀大钉套，自身也产生塑性变形而直径变小，结构钉套与钉孔产生一定的干涉量（见图9-4(b)和(c)），从而提高了连接的密封性和疲劳特性。另外，该铆钉的最大耐火温度可达900 ℃，同样适合飞机较高温度部位的铆接修理。

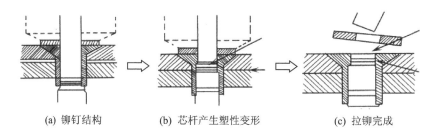

| (a) 铆钉结构 | (b) 芯杆产生塑性变形 | (c) 拉铆完成 |

图9-4　CHERRYMAX型抽芯铆钉拉铆过程

（3）电磁铆接

电磁铆接（也称应力波铆接）是在电磁成形工艺的基础上发展起来的一种新型铆接工艺方法，具有效率高、噪声小、安全性高、质量好、曲强比高、应变率敏感、强度高、可成形难成形材料

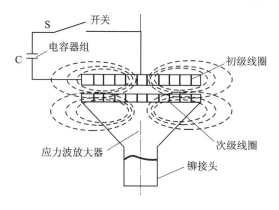

图9-5　电磁铆接工作原理图

等优点。这种方法在放电线圈和工件之间增加了一个线圈和应力波放大器（调制器），如图9-5所示。放电开关闭合的瞬间，初级线圈中流经快速变化的冲击电流，在线圈周围产生瞬间变化的强磁场。强磁场在次级线圈中产生感应电流，进而产生涡流磁场，两磁场相互作用产生强涡流斥力，即放大器的输入力。它在放大器中传播时经过不断反射和透射，输出一个波形和峰值均改变了的应力再传至铆钉，涡流力的频率极高，在放大器中以应力波的形式传播。这种强幅应力波传到铆钉时，使铆钉在很短时间内完成塑性变形。电磁铆接实质上是先在电容器中储存能量，然后通过线圈放电将电容器中储存的电能转换为机械能，完成铆钉塑性变形的。要完成铆钉的铆接，铆接设备储存的能量一般须达10 kJ以上。电磁铆接属于冲击加载。

2. 焊接修理

焊接是现代制造工程中的一种主要工艺技术，被誉为金属材料的"缝纫师"，能将零件组合连接成整体结构，焊接技术已广泛用于航空、航天、造船、能源、交通、核工业、石油化工、建筑、微电子等各领域。在航空制造与维修工程中，焊接技术的重要地位和特殊作用可概括为以下几个方面：

①焊接是先进航空结构设计方案得以实现的技术保证。焊接是不可拆卸的永久性连接。以小型、简单的元件组合连接成具有特定功能的大型、复杂焊接结构，是提高航空结构性能及制造工艺的重要发展方向。在发动机上，采用电子束焊或摩擦焊，保证了整体焊接转子设计方案的实施；某型飞机整体翼盒这样的大型重要承力结构，是以将数十块厚板钛合金的电子束焊接为技术保证的。焊接既保证了结构件的先进设计指标和使用性能，减轻了质量，提高了推重比，又改善了结构制造的工艺性。

②采用焊接技术，可以增加航空结构设计选材的灵活性，提高材料利用率。在整体焊接的结构上，可根据各部位的功能和工作条件，选用相应的不同材料，把异种材料焊接在一起，使构件材料的选择与匹配更加合理。例如，发动机的涡轮机匣，可采用高强度高温合金的安装边和低膨胀系数的高温合金壳体的组合焊接结构，既满足构件的力学性能，又达到气动设计对高温部件转动间隙的主动控制要求。机载设备中，采用钎焊或扩散焊的方法，将金属与非金属材料组合连接成具有特殊功能的构件。

③采用焊接技术，可以促进航空结构高精密度组合连接工艺的发展。焊接已发展成为航空制造与维修工程中紧密组合装配连接的工艺技术，是一种构件的最终加工工序。例如，利用能量密度高、热输入小的电子束，焊接发动机转子鼓筒盘件组合和传动齿轮的组合件；精确地控制焊接变形，保证盘件榫槽和齿轮的相对位置的精度；焊后，不再进行精加工。采用"低应力无变形焊接法"保证薄壳结构在焊后不发生失稳翘曲变形，可取消传统工艺流程中的焊后矫形和热处理消除焊接残余应力的工序。机载设备中的电子元器件，是靠精密、微型、自动化的特种焊接方法，实现其最后精确安装与可靠连接的。

综上所述，飞行器焊接结构的完整性取决于合理的结构设计、正确的材料选择和优质的焊接施工。焊接作为一种常规而又不断创新的工艺技术，在航空制造与维修工程中有其重要地位和特殊作用。但焊接技术本身的特点，又会对结构的母材带来一定程度的损伤。焊接接头具有局部力学性能的不均匀性、冶金性能的不连续性和几何形状的不完善性，这些特点决定了在实际生产中，焊接工程技术人员应与设计师、质量检验师密切配合，共同协作，解决施工中可能出现的各种技术难题，保证获得合格的优质航空焊接产品。

3. 胶接修理

胶接（粘接）是借助胶粘剂在固体表面上所产生的粘合力，将同种或不同种材料牢固地连接在一起的方法。铆接或螺接等传统的机械修理方法在修复时需要对构件重新开孔，存在着结构质量增加较大、形成新的应力集中区和补片制作成形困难等缺点。与铆接和螺接等机械连接相比，胶接修补由于能够提供应力分布均匀的连接系统和修补后结构增重较小等优点，在飞机结构的修理中正日益受到青睐。

早期的胶接修理仍然采用的是金属补片，但这种修补的方法存在着如下问题：一是作为补片的金属材料和有机材料的高分子结构胶粘剂在导热性能、膨胀性能和弹性模量等机械性能上差异较大，导致在胶接固化中的固化收缩应力和热应力较大；二是金属补片对飞机结构的复杂外形的适应性较差，也容易在修补后产生较大的结构应力。

复合材料胶接修补作为一种新的结构修补技术，与传统的机械修补方法（铆接、焊接、螺接）相比具有明显的优点：

①复合材料比强度、比模量高，其补片厚度为铝合金补片的 $1/3 \sim 1/2$，就能达到同样的修

复效果,因此胶接修补后的结构增重小。

② 复合材料可设计性强,可根据使用要求和受力状况进行材料的铺层设计。

③ 复合材料有多种成形工艺,便于大面积整体成形,制成大型结构件和表面形状复杂的零部件,可采用胶接共固化工艺进行原位修补。对复杂曲面,复合材料补片修补比传统的机械修补更容易实施,而且修补后的补片与母体粘合紧密,基本保持原有的结构外形,容易满足复杂的空气动力学要求。

④ 复合材料补片胶接修补能提高损伤区的刚度和静强度,减小裂纹尖端应力强度因子;贴补胶接修补不需要对原结构开孔,不会形成新的应力集中源,有利于提高结构的损伤容限和抗疲劳性能。

⑤ 修补时间短、成本低;

⑥ 外场修补所需设备简单,主要有修补工具包、修补仪和便携式 NDT 设备等。

9.2.4 复合材料结构修理方法

飞机复合材料结构的修理方法有很多种,其分类的方法也有多种。在实际的飞机复合材料结构修理中,常用的修理方法主要有铺层修理、注胶修理、填胶修理、胶接连接修理和机械连接修理五大类。

1. 铺层修理

铺层修理是复合材料结构修理方法中最重要和最具有代表性的修理方法。复合材料结构的可修理损伤绝大多数需采用铺层修理法实施结构修理。铺层修理法是指清除损伤后,采用湿铺层或预浸料实施铺层修理,经封装后,在室温下或者加热到某一温度实施固化的修理方法。铺层修理的流程如图 9 - 6 所示。

在室温下固化的修理又称冷修理。冷修理应用于受力不大、不重要的复合材料结构修理。有时候冷修理也采用加热固化,但通常加热温度不超过 150 ℉,加热的主要目的是为了缩短树脂固化时间。

非室温固化的加热固化修理又称为热修理。通常加热的温度有 200～230 ℉、250 ℉和 350 ℉三种。其中 200～230 ℉温度适用于采用湿铺层料的修理,250 ℉和 350 ℉两种温度适用于采用预浸料和预固化片的修理。通常,受力较大、较重要的复合材料结构都采用热修理。热修理能够使结构恢复到符合适航要求的强度。采用热修理时,修理用的材料要与所取固化的温度相适应。

复合材料结构的修理是否采用热修理,采用哪种温度,取决于原结构制造时的固化温度,还要

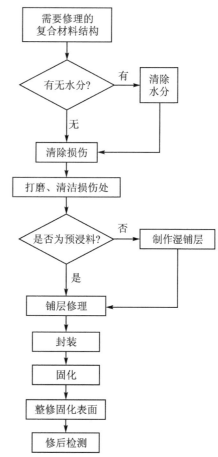

图 9 - 6 铺层修理工艺流程图

考虑到损伤的程度和范围、结构的重要性以及修理方法。

2. 注胶修理

注胶修理是指对层合板结构和夹芯结构的小面积的内部分层或脱胶损伤,采用注射的方法将流动性和渗透性好的低粘度树脂直接注入到分层或脱粘区域,并使之固化粘合的一种修理方法。对于层合板出现的小面积的分层损伤,通常在分层损伤边缘至少钻两个小孔,分别做注射孔和通气孔(出胶孔)。这些孔要通到分层损伤处,如图 9 - 7 所示。如果这些孔没有通到损伤层,树脂就不能注入到损伤区;如果孔太深了,则会使原来没有损伤的部位人为地造成新的损伤,这两种情况都达不到预期的修理效果。注胶修理也适用于孔边分层、层板气泡、脱粘等损伤的修理。

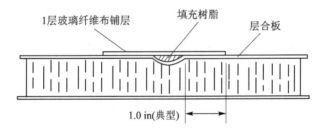

注射器

φ0.060 in

分层区域

注：1 in=2.54 cm。

图 9 - 7　注胶修理

3. 填胶修理

填胶修理是将树脂胶或其他填料填充或灌注到损伤区以恢复其结构完整性的一种修理方法,如图 9 - 8 所示,通常用于一些装饰性结构或受载较小的蜂窝夹层结构。其修理的损伤形式主要表现为表面划痕、凹坑、部分蜂窝芯子损伤、蒙皮位置错钻孔、孔尺寸过大等。

1层玻璃纤维布铺层　　填充树脂　　层合板

1.0 in(典型)

图 9 - 8　填充修理示例

在受载较小的蜂窝夹层板上采用填充、灌注修理可以稳定表板和密封损伤区,防止湿气的渗入以及损伤的进一步扩大。对于连接孔的损伤,如孔变形或摩擦损伤,可以用经过机械加工好的填充块修补。如果发生紧固件孔位置钻错,或者孔尺寸过大,则可先采用此法修理,然后重新钻孔。

4. 胶接连接修理

胶接连接修理是指对一个构件因损坏断裂而成两个部分或者原来胶接连接的构件之间出现脱胶损伤,以特定的连接形式,通过胶粘剂使之连接成一体,恢复其功能的修理方法。有时胶接修理还需与机械连接修理一起对损伤结构实施修理。

在飞机结构上,通常板形构件的胶接连接形式有 4 种:单搭接、双搭接、斜接和阶梯搭接,如图 9 - 9 所示。当被胶接件较薄时,可采用简单的单搭接或者双搭接形式;当被胶接件较厚时,存在着较大的偏心力矩,宜采用阶梯搭接或斜接,但工艺复杂,成本高。

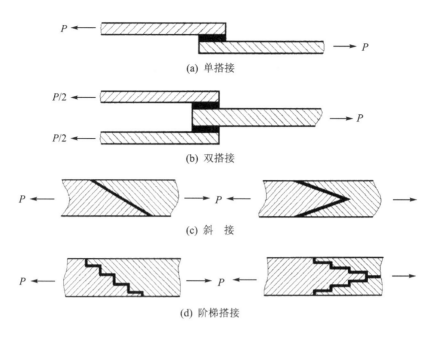

图 9 - 9　胶接连接的形式

5. 机械连接修理

机械连接修理是指在损伤结构的外部用螺栓或铆钉固定一外部补片,使损伤结构遭到破坏的载荷传递路线得以重新恢复的一种修理方法,如图 9 - 10 所示。机械连接修理常与胶接修理一起应用,如图 9 - 10 所示,补片与被连接件的结合面常用涂胶胶接。

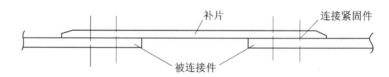

图 9 - 10　机械连接修理示意图

机械连接修理具有操作简便、性能可靠、能传递大载荷、抗剥离性能好等优点。这种方法的缺点是在结构上要钻紧固件孔,紧固件孔会削弱结构强度,引起应力集中以及修理增重较大。在复合材料结构修理中,机械连接修理适用于被修理件较厚且对气动外形要求不高的结构件以及外场快速修理的场合。根据连接紧固件的种类,机械连接修理又可细分为螺接和铆接修理。复合材料结构机械连接修理应优先采用螺接,尽量避免铆接。

9.3　飞机结构修理

飞机维修性要求的实现必须在设计时予以保证。本节主要说明飞机维修性落实的基本要求和内容。

9.3.1　可达性设计

可达性是指维修产品时,维修人员进行目视、维修操作允许进入维修部位的难易程度的设计特性。可达性差将降低维修效率,延长维修作业时间,影响飞机的可用度。进行可达性设计时设计人员必须考虑下列因素:

①　不同的维修级别、维修方案对可达性有不同的要求。在外场级(基层级)进行换件维修,则外场可更换单元(设备/零部件)在飞机上应具有良好的可达性。如果外场可更换单元还应进一步到野战级(中继级)维修时,则应进一步考虑车间可更换单元维修部件的可达性。

②　可达性要求应根据所需的维修活动而定,维修活动是指目视检查或实际的维修操作,如检查、维护、调试、修理、更换等。

③　可达性应考虑与维修人员的身材、着装、生理、心理等有关的人的因素。

9.3.2　维修通道

维修通道是维修人员进行观察、检查和调整等工作时,人的肢体和维修工具所能进出的开口和通路,如检查口、检查窗、测量口、进出口和加注口等。在结构受力允许的情况下,维修口盖应尽量采用快卸形式,经常打开的口盖,一般应有系留装置。维修通道按照功用可分为查看通道、测试通道和修理通道三种类型。

通道口的位置应便于维修操作,首先确定维修人员通过该通道口需做的工作,然后把通道口安排在适合的操作位置上。使用频繁的口盖应设置在飞机的侧面或下部,机身上方的口盖打开时,应有防止零件掉入以及掉入后取出的措施。通道口尺寸的确定应遵循以下原则:

①　通道尺寸应根据需要维修的设备或部件的大小和要完成的维修工作而定,当用一个通道口能完成维修工作时就不要开两个或多个通道口。

②　通道口的大小应考虑维修工作的视线、所需的工具类型、光线强度以及在通道口内所要求的维修操作内容。

③　应考虑维修操作时使用的手工工具的活动空间。如对于每个要分解拧动的螺钉(或螺母),在维修通道内或通道口处应能允许手工工具每一次至少能转 1/4 周,最好能转 1/2 周。

④　为保证螺丝刀类工具的工作空间,螺钉头上方所需的工作高度应是工具本身长度 B_1、螺钉长度 C、操作者手腕高度 A(至少为 75 mm)三者之和。若难以达到该高度,可用弯头的螺丝刀,则它所需的工作高度是螺钉长度 C 和弯头螺丝刀的高度 B_2 之和,但此时应使弯头螺丝刀的手柄能径向自由旋转。

⑤　通道口的尺寸还取决于所要求接近的零组件、设备和元器件的形状和尺寸以及它们在通道内的布局情况;通道口应能允许被拆卸下来的零组件、设备等从通道内沿着直线(或略有曲线)的路线取出。

⑥　通道口的尺寸必须考虑维修人员的身体有关部位的尺寸情况和活动空间要求。

9.3.3　标准化和互换性

飞机维修性标准化设计的对象是产品,包括飞机的硬件和软件的各层次产品。标准化的主要形式有系列化、通用化、组合化。系列化是指通过对同一类产品的分析研究、预测、比较,将产品的主要参数、形式、尺寸、基本结构等做出合理的安排与规划,以协调同类产品和配套产品之间的关系。通用化是指同一类型不同规格或不同类型的飞机结构相近的产品(零部件、元器件等),经过统一以后,可以彼此得到互换的标准化形式。组合化是按照标准化原则设计并制造出若干组通用性较强的单元,可根据需要拼合成不同用途的产品标准化形式。飞机设计选用标准化的零部件、元器件可使维修简便,从而减少维修时间,降低对维修人员技能和保障资源的要求。

互换性是指不同时间、不同地点制造出来的产品,在装备、使用、维修时不必经过修整就能进行任意的替换。互换有两种含义,一是指产品的功能可以互换;二是物理可以互换,即产品可以互换安装。给定产品的合理制造公差是实现互换性的基础。互换性要求应根据使用、维护、修理的实际需求及制造、检验的经济性综合确定。

9.3.4 模件化设计

模件指作为一个单元设计而成的元件、分组件或部件。模件一般有下述特点:

① 拆卸安装时不需使用专用工具;

② 更换后不需维修调试工作;

③ 更换时间短;

④ 功能是完整的,可脱离接口设备对其进行专项测试和检查。

所谓模件设计就是在设计过程中尽量采用模件来构成系统或设备。其目的是便于设计、安装、供应和维修。模件失效后,有的是可以修复的,有的是不可修复的。对于不可修复的模件或因经济原因(如修复费用超过其价格费用)不修复的模件应予废弃,用可用的模件替换。对可修复模件应在规定维修级别上加以修复。因此前者称为弃件式模式,后者称为非弃件式模件。采用弃件式模件进行弃件维修是减少维修时间、降低维修难度和保障设备要求的有效途径。但弃件式维修可能费用高些,因此,应当合理确定弃件式模件的产品层次和报废与修复的维修级别。

模件化设计的首要问题是如何划分单元,组成一个个模件。利用功能关系分组有利于故障隔离和供应保障,故在设计中应按配套功能来安排和组装各零部件和元器件,使之既便于系统的使用,又便于维修。

结构是否采用模件化设计,应根据其技术可行性、寿命周期费用及综合保障要求加以综合权衡后决定。

9.3.5 识别标记

识别标记是指便于使用和维修而对零件、元件、设备及测试点所做的记号和说明。其目的是便于结构使用及维修,减少维修差错的发生。在需要使用人员或维修人员确定、理解、遵循操作规程的地方,应给出识别标志。它可以是图形信号、告示牌、信号等。其内容通常是产品的名称、功能,有关的使用、维修说明,以及与该产品直接有关的注意事项或警告信息。识别标记有两个方面的含义:一是对零件乃至设备和设备的功能加以明确标识;二是正确地标出安装位置、操作方法及注意事项。

9.3.6　预防性维修

预防性维修是通过对飞机的系统检查、检测和发现故障征兆防止故障发生,使其保持在规定状态所进行的全部活动。预防性维修可在故障发生前或其发展成严重后果前进行,包含各种检查、监控、定期拆修或更换以及润滑等活动。

在日常使用中还有一些为使产品维持其工作状态所需的措施,如润滑、加注燃油、补充冷气和氧气等,这些称为维护或保养,也可视为预防性维修的工作内容。

有关预防性维修及维护的维修性设计总原则是:在确保可靠性和安全性的前提下,减少和简化预防性维修和维护,缩短维修时间,减少维修费用。因此,减少和简化预防性维修(和维护)是维修性设计的重要任务。

9.3.7　人的因素及防差错设计

飞机固有能力的发挥、维修任务的完成,都必须受到有关使用、维修人员种种因素的约束。因此,必须针对具体的使用及维修者来进行产品的设计。研究人的因素,以便达到人与产品有效的结合和人对产品的有效利用是人素工程的任务。维修的人素工程,是研究在维修中人的各种因素,如包括人体量度、生理与心理因素及能力与装备的关系,以提高维修质量和工作效率,减轻疲劳。在充分考虑与维修有关的人的因素的基础上,进行产品及维修保障的设计,使产品具有良好的维修性。

"任何可能出错的事情,无论可能性多小,这种错误终将发生",这就是著名的"墨菲定律",也是认为差错的根本原因。若要某种人为差错不发生,只有在设计上采取措施,消除其发生的可能性,即进行防差错设计,保证维修作业做到"错不了"、"不会错"和"不怕错"。所谓"错不了",就是产品设计使维修作业不可能发生差错,比如零件装错了就装不进去,漏装、漏检或者漏掉某个关键步骤就进行不下去,发生差错立即能发现,从而可从根本上消除这些人为差错。所谓"不会错",就是设计应保证按照一般习惯去操作不会出错,比如螺纹旋接向右为紧,左旋变松。所谓"不怕错",就是设计时采用容错技术,使某些安装差错、调整不当等不至于造成严重的事故。因此,首先是机械结构、电路上防误操作措施;同时,各种识别标记,也是预防和减少人为差错的重要方面。设计时,应按照这些要求考虑可能的维修工作中的防差错措施。

9.4　直升机结构修理

直升机维修性作为直升机系统的重要综合性设计特性,是实现战备完好性与任务成功率,以及降低保障资源要求与寿命周期费用的重要前提。维修性工程过程贯穿于直升机整个寿命周期,采用并行设计方法对直升机系统维修性和保障性进行综合、并行的设计与研制,并利用分析工具,在寿命周期各个阶段进行反复迭代,为维修性和保障性工程各项活动提供依据。实施维修性和保障性工程,就是要在新型号直升机立项论证开始就综合考虑直升机维修性和保障性问题,制定一套与战备完好性目标、设计及保障互相协调的维修性和保障性要求,并将其纳入直升机系统设计;在进行维修性、测试性和人素工程特性等直升机保障性特性设计的同时,同步协调规划、研制、购置,并筹措保障资源;进行保障性试验与验证,确保在直升机部署使用时,及时建成经济有效的维修保障系统,为直升机战斗力快速形成提供保证。

9.4.1　主要工作内容

直升机维修性工作的主要内容有以下方面：

① **制定大纲与设计准则**　包括总体大纲及评审,元器件控制大纲,分配及预计,降额设计,热设计,可靠性、维修性设计准则。

② **分析工作**　包括故障模式及影响分析、故障树分析、系统安全分析、寿命与存储可靠性分析、维修性设计与分析、保障性分析。

③ **试验与演示**　包括环境应力筛选、可靠性增长试验、维修性演示等。

④ **纠正措施与评审**　具体工作包括以可靠性为中心的维修分析,可靠性信息系统,故障报告、分析及纠正措施系统,可靠性及维修性设计评审。

9.4.2　维修性设计准则

GJB 358A《装备维修性通用规范》、GJB 1613《直升机维修性通用要求》和 HB 7255《直升机维修性设计准则》等标准和规范对直升机维修性设计进行了详细的规定。表 9-2 简单给出了直升机机身结构、旋翼和尾桨、起落架、传动装置的维修性设计准则。

表 9-2　直升机结构维修性设计准则

系　　统	维修性设计准则
机身结构	a. 机身结构设计应便于对机身的重要部位进行目视或无损探伤检查,必要时配置裂纹监测装置,保证在使用寿命期间能进行有效的监控。 b. 机身结构中具有破损安全特性的结构应明确规定保证安全的检查参数量值。 c. 机身结构部件的连接形式应尽量简单,应减少分解和装备的复杂性。 d. 应合理设计结构分离面,以保证维修工作面开敞。 e. 主减速器舱盖、发动机舱盖应有足够的开度,以便于主减速器、发动机的检查和附件拆装。 f. 对可修零件,应考虑保持修理基准,并留有适当的修理容差;对不可修零件,应在有关资料中注明。 g. 座舱地板应便于清除灰尘与杂物,必须为底舱下部附件及管路的维修提供良好的可达性。 h. 机身结构应设有合理的踏脚、扶手和通道以满足维修要求,踏脚面应有防滑措施。 i. 对重要运动件与连接点应提供目视检查条件。 j. 维修口盖的连接应尽量采用快卸的形式,口盖打开后应有可靠的系留或支撑;铰接式维修口盖应能自锁,口盖开启方向一般宜朝下,并不应与其他口盖、舱门的开启发生相互影响。 k. 结构应设有千斤顶座,以满足顶起和调平直升机的要求。 l. 机身结构上用于水平测量的标点印记应清楚醒目,标点处结构应有足够的刚度,以保证水平测量精度。 m. 结构应按系留要求合理地布置地面系留接头、恶劣气象条件下的备用接头,以及旋翼、尾翼系留固定点。 n. 结构应设有座舱、动力舱布置的系留固定点。 o. 结构上的地面牵引接头应便于使用,保证安全。 p. 机身结构上应合理布置废液和水的排放口。 q. 机身结构中具有破损安全特性的结构应有明确规定保证安全的检查参数量值

系　统	维修性设计准则
旋翼结构	a. 旋翼和尾桨应尽量采用无维修设计,以减小维修工作量。 b. 应便于对旋翼及尾桨的易损部位进行目视检查或监控。 c. 对于需要经常维修的部位,如前缘防沙包皮、桨尖罩、调整片等,应便于检查和维修。 d. 超转、突然停转撞击或粗暴着陆等状态后的特殊检查项目应易于执行。 e. 需拆装的零部件应有良好的互换性,桨叶应能单片互换。 f. 桨叶和桨毂支臂上应具有明显的装备标记,便于桨叶拆装复位和调整。 g. 桨叶叶尖上应有用于同锥度检查的标记,尾桨要便于外场进行动平衡。 h. 应尽量减少润滑维护点,或采用不需要润滑的运动副和轴承。 i. 应配有旋翼、尾桨拆装用的简易吊架及机上的相应连接点,桨叶应有吊装标记,以便于外场维修。 j. 紧固件连接应有防松措施,并有明显的检查标记。 k. 旋翼及尾桨应能用淡水或清洗剂冲洗,桨叶后段件应有防水设计措施。 l. 旋翼设计应考虑采取便于外场检查大梁裂纹、配重条松动、后段件脱胶、桨毂轴承磨损及各连接部件故障或缺陷的措施。 m. 桨叶折叠机构应尽量简单、操作方便并应配置安全机构。 n. 桨叶设计应考虑在外场条件下可进行修理。 o. 桨毂应尽可能采用模块化设计。 p. 减摆器的阻尼力矩应便于外场条件下检查和调节
起落架	a. 起落架所有易磨损接头都必须加装衬套,该衬套应采用热压配合(如利用液氮等),以避免擦伤表面。 b. 起落架连接处应尽可能不采用垫圈和垫片,所有接头都应便于润滑、拆卸和修理。 c. 起落架上的附件、管路等,应按标准予以标记,并便于维修人员识别。 d. 轮胎轮毂应便于分解和装配,轮胎充气嘴应标准化,以便于充气和检查。 e. 轮轴或起落架支柱上应设有千斤顶座,以便于外场拆卸机轮。 f. 机轮刹车装置应便于检查、调整和更换。 g. 起落架上牵引接头的布置应便于使用,并能保证牵引直升机时的安全。 h. 起落架的气体-油液式缓冲支柱应便于检查和充填,并具有良好的密封性。 i. 应规定粗暴着陆后起落架的安全检查方法。 j. 滑橇式起落架应配有地面滑行轮,滑橇底部防磨片应易于拆装和更换。 k. 滑橇式起落架阻尼器应便于检查、调整、清洗和换液
传动系统	a. 传动装置应尽可能采取无维修设计或按视情维修设计。 b. 对视情检查项目,应提供良好的目视检查条件及量化检查要求。 c. 应明确旋翼刹车的使用限制并保证不能误动刹车装置。 d. 各润滑点应有良好的可达性,最好选用自润滑装置。 e. 应保证减速器拆装方便,对较高或较重的减速器应提供简易吊架,减速器上应有吊挂点。 f. 减速器上应有检查滑油量的油尺或标示油量正常范围的透明窗口。 g. 减速器应设置金属屑报警磁性螺塞,并应设计成不需放油即可拆下该螺塞进行检查的形式。 h. 旋翼轴、发动机与主减速器的连接轴、主减速器隔振组件及尾传动轴的安装设计应便于拆装和检查。 i. 传动轴系在机上的安装应有不同轴度及长度的补偿设计,应提供不同轴度检查措施及尾传动轴扭曲标记。 j. 传动装置零部件应有明显标记,以便于检查和防止错装。 k. 应尽量减少润滑脂的品种。 l. 要求常规检查、调整或更换的部件应易于接近和能从系统中整体拆下,且不需拆卸其他零件。 m. 传动装置应仅用通用工具就能进行拆装

9.4.3 直升机维修性设计实例

NH90 是由北约集团的法国、德国、意大利和荷兰联合研制的军用直升机,用于海军和陆军的战术运输,1992 年 9 月 1 日签订设计和开发合同,1995 年 12 月 18 日试飞,2003 年开始交付,研制周期为 11 年。

NH90 直升机从项目开始便强调开展综合保障工作,把维修性和保障性作为与性能、进度和费用同等重要的设计要素考虑,并把维修和保障要求写入合同文件,如表 9 - 3 所列。NH90直升机强调必须通过开展综合保障工作来影响直升机设计,把维修性、测试性、互换性、运输性等作为与直升机保障有关的特性进行设计;同时通过开展保障性分析等综合保障活动来制定优化的综合保障计划,以降低直升机使用和保障费用。

表 9 - 3　NH90 直升机"武器系统设计要求"的定量指标和定性要求

	参　　数	指　　标
定量要求	可用度/%	≥87
	任何产品的设计寿命/h	≥5 000
	任务可靠度/%	≥97.5
	100^{-1}·故障率/h(飞行)	≤25
	平均故障飞行间隔小时/h(飞行)	≥4
	每飞行小时的维修工时/h (第一及第二级维修,不包括发动机)	≤2.5
	润滑间隔时间(成熟状态)/h	≥600
	维修间隔时间(成熟状态)/h	≥900
定性要求	广泛采用监控与诊断系统实现视情维修	
	监控与诊断系统之类的详细性能要求	
	限制修复性维修工作	
	无翻修间隔期	
	对第一线(外场)维修和更换发动机的人力和时间应加以限制	
	所需的地面保障设备最少	
	专用测试设备的要求应最少	
	模块化、可达性和互换性详细要求	

在 NH90 直升机的研制过程中,所采取的综合保障包括保障分析(LSA,也称保障性分析)、维修、技术出版物、地面保障设备、器材保障、训练和综合保障的自动数据处理(ADP)保障等。

1. 综合保障的自动数据处理保障

在实施综合保障的过程中,综合保障自动数据处理保障是一种革新的方法,它是实现综合和改善装备保障的基础。在 NH90 直升机的设计中,应该采用数字技术,图样均由计算机辅助设计产生;在生产中采用计算机辅助制造技术;在培训中采用计算机辅助培训技术。在某些

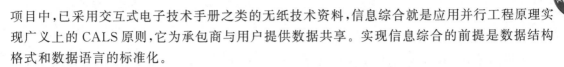

项目中,已采用交互式电子技术手册之类的无纸技术资料,信息综合就是应用并行工程原理实现广义上的 CALS 原则,它为承包商与用户提供数据共享。实现信息综合的前提是数据结构格式和数据语言的标准化。

2. 保障分析

保障分析是一种使保障性能够影响设计和确定经济有效保障的工具。保障分析是综合保障用于验证保障性目标是否达到的主要工具,同时也是推行并行工程的工具。保障分析过程开始于对所有后勤保障数据的收集,选择用户与承包商一致的装备。基于对这些数据的分析,提出每个备选方案的最经济有效的分析方法,以供订购方选择,并得出再设计的要求。

保障分析数据库包括为所有保障要求储存的数据,不仅是设计和研制阶段的数据,还有使用阶段的数据,在 NH90 直升机中,保障分析数据库是一种可提交使用的产品。由于保障分析数据库存储内容全面,因此保障分析也是产生技术手册的基础。在 NH90 直升机设计中还进行软件保障分析,利用 MIL – STD – 1388 规范作为指南,采用与硬件保障分析相同的方法确定软件的保障要求。

3. 维　修

NH90 直升机的外场维修主要是保证至少 15 飞行小时的飞机安全所进行的检查与维护工作(直升机按每年 200 次任务、330 飞行小时的利用率考虑)。由于采用先进的监控与诊断技术,可能在每天最后一次飞行后进行检查;为了使飞行员放心,也可以在每天第一次飞行前进行检查。由于监控与诊断系统能够及时指示系统工作状态,并对性能下降及时发出告警,因此,不需要定期维修。实际上,如果监控与诊断系统工作良好,将允许取消预防维修。如果某些设备需要预防性维修,则在系统规范中规定每飞行小时的维修工时不大于 2.5 h,维修间隔不小于 600 飞行小时或 900 飞行小时。

修复性维修(包括原位及离位维修)所需的时间,主要依赖于监控和诊断系统的自动诊断和故障隔离,因此,受过基本训练的维修人员采用标准的维修技术便能够修复故障。当然,要求直升机设计应具有良好的可达性和模块化。

软件维护也应引起足够重视。软件与硬件的维护、供应和编制文件的程序应该相同。

4. 技术资料

NH90 利用现代信息技术,采用无纸信息系统。NH90 直升机将采用目前正在其他飞机进行验证的交互式电子技术手册(IETM)。计算机辅助设计(CAD)图样和维修作业说明,所有标准化格式的数据以及通用的标准模型语言将会用于编制技术资料。此外,还考虑将维修手册作为原位数据库的部分,通过数据输入/输出装置进行更改,机载设备清单也是该数据库的组成部分。所有的维修文件都可存入便携式微型计算机的存储器,电子检查单和履历簿格式将综合到机载数据库中,通过数据输入/输出装置可检索各种非随机文件。

5. 保障设备

保障设备要求考虑到对直升机的机动性、灵活性和标准化的要求。保障设备应根据增长能力的要求、机内测试设备的应用以及监控与诊断系统的采用等进行计划,使地面的保障设备数量最少。便携式微型计算机可以为维修人员提供保障设备的测试能力、必要的技术资料和修理指南。NH90 直升机采用快卸紧固件,使维修人员不需要工具或采用少量的标准化工具。经过保障分析确定的保障设备为了具有机动性和灵活性,均采用手提箱式测试装置替代现在固定式的自动测试设备。当然,保障设备的选择还应尽量选用现有的设备。

6. 器材保障

器材保障重视标准化、通用化、综合化和重要备件等。在 NH90 直升机研制过程中,用户与承包商利用故障模式、影响及危害性分析,建立故障报告、分析及纠正措施系统和连续的保障分析等获得的数据(如平均故障间隔时间、故障模式和维修作业说明),避免了大量的、过剩的或无用的库存备件。欧洲航空结构与器材供应协会(AECMA)2000M 规范"综合数据处理"是降低寿命周期费用(LCC)和改善直升机经济承受性的有效工具。

NH90 直升机对训练的基本要求是采用计算机辅助教学(CAI)和计算机辅助训练(CAT)。在 NH90 直升机训练领域,用户正在寻求革新方法,通过保障分析要求的技术和相关技术等级的分析,来合理培训维修人员。通过广泛发展计算机辅助维修作业指南,把维修人员训练成为一个维修技术专家,而不是 NH90 直升机武器系统专家。这要求维修人员必须掌握各种标准化的修理程序与方法,而对武器系统及部件的功能和相互影响关系不必掌握得很详细。为了达到设计规范规定的每飞行小时的维护工时不大于 2.5 h(在第一级和第二级维修中),必须理顺技术等级的构成。采用多用途训练器和模块化的模拟器是降低寿命周期费用的另一条途径。

9.5 空天飞机结构修理

运行维护对于空天飞机的重复使用能力、发射可靠性、发射频次以及发射成本等具有重要意义。发射与地面运行维护技术是影响发射费用和发射快速可靠性的关键技术之一,也是实现按需发射必须研究的核心技术。通过运行维护操作技术的研究,能够大幅地提高航天飞机的发射频次并减少重复使用的费用。空天飞机结构检查、维护与维修的重点是:机构、结构和防热系统检查。

1. 机构系统检查

机构决定着空天飞机主要活动部件的工作性能,起落架、各个机翼活动部分(副翼、襟翼、垂直尾翼等)、发动机摇摆等工作均依靠机构实现动作,所以机构也是空天飞机是否能够再次执行飞行任务的关键。空天飞机的主要机构,主要承担着气动控制翼面的动作、主发动机的摆动、起落架及舱门的收放、着陆制动装置的工作等活动部件的各种工作,必要时需要拆卸检查。

空天飞机起落架本身是在采用航空飞机起落架的基础上,按照空天飞机特殊要求进行设计后形成的,它是空天飞机能否安全着陆的关键,也是空天飞机是否能够重复使用的关键。因此对起落架的检查要求也相当严格,检查项目全面、系统,也需要与其他系统的配合检查。

2. 结构系统检查

结构的主要任务是承受载荷(飞行载荷与地面载荷)、保持形状、支撑(发动机、燃料贮箱、仪器设备等)、密封,对空天飞机结构的检查就集中在这四个方面。对结构的检查也依据这四个方面的要求进行,主要是进行视觉检查与测量,一般不需要进行试验检查,密封检查可以进行一些试验验证。

结构检查的主要内容是:结构有无损伤(凹陷、变形)、松动(连接部位紧密程度);支撑部位(如起落架支撑结构,主发动机支撑结构)有无变形,连接是否紧密;燃料贮箱的连接有无松动,仪器设备的支撑有无松动;机翼与机身的连接是否牢固;密封部位(特别是热密封)的密封性是否满足要求。

3. 防热系统检查

防热系统是航天飞机轨道器是否能够再次执行飞行任务的最关键系统之一,由于防热系统布局于机体最外表,飞行过程中经历的恶劣环境(气动热、碎片等)直接由它来承受。

主要检查所有防热结构表面有无撞击破损和烧蚀损伤,蜂窝结构有无塌陷和变形。特别要注意机体和机翼前缘迎风和高温部位有无撞击破损和烧蚀损伤。要注意检查机翼等活动部件、起落架舱门及其他舱门放热的密封结构是否完好。还要注意检查姿态控制发动机喷口附近受发动机喷流影响的防热结构是否有损坏。如果发现有损坏和损伤,则应进行维修或更换。

研制、制造、装备和维修都对热防护系统全寿命周期费用产生作用,但对重复使用 100 次甚至更多次飞行的空天飞机来说,重复使用费用比初始费用更为重要,降低两次飞行间隔的维修费用和时间是减少重复使用费用的关键。

降低维修费用的重点在于提高设计与分析水平,发展新概念、材料、涂层以及制造和装配工艺技术。

大的热防护系统面板会减少部件数量和制造成本,尽可能多地采用标准部件将减少制造和维修成本;同时具备快速及易修理特性的热防护系统面板也将会降低费用。机械配件的设计对于热防护系统面板的检测、修理、更换的易拆装特性提供了潜在的作用;应当使设计的热防护系统面板具备消减例行维护程序的能力,如飞行间隔的化学防水再处理等。

降低使用风险是热防护系统面板设计的另一重要目标。具有破损安全、耐久性强及明显损伤容限设计特性的金属热防护材料有助于降低风险。耐久性强的金属热防护材料外表面对抵抗冲击、处理损伤、缩短修理和更换时间、降低费用非常关键,并能扩大航天飞机轨道器的使用包线,允许各气候条件下的飞行与快速转场。但风险性设计特性需要在高性能和低成本之间取得平衡。

9.6　结构维修性设计

维修与维修性具有不同的含义。维修是指使用者为保持或恢复所有系统或装备的可使用状态而采取的行动。维修性则是在系统或装备的研制过程中,设计者为把增进维修方便的特点贯彻到设计中去所采取的措施。其作用旨在保证使用中系统或装备能够以最低的全寿命保障费用和最短的停机时间维修好。

机体结构是飞机各功能系统的载体,机体结构的维修性体现在以下两个方面。

(1) 为系统、设备提供良好的维修条件

飞机的维修性主要反映在飞机的各个系统上,如操纵系统、液压冷气系统、燃油系统、电气系统、特设武器系统、空调救生系统、发动机系统等。但是这些系统都装在机体内部,系统的日常维护和故障修理都必须通过机体上的各种通路,因此为这些系统、设备提供良好的维修条件是机体结构维修性的一个重要内容。

(2) 机体结构本身的维修性

机体结构本身需要正常维护,也需要故障维修。日常维护包括一些活动部件的间隙检查、磨损检查,可卸部件的固定检查、保险检查,活动部件的润滑、表面擦洗等。故障修理包括一些零组件的修补和更换。一般要求机体结构在规定的维修间隔时间内,不应出现故障,或仅出现在下一次维修之前不影响完成飞行任务的故障。这也就是说故障是不可能完全避免的,结构本身应具有良好的维修性。

9.6.1 维修性设计的一般要求

① **可达性要求** 机体结构必须为飞机的系统和设备提供良好的通路,以便在飞机使用、维护中接近这些系统和设备。机体结构本身需要保养、更换或修理的零、组件必须可达,保证人员和所使用的工具可方便地接近。

② **可修性要求** 单独考虑可达性,并不能构成维修性。因为维修人员能够"达到"它,并不就意味着能够修理它。凡是在使用寿命期间内可能出现故障的结构件必须是可修理的。因此,在结构设计时就应该同时预计它的维修方法,赋予其可修性。

③ **使用维护简易性要求** 所设计的结构应在符合功能要求和预期的使用条件下具有采用尽可能简单的维修方案的特性。

④ **使用维护的安全性要求** 应消除在维修活动中可能导致人员伤亡和造成结构、设备损伤的潜在因素。贯彻防误差原则,对于可拆卸的构件如口盖等,应采取措施保证"要么是一装就对,要么是装不上"。

⑤ **维修工作量及费用要求** 应减少维修工作量,降低使用维修费用。

9.6.2 提高结构维修性的设计措施

提高结构维修性要从降低结构故障率和提高结构维护性两个方面入手。

1. 降低结构故障的措施

(1) 改善结构的受力条件,提高结构的疲劳寿命

① 合理选用材料;

② 控制应力水平,减少应力集中;

③ 改善零件的表面质量;

④ 合理的细节设计;

⑤ 采用损伤容限与疲劳(耐久性)设计,合理制定结构维修计划。

(2) 提高结构的抗腐蚀能力

结构的腐蚀是一个非常严重的问题,特别是沿海地区,有的机场,90.4%的飞机结构有腐蚀,63.5%的飞机腐蚀严重。所以提高结构的抗腐蚀能力,对减少飞机的维修工作量具有重要意义。提高结构抗腐蚀能力的措施很多,诸如选用抗腐蚀和抗应力腐蚀性能好的材料;选择可靠的表面防护措施;材料的合理组合;良好的排水和通风措施等,其中以结构密封尤为重要。因为外场的结构腐蚀问题,多数与漏水有关,为了获得良好的密封性,建议采用湿装配,特别是机体外表面。另外就是要做好口盖、舱门的密封。

(3) 防止结构的振动破坏

实践证明,飞机结构的振动问题,是一个难以预见,也较难排除的问题。结构振动的最常见的后果就是使零件开裂。对于结构的振动,最好是找出振源并加以排除,如美国的 F-18 型飞机,最初因机翼边条引起的涡流正好打在垂直尾翼的根部,引起垂尾根部接头裂纹。后在机翼边条处加一小翼刀,把机翼前缘产生的涡流引开。这种改动不大又解决问题的方法,值得

借鉴。

但是,并不是所有结构振动问题都能很快找出振源并排除的。在这种情况下,排除结构振动的办法一般有:改变结构的固有频率,使结构的固有频率远离振源的振动频率;对结构进行加强,提高结构的耐振能力。

(4) 提高结构的工作可靠性

① 快卸口盖的设计。快卸口盖如果用 HB - 2 - 12 口盖锁,则口盖锁应放在口盖的后缘,这样,万一压板没有压平,飞行中也不致于被气流吹开。另外,口盖所插片伸入结构的长度不应小于 5 mm;否则,当飞机做大表速飞行时,由于结构变形,插片极易从结构中滑出,造成口盖飞掉,如图 9 - 11 所示。

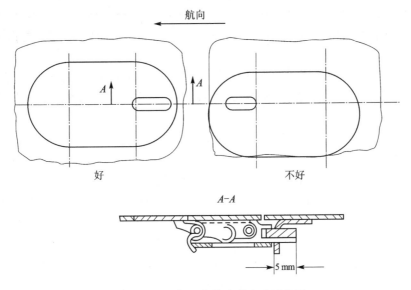

图 9 - 11　快卸口盖的安装方式示意图

② 结构与结构之间,如果不互相连接,则应留有足够的间隙,以防结构在飞行中变形而互相摩擦。

③ 所有运动部件如大型飞机的各种舱门、飞机减速板、放气门、辅助进气门等,其转动部分、固定机构(如锁系统、闩销系统)均应考虑结构受力变形的影响,即应保证在结构受力变形的情况下,这些运动部件仍能运动自如,固定可靠。

④ 所有增压舱舱门闩销的设计,均应保证舱内充气时,不会产生使闩销脱开的力,以免舱内充气时闩销自动脱开。

⑤ 所有增压舱舱门固定系统的设计,均应考虑到在舱内压力未降至安全压力的情况下,舱门应无法打开,以免在舱内压力高于安全压力的情况下因误操作而使舱门打开,损坏结构,打伤工作人员。

⑥ 在地面使用维护期间,长时间处于开启状态的舱门(如起落架舱门),应设置机械装置来保持其打开位置,防止在地面风的吹动下,舱门产生振动,造成液压系统密封装置磨损,引起泄漏,以致于必须进行维修。

⑦ 一些舱门的操作手柄,应向下地固定在收藏位置,不能凸出结构,以免无意中转动手柄;也应防止因手柄重力的作用而转动手柄,造成误操作。

⑧ 货桥驱动器应能在货桥已装载至其承载能力的情况下,保持在任何位置上。不应因动力系统突然出现故障使货桥下落,造成装载损伤或损伤操作人员。

2. 提高结构维护性的措施

(1) 提高可达性的措施

① 对于在飞机的使用、维护中需要检查、修理、调整、填充、分解或更换的设备、附件,机体结构必须为之设置口盖、舱门,以便接近这些设备、附件。

② 机体上各种维护口盖、舱门的大小应满足维护操作的需要,即应为维护工具、维修人员的手或身体提供必需的通路。

③ 供系统、设备维修用的窗口应尽可能正对维修目标。

④ 停机时,无论起落架处于何种压缩状态,所有的口盖、舱门都应能正常开启或关闭。

⑤ 对机体上各种维修口盖应进行分类,凡是需要频繁开启的口盖,尽可能做成能快速开启的。

⑥ 对机体结构零件按其可达性进行分类,凡是不可达的零件应按安全寿命设计;飞行安全构件应按损伤容限缓慢裂纹扩展不可检结构设计;凡是在飞机使用寿命期间内有可能损坏,需要维修、更换的零件必须可达可检。

⑦ 需要检查、修理或定期更换的结构零件,其可达性应满足:

凡是需要使用特种无损检测设备如磁力探伤、涡流检测或其他设备进行检查的零件,结构上应考虑使用这些设备的可能性,为这些设备提供足够的通道。

凡是需要修理、更换的零件,应为人和工具提供足够的通道去接近、拆卸和修理或更换这些零件。

(2) 提高可修性的措施

① 对某个零件进行修理或更换时,应尽量做到不拆卸、不移动其他结构、系统零件或组件。

② 所有需要拆卸、更换或修理的零件,拆、装或修理应尽可能简单。

③ 提高易损件的标准化、互换性程度;凡能采用标准件的应尽可能采用标准件,需要更换的零件应做到可以互换。

④ 结构设计或更改时,应注意零件的继承性,尽量做到不同型号或同一型号的不同型别之间零件能够互换。

⑤ 所有接头,特别是大型锻件的接头应安装衬套,以免因接头的磨损造成整个锻件的报废。

(3) 提高使用维护简易性的措施

① 使用频繁的口盖、大的舱门应尽可能做成一边铰接(前边或上边铰接),其余三边用快卸锁固定。

② 当一个大舱门内有个别设备需要频繁检查、维护和调整时,应根据需要在大舱门局部开快卸的小口盖,供这些设备的检查、维护之用。

③ 所有舱门或口盖应具有相对独立性,即一个舱门或口盖的开启或拆卸不应与其他机构相干扰,也不需要拆卸或开启其他的舱门或口盖。铰接口盖的运动不应与其他口盖或结构相碰。

④ 小口盖应用小链或钢丝绳系在机体上,以免开启后丢失或遗留在机内。

⑤ 小口盖上的紧固件应保持在口盖上，以防止丢失或装错。

⑥ 一般情况下应能用通用工具进行维修，包括舱门或口盖装拆，结构零件的装拆或修理、更换，尽量避免使用专用工具。

⑦ 口盖及其支持结构应有足够的刚度，防止拆卸口盖时，螺丝刀打滑损伤紧固件或结构。

⑧ 易磨损的零件应单独制造，尽量避免做成整体件。

⑨ 工作中有相对运动或磨损的零件，应让其中一个易拆易换的零件硬度较低，使磨损主要发生在易拆、易换的零件上，以便于更换。

(4) 提高使用维护安全性的措施

① 维护过程中需要向上或向侧开启的舱门，或其他运动部件，应有可靠的支撑装置保持其开启位置，以防意外落下或自动关闭打伤维护人员或损伤机体结构。

② 维护窗口的周边不应有锐边或尖锐凸出物，以防维护工作中刺伤维护人员。

③ 用动力操纵的舱门或运动部件应有安全措施，以防意外关闭伤害正在工作的维护人员。

④ 工作中容易发生错误的地方应该有必要的防差错措施。

安装时需要调整的零件，调整好后应加以标记，以便拆卸后再次安装时保持原位。

不能颠倒安装，两端结构类似的零件如拉杆之类，应使用不同直径的螺栓或销子，以使其不可能装错。

一个舱门或口盖上的所有紧固件，其品种、规格应尽可能一致。当同一口盖上不可避免地使用不同长度的紧固件时，不要多于两种而且直径要有所区别，以防错装。

有方向性要求而又容易装错的零件，其安装孔的安排应使其不能装错或采用不同直径的紧固件。

9.6.3　简化维修保障条件的要求

在贯彻上述各项维修性设计措施中，必然需要一定的维修保障条件，结构设计工程师应尽可能地简化维修保障条件。具体表现在以下几个方面：

① 对维修技术人员的技术水平不应超过实际可能的要求，特别是对高级维修人员的需求应尽可能减少，以利培训。

② 对维修工具，应尽可能地使用通用工具，且所需通用工具的品种应减少到最低限度。

③ 维修中所需的检查、测试等设备应有可靠的供应渠道，尽量避免研制新设备。一般不应采取以增加对维修保障条件的需求来满足维修性的要求。

9.6.4　维修性试验与评定

维修性试验与评定是对系统和设备的维修性设计结果进行验证和评价，其目的是验证那些已经由设计赋予系统和设备的设计和安装特性是否达到了规定的维修性定性和定量要求，并及时地对设计进行反馈。维修性试验贯穿于系统和设备研制过程的始终，只是在不同的研制阶段，维修性试验的要求不同，所采用的方法不同而已，维修性验证应按照维修性大纲进行。系统和设备的维修性设计，是从方案阶段开始的，随着研究工作的深入，维修性设计工作也不断深入。从维修性定性和定量要求的提出，建立维修性模型，进行初步的维修性分析，做出维修性分配与预计，制定维修性设计准则，开展详细的维修性设计，进行详细的维修性分析，到必要的维修性设计改进等一系列活动,实质上都是属于分析性的。为了评定其维修性水平是否达到了要求,必须通过实际使用环境条件下操作系统和设备,进行系统和设备的维修性试验和验证。

根据试验的目的和要求,系统和设备的维修性试验可分为定性演示和定量试验。定性演示是按规定的维修性定性要求进行维修性审核,对系统和设备的维修性设计特性做出判断;在受试产品(或样机)上演示维修性的可达性、测试的方便性与快速性、零部件标准化及互换性、维修操作空间及维修的安全性等;分析维修操作程序的正确性;审查操作过程中维修资源的完备程度和适用性。定量试验是在模拟或实际的操作条件下,根据试验中维修作业的观测数据,验证系统和设备的维修性指标是否达到要求。根据系统和设备在研制过程中维修性试验的时机和目的,维修性试验可划分为维修性核查、维修性验证和维修性评价三个阶段,如图 9 - 12 所示。当进行系统级的维修性试验时,进行上述三个阶段的维修性试验。系统级以下产品的维修性试验,可根据工程需要由订购方确定适当的试验阶段。

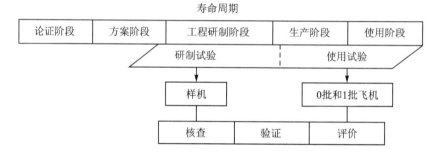

图 9 - 12 维修性试验阶段划分图

习 题

9 - 1 什么是飞机结构的维修性,其对飞机安全性和经济性有何意义?

9 - 2 简述飞机结构修理的一般准则。

9 - 3 金属结构有哪些修理方法?简述其技术特点和用途。

9 - 4 复合材料结构有哪些修理方法?简述其技术特点和用途。

9 - 5 飞机结构设计时如何落实维修性要求,其基本内容和要求包含哪些方面?

9 - 6 空天飞机热防护系统检查维护的主要内容是什么?如何减少热防护系统检查维护的费用和缩短时间?

9 - 7 提高结构维修性的设计有哪些?

参考文献

[1] 郦正能,程小全,方卫国,等. 飞行器结构学[M]. 2 版. 北京：北京航空航天大学出版社,2010.

[2] 程小全. 飞机结构设计课程教学目标探讨[J]. 力学与实践,2021,43(3)：453-356.

[3] 陈集丰. 导弹、航天器结构分析与设计[M]. 西安：西北工业大学出版社,1995.

[4] 刘莉,喻秋利. 导弹结构分析与设计[M]. 北京：北京理工大学出版社,1999.

[5] 航空航天工业部科学技术研究院. 近代飞机耐久性设计技术[M]. 北京：航空航天工业部《AFFD》系统工程出版,1989.

[6] CHM-17-3G. Composite Materials Handbook：Vol 3[M]. Polymer Matrix Composites Materials Usage,Design,and Analysis,2012.

[7] Michael C Y. 实用飞机结构设计[M]. 程小全,译. 北京：航空工业出版社,2008.

[8] 郦正能,程小全,等. 飞机部件与系统设计[M]. 2 版. 北京：北京航空航天大学出版社,2021.

[9] 洪海华,刘伟光,艾剑波,等. 直升机的防除冰系统[J]. 直升机技术,2010,161(1)：52-56.

[10] 陶梅贞. 现代飞机结构综合设计[M]. 西安：西北工业大学出版社,2001.

[11]《飞机设计手册》总编委会. 飞机设计手册 第 10 册：结构设计[M]. 北京：航空工业出版社,2000.

[12] 程小全,张纪奎,郦正能. 飞机结构设计中载荷安全系数的工程意义[J]. 力学与实践,2021,43(4)：599-602.

[13] 中国人民解放军总装备部. 军用直升机强度规范 第 2 部分：载荷：GJB 720.2A—2012[S]. 总装备部军标出版发行部,2012.

[14] 中国人民解放军总装备部. 军用飞机结构强度规范 第 1 部分：总则：GJB 67.1A—2008[S]. 总装备部军标出版发行部,2008.

[15] 中国人民解放军总装备部. 军用飞机结构强度规范 第 6 部分：重复载荷、耐久性和损伤容限：GJB 67.6A—2008[S]. 总装备部军标出版发行部,2008.

[16] 中国人民解放军总装备部. 军用飞机结构强度规范 第 9 部分：地面试验：GJB 67.9A—2008[S]. 总装备部军标出版发行部,2008.

[17] 中国人民解放军总装备部. 军用飞机结构强度规范 第 10 部分：飞行试验：GJB 67.10A—2008[S]. 总装备部军标出版发行部,2008.

[18] 中国人民解放军总装备部. 军用直升机强度规范 第 6 部分：地面试验：GJB 720.6A—2012[S]. 总装备部军标出版发行部,2012.

[19] 中国人民解放军总装备部. 军用直升机强度规范 第 4 部分：疲劳、耐久性和损伤容限：GJB 720.4A—2012[S]. 总装备部军标出版发行部,2012.

[20] 中国人民解放军总装备部. 军用直升机强度规范 第 3 部分：机体结构和系统强度：GJB 720.3A—2012[S]. 总装备部军标出版发行部,2012.

[21] 文裕武,温清澄,等. 现代直升机应用及发展[M]. 北京：航空工业出版社,2000.

[22] [苏]米申 В П. 航天飞行器设计基础[M]. 纪绍钧,等译. 北京：航空工业出版社,1989.

[23] 褚桂柏,马世俊. 宇航技术概论[M]. 北京：航空工业出版社,2002.

[24] 褚桂柏. 空间飞行器设计[M]. 北京：航空工业出版社,1996.

[25] 赵梦熊. 载人飞船空气动力学[M]. 北京：国防工业出版社,2000.

[26] 戚发轫. 载人航天器技术[M]. 北京：国防工业出版社,1999.

[27] 王希季,李大耀. 卫星设计学[M]. 上海：科学技术出版社,1997.

[28] 钱骥. 空间技术基础[M]. 北京：科学出版社,1986.

[29] [美]维恩·李. 从地球升起——宇宙飞行探秘[M]. 黄燕,译. 郑州：河南科学技术出版社,2000.

[30] 赵振业,赵英涛,何鲁林,等. 先进飞机结构材料的发展[J]. 材料工程,1995(1)：4-8,11.

[31] 贾玉红. 现代飞行器制造工艺学[M]. 北京：北京航空航天大学出版社,2010.

[32] 李喜桥. 加工工艺学[M]. 北京：北京航空航天大学出版社,2002.

[33] 古托夫斯基 Т G. 先进复合材料制造技术[M]. 李宏运,等译. 北京：化学工业出版社,2004.

[34] 郑晓玲. 民用飞机复合材料结构设计与验证[M]. 上海：上海交通大学出版社,2011.

[35] 康永,豆高雅. 陶瓷基复合材料研究现状和应用前景[J]. 陶瓷,2016(11)：9-14.

[36] 江舟,倪建洋,张小锋,等. 陶瓷基复合材料及其环境障涂层发展现状研究[J]. 航空制造技术,2020,63(14)：48-64.

[37] 唐见茂. 航空航天复合材料发展现状及前景[J]. 航天器环境工程,2013,30(4)：352-359.

[38] 杜善义. 智能材料系统与结构[M]. 北京：科学出版社,2001.

[39] 姜德生,克劳斯,等. 智能材料器件结构与应用[M]. 武汉：武汉工业大学出版社,2000.

[40] 秦荣. 智能结构力学[M]. 北京：科学出版社,2005.

[41] 郦正能. 结构耐久性和损伤容限设计理论与方法[M]. 北京：北京航空航天大学出版社,1998.

[42] 代永朝. 飞机结构检修[M]. 北京：航空工业出版社,2006.

[43] 陆晓华,邵传金,左洪福. 飞机复材结构的修理容限确定方法[J]. 系统工程理论与实践,2019,39(12)：3217-3228.

[44] 王辰,贺尔铭,赵志彬,等. 民机复合材料结构修理容限确定方法研究[J]. 西北工业大学学报,2020,38(4)：695-704.

[45] 刘晓山. 飞机修理新技术[M]. 北京：国防工业出版社,2006.

[46] 虞浩清. 飞机复合材料结构修理[M]. 北京：中国民航出版社,2010.

[47] 飞机设计手册总编委. 飞机设计手册 第 20 册：可靠性、维修性设计[M]. 北京：航空工业出版社,1999.

[48] 路录祥. 直升机结构与设计[M]. 北京：航空工业出版社,2009.

[49] 彭小波. 美国航天飞机的设计与实现[M]. 北京：中国宇航出版社,2015.

[50] 范玉清. 现代飞机制造技术[M]. 北京：北京航空航天大学出版社,2001.

[51] 王宗学. 飞行器控制系统概论[M]. 北京：北京航空航天大学出版社,1993.

[52] 杨华保. 飞机原理与构造[M]. 西安：西北工业大学出版社,2001.

[53] 凯斯切里曼 В H,贵德洛夫 А В. 飞机操纵机构[M]. 孙智邦,张德权,刘占信,等译. 北

京：航空工业出版社,1992.

[54] 诺曼·斯·柯里. 飞机起落架设计原理和实践[M]. 方宝瑞,郑作棣,等译. 北京：航空工业出版社,1990.

[55] 中国航空工业总公司. 中华人民共和国航空工业标准. 军用飞机复合材料结构设计指南：HB/Z 322—98[S]. 国家国防科技工业局,1998.

[56] 中国航空工业总公司. 中华人民共和国航空工业标准. 军用飞机复合材料强度验证要求：HB 7491—97[S]. 国家国防科技工业局,1997.

[57] 中国航空研究院. 复合材料结构设计手册[M]. 北京：航空工业出版社,2001.

[58] 杨乃宾,张怡宁. 复合材料飞机结构设计[M]. 北京：航空工业出版社,2002.

[59] 张骏华. 导弹和运载火箭复合材料结构设计指南[M]. 北京：宇航出版社,1999.

[60] 航空航天工业部科学技术研究院. 复合材料设计手册[M]. 北京：航空工业出版社,1999.

[61] 美国国家研究委员会. 90 年代的材料科学与材料工程[M]. 中国航空工业总公司北京航空材料研究所,航空信息中心,译. 北京：航空工业出版社,1992.

[62] 中国民用航空局. 中国民用航空条例,第 25 部——运输类飞机适航标准[M]. 中国民用航空局,2011.

[63] 杨国柱. 飞机起落架构造设计[M]. 北京：北京航空航天大学印刷厂,1982.

[64] 陈连忠,等. 高超声速飞行器热防护电弧风洞气动加热试验技术[M]. 北京：科学出版社,2020.

[65] 王富生,等. 飞机复合材料结构雷击损伤评估和防护设计[M]. 北京：科学出版社,2016.

[66] 李革萍. 运输类飞机防除冰设计与验证技术[M]. 北京：航空工业出版社,2020.

[67] 阮颖铮,等. 雷达截面与隐身技术[M]. 北京：国防工业出版社,1998.

[68] Ian Crouch. The Science of Armour Materials[M]. Cambride：Woodhead Publishing,2016.

[69] 飞机设计手册总编委会. 飞机设计手册：第 19 分册. 直升机设计[M]. 北京：航空工业出版社,2003.

[70] 航空航天工业部科学技术研究院. 直升机载荷手册[M]. 北京：航空工业出版社,1991.

[71] 路录祥. 直升机结构与设计[M]. 北京：航空工业出版社,2009.

[72] 陈康,刘建新. 直升机结构与系统[M]. 北京：清华大学出版社,2007.